"El general Ricardo Sánchez habla de los problemas, los personajes y los desafíos encontrados durante el primer año de los Estados Unidos en Irak. *En tiempos de guerra* es un libro emocionante y agudo, un relato honesto e impactante sobre los altos mandos en tiempos de guerra, escrito por un hombre que guió a las fuerzas norteamericanas. Sánchez escribió un clásico, un libro que debe leer todo estratega, soldado o político que se crea con el derecho de hablar sobre nuestras acciones en Irak, así como de estrategia militar norteamericana en general".

—General Wesley K. Clark

"Luché junto al general Ricardo Sánchez en la primera Guerra del Golfo y sé que es un oficial de una integridad total así como un comandante avezado. *En tiempos de guerra* no es solamente para la próxima generación de oficiales militares, sino también para cualquiera interesado en conocer la razón por la cual nuestra participación inicial en Irak fuel tal desastre".

—General Barry R. McCaffrey

RICARDO S. SÁNCHEZ es teniente general retirado del Ejército de los Estados Unidos y sirvió como comandante de la coalición de tropas en Irak de junio de 2003 a junio de 2004. Era el hispano de mayor rango en la Armada cuando se retiró el 1ro de noviembre de 2006, culminando treinta y tres años al servicio del Ejército de los Estados Unidos. Actualmente, Sánchez vive en Texas.

DONALD T. PHILLIPS ha sido el autor de veinte libros, incluyendo *Lincoln on Leadership*, y vive en Illinois.

EN TIEMPOS DE GUERRA

EN TIEMPOS DE GUERRA

★ ★ ★

La historia de un soldado

TENIENTE GENERAL RICARDO S. SÁNCHEZ

con Donald T. Phillips

Traducción del inglés por Rosario Camacho-Koppel

Una rama de HarperCollins*Publishers*

Los libros de HarperCollins pueden ser adquiridos para uso educacional, comercial o promocional. Para recibir más información, diríjase a: Special Markets Department, HarperCollins Publishers, 10 East 53rd Street, New York, NY 10022.

Diseño del libro por Renato Stanisic

Este libro fue publicado originalmente en inglés en el año 2008 en Estados Unidos por Harper, una rama de HarperCollins Publishers.

PRIMERA EDICIÓN RAYO, 2008

Library of Congress ha catalogado la edición en inglés.

ISBN: 987-0-06-162641-8

08 09 10 11 12 DIX/RRD 10 9 8 7 6 5 4 3 2 1

A mi familia, por todo su amor y apoyo durante nuestro viaje, a mis compañeros soldados, por todos sus sacrificios, y al Señor, mi Dios, por todas las cosas.

En todo círculo, en toda mesa, encontraremos a alguien que guíe el Ejército en Macedonia, que sepa dónde debe establecerse el campamento, cuál de los puertos del territorio es la mejor vía de ingreso, dónde deben construirse las tiendas, cómo deben moverse las provisiones, por tierra o por mar, dónde debe tener lugar el encuentro con el enemigo y cuándo debemos mantenernos a la espera. Además, estas personas no sólo nos dirán cómo debe dirigirse la campaña sino también lo que no está bien en la campaña actual, acusando al Cónsul como si estuviera en juicio... Si, por lo tanto, alguno se cree calificado para darme consejos, que venga conmigo a Macedonia.

LUCIUS AEMILIUS PAULUS EN EL SENADO ROMANO, 169 AC

Contenido

TERCERA PARTE COMANDO EN IRAK

CUARTA PARTE ABU GHRAIB: LAS CONSECUENCIAS Y SU IMPACTO

Prefacio

Crecí en uno de los condados más pobres de los Estados Unidos de América. A los quince años, cuando llegó a mi secundaria el oficial de la reserva del Ejército, inmediatamente me inscribí. Me encantaba el Ejército, me había gustado toda la vida. Cuando estaba ya próximo a graduarme de la secundaria, me di cuenta que la carrera militar sería la forma de salir de la pobreza. Hoy, después de treinta y tres años en el Ejército de los Estados Unidos, puedo mirar atrás con orgullo a un período de servicio activo que se prolongó desde la época de Viet Nam hasta los combates durante la Tormenta del Desierto, Kosovo e Irak. Pero mi carrera militar terminó en un lugar llamado Abu Ghraib. En el 2006, me vi obligado a retirarme a causa de la presión ejercida por los líderes civiles de la rama ejecutiva del gobierno de los Estados Unidos. No estaba listo para dejar a los soldados que amaba. El Ejército era mi vida. El servicio a mi nación era mi vocación.

Durante los días que siguieron a los ataques terroristas del 11 de septiembre de 2001, veía impotente cómo la administración Bush llevaba a los Estados Unidos hacia un error estratégico de proporciones históricas. Era dolorosamente evidente que la rama ejecutiva de nuestro gobierno no confiaba en su ejército. En cambio, tenía su confianza puesta en la ideología neoconservadora desarrollada por hombres y mujeres con poca o ninguna experiencia militar. Algunos de los más antiguos jefes militares no se opusieron a los civiles encargados de tomar las decisiones en los momentos críticos, y un número de valientes que se atrevió a expresar su opinión, fue después obligado a abandonar el servicio.

Desde el 14 de junio de 2003 hasta el 1ro de julio de 2004, el período inmediatamente después del combate durante la Operación de la Liberación Iraquí, fui el comandante de las fuerzas de coalisión responsables de toda la actividad militar en Irak. Estuve presente cuando Saddam Hussein fue capturado. Estuve presente cuando se produjo el escándalo del abuso de prisioneros en Abu Ghraib. Y estuve presente cuando la resistencia enemiga de menor nivel se expandió convirtiéndose en una insurgencia masiva que llevó eventualmente a una guerra civil de gran escala.

Durante el primer año de la ocupación de Irak por parte de nuestro país, pude ver cómo civiles ejercían *dominio* del Ejército, en lugar del *control* que le corresponde a esos civiles y que está plasmado en la constitución. Pude ver cómo se usaba cínicamente la guerra para obtener ganancias políticas para funcionarios electos y líderes militares condescendientes. Me di cuenta de cómo el ciclo de noticias de veinticuatro horas por parte de los militares al gobierno podía influenciar decisiones cruciales. Fui testigo de esas decisiones políticas que pasaban por alto requisitos y conceptos militares y, a su vez, creaban condiciones peligrosas e innecesarias para nuestros soldados.

Después de nuestra cuidadosamente programada y exitosamente ejecutada invasión a Irak, llegué a ese país y me sorprendí de ver que existía una total carencia de planificación de la Fase IV de posinvasión tanto por parte de la Administración como por parte del Ejército. No sólo no había visión estratégica de lo que debía hacerse después, sino que también había una alarmante falta de recursos y de adecuada capacitación de nuestras tropas. Para empeorar aun más las cosas, el comandante a cargo de las tropas se apresuró a ordenar una retirada masiva de las fuerzas americanas y luego movilizó una vez más los cruciales centros de comando de alto nivel. En lugar de optar por un trabajo conjunto de interagencias, nuestro gobierno y los militares se negaron a abandonar la obsoleta mentalidad de la Guerra Fría. Considero irónico que más tarde me criticaran por ser el más joven y menos experto de los generales de tres estrellas del Ejército, cuando en realidad era uno de los generales más experimentados en cuanto a operaciones conjuntas de interagencias a todos los niveles de la guerra.

Después de luchar en la Tormenta del Desierto y en Kosovo, era muy consciente de las responsabilidades básicas de un comandante en un frente de combate. Una de las responsabilidades más sagradas: la de cuidar a los subalternos y no enviarlos nunca a enfrentar el peligro sin el debido entrenamiento. Sin embargo, debido a la apresurada decisión de ir a la guerra y a la necesidad de movilización rápida, algunas unidades se movilizaron sin la debida capacitación. Este hecho fue evidente en todos los aspectos —entre las Fuerzas Armadas, la Reserva y la Guardia Nacional. Algunos generales decidieron desechar requisitos y certificar unidades como "listas para el combate" cuando, de hecho, no lo estaban. Durante mi estadía en Irak, y hasta el día en que me quité el uniforme para retirarme, en muchas ocasiones me puse de pie y de manera rotunda me negué a movilizar soldados que no estaban listos para pelear.

Cuando las circunstancias en el frente de combate requerían el establecimiento de normas y directrices para los soldados en una variedad de áreas (como sobre los procedimientos de detención e interrogación, entre otros), actuamos precipitadamente. Repetidamente solicité ayuda a los mandos superiores. Pero cuando el Pentágono se negó a ayudarnos con los procedimientos de interrogación, expedí yo mismo las directrices. Sabíamos que sería peligroso hacerlo, pero como el primero al mando, sabía que sin normas, el Ejército pierde su disciplina e inevitablemente se produce el caos. Tenía que actuar para el bien de nuestros soldados, de nuestro Ejército y de nuestra misión.

La triste historia de Abu Ghraib encapsula la esencia del fracaso de los Estados Unidos en Irak. Además, Abu Ghraib representa el principio del abandono de los Estados Unidos de su compromiso con los derechos humanos y los principios de la Convención de Ginebra —seguido de un eventual retorno a la razón. En el 2004, me negué a encubrir lo ocurrido en Abu

Ghraib. Aún me niego a hacerlo. Sigue siendo el remordimiento personal de mi historia.

CUANDO ME CONVERTÍ EN soldado, no tenía preferencia por ningún partido político, era una persona apolítica, que creía en las limitaciones del control civil sobre los militares. Entendía también que, mientras me encontrara en servicio activo, el Código del Uniforme de la Justicia Militar me impedía hablar en contra de mis superiores mientras portara el uniforme. Si valoraba mi juramento —y lo hacía— tenía que cumplir. Sin embargo, desde que salí del servicio militar, tanto civiles como oficiales militares de cuatro estrellas, retirados, me han instado a escribir sobre mi vida, mi carrera y lo que realmente ocurrió en Irak. Creo que ha llegado el momento de hacerlo.

En este libro, relataré eventos y circunstancias reales que me han convertido en la persona que soy. Analizaré eventos clave en mi carrera militar, poniendo especial énfasis en la experiencia y las lecciones aprendidas que me prepararon para mi función de liderazgo como comandante de la coalición en Irak. La fuente para esa parte de la historia, incluyendo conversaciones reconstruidas, proviene de notas personales, diarios, informes oficiales y extensos registros cronológicos de actividades, discusiones, decisiones y problemas que encontré durante ese período.

A lo largo de los catorce meses que estuve en Irak como comandante, fui testigo de un flagrante desprecio por las vidas de nuestros jóvenes soldados. Es un tema que no deja de comerme por dentro. Durante ese tiempo, 813 soldados norteamericanos perdieron sus vidas y más de 7.000 fueron heridos. No puedo hacer, decir ni escribir nada que pudiera deshonrarlos. Pero si *no* digo las cosas como fueron, creo que estaría deshonrando el legado de su servicio.

Hay un grupo de comandantes que considera que los generales retirados no deben expresar sus opiniones sobre ninguna política y menos aun en contra de una política equivocada. No estoy cerrando filas con quienes creen que nuestras voces deben ser oídas para ayudar a que los Estados Unidos se prepare para las futuras batallas que debe ganar, a fin de que la democracia misma sobreviva.

EN LA OBRA *Moralia* de Plutarco, Dareios, el padre de Xerxes, dice que durante la batalla puede pensar con más claridad. Conozco esa sensación. Tanto en el campo de batalla, donde se asoma al corazón el lobo que ataca a un determinado combatiente, o en los corredores de las blindadas cedes del poder político, donde a veces no se encuentran por ninguna parte la razón y la verdad, me esforzaba por permanecer tranquilo, por mantener la mente despejada y por tomar las decisiones correctas. Tenía que ser así. Las vidas de innumerables soldados a mis órdenes dependían de ello.

Aprovechaba cada batalla, o cada crisis, para adquirir la sabiduría que me permitiera hacer mejor las cosas la próxima vez. Me inspiraba, en parte, en el Salmo 144, que estuvo colgado en la pared de cada una de las oficinas en las que trabajé desde que me nombraron mayor. También lo llevaba conmigo al campo de batalla, dondequiera que fuera. Lo llevaba en mi corazón.

Alabado sea el Señor, mi roca
quien adiestra mis manos para la guerra,
mis dedos para la batalla.
Él es mi Amor, mi Dios y mi Baluarte.

EN TIEMPOS DE GUERRA

Preludio

Jueves, 20 de mayo de 2004
La Casa Blanca, Washington D.C.
A media mañana

"Soy el teniente general Ricardo S. Sánchez".

"Sí, general Sánchez, el Presidente lo espera a usted y al general Abizaid", respondió el guardia en la puerta de seguridad. "Adelante, por favor".

Junto conmigo, en la camioneta, venía el general John Abizaid, mi amigo y superior. Habíamos terminado una reunión a puerta cerrada en la que informamos sobre las operaciones en Irak ante el Comité de Servicios Armados del Senado, que había sido un paseo en comparación con las interminables reuniones que habíamos tenido que soportar el día anterior durante la audiencia pública.

Al entrar a la Casa Blanca nos recibió en la sala de espera de la Oficina Oval el Secretario de Defensa Donald Rumsfeld, quien nos había pedido que viniéramos directamente de Capitol Hill a esta reunión. Uno o dos minutos después, la Asesora de Seguridad Nacional Condoleezza Rice abrió la puerta y nos invitó a entrar. El presidente Bush, que ya se encontraba de pie, se adelantó y me estrechó la mano.

"Hola, Ric", dijo.

Escasamente me di cuenta cuando un fotógrafo nos retrató. Abizaid y yo saludamos a varios otros asesores presidenciales que se encontraban allí y nos sentamos en el sofá, a la izquierda de Bush.

El general Abizaid inició la conversación.

"Sr. Presidente, la caravana de Ric fue atacada por un dispositivo explosivo improvisado hace unos diez días", dijo. "Cuando lo llamé para preguntarle cómo estaba, respondió de inmediato, 'Bueno, señor, no fue nada. Un par de nuestros vehículos quedaron inservibles, pero ninguno de nuestros soldados resultó herido. Todo el mundo está bien'. Así es este hombre, Sr. Presidente. Nunca piensa en sí mismo. Siempre en sus soldados".

El presidente Bush sonrió y asintió. "Qué bien, eso está muy bien", dijo.

Después habló el secretario Rumsfeld.

"Sr. Presidente, acabo de recibir un memorando del embajador Bremer en el que solicita la movilización de dos divisiones adicionales a Irak".

Después, dirigiéndose a Abizaid y a mí, preguntó:

"¿Lo han visto, señores?"

"No, señor", respondió Abizaid.

"No sé nada de eso", fue mi respuesta.

Entonces, el presidente Bush se dirigió a Condoleezza Rice.

"¿Sabía usted de esto?", preguntó.

"No, señor", respondió ella. "No estoy segura de la razón por la que Jerry está haciendo esto".

"Bien, ¿por qué no hizo esta solicitud a través del Ejército?", preguntó Bush, quien parecía visiblemente molesto. "¿Qué vamos a hacer al respecto?"

"Sr. Presidente, debería estar agradecido de que no se lo envió a usted porque ahora usted no tiene que responder", dijo Rice. "Bremer ya está listo para irse. Se dedicará a escribir su libro. Se tiene que marchar".

"Bien, esto es sorprendente", dijo Rumsfeld, moviendo la cabeza molesto. "Sr. Presidente, usted no tiene que hacer nada. El memorando está dirigido a mí. Yo me encargaré de respondérselo".

Durante la siguiente hora analizamos la forma como se habían desarrollado nuestras declaraciones ante el Congreso, Abizaid presentó una visión amplia de sus operaciones y yo hablé de la actual situación en Irak. El presidente Bush respaldó nuestros esfuerzos y escuchó con atención lo que decíamos.

Cuando por fin terminó la reunión, Bush se puso de pie, me estrechó efusivamente la mano y dijo:

"Bien hecho, Ric. Gracias por todo lo que está haciendo".

"De nada, Sr. Presidente", respondí.

Mientras el general Abizaid y yo salíamos de la Oficina Oval, el secretario Rumsfeld nos pidió que lo esperáramos en la Sala de Situación.

"Voy a volver a hablar con el Presidente un segundo, y luego debo hablar con ustedes", dijo.

"¿Tiene alguna idea de qué puede tratarse esto, señor?", le pregunté a Abizaid cuando llegamos al primer piso.

"No. Ni la más mínima".

Uno o dos minutos después, entró Rumsfeld a la Sala de Situación y cerró la puerta tras él.

"El Presidente ha aprobado los siguientes movimientos de personal", nos dijo. "No puede enviar al general Craddock a Irak porque equivaldría a formalizar los eslabones de la cadena de comando "en la sombra", cuya existencia los demócratas intentan demostrar. Por lo tanto, las alternativas son Abizaid, Casey y McKiernan. McKiernan sería una buena elección si se tratara de una misión de combate. Abizaid debe permanecer atento a lo que suceda en CENTCOM, en general. Por consiguiente, enviará al general Casey a Irak".

Entonces, el Secretario de Defensa me miró directamente.

"Ric, el Presidente tiene miedo de enviar su nombramiento [para recibir una cuarta estrella] en este momento, porque es probable que no sea aprobada debido al debate político actual. Ha decidido mantenerlo en V Cuerpo y enviar al general Craddock al Comando Sur [SOUTHCOM]. Usted quedará a la espera, dejemos que esta situación se calme y lo volveremos a nombrar para este ascenso más adelante. Por lo tanto, permanezca ahí".

John Abizaid intervino de inmediato.

"Sr. Secretario, no entiendo por qué están haciendo esto", dijo. "A Ric se le dijo que iría a comandar SOUTHCOM".

"Pues, las condiciones políticas no son las adecuadas", dijo Rumsfeld, "Tenemos que dejar que todo esto se calme".

"Pero, señor, ¡eso no es lo correcto!", protestó Abizaid.

"El momento no es el adecuado. Simplemente no podemos seguir adelante con lo que habíamos pensado".

Quedé desconcertado al enterarme de que me reemplazarían en Irak, me enviarían de vuelta a Alemania y mi nombramiento para una cuarta estrella quedaba rescindido. Todo lo que pude decir fue:

"Entiendo, Sr. Secretario".

"Muy bien, eso es todo lo que tengo que decirle", dijo Rumsfeld, poniendo fin evidentemente a la reunión.

Al salir de la Casa Blanca, me encontré con Paul Wolfowitz, que llegaba en ese momento. Yo estaba bajo el toldo y él se acercó, me miró a los ojos y estrechó mi mano.

"Ric, usted es un gran héroe norteamericano", dijo en un tono sincero, como lamentándose. "Ha sido un placer conocerlo".

Cuando Abizaid me alcanzó, le comenté lo que lo había dicho Wolfowitz. "Algo no anda bien".

"Ay, Ric, está buscando razones que no existen", replicó Abizaid con una risa nerviosa.

Me habían citado para declarar ante el Comité de Servicios Armados de la Cámara de Representantes, pero el vocero de la Cámara, Dennis Hastert, había puesto en duda la necesidad de que yo estuviera presente. "¿Qué está haciendo el general Sánchez en Washington?", quería saber. "Con todo lo que está sucediendo en Irak, ¿por qué no ha vuelto allí?" Por lo tanto, cuando

Hastert dijo que no tenía que estar presente en la segunda audiencia del Congreso, me fui al aeropuerto para tomar el avión de regreso a Bagdad.

Había llegado a Washington unos días antes, convencido de que contaba con el apoyo tanto de la Administración como de la cadena de comando militar. Ahora me iba sin tener una idea clara de cuál era mi situación. Todo lo que sabía era que me reemplazarían en Irak, me enviarían de vuelta a Alemania, a continuar como comandante del V Cuerpo y que mi nombramiento para una cuarta estrella había sido retirado. Estaba profundamente decepcionado y me sentía traicionado. Al abordar al avión, me dirigí a mi edecán.

"Cielos, qué alivio irme de Washington. Al menos en Irak sé quiénes son mis enemigos y qué hacer al respecto", dije.

Mientras esperábamos en la pista para despegar, escribí algunos de mis pensamientos en mi libreta de notas:

> Sumando dos más dos, es probable que esta decisión ya estuviera aprobada antes de mi reunión con el Presidente... ¡Qué contratiempo! Debe haber alguna razón. Tendré que poner mi confianza en el Señor. Pero es muy difícil aceptarlo después de que me habían dicho que mi nombramiento ya estaba a nivel de la presidencia para su aprobación. Todos harán especulaciones y comentarios. Pocos, acaso, sabrán qué ocurrió. Muchos pedirán perseverancia. Los niños hispanos de Norteamérica y de los países de América Latina merecen que no deje de luchar. No me puedo dejar derrotar por un problema político. He superado demasiados obstáculos para llegar adonde estoy.

Cuando el avión despegó, miré por la ventanilla y vi el río Potomac que fluía allá abajo. Me sorprendió el hecho de que el Capitolio y la Casa Blanca estuvieran de un lado, y el Pentágono en el otro —simbólico, tal vez, de la forma como el gobierno civil y el militar deben interactuar: con un estrecho control civil, pero claramente separados en cuanto al comando de las fuerzas militares.

El torrente del río en sí mismo me recordaba mis raíces en el Valle del Río Grande al sur de Texas. Y mis pensamientos se enfocaron en un mundo diferente y en una época menos complicada.

PRIMERA PARTE

CÓMO SE FORJA UN SOLDADO

★ ★ ★

CAPÍTULO 1

El Valle del Río Grande

Mi alma está anclada en un pueblo golpeado por la pobreza en las desoladas riveras del río Grande —una frontera internacional que separa a la superpotencia de un país que sigue luchando por abrirse camino para salir del Tercer Mundo. A menos de cien millas bajando por la carretera están las ciudades de Texas, McAllen, Harlingen y Brownsville. Pero al otro lado del río, 1.200 metros hacia el sur, está México. El caudaloso río, en sí mismo, constituye un oasis de vida en el polvoriento paisaje desértico —ofreciendo nutrientes a plantas, animales y pueblos congregados a lo largo de su recorrido lleno de meandro.

La Ciudad de Río Grande, donde nací en 1951, es uno de los asentamientos más antiguos del sur de Texas. Se fue desarrollando alrededor de Fort Ringgold, una base militar establecida en 1848 después de la guerra entre los Estados Unidos y México. Ocupado por las Fuerzas Confederadas durante la Guerra Civil y después por la caballería federal, Fort Ringgold eventualmente se cerró, pero se reactivó por cortos períodos durante la Primera y la Segunda Guerra Mundial. A pesar de la constante presencia del Ejército de los Estados Unidos, la Ciudad de Río Grande tenía una historia a retazos, marcada por odios étnicos e intolerancias raciales.

Crecí en una comunidad hispana entre gente que poseía pocas cosas de valor material. Mi familia era una de las más pobres del vecindario, pero nuestra pobreza estaba compensada por una extensa y estrecha red de parientes imbuidos de fe, tradiciones y sólidos valores de honradez, integridad y respeto. Los adultos de nuestra familia eran Rectos —el término con el que se designan quienes han sido criados con principios rígidos de honor y orgullo.

Mi padre, Domingo Sánchez, era hijo de un panadero que había emigrado a la Ciudad de Río Grande desde Camargo, México (al otro lado del río) a principios de siglo. Tuvo dos hijos de su primer matrimonio, Ramón y Domingo Jr. (Mingo). Durante la Segunda Guerra Mundial, mi padre fue declarado exento de prestar servicio militar debido a su profesión como soldador en la construcción de aviones en la Base de Laredo de la Fuerza Aérea. Después de la guerra, volvió a la Ciudad de Río Grande porque, como él lo decía, "Laredo estaba demasiado lejos de mi hogar". Fue allí cuando, en 1948, conoció a mi madre, María Elena Sauceda, diecisiete años menor que él, con quien se casó.

Mi mamá también tenía raíces mexicanas. Su familia había llegado a la Ciudad de Río Grande más o menos a principios de siglo. Su abuelo era un Indio Yacqui, nativo del norte de México, que se vestía de blanco con una banda en la cintura y sandalias, y llevaba siempre con él un machete, adondequiera que fuera. Él y su esposa fueron a pelear en la Revolución Mexicana y nunca regresaron. Se cree que murieron peleando. Su pequeño hijo, Carlos Sauceda, fue criado en la Ciudad de Río Grande por sus abuelos maternos. Eventualmente, se casó con Elena Morales, mi abuela, quien tuvo a mi madre en 1927.

Poco después de que mis padres se casaran, la familia comenzó a crecer. Roberto nació en 1949, luego nací yo, en 1951 y tres años después nació Leonel. Después llegaron Magdalena de los Ángeles, David Jesús y Diana Margot, en intervalos consecutivos de dieciocho meses a dos años. Vivíamos entre las derruidas y polvorientas casas que bordean la desgastada Calle Roosevelt. Justo al frente de nosotros vivía la familia de Benito González.

Tenían más de doce hijos y eran trabajadores migrantes. Debido a que la familia necesitaba dinero, los hijos de los González dejaron la escuela cuando tenían doce o trece años y desde esa edad comenzaron a trabajar tiempo completo.

La primera casa donde vivimos era una vieja barraca militar que mi papá compró por casi nada a uno de los antiguos campamentos de la Segunda Guerra Mundial. Recuerdo cómo la trajeron en un remolque hasta nuestra propiedad y la instalaron sobre bloques de concreto. Tenía una sola habitación, de quince pies de ancho por veinte de largo, sin puertas, ventanas, sin baño, sin plomería ni electricidad. Nunca tuvimos televisor. Para calentarnos en el invierno, mis padres recogían ramas de mesquite de los bosques y hacían una fogata. Luego tomaban los tizones encendidos y los ponían en una vieja tina de aluminio que traían a la casa y todos nos reuníamos alrededor. Había una cabaña en la parte de atrás de nuestro lote que servía de baño, y en un rincón de la misma teníamos una pequeña covacha de madera que servía para bañarnos. La tubería del agua que llegaba a nuestra propiedad se extendía desde el frente hasta el patio de atrás de la casa. No era más que un tubo que salía del suelo con una llave. Allí llenábamos un balde y lo llevábamos a la cabaña que servía de baño o a la casa para cocinar.

Vivimos en esa casa de una sola habitación durante cuatro o cinco años, hasta que mi padre ahorró lo suficiente para construir una pequeña casa de ladrillo en el mismo lote. Tenía sólo una sala pequeñísima (de unos ocho por diez pies) y dos pequeñas alcobas, pero el exterior de ladrillo protegía la casa de las inclemencias del tiempo. Cuando la familia fue creciendo, Roberto y yo dormíamos en una alcoba, en un camarote —y la sala se convirtió en una tercera alcoba. Allí dormían mis hermanos menores. Leo y David dormían juntos en el camarote de arriba y mis hermanas Maggie y Diana dormían en el camarote de abajo. Esa casa se construyó con toda la tubería, pero mi padre no tuvo dinero para comprar los muebles del baño, por lo que seguimos utilizando la cabaña del patio.

Debido a que mi papá ganaba muy poco como soldador, vivimos del bienestar social durante casi toda mi juventud. Recuerdo ir a hacer fila con mi madre en la oficina del bienestar social todos los miércoles para recibir raciones de cerdo, carne de res, pudín de manzana, queso, harina y arroz, todo lo cual desaparecía en uno o dos días. Entonces, volvíamos a nuestra dieta básica de arroz y frijoles.

La carne de res era una rareza y un manjar, el mayor manjar de todos era el cabrito. De vez en cuando, mi padre compraba uno y yo lo ayudaba a sacrificarlo en el patio. Lo preparábamos de varias formas, a la parilla o sudado. A veces envolvíamos al cabrito en una tela de costal y lo poníamos encima de brasas de madera de mesquite, en un hueco en el suelo. Ocho o diez horas después nos deleitábamos con la mejor comida del mundo. En Navidad, normalmente no había regalos bajo nuestro árbol. De hecho, casi nunca teníamos un árbol. Papá soldaba algunas estrellas de metal y las poníamos en las ventanas o colgando del techo del cobertizo donde guardábamos el automóvil. Y así era como, habitualmente, nos preparábamos para las fiestas.

El colegio era muy importante para todos los que vivíamos en el Valle del Río Grande —sobre todo para mi madre, quien, desde que tengo memoria, hacía gran énfasis en la necesidad de obtener una buena educación. En primaria, el 99 por ciento de los niños hablaban español, que era su lengua natal. En ese entonces, no era obligación hablar inglés en clase, de modo que todos hacían lo que les parecía más natural, incluyendo las maestras. Intentaban enseñarnos inglés, pero tan pronto como salíamos de clase volvíamos a nuestro idioma natal.

Al recordar las primeras épocas en el Valle del Río Grande al sur de Texas, me sorprende la influencia de la forma de vida militar que me rodeaba constantemente. Nuestra primera casa vino de un antiguo campamento militar. Fui al colegio en Fort Ringgold, que fue comprado al gobierno por el distrito escolar y se convirtió en un centro de aprendizaje. Mis aulas estaban en edificios militares y la historia del fuerte estaba siempre presente —la Guerra de México, la caballería de los Estados Unidos, la

Guerra Civil y dos guerras mundiales. Por otra parte, estaba la influencia constante de mis dos medio hermanos mayores, Mingo y Ramón, ambos prestaban servicio en las fuerzas armadas.

Para cuando tenía cinco años, Mingo ya se había ido de la casa y se había alistado en el Ejército. Después de su primera misión, entró a la Fuerza Aérea de los Estados Unidos. Cada vez que tenía un permiso programado, avisaba que llegaría un determinado día y que lo primero que haría sería inspeccionarnos. Mi hermano mayor, Robert, y yo, nos apresurábamos a prepararnos. Íbamos a que nos recortaran el pelo, nos bañábamos, brillábamos nuestros zapatos y nos asegurábamos de que la ropa estuviera limpia. Cuando entraba Mingo a la casa, decía, "Bien, formen fila". Robert y yo nos parábamos en posición de atención, mientras Mingo caminaba hacia uno y otro lado examinándonos cuidadosamente el pelo, las manos, la ropa y, sobre todo, los zapatos. "Bien. Bien. Se ven muy bien, hombres", decía. Pero otras veces decía, "Cabo Sánchez, vi una mancha en su zapato izquierdo. Asegúrese de ocuparse de eso para la próxima inspección".

Mi otro hermano mayor, Ramón, había estado en el servicio activo durante un corto tiempo en el Ejército y luego vino a casa a la Ciudad de Río Grande y fue miembro de la Reserva durante veinticinco años. Un fin de semana al mes lo veía en uniforme, cuando se presentaba al Centro de Reservistas cerca de Fort Ringgold para sus reuniones periódicas. Una vez al año, su unidad era movilizada a Fort Hood, a sólo cuatro horas de distancia, al norte; todas las familias se reunían para la ceremonia de salida. Los reservistas formaban, en uniforme y cargando sus morrales. El oficial a cargo pronunciaba unas palabras pertinentes y después, mientras subían a los buses y se iban, todos aplaudían y batían pequeñas banderas mientras los despedían. Cuando regresaban, dos semanas después, los recibíamos con el mismo entusiasmo e igual bombo.

Desde muy temprano me invadió un gran amor por mi país. No fue sólo por Ramón, Mingo y su compromiso con el servicio militar. Mis tíos, Leonel y Carlos Sauceda tuvieron que prestar servicio activo durante la Segunda Guerra Mundial y, con frecuencia, jugaba con algunos de sus trofeos de guerra que mi abuela tenía guardados. Papá era un padre amoroso, no dispuesto a abandonar sus raíces, pero también tenía un problema con el alcohol. Cada vez que le quedaba un poco de dinero extra, compraba una botella de mezcal, la bebía de un trago y luego la tiraba al frente de la casa. Desde que tengo uso de razón, llevaba siempre un frasco en el bolsillo de atrás del pantalón. Todos los días Robert y yo íbamos al centro de la ciudad con él adonde un par de destiladores de licor ilegales. A veces, él se quedaba en el auto y nos mandaba por un callejón al patio de atrás de una casa donde golpeábamos en la ventana, le dábamos veinticinco centavos de dólar al destilador y él llenaba el frasco de papá. También le gustaba jugar. Los fines de semana íbamos con él y con tío Raúl a la jugada, un local de juego en el noreste, a las afueras de la ciudad, cerca del cementerio. Era sólo un pequeño corral con una puerta escondida, donde los hombres jugaban a los dados y bebían. Por lo general, Robert y yo nos quedábamos a un lado y observábamos, esperando que ganara porque eso significaba que nos daría unas cuantas monedas de sus ganancias.

Eventualmente, los hábitos de mi padre en relación con la bebida y el juego tuvieron su efecto en mi familia. Mis padres se entendían cada vez menos, y los problemas domésticos crearon un ambiente tenso que se prolongó por muchos años. Para hacer frente a esa situación, mi táctica consistía en irme de la casa muy temprano y volver muy tarde. Sólo tenía que cuidarme y mantenerme ocupado. Al fin, mi padre se fue de la casa cuando yo tenía aproximadamente diez años. Aunque el divorcio de mis padres fue una experiencia muy traumática en mi vida, seguí viendo a mi papá todos los días porque se fue a vivir con su hermano mayor, Raúl, en la casa donde habían vivido cuando eran niños.

Tío Raúl tenía una pequeña lavandería y una sastrería en el centro de la ciudad. El edificio no era mucho más que una cabaña de madera que parecía a punto de venirse abajo. Me contrató para trabajar con él antes de que entrara al primer grado. Los clientes dejaban su ropa por las mañanas, mi tío Raúl la lavaba, la planchaba y trabajaba en los arreglos de sastrería durante el día. Yo le traía el desayuno a primera hora del día y luego, tan pronto como salía del colegio, volvía al trabajo. Desocupaba la lavadora, le sacaba el agua y barría el frente del almacén. Después, hacía algunas veces de mensajero —iba de un lado a otro de la ciudad llevando la ropa limpia y aquella que mi tío había arreglado a los clientes.

Mi tío Raúl era un hombre muy cariñoso y bueno. Nunca se casó y pasaba gran parte de su tiempo libre bebiendo y jugando con mi padre. Pero casi nunca dejaba de trabajar. Durante toda mi niñez, me animó a trabajar duro, a no dejar de estudiar y a perseguir mis sueños. Fue como un segundo padre para mí.

Con los años, conseguí un par de trabajos más, pero siempre secundarios, ya que mi tío Raúl siempre insistió en que trabajara para él. Mis otros dos trabajos consistían en reabastecer los estantes y barrer la farmacia local, por cincuenta centavos a la semana, y vender periódicos a cinco centavos, podía quedarme con un centavo por cada periódico que vendía. Cuando no estaba trabajando, deambulaba por la ciudad con mis amigos, David Sáenz y José de Jesús (Chuy) Trevino. El papá de Chuy era mecánico y el papá de David era dueño de un almacén de artículos electrónicos que quedaba en la misma calle donde mi tío tenía su lavandería. Recuerdo muy bien un día que pasé frente al almacén y vi un televisor en la vitrina, era la primera vez que veía ese aparato. Con frecuencia Chuy y yo nos quedábamos en la casa de David porque ahí era donde podíamos ver televisión. Los tres éramos prácticamente inseparables. Para conseguir algo de dinero, íbamos de un lado a otro de la ciudad recogiendo botellas vacías de gaseosa y botellas de cerveza, que luego vendíamos en los bares por unos pocos centavos. Nuestro lugar de juegos era la plaza, los callejones, las calles de la ciudad, el ferrocarril, los bosques y los arroyos.

A medida que crecía, me fui identificando con la cultura y los valores de mi comunidad hispana. Nuestra profunda fe en Dios permeaba todo lo que hacíamos, ya fuera en la Iglesia, en el colegio o en las conversaciones de todos los días. Por ejemplo, la respuesta adecuada a "Hasta mañana" era siempre, "Si Dios quiere".

Todo se lo debíamos a Dios y todo saldría bien si Dios así lo quería. *Si Dios quiere.*

Quienes vivían en el Valle del Río Grande también creían en maldiciones relacionadas con las creencias indígenas del norte de México. Existía la creencia de que los niños tenían que ser librados de las maldiciones ahuyentando los espíritus malignos. Recuerdo claramente que mi madre nos llevó donde unas curanderas para la ceremonia de curarnos del susto. Me condujeron a una habitación con velas encendidas a todo alrededor e imágenes de santos en las paredes, y me acostaron sobre una mesa. Las curanderas cantaban, ponían sus manos sobre mí y me pasaban por encima varias veces una escoba para barrer los espíritus malignos. Cuando salí de esa pequeña habitación, me sentí de maravilla. Había sido sanado. Era evidente que ahora mi madre estaba tranquila. Recuerdo haber sido sometido a estas ceremonias hasta los doce o trece años. Mamá nos llevaba a este ritual aproximadamente cada seis meses, fuera que tuviéramos o no alguna maldición.

Entre los valores de la comunidad hispana en que vivía y de mi familia, en particular, hay tres principales. El primero es el trabajo. No sólo nunca se me permitió dejar de trabajar, sino que me repetían una y otra vez que si trabajaba duro, podría lograr lo que quisiera en la vida. Claro está, desde la primaria en adelante, me mantenía solo en gran medida. Seguí trabajando para el tío Raúl hasta que murió de cáncer, cuando estaba en mi último año de secundaria.

El segundo valor que nos inculcaron tiene que ver con la palabra de honor. Mi padre y mi tío me lo enseñaron desde muy pequeño. "Si dices que vas a hacer algo no dejes de hacerlo", me decían. "Asegúrate de saber a qué te comprometes porque una vez que hagas el compromiso, tendrás que cumplirlo. Tu palabra es tu fianza".

El tercer valor fue el de siempre decir la verdad pasara lo que pasara. Se me enseñó a vivir de acuerdo con ese principio. En nuestra casa, la mentira nunca quedó sin castigo. "Es mejor que digas la verdad", me decía mi madre, "porque si no lo haces, yo lo sabré tarde o temprano y te daré un correazo extra". Recuerdo una vez que mis padres descubrieron que había participado en una pelea lanzando piedras. Cuando llegué a casa, me confrontaron de inmediato. "Muy bien, ¿lo hiciste?", preguntaron. "Te irá mejor si dices la verdad". Sabía que me iban a golpear y tenía que encontrar la forma de que me pegaran lo menos posible. Por lo tanto, dije la verdad. Mamá y papá eran generosos dando correazos.

No deja de ser interesante que la misma mujer que nos llevaba donde las curanderas para barrernos los malos espíritus fuera también muy práctica cuando se trataba de las tareas escolares. (Y nos enseñaba con el ejemplo, porque después del divorcio, hizo esfuerzos enormes por sacar su diploma de bachillerato). Cuando tenía trece años, mi hermano y yo llegamos un día a casa durante el verano y anunciamos que no íbamos a volver al colegio cuando comenzara de nuevo en el otoño. Cuando nos preguntó por qué, le dijimos que los González, nuestros vecinos, eran trabajadores migratorios y que no sólo faltaban al colegio en la primavera sino que también lo habían dejado por completo.

"¿Por qué ellos pueden dejar de ir al colegio y nosotros no?", preguntamos.

Mi mamá permaneció en silencio un momento.

"Muy bien, pueden ir a recolectar algodón", dijo.

Entonces, hizo de inmediato los arreglos para que al día siguiente, a las cinco y media de la mañana, nos recogiera un camión que nos llevaría a unas treinta millas de distancia hasta La Gloria, un rancho local, para recoger algodón con unos treinta trabajadores más. De modo que allí estaba yo en el campo, con un enorme costal a la espalda, y un salario de cincuenta centavos por cada cien libras de algodón que recogiera. Yo no podía recoger cien libras de algodón en una semana. Por lo tanto, no sólo ganaba muy mal sino que también me estaba rompiendo la espalda trabajando más duro de lo que nunca lo había hecho en mi vida. Para empeorar aun más las cosas, cuando llegaba a casa por las tardes, tenía que ir a la sastrería de mi tío a limpiar y a hacer todas las entregas por la ciudad.

Después de dos o tres semanas de trabajar en el campo, Robert y yo le dijimos a mamá que queríamos volver al colegio.

"Muy bien", nos respondió. "Vuelvan entonces al colegio cuando comiencen otra vez las clases. Pero van a tener que seguir recogiendo algodón hasta que termine el verano".

Mi madre era una mujer increíblemente inteligente. Gracias a su empeño, sus seis hijos fueron a la universidad y tienen un título universitario. Robert se hizo enfermero, y luego se convirtió en director del programa de técnicos de quirófano en el Texas State Technical College; Leo se convirtió en maestro y entrenador; Maggie en directora de un colegio, David en técnico de sistemas eléctricos para una compañía de electricidad; Diana es farmacéutica. Y, después de terminar la universidad, yo inicié mi carrera en el Ejército de los Estados Unidos.

El 5 de marzo de 1966, el Cabo Primero, Joel Rodríguez, de veintidós años, murió en la selva de Viet Nam. Había sido un estudiante muy popular y un futbolista de la secundaria de la Ciudad de Río Grande. Después de su graduación, había entrado a la Marina. Todos los ciudadanos se sentían consternados por su muerte y decidieron rendir honores y enterrar a su marino fallecido. Pasaban lentamente por la pequeñísima casa de los Rodríguez, día y noche —caminaban frente al ataúd tapado con la bandera, se detenían a saludar a sus padres y a hablar del sacrifico de su hijo y de la forma como había muerto…

El día del funeral, cuando estaban sacando el ataúd por la puerta de la casa, yo estaba entre las personas que observaban la escena. Todos seguimos a pie la procesión las seis cuadras que separaban su casa de la iglesia católica y después una milla hasta el cementerio. Nunca olvidaré el grupo de marinos que lucían espléndidos en su uniforme de gala, ni los veintiún cañonazos de despedida, ni el trompetista que interpretó el Toque de Diana, ni la ceremonia de plegar la bandera. Aunque la tristeza del momento era abrumadora, los honores y las expresiones de afecto hacia el cabo Rodríguez me dejaron impresionado. Yo tenía apenas quince años, pero supe que *esto* era lo correcto, que se *trataba* de una noble causa y que la profesión militar valía la pena. En ese momento, me convencí de que mi llamado era servir a mi país y tenía que responder. Sería soldado.

Menos de un año después, el Cuerpo de Entrenamiento de Oficiales de la Reserva Juvenil llegó a la Ciudad de Río Grande y David Sáenz y yo nos inscribimos de inmediato. Nos comprometimos y nos sentíamos orgullosos de lucir nuestros uniformes en la secundaria. Durante esos primeros años, me uní a la guardia de color e izaba la bandera todas las mañanas en el colegio y en los partidos de fútbol, y marchaba, entrenaba y asistía a clases formando parte de un equipo, en un ambiente de civismo y liderazgo. En ese momento, se hacía especial énfasis en la herencia hispana en el Ejército, sobre todo en 1968, cuando el Congreso dedicó una semana especial a la celebración de las contribuciones de los hispanos a los Estados Unidos. Me sentí orgulloso de saber que, en la historia de nuestro país, había en total treinta y ocho hispanos que habían recibido la medalla de honor.

Durante esos años, comencé a observar y a pensar en cosas que nunca antes había tenido en cuenta. El prejuicio racial, por una parte, era algo de lo que realmente nunca me había preocupado, después de todo vivía bastante aislado en una comunidad donde el 99 por ciento de la población estaba integrada por hispanos. Pero cuando fuimos a otras ciudades más grandes como McAllen, Harlingen y Brownsville, empecé a preguntarme por qué mi familia no podía entrar a algunos restaurantes, a algunos teatros y a otros lugares públicos. Comencé a especular que esa podría ser, en parte, la razón por la que mi padre nunca se había alejado mucho de la Ciudad de Río Grande. También pensé en eso a fines de 1960 cuando los Trabajadores Agrícolas Unidos (United Farm Workers) se presentaron en nuestra ciudad y comenzaron a organizarse. Sus demostraciones produjeron algunas confrontaciones serias con las autoridades encargadas de mantener el orden, que jamás olvidaré.

También empecé a pensar en la intrincada relación y los lazos de mi familia con México. La mayor parte de los estadounidenses veían a Río Grande como una frontera internacional. Pero para nosotros, era sólo un río. Jamás nos pasó por la mente el concepto de naciones soberanas separadas cuando cruzábamos una y otra vez el río en el improvisado ferry. Íbamos frecuentemente a los pueblos de Camargo y San Pedro (ahora Miguel Alemán) a comprar y a recibir atención médica y odontológica, dado que estos servicios eran mucho menos costosos en México que en los Estados Unidos. Sin embargo, más importante aun, teníamos parientes al otro lado del río. Mi cuñada, la esposa de Ramón, Tina, creció en Camargo y, cuando murió su padre, toda la familia fue al otro lado del río al funeral. Recuerdo claramente haber ido al velorio en la pequeña cabaña donde Tina creció. El cadáver yacía en un sencillo ataúd de madera sobre bloques de hielo que se derretían y el agua caía en un gran balde colocado debajo del féretro. Era la única forma de conservar el cadáver por dos días para que pudieran hacer el velorio y rezar el rosario.

Ya de mayor, me di cuenta de que nuestros parientes de México eran campesinos muy pobres que vivían en el llamado Tercer Mundo. Eran aun más pobres que nosotros y tenían poca o ninguna esperanza de encontrar una vida mejor, porque al gobierno de México no le importaba lo que les sucediera. Pero de nuestro lado del río, los Estados Unidos ofrecían una esperanza. El gobierno suministraba alimentos, ciertos servicios de atención médica y otros medios para ayudarnos a progresar. Más importante aun, teníamos la esperanza de un futuro mejor.

Poco a poco me fui dando cuenta de que no quería la vida que ofrecía la Ciudad de Río Grande. El grado de pobreza de mi familia era algo que me preocupaba mucho. Los cartones que tenía que meter en mis zapatos me avergonzaban. No tenía buena ropa para asistir a reuniones sociales. No podía participar en actividades extracurriculares porque tenía que trabajar y me sentí infeliz cuando me eligieron para asistir a un evento para jóvenes en Washington, D.C., porque sabía que no iba a poder comprar la ropa que debía lucir en ese evento. Sin embargo, mi tío Raúl salió al rescate. Me compró un par de zapatos y me hizo ropa (unos pantalones, una chaqueta, unas camisas y una corbata) con algunas prendas que habían sido abandonadas en su sastrería. Terminé yendo a Washington, D.C. —y siempre recordaré con mucho cariño a mi tío Raúl por su bondad.

Durante mi penúltimo año de bachillerato, un estudiante de último año ganó una beca ROTC de cuatro años —y vi abrirse el futuro ante mí. Decidí que iría de inmediato a ver a mi consejero y le pediría ayuda para presentar una solicitud de beca.

"Sra. Solís, mi sueño es llegar a ser oficial del Ejército", le dije entusiasmado. "Quisiera saber qué debo hacer para ser aceptado en West Point y conseguir una beca ROTC".

Pero la Sra. Solís fue muy poco optimista.

"Ricardo, ¿por qué quieres ir a West Point? Nunca podrás entrar allí porque sólo eres un pobre mexicano", dijo. "Además, tu inglés no es lo suficientemente bueno. No pierdas el tiempo. Lo que debes hacer es convertirte en soldador, como tu padre".

Quedé confundido. Era evidente que la Sra. Solís pensaba que los únicos jóvenes que podían ir a la universidad eran los anglos y los de familias ricas. Sabía que de nada me serviría rogarle que me ayudara por lo cual me limité a darle las gracias. Pero no me iba a detener ahí. Fui de inmediato a la biblioteca y comencé a investigar. Al día siguiente hablé con mis dos instructores de la Reserva, el mayor Marshall y el sargento Gribsby, quienes hicieron hasta lo imposible para ayudarme a conseguir el nombramiento para la Academia Militar de los Estados Unidos y para presentar la solicitud de una beca ROTC. Algunos de mis maestros me ayudaron a escribir cartas a los senadores y congresistas de Texas, y mi padre me llevó en su automóvil a Laredo y San Antonio para que pudiera presentar mis pruebas de estado físico y aptitud.

Al final, a pesar de un resultado acumulativo muy alto en el examen SAT, mi calificación en inglés no fue lo suficientemente buena como para poder ingresar a West Point (terminé de cuarto para esa institución y de primero para la Academia Naval de los Estados Unidos). Sin embargo, las buenas noticias fueron que me dieron dos becas ROTC de cuatro años, tanto por parte del Ejército como por parte de la Fuerza Aérea. Para tomar una decisión sobre a qué organización me gustaría ingresar, fui a Austin en la primavera de 1969 a visitar la Universidad de Texas que era la institución más cercana que ofrecía programas universitarios tanto para el Ejército como para la Fuerza Aérea. Quería ser piloto como mi hermano mayor Mingo, y las buenas noticias fueron que califiqué para una beca con rango de piloto.

Uno de los edificios en la Universidad de Texas en Austin tenía los dos programas de la ROTC, el de la Fuerza Aérea y el del Ejército, y cuando llegué, fui directamente a la oficina de la Fuerza Aérea, pero me ignoraron. Sin embargo, tan pronto como pasé la puerta del programa del Ejército, fui bien recibido por el coronel Lawson Magruder. Me dedicó bastante tiempo y se aseguró de que alguien me sirviera de guía para llevarme a conocer las instalaciones de la universidad. Fuimos a las aulas, al campo de entrenamiento, al polígono e incluso a las bodegas de suministros. Así como la Fuerza Aérea me ignoró, el Ejército me hizo sentir que era una persona valiosa. El hecho de que el coronel Magruder estuviera dispuesto a dedicarle tiempo a una persona joven fue lo que me impresionó. Cuando salí del edificio del ROTC esa tarde, ya había tomado mi decisión. Sería un soldado.

En junio de 1969, me gradué de la secundaria de la Ciudad de Río Grande y me fui a la Universidad de Texas con una beca completa. Mi mejor amigo, David Sáenz (que también había recibido una beca del ROTC del Ejército) decidió entrar a la Universidad A&I de Texas en Kingsville. Como muchos muchachos que dejan su casa por primera vez, me sentía solo. Además, me sentía fuera de lugar porque la mayoría de mis compañeros de clase eran anglos. No estaba preparado en lo más mínimo para la cultura tan distinta que encontré allí, la inmensidad de la universidad y las intensas protestas contra la guerra en Viet Nam. Por primera vez en la vida, me sentí como una minoría y fue una sensación muy desconcertante.

En el ROTC pude hacer buenas amistades, pero también tuve algunos problemas significativos con el programa. Por ejemplo, gran parte del cuerpo de cadetes estaba formado por estudiantes graduados que intentaban evitar ser reclutados. Por lo tanto, sus razones morales no eran siempre las mejores. Sin embargo, el peor problema, sin duda, fue el simple hecho de que llevábamos uniforme militar en una universidad importante durante las peores demostraciones antibélicas en la historia de los Estados Unidos. Todos los martes y jueves, cuando teníamos que ponernos los uniformes, nos acusaban a mí y a mis compañeros en cualquier lugar adonde fuéramos —en los dormitorios, en las aulas, en los patios. El peor momento para mí, personalmente, fue cuando tuvimos la inspección anual de nuestro destacamento realizada por el Inspector General. Mientras marchábamos hacia Freshman Field, el camino estaba bordeado de miles de manifestantes antibélicos que portaban letreros y cuernos de toro. Nos gritaban y nos acusaban con los peores calificativos. Nos siguieron hasta el terreno donde formamos en fila. Nuestros instructores de ROTC nos habían asesorado muy bien en cuanto a mantener la disciplina y no reaccionar ante los manifestantes. Sin embargo, fue muy difícil para mí mantener la compostura cuando uno de ellos se me abalanzó mientras yo permanecía firme, me escupió en la cara y me llamó asesino de bebés.

Durante ese primer semestre, fui a casa para el Día de Acción de Gracias, y me sentía desilusionado y triste. Sin embargo, cuando iba de regreso a Austin, tomé la afortunada decisión de detenerme en Kingsville para visitar a mi amigo David en la Universidad A&I de Texas. Hablamos durante mucho tiempo sobre las diferencias entre el programa de la ROTC en su pequeña universidad comparado con el mío en la Universidad de Texas.

"Yo realmente quería entrar al Ejército", le dije a David. "Pero es casi imposible en un ambiente tan volátil".

"Aquí no tenemos ninguno de esos problemas", me respondió. "¿Por qué no piensas en la posibilidad de pedir una transferencia? Nuestra universidad es mucho más pequeña y aquí nadie acosa a los cadetes. Además, hay muchos hispanos, te sentirías más a gusto. Cielos, podríamos inclusive compartir el mismo dormitorio".

Al final de mi primer año en la Universidad de Texas, supe que era hora de cambiar. Fue así como en el verano de 1970 me fui a la Universidad A&I de Texas en Kingsville. Me encontré de nuevo con un ambiente familiar, mucho más tranquilo y en compañía de muchos de mis antiguos amigos. Allí me sentí mucho mejor y me integré rápidamente en el programa ROTC de A&I. Todo lo que hacía se enfocaba en convertirme en un oficial del Ejército. Tuve la suerte de ingresar al equipo de entrenamiento de Kings Rifles, compuesto por un grupo de doce a dieciséis cadetes considerados como los mejores de la nación. No sólo ganamos múltiples competencias (incluyendo el campeonato nacional), sino que establecimos una hermandad de por vida.

Al cambiarme a Kingsville, Texas, también cambió mi vida de forma inesperada. Cuando llegué a esta universidad, María Elena Garza tomaba clases allí ese verano y vivía en un apartamento en las proximidades. Nos habíamos conocido durante mi visita del Día de Acción de Gracias y empezamos a salir juntos, casi de inmediato. Nuestra relación se fue fortaleciendo durante los años de universidad y para cuando estábamos en el último año, me di cuenta de que ella era la oportunidad que me daba la vida de tener un verdadero amor y obtener la felicidad. Sin embargo, antes de que pudiera proponerle matrimonio, ambos teníamos que cumplir ciertos compromisos. María Elena le había prometido a su padre que no se casaría antes de un año después de haber terminado la universidad. También le había prometido buscar un trabajo como maestra y vivir con su abuela en Escobares, Texas, una pequeña comunidad en el Valle. Fue así como después de obtener su título en educación y su certificado de maestra, volvió a Hebbronville. Yo tuve que ir al Campamento de Verano del ROTC, que había pospuesto como resultado de una lesión que sufrí durante mi primer salto en paracaídas en la escuela de aviación el verano anterior. Tenía que asistir a ese campamento de verano de entrenamiento antes de poder recibir mi comisión como teniente segundo. Así fue que, al graduarme de

Texas A&I con una doble especialización en matemáticas e historia, me fui para Fort Riley, Kansas. Al terminar el entrenamiento en el Campamento de Verano del ROTC me convertí en teniente segundo del Ejército de los Estados Unidos.

Ya había sido notificado de que mi primera misión sería en la 82ª División Aerotransportada en Fort Bragg, Carolina del Norte. Fue una gran sorpresa para mí porque los instructores del ROTC me habían dicho que sólo los graduados de West Point integraban esa división. Sin embargo, por si acaso, la incluí como mi primera elección, y, al final, tuve suerte.

También tuve la suerte de encontrar la bendición del amor. En agosto, mientras asistía al Curso Básico de Oficiales del Regimiento Blindado en Fort Knox, llamé a María Elena y le propuse matrimonio por teléfono, inmediatamente dijo que sí. Pero aún no se podía reunir conmigo porque tenía un compromiso para enseñar hasta fin de año en Roma, Texas. También le preocupaba la promesa que le había hecho a su padre y el hecho de que iba a tenerse que ir del Valle del Río Grande. Ningún miembro de su familia se había marchado de Texas, por lo cual sería muy difícil alejarse de los suyos. Sin embargo, al final, su familia apoyó su decisión y su padre nos dio su bendición; nos casamos el 22 de diciembre de 1973. Fue una ceremonia tradicional hispana en Hebbronville, Texas. Después de la luna de miel en Corpus Christi, María Elena y yo estábamos ya listos para comenzar nuestro viaje de treinta y tres años de servicio a nuestro país.

Mi novia sabía que para mí la carrera militar era un llamado, una especie de destino. Pero había otro llamado más profundo que compartíamos los dos —un llamado que tenía que ver con nuestra fe y nuestro compromiso con Dios. Para mí, personalmente, la base de ese compromiso era, en parte, las circunstancias que rodearon la muerte de mi adorado tío Raúl, cuando aún estaba en el último año de secundaria. Durante un tiempo mi tío había padecido de diabetes y cáncer, pero empeoró en abril de 1969, los médicos lo enviaron a Galveston a que recibiera tratamiento. Después de tres o cuatro semanas, mi padre recibió una llamada diciendo que tío Raúl sufría de cáncer terminal y que debíamos traerlo a casa. También nos dijeron que estaba desesperado por volver a su casa. Papá me sacó de inmediato del colegio y con mi hermano mayor, Ramón, hicimos el largo viaje en automóvil hacia Galveston.

Tan pronto como entramos a su habitación, tío Raúl nos saludó con un tono de urgencia.

"Menos mal que vinieron", dijo. "Quiero irme a casa. ¡Ahora mismo!"

"Bien, va a tomar un tiempo hacer todos los trámites para sacarte de aquí", le dijo mi padre.

"No, no, no. ¡Vayámonos ya! ¡Vayámonos!"

Así que, mientras papá se encargaba del papeleo, Ramón y yo ayudamos a tío Raúl a salir hasta el automóvil. Lo acomodamos en el asiento de atrás, del lado del conductor, para que se pudiera estirar un poco. Cuando papá terminó, se subió también al asiento de atrás para acompañar a su hermano durante el regreso a casa. Ramón conducía y yo iba a su lado, en el asiento de adelante.

A unas dos horas de haber salido de Galveston, mi padre se dirigió a mi tío Raúl.

"Vamos, intenta dormir un poco. Pronto estaremos en casa", le dijo.

Mi tío parecía que dormía y despertaba a intervalos cuando, de pronto, señaló por la ventana en dirección a un campo abierto con un pequeño bosque.

"Mira, mira, ahí está mamá y Poncho. Ya vienen a llevarme".

Poncho era su hermano mayor que había muerto en 1938, cuando era aún muy joven y mi abuela había muerto en 1957, cuando yo tenía seis años.

"No te preocupes", le respondió mi padre. "Tranquilízate y descansa. Todo estará bien".

"¡No, no! ¡Mira!" dijo tío Raúl. "Ahí arriba de los árboles. ¡Mira la luz! Ahí vienen mamá y Poncho para llevarme con ellos. Ya estoy listo".

Yo miraba a mi tío sentado en el asiento de atrás. No podía

ver nada sobre los árboles del campo pero unos segundos después de haber dicho esas pocas palabras, tío Raúl extendió los brazos hacia el campo —luego cerró los ojos y murió.

El impacto de ese acontecimiento cambió mi vida para siempre.

CAPÍTULO 2

Los primeros años en el Ejército

A mediados de octubre de 1973, me presenté a prestar servicio en el Batallón Blindado de la 82ª División Aerotransportada de Fort Bragg en Carolina del Norte. Sin embargo, nadie pareció darse cuenta de mi llegada porque el sitio era un pandemonio. Se transportaba equipo en todas direcciones, los soldados se apresuraban de aquí para allá y de allá para acá, los tanques se estaban llenando de combustible y se estaban cargando con material de combate para ser transportados a la Base Pope de la Fuerza Aérea, donde esperarían los aviones y las órdenes de movilización. Como teniente segundo recién ascendido, no tenía literalmente la menor idea de lo que estaba ocurriendo.

"Nos llegó la orden de alerta esta mañana, teniente", me dijo un sargento. "Nos preparamos para ir a la guerra".

El hecho era que había llegado justo en medio de los preparativos de la movilización militar para la Guerra de Yom Kippur. Aproximadamente diez días antes, en la fiesta judía, Egipto y Siria habían lanzado un ataque sorpresa contra Israel a través de la Península del Sinaí y las Alturas del Golán. Debido a que los enfrentamientos armados continuaron durante todo el mes sagrado de los musulmanes, los árabes la llamaron la Guerra del Ramadán. Desde el comienzo, Israel, tomado totalmente por sorpresa, había sufrido graves pérdidas. Pero la administración Nixon respondió enviando ayuda aérea (56 aviones de combate, 815 misiones de combate y 28.000 toneladas de suministros y armamento), que pronto cambiaron las posiciones del conflicto. Cuando las fuerzas israeliées obtuvieron el control del Canal de Suez, y avanzaron hasta una distancia de cuarenta y dos millas de El Cairo y cuarenta millas de Damasco, la Unión Soviética amenazó con una intervención militar directa.

En ese momento, las Fuerzas Armadas de los Estados Unidos fueron puestas en alerta. Existía una posibilidad muy real de que tropas de mi división fueran a la guerra. Después de todo, la 82ª División Aerotransportada era la "Guardia de Honor" de América y la reserva estratégica que podría movilizarse en un término de dieciocho horas a cualquier lugar de contingencia en el mundo. Era la división histórica del Ejército de la Segunda Guerra Mundial, compuesta por jóvenes americanos excepcionalmente dedicados.

Después de aproximadamente una semana de preparaciones y espera, nos dieron la orden de abandonar la operación. El conflicto en el Medio Oriente terminó oficialmente cuando el Concejo de Seguridad de la ONU impuso el cese de fuego y evitó que escalara hasta convertirse en una posible guerra mundial. En ese momento, ya 15.000 egipcios, 3.500 sirios y 2.700 israelíes habían perdido la vida. Como se dieron las cosas, la intervención de los Estados Unidos había evitado la destrucción total de Israel.

Durante la alerta, procuré dejarme llevar por los acontecimientos y ayudar donde pudiera. Cuando las cosas se calmaron, me llamó el comandante del batallón y me dio mi primera misión. El teniente coronel Albert Sidney Britt era un egresado de West Point —un hombre alto, muy inteligente, con muy buena reputación en la división.

"En lugar de asignarlo a un pelotón en una compañía blindada", dijo, "lo asignaremos a la sección de tanques del cuartel general, como líder. Estará a cargo de dos tanques y tendrá deberes de cuartel general mientras preparamos la movilización de nuestro destacamento de artillería. Más adelante será asignado como comandante de pelotón".

Sin darme cuenta de que me estaba poniendo a prueba, me limité a decirle:

"Sí, señor. Me parece muy bien".

Cuando empecé a desempeñar mis funciones, me di cuenta de que las cosas estaban tan mal en el Ejército que los oficiales que prestaban servicio de noche tenían que llevar pistolas calibre .45 para protegerse de sus propios hombres. Recuerdo que el líder de un pelotón recibió una "fiesta de manta" de parte de su pelotón. Sus soldados lo envolvieron en una manta, lo golpearon y lo encerraron en un casillero, que luego hicieron rodar escaleras abajo. En otro incidente, en Fort Stewart los hombres del pelotón de morteros totalmente ebrios, tomaron sus jeeps y salieron en una alocada carrera después de una fiesta en el club de los oficiales no comisionados. La policía los persiguió por un largo trecho, y ellos pelearon y se resistieron antes de entregarse. Teníamos problemas de disciplina, problemas de liderazgo, problemas raciales, problemas de alcoholismo y problemas de drogadicción. Era común que hiciéramos exámenes médicos sin previo aviso e inspecciones en las barracas para encontrar todo tipo de droga ilegal. Todo esto era bastante perturbador para un oficial joven e idealista como yo.

Eventualmente me di cuenta de que estaba presenciado las consecuencias de la Guerra de Viet Nam en el Ejército de los Estados Unidos. Para este momento, ya habíamos dejado de enviar refuerzos a nuestras tropas en el sureste asiático, razón por la cual yo no había sido enviado al exterior. Pero el efecto a largo plazo de esa campaña demostró ser absolutamente catastrófico para las fuerzas militares. ¿Cuál fue la causa? Para comenzar, los líderes civiles de la Casa Blanca microadministraron muchos aspectos de la Guerra de Viet Nam. No permitieron que las Fuerzas Armadas de los Estados Unidos utilizaran todos sus recursos para alcanzar la victoria. En cambio, el Ejército se vio obligado a luchar en batallas cada vez más cruentas que llevaron a un conflicto sin fin. El Ejército se dejó hundir a sí mismo en la confusión, enfocado casi totalmente en el sureste asiático. Esto, a su vez, hizo que el fenómeno se extendiera a prácticamente cualquier lugar que pueda imaginarse.

En ese entonces, la excesiva demanda de personal sólo podía suplirse mediante un reclutamiento a gran escala. Se requerían por lo menos de 400.000 a 500.000 soldados para pelear en la Guerra de Viet Nam. Por lo tanto, los requisitos (físicos, de educación y de conducta) se redujeron al máximo para lograr las cifras de reclutamiento necesarias para sostener el Ejército. Se obligaba a jóvenes que eran prácticamente niños a entrar al Ejército por dos años y muchos de ellos simplemente no querían estar ahí. La interminable rotación individual de tropas en la zona de guerra significaba también un problema significativo. Los soldados salian de Viet Nam e inmediatamente recibían órdenes de volver a pelear. El impacto psicológico que esto tuvo en ellos y sus familias fue devastador.

A medida que continuaba la guerra, el Ejército también tenía que abandonar sus compromisos con respecto al entrenamiento de tropas el desarrollo profesional, las operaciones de mantenimiento y suministros y las operaciones de guarnición. La mayoría de las funciones clave del Ejército en tiempos de paz comenzaron a verse afectadas. En lugar de movilizar un batallón o una unidad de brigada, los soldados eran enviados en forma individual o en pequeñas unidades, lo que hacía difícil lograr una unidad cohesiva en el campo de batalla. Nuevos líderes potenciales se sometían a intensos programas de tres meses en la Escuela de Candidatos a Oficiales, creando lo que vino a conocerse como "Las Maravillas de 90 Días". Pero aun peor, miles de soldados eran enviados a la guerra sin el debido entrenamiento para la guerra de guerrillas que encontrarían en las junglas de Viet Nam.

La moral en el Ejército estaba a un nivel extremadamente bajo y esto empeoraba por el hecho de que la mayoría del público norteamericano no apoyaba la participación de los Estados Unidos en el conflicto del sureste asiático. Más tarde, se requeriría más de una década de grandes esfuerzos y mucho valor por parte de algunos de los líderes del Ejército para arreglar la organización y devolverle su fuerza de lucha elite que siempre había tenido. Entre tanto, yo no era más que un teniente segundo que intentaba abrirse camino en el establecimiento y aprender a convertirme en un líder eficiente.

INMEDIATAMENTE DESPUÉS DEL REGRESO del batallón de la exitosa movilización de artillería en Fort Stewart, fui de licencia a mi casa. Cuando regresé de mi boda, el teniente coronel Britt me asignó a la Compañía Bravo como líder de pelotón. Casi de inmediato, el sargento del pelotón, sargento Pugh, me llamó aparte para abrirme su corazón.

"Teniente Sánchez, tiene que entender cómo funciona esto", me dijo. "Siempre que estemos en el campo o en combate, usted está a cargo. Pero en la guarnición, cuando estamos en entrenamiento, es mi responsabilidad manejar las cosas junto con los demás suboficiales".

En ese momento, recordé que mi hermano, Mingo, me había dicho que debía prestar atención a mis sargentos porque eran mayores y tenían más experiencia. Entonces, le obedecí.

"Muy bien, Sargento", le respondí. "Hágase usted cargo".

"Gracias, señor", me respondió. "No se preocupe por nada".

En el término de una semana, movilicé mi pelotón a un ejercicio de entrenamiento en Fort Bragg. Habríamos avanzando unos quince a veinte kilómetros en una marcha táctica de todo un día cuando de pronto, dos de nuestros cuatro tanques frenaron en seco. "¿Qué pasa?", pregunté al sargento Pugh.

"Oh, tenemos problemas mecánicos con los tanques, señor".

"¿De veras? ¿En serio?", dije. "¿Qué tipo de problemas?"

Después de varios minutos de ver a mis hombres intentar encender los tanques, les pedí que verificaran los medidores de combustible. Los dos comandantes de los tanques (también sargentos) se acercaron al sargento Pugh y le dijeron algo en voz baja. Por último, este se me acercó y me informó.

"Bien, señor, nos quedamos sin gasolina".

"Muy bien, sargento Pugh", le dije. "Saque los recipientes de cinco galones y diga a esos dos comandantes de los tanques que vayan a buscar combustible".

"Pero, señor, es muy lejos", protestó.

"Ellos eran responsables de ver que tuviéramos combustible suficiente y que estuviéramos preparados para la movilización, envíelos".

"Sí, señor".

Los dos sargentos regresaron al sitio donde guardábamos los vehículos, consiguieron el combustible y lograron que alguien los trajera de vuelta. Aprendieron una gran lección, y yo aprendí una lección aun mayor. Mi pelotón no solamente había perdido todo un día, sino, lo que era peor, habíamos perdido más del 50 por ciento de nuestra capacidad de combate porque no nos habíamos preparado para el mismo. De modo que en mi primer ejercicio de entrenamiento en servicio activo, había aprendido lo cruciales que eran las operaciones de logística para un Ejército. También me di cuenta que mi hermano mayor, Mingo, había olvidado decirme que había algunos sargentos que realmente necesitaban supervisión y que, en último término, el oficial a cargo es el responsable de cualquier cosa que salga mal en su unidad. Por lo tanto, tomé la determinación de confiar en mis oficiales no comisionados pero siempre cerciorándome de verificar todos los aspectos del proceso. Y recuerdo haberme prometido que nunca permitiría que algo así volviera a ocurrir.

Cuando llegó el momento de mi primer Informe de Eficiencia como oficial, el teniente coronel Britt me llamó a su oficina.

"Ric, le estoy dando quince puntos menos de lo que normalmente le daría a un teniente de West Point", dijo.

Inicialmente pensé que su evaluación tenía algo que ver con mi desempeño global como jefe de pelotón. Sin embargo, cuando continuó, supe que era mucho más que eso.

"Teniendo en cuenta su procedencia, y la fuente de su comisión", dijo Britt, "le va a tomar mucho tiempo ponerse al día con los de West Point".

"Bien, eso está bien señor", respondí. "¿Qué debo hacer?"

"Oh, es sólo cuestión de experiencia, Ric. De aquí a siete u ocho años tal vez se ponga al día. Por el momento, como egresado de ROTC, simplemente no tiene la experiencia, comparado con un egresado de West Point".

Claro que fue para mí una gran decepción esta primera evaluación y más tarde me di cuenta que, hasta cierto punto, me habían discriminado.

MARÍA ELENA Y YO habíamos comenzado nuestra vida matrimonial alquilando una pequeña casa de dos habitaciones cerca de Fort Bragg, donde ella consiguió un empleo como maestra en las Escuelas Dependientes del Departamento de Defensa, donde estudiaban varios hijos de militares. Eventualmente, ahorramos dinero para comprar una casa en la ciudad, donde vivimos la mayor parte de los cinco años que pasamos en Fort Bragg.

Recuerdo haber comentado esta primera revisión de mi desempeño con mi esposa, y recuerdo que ambos quedamos un poco confundidos. Ninguno de los dos entendía bien el razonamiento del teniente coronel Britt, pero imaginamos que debía haber algunas cosas que los cadetes de West Point aprendían que yo no había aprendido durante los cuatro años en el programa de ROTC. Fue así como decidí intentar hacerlo mejor, en parte, esforzándome por cerrar cualquier brecha que pudiera existir entre mi experiencia y la de un egresado de la Academia Militar de los Estados Unidos. Teniendo en cuenta lo que acababa de ocurrir con mi peloton y los tanques, decidí aprender más de logística en general, por lo que decidí presentarme como voluntario para formar parte del equipo de inspección del comedor de la división. Sabía que las operaciones de las instalaciones del comedor eran críticas para tener éxito como oficial ejecutivo de una compañía —y ese era el siguiente cargo que estaba esperando obtener.

Durante una de mis primeras inspecciones del comedor de la Compañía Charlie, abrí un horno y encontré una trampa para ratones con un ratón muerto. Los procedimientos del Ejército exigían que el comedor se cerrara, pero esa acción puso fin de inmediato a la cadena de comando, y para el final del día, el teniente coronel Britt me había asignado como su nuevo oficial de comedor. "¡Usted lo encontró! ¡Usted lo arregla!", me dijo. Así que dejé mi cargo de jefe de pelotón después de sólo cuatro meses, y terminé atrapado en una comisión como oficial de las instalaciones de comedor, responsable de los cinco comedores del batallón.

Cuando terminé mi trabajo como oficial de comedores, me trasladaron a la posición de oficial ejecutivo para la Compañía Bravo. Este cargo, que llevaba consigo la responsabilidad de toda la logística, era asignado normalmente a un primer teniente; pero yo me mantuve en el rango de subteniente durante varios meses más antes de que me ascendieran. Eso dio inicio a un patrón que se mantuvo a lo largo de mi carrera, en el que siempre me asignaban a un trabajo antes de que realmente hubiera sido ascendido al rango adecuado para esa posición. Es algo que ocurre con bastante frecuencia en el Ejército. Una vez que se elige a un oficial para ascenso y hay una vacante disponible lo más probable es que lo asignen a ocupar un cargo con un mayor nivel de autoridad y responsabilidad mientras llega la orden oficial de ascenso. Claro está que entre tanto, no nos pagan el salario correspondiente al cargo. Todo este proceso se conoce como "ponerse el hábito". Para mediados de 1975, me ascendieron a primer teniente.

Después de aproximadamente un año como oficial ejecutivo de la Compañía Bravo, fui seleccionado para llenar una vacante en el cuartel general del batallón S-3 (operaciones). Reportaba al capitán Scott Wallace quien, con poco entusiasmo, me dio un escritorio en el rincón de atrás de la oficina y me asignó como oficial de revisión de horario de entrenamiento. Me pareció una buena tarea porque revisar los horarios de entrenamiento era parte de las responsabilidades de S-3. El problema era que me llegaban los horarios de entrenamiento una vez por semana y sólo me tomaba más o menos una hora revisarlos. Por lo tanto, miraba a mi alrededor y me preguntaba qué haría el resto del tiempo. Fue entonces cuando empecé a ofrecerme como voluntario para todo lo que surgiera. Ayudé con los ejercicios de campo y con las inspecciones de seguridad de la flotilla de vehículos motorizados. Me convertí en oficial de seguridad de morteros, en oficial de seguridad de armamento, en oficial de seguridad de campo y me ofrecía como voluntario para servir de instructor de paracaidismo cada vez que se me presentaba la oportunidad. En términos generales, hacía lo que pudiera por mantenerme ocupado.

Eventualmente, por recomendación del capitán Wallace, me eligieron como edecán del comandante adjunto de la comisión. Antes de dejar el batallón, Wallace me llamó para asesorarme sobre mi Informe de Eficiencia. Me entregó una revisión excelente y advirtió algo con inusual sinceridad. "Ric, cuando lo asignaron a mi personal yo no quería que viniera a S-3 porque era un oficial hispano. He tenido problemas con los hispanos durante casi toda mi carrera y no podía darme el lujo de seguirlos teniendo. Pero llegó usted y me demostró que estaba equivocado. Felicitaciones por haber sido seleccionado como edecán. Le deseo la mejor suerte".

Me caía bien Scott Wallace. Era un hombre bueno y decente que simplemente reflejaba la forma como funcionaban las cosas en ese momento en el Ejército de los Estados Unidos. La mayoría de los hispanos eran reclutas, oficiales no comisionados y soldados con rangos inferiores. Muy pocos llegaban al rango de oficial y los que lo hacían eran examinados con lupa. El capitán Wallace pudo haber llegado al batallón con algunos prejuicios, pero eso no era extraño y no lo consideré como un racismo acendrado. Sin embargo, los comentarios me hicieron caer en cuenta de que me observaban con más atención que a cualquier otro oficial de mi edad. Creo que saber eso me ayudó a convertirme en un mejor líder porque siempre tuve la sensación de que tenía que desempeñarme a un nivel más alto que el de mis compañeros no hispanos.

Trabajar en el cuartel general de una división me abrió todo un mundo nuevo. Por ejemplo, pude observar cómo tomaban decisiones los altos mandos, cómo emitían las órdenes, cómo interactuaban con sus subalternos. El oficial para quien trabajaba, el brigadier general Richard Boyle, era un hombre de familia con los pies en la tierra, que me tomó bajo su ala protectora, por así decirlo, y me mantuvo cerca. Me habló de su estilo de liderazgo y me dio consejos que me acompañarían durante toda mi carrera. Fue la primera vez que un oficial superior se interesó realmente por mi desarrollo.

Después de trabajar por un año como ayuda de campo me dieron el comando de la Compañía Charlie, de nuevo en el batallón blindado, que había estado luchando por alcanzar las normas. De hecho, no había logrado terminar el ejercicio preliminar de artillería. La Compañía Charlie tenía unos setenta soldados y catorce tanques Sheridan. Eran vehículos blindados pequeños, para asalto aéreo de reconocimiento, diseñados para ser lo suficientemente livianos como para poderlos cargar en la parte de atrás de un avión C-130 y ser lanzados con el sistema de extracción de paracaídas de baja altura sobre la zona de combate. En ese momento, era aún primer teniente y era raro que alguien de ese rango asumiera el comando de una compañía, sobre todo sin haber asistido antes al Curso Avanzando de Oficial Blindado. Sería el primer comando donde mi responsabilidad consistiría en preparar una unidad capaz de ir a participar en una batalla sin previo aviso. Y definitivamente, iba a lograr que mis tropas estuvieran listas en caso de que eso ocurriera.

Acababan de retirar del cargo al comandante de la Compañía Charlie porque ésta no había podido calificar a todos sus miembros en los primeros ejercicios de artillería. Estaban disgustados y su moral era baja. Los reuní a todos y les lancé un reto directo. "Tenemos tres compañías blindadas y cincuenta y cuatro tanques en este batallón", les dije. "Al final del período de entrenamiento en artillería no sólo vamos a ser calificados como la mejor compañía sino que vamos a tener el mejor batallón blindado y el mejor pelotón". Uno de los líderes del pelotón sugirió que había puesto metas demasiado elevadas. Pero le respondí que el éxito era sólo cuestión de confianza, de nociones fundamentales de artillería y enfoque en el liderazgo. A fin de garantizar que estuviéramos preparados para la guerra, hice trabajar muy duro a la compañía, sobre todo en destrezas conjuntas e individuales de artillería. Al final, tuvimos dos de los pelotones del batallón en primer lugar y no alcanzamos el primer puesto como compañía por dos puntos. Como resultado, la moral de la Compañía Charlie subió vertiginosamente.

ESTUVE EN LA 82ª Division Aerotransportada en Fort Bagg durante casi cinco años. Fue un lugar excelente para iniciar mi carrera en el Ejército, porque me dio una enorme variedad de experiencias de aprendizaje, sobre las que reflexioné a medida que mi misión llegaba a su fin.

En primer lugar, reflexioné sobre lo que el teniente coronel Albert Sidney Britt dijo acerca de que requeriría años para ponerme a la altura de los egresados de West Point. Bien, estaba totalmente equivocado. Había algunas diferencias entre el entrenamiento que recibí en el programa ROTC y el de West Point, pero nada que me pusiera en una marcada desventaja. En cuanto a Britt, personalmente, me di cuenta de que era un vestigio de un ejército en mal estado. De sus actos, aprendí que sólo porque alguien sea tu superior eso no quiere decir que sepa lo que es mejor para ti y lo que uno eventualmente podría alcanzar.

En segundo lugar, dejé mi misión en Fort Bragg con la clara comprensión de que un líder debe verificar todas las áreas que están bajo su mando. Durante mi época como edecán en el cuartel general de la división, pude ver varios estilos de alto liderazgo y elegir el que más se adaptara a mi personalidad. Fue evidente para mí que con frecuencia las personas *creen* que saben lo que el general desea, cuando en realidad pueden estar muy equivocadas. Por lo tanto, la claridad en las comunicaciones tanto escritas como verbales, es indispensable a fin de minimizar los malentendidos.

Mientras fui comandante de la Compañía Charlie, aprendí que fijar grandes metas, establecer normas e imponer disciplina es lo que realmente importa para el desempeño final del equipo y que cada oficial debe tener el valor moral de hacer lo que es correcto y presentar informes, resolver y documentar cualesquiera errores que detecte. Y, por último, entendí que había tenido la gran fortuna de contar con un oficial superior como el brigadier general Richard Boyle que me tomó bajo su ala y me dio ánimo y apoyo. Me llamó especialmente la atención su compromiso de por vida con su familia.

Durante nuestros últimos dos meses en Fort Bragg, nació nuestra hija Lara Marissa, el 3 de abril de 1978. Estuve presente en la sala de parto acompañando a María Elena durante su nacimiento y lloramos de dicha y felicidad. En ese momento, nos dimos cuenta de que nuestras vidas habían cambiado para siempre, y tomamos la decisión consciente de que nuestra familia y nuestra fe serían siempre lo primero.

Esa promesa sólo estaba condicionada por un factor que María Elena y yo analizamos en profundidad. En caso de una crisis nacional, el Ejército vendría antes que la familia. Pero a excepción de una guerra, a excepción de que tuviera que ausentarme para luchar por mi país, haría todo lo posible por permanecer en casa y participar en los eventos familiares.

Durante los primeros meses de 1979, la situación empezó a caldearse en el Medio Oriente. Los fundamentalistas islámicos iraníes obligaron al Shah de Irán, que contaba con el respaldo de los Estados Unidos, a dimitir y lo reemplazaron por Ayatolá Khomeini, quien durante los últimos cuarenta años había estado exilado en Irak. Más adelante, en julio de ese mismo año, Saddam Hussein asumió oficialmente el poder después de orquestar la renuncia de su predecesor, el presidente Hassan al-Bakr.

Durante años, Saddam había consolidado sin cesar su poder dentro del gobierno y, básicamente, era el líder de Irak. Pero cuando al-Bakr comenzó a intentar negociar un tratado que llevara a la unificación de Siria e Irak, Saddam entró en acción. Inmediatamente después de apoderarse de la presidencia, convocó una asamblea de todos los líderes del Partido Baath, leyó los nombres de sesenta y ocho miembros que habían sido señalados como “desleales” y los hizo arrestar. Más tarde, veintidós de ellos fueron sentenciados a muerte. En el término de dos meses, Irak e Irán se involucraron en un conflicto de proporciones menores a lo largo de varios puntos de su frontera de 900 millas.

En Terán, el 4 de noviembre de 1979, un grupo militante de estudiantes iraníes tomaron por la fuerza la misión diplomática norteamericana. Con el apoyo del nuevo régimen iraní bajo Khomeini, los militantes hicieron rehenes a sesenta y seis ciudadanos norteamericanos a quienes retuvieron durante 444 días —liberándolos finalmente el 20 de enero de 1981, el día de la toma de posesión de Ronald Reagan como presidente de los Estados Unidos.

Bajo la impresión de que Irán estaba preocupado por la crisis de los rehenes norteamericanos, Saddam Hussein hizo que el creciente conflicto fronterizo escalara atacando varias bases aéreas iraníes en septiembre de 1980. Pero Irán respondió de inmediato bombardeando varios blancos militares y económicos en Irak. Los dos países se enfrentaron entonces en una guerra que habría de durar ocho años y en la que morirían aproximadamente un millón de personas. Al final, ninguna de las dos partes pudo reclamar la victoria.

Después de cinco años en Fort Bragg, fui transferido a Fort Knox, en Kentucky, para asistir al Curso Avanzado de Oficiales Blindados, que era el proximo paso en mi desarrollo profesional como oficial. El programa de nueve meses estaba diseñado para preparar a oficiales con el fin de convertirlos en comandantes de una compañí. El curso avanzado ofrecía también los fundamentos necesarios para convertir a un oficial en miembro efectivo de los altos mandos de una brigada o un batallón. Aprendí a sincronizar todos los sistemas (logística, maniobras, inteligencia, etc.) críticos para el éxito en el campo de batalla. Para mí esto fue muy importante porque ya había comandado una compañía y estaría destinado a formar parte de los altos mandos durante al menos los siguientes diez años.

Al terminar el Curso Avanzado de Oficiales Blindados, tomé un avión a mi nueva misión asignada en Corea. Viajé solo porque en ese momento no habían viviendas provistas por el gobierno para familias. Mi primera tarea consistió en encontrar dónde vivir fuera de la base. Sólo entonces podrían darse órdenes para que María Elena y Lara pudieran viajar.

La guarnición Yongsan en Seúl donde fui asignado, era una enorme comunidad militar con gran actividad establecida después de la Guerra de Corea. Tenía varios comandos principales, incluyendo el Comando de las Naciones Unidas, el Comando de las Fuerzas Combinadas y la Octava Fuerza de los Estados Unidos en Corea del Ejército de los Estados Unidos, a la que estaba asignado. Mi trabajo era en la oficina administrativa de altos mandos unidos que controla todas las acciones de los altos mandos del cuartel general de cuatro estrellas.

Durante el mes que permanecí solo en Seúl, procuré aprender tanto como me fuera posible acerca de la historia de la región, y además estudié la historia de la Guerra de Corea. Tres años de conflicto habían costado más de 700.000 vidas (33.600 norteamericanos, 58.000 surcoreanos, 215.000 norcoreanos y 400.000 chinos). Los Estados Unidos intervinieron después de que Corea del Norte lanzó una invasión sorpresa a través del paralelo 38, en 1950. En ese momento, el presidente Truman ordenó la movilización de las fuerzas norteamericanas en apoyo a un mandato de las Naciones Unidas de que las fuerzas comunistas debían replegarse de inmediato.

El primer despliegue de tropas proveniente de Norteamérica a la región había sido un fracaso catastrófico. Se había reunido apresuradamente una unidad conocida como Destacamento Smith que había sido enviada de Japón a la región norte de Corea del Sur. Su misión era retardar la ofensiva de Corea del Norte y así ganar tiempo para el despliegue de fuerzas estadounidenses adicionales. El general Douglas McArthur (comandante de todas las fuerzas de las Naciones Unidas en Corea) se referiría esta operación más adelante como "un arrogante despliegue de fuerzas". Organizada de forma improvisada, la fuerza militar estaba compuesta de apenas 540 soldados norteamericanos, menos del 20 por ciento de los cuales tenían experiencia en combate. No sólo eran inexpertos sino que carecían del entrenamiento adecuado y de las provisiones necesarias para su misión. Peor aun, el liderazgo de este grupo de combatientes sabía poco o no sabía absolutamente nada de operaciones militares en Corea. Desafortunadamente, el Destacamento Smith quedó diezmado en combate. Durante los siguientes años, los altos mandos del Ejército estudiarían toda la operación y el Comandante en Jefe, el general Gordon Sullivan, se acostumbraría a repetir la famosa frase "No más Destacamento Smith".

Eventualmente, las fuerzas estadounidenses prevalecieron sobre las de Corea del Norte, a pesar de una masiva infusión de tropas de China comunista. En julio de 1953, se acordó un cese de fuego y se estableció una zona desmilitarizada de tres millas de ancho entre las dos naciones a lo largo de la frontera de 155 millas de largo. Por lo tanto, desde el punto de vista técnico, los Estados Unidos y Corea del Norte aún seguían en guerra.

La guarnición Yongsan era bastante agradable comparada con las demás instalaciones militares en Corea. Tan pronto como uno dejaba sus predios, era como cruzar el límite hacia una ciudad del Tercer Mundo. El estado de suciedad de Seúl era casi inimaginable. En las tardes, veía con frecuencia ratas enormes entrar y salir de las alcantarillas. Cuando al fin llegaron María Elena y Lara, los tres vivíamos en un pequeño apartamento de 65 metros cuadrados en el complejo Riverside Village, a unos doscientos metros de Yongsan. Tenía una sala minúscula, una cocina muy pequeña y una sola alcoba. Según los estándares occidentales, el lugar era pésimo. Pero según, los estándares coreanos, no estaba tan mal. No teníamos automóvil porque podíamos ir a pie hasta las instalaciones de Yongsan. Y cuando María Elena consiguió un trabajo como maestra de preescolar para los hijos de los militares en la base, nuestras vidas comenzaron a adquirir rasgos normales. No vivíamos según los más altos estándares, pero sobrevivíamos, estábamos juntos y nos sentíamos bien.

Todas las mañanas, al ir a pie desde Riverside Village hasta mi trabajo, podía ver el caudaloso Río Han con sus rápidos y la frondosa vegetación de sus orillas. Saber que el río estaba tan cerca me tranquilizaba psicológicamente. Creo que me recordaba, hasta cierto punto, el río Grande. El Han era mucho más ancho y más caudaloso durante todo el año. Además, en enero y febrero, se congelaba hasta el punto en que los vehículos podían pasar por encima de sus aguas heladas. En los dos inviernos que pasé en Seúl, el río congelado aumentaba la preocupación por la seguridad ya que a principios de la Guerra de Corea, los norcoreanos habían conducido sus vehículos por el río congelado para tomar control de la ciudad.

En cuanto a mi trabajo, era una misión decente, y representó mi primera experiencia en un comando conjunto. El comandante de cuatro estrellas era un general del Ejército, mientras que su asistente de tres estrellas era de la Fuerza Aérea. Por lo tanto, trabajaba para oficiales de los distintos servicios —la Fuerza Aérea, la Armada, la Marina y los demás oficiales del Ejército— y todos trabajábamos con coreanos a nivel de coalición. El título de mi cargo era Oficial de Control de Acción en la Oficina del Secretario de Jefes Conjuntos, que controlaba todas las acciones del personal que entraba y salía del grupo de comando. Era responsable de todas las funciones de apoyo y servicio a las tropas en combate —del personal y la administración, de logística, relaciones públicas, asuntos legales. Era trabajo de oficina pero procuraba aprovecharlo al máximo aprendiendo todo lo que podía acerca de las acciones bélicas, la coalición, los servicios de interagencia y las operaciones conjuntas de los comandos.

Mientras estuve en Corea, pude ver los esfuerzos del Ejército por transformase en una organización basada en valores morales. Al llegar, la actitud habitual de los jefes militares y los soldados era "Lo que ocurra en Corea se queda en Corea". Y algunos problemas bastante importantes eran rutinariamente ignorados. Además de severos problemas con el abuso de alcohol, había muchas historias acerca de cómo los soldados se aprovechaban de las mujeres locales y dejaban hijos tras de sí.

Las cosas comenzaron a cambiar con la llegada del general John Wickham. Como comandante de cuatro estrellas de las fuerzas conjuntas en Corea, inmediatamente impuso nuevas reglas a la guarnición estadounidense. Sin rodeos, explicó que ya no se aceptaría que los jefes mostraran comportamientos inmorales y que no se toleraría el abuso del alcohol. Más tarde, el general Wickham se convirtió en jefe del estado mayor del Ejército y fue instrumental en volver a poner en orden la institución después de Viet Nam.

Hacia el final de mis dos años en Corea, recibí una llamada inesperada.

"Capitán Sánchez", dijo el oficial al otro lado de la línea. "Ya ha sido comandante, tiene buenos informes de eficiencia y una especialidad en matemáticas. ¿Qué diría de asistir a la Escuela Naval de Postgrado en Monterey, California?"

"Pensé que tenía que pasar por un dispendioso proceso de solicitud para que se dignaran tenerme en cuenta para un curso de postgrado", respondí.

"Normalmente, así es. Pero, en este caso, el Ejército ha previsto una necesidad y lo ha identificado como un buen candidato. Es un programa de dos años. Obtendrá su licenciatura, pero hay algo más detrás de todo esto. Tendrá que prestar servicio en esa área funcional al menos durante otros tres años. ¿Por qué no lo piensa? Si estuviera dispuesto a ir, está aceptado".

Cuando colgué el teléfono, recordé haber pensado que eso era exactamente lo que deseaba en cuanto a mis planes a largo plazo. Tener una licenciatura me convendría mucho si por alguna razón tuviera que dejar el Ejército. Además, dos años en Monterey, California, era algo que me parecía muy atractivo. Tampoco me disgustaba en lo más mínimo prestar servicio en esa área porque sabía que estaría al menos seis años más como oficial del estado mayor. Sin embargo, tenía otras dos opciones, y María Elena y yo las analizamos en detalle.

Me habían ofrecido la oportunidad de quedarme en Corea un año más. Podía ir al paralelo 38 y unirme a la 2ª División de Infantería como oficial de operaciones de un batallón de tanques o podía quedarme en Yongsan como oficial administrativo para el segundo comandante en jefe. La posibilidad de obtener ese nombramiento en la división de armamento pesado era muy atractiva, pero también significaría tener que dejar a mi esposa y a mi hija en Seúl.

El factor más importante en la ecuación, sin embargo, era el segundo embarazo de María Elena. Ambos estábamos preocupados por la calidad de la atención médica en Corea. Por ejemplo, Lara había sufrido una severa erupción cutánea y los médicos del hospital militar habían tardado más de dos meses en diagnosticársela correctamente. Al final, decidimos que el nombramiento para el batallón de tanques blindados tendría que esperar porque primero estaba la familia. Por consiguiente, decidimos que aceptaría la oferta en la Escuela Naval de Postgrado y el bebé nacería en California.

También tenía otra motivación para regresar a los Estados Unidos; mi padre no estaba bien de salud. Había sufrido un par de accidentes cerebrovasculares, inducidos por el alcohol, poco después de mi llegada a Corea. Después de recibir una llamada en la que me informaron que probablemente no se recuperaría, fui a casa y me quedé a su lado durante diez días. Eventualmente, se recuperó y salió del hospital. Los médicos le advirtieron que debía dejar de beber, como en efecto lo hizo —durante unos dos meses. Pero luego comenzó a beber de nuevo, sufrió otro derrame cerebral y, esta vez, no se recuperó. Eventualmente, terminó en una casa de atención para enfermos crónicos.

Antes de los problemas de salud de mi padre, yo solía beber ocasionalmente. Pero después de ver los efectos del alcohol en él, prometí que jamás lo volvería a hacer. Y nunca más volví a beber. Su situación también reforzó mi perspectiva de cómo debía manejar a los soldados que abusaban del alcohol. Les diría, muy claramente, que yo no bebía. Pero también me aseguraría de no imponerles unas normas personales. Estaba plenamente de acuerdo con las políticas y los reglamentos del Ejército en contra del abuso del alcohol, por lo tanto, informaba a mis hombres que si decidían beber y meterse en problemas, no encontrarían ninguna condescendencia en mí.

Cuando María Elena, Lara y yo llegamos a la Escuela Naval de Postgrado en California en el verano de 1981, esperaba ver a mi padre sano de nuevo y entusiasmado con el nacimiento de nuestro segundo hijo. Mientras mi padre permanecía estable en el sur de Texas, María Elena dio a luz a nuestro primer hijo el 11 de diciembre de 1981 en Fort Ord en Monterey. Lo bautizamos en la iglesia católica con el nombre de Marco Ricardo, y lo llamamos Marquito. Fue una dicha tener la bendición de un hijo y una hija, lo que siempre habíamos considerado como la familia perfecta.

En la Escuela Naval de Postgrado me inscribí en un programa de dos años de investigación de operaciones —ingeniería de análisis de sistemas, uno de los mejores programas en el país. Durante el tiempo que estuvimos en Monterey, María Elena y yo establecimos varias relaciones amistosas de por vida, incluyendo dos oficiales de la Armada Colombiana, Alfonso Calero y Guillermo Barrera. Ambos llegarían a ser almirantes y nuestros caminos se cruzarían de nuevo muchos años después, cuando trabajé como director de operaciones del Comando Sur de los Estados Unidos en Miami. Desafortunadamente, mi época en la Escuela Naval de Postgrado se vio también manchada por una tragedia personal que cambiaría mi vida para siempre.

Durante el cuarto trimestre del programa, en septiembre de 1982, mi cuñado Jorge vino a visitarnos e invitó a María Elena a que lo acompañara a Texas por un par de semanas. Sus padres querían ver a Lara, que ya tenía cuatro años, y conocer a su nuevo nieto Marquito, que tenía nueve meses. Como es natural, se enamoraron de él a primera vista —sobre todo mi suegra, que no dejaba de decir que era un niño bellísimo.

Me quedé en Monterey para asistir a clases, y María Elena y yo hablábamos diariamente por teléfono. Hacia el final de esas dos semanas, sin embargo, comencé a sentirme preocupado.

"Sabes, creo que debes regresar a casa", le dije. "No te puedo explicar por qué, pero tienes que volver lo antes posible".

"Bien, tenemos un par de cosas que hacer este fin de semana", me respondió. "Todo estará bien. Probablemente pueda regresar el miércoles o el jueves".

El domingo por la tarde, María Elena y sus padres tenían programado llevar a los niños a Zapata, un pequeño pueblo cerca de Laredo. Pasarían la noche en casa de su hermana Maricela y continuarían hacia la Ciudad de Río Grande donde celebrarían el primer cumpleaños de nuestro sobrino. Cuando estaban empacándolo todo en el automóvil para el viaje de una hora desde Zapata a Río Grande la hermana de María Elena sugirió que llevaran el asiento de seguridad para Marquito. Siempre habíamos utilizado asientos de seguridad para los niños, pero, en este caso, el pequeño Chevrolet del padre de María Elena tenía los asientos hundidos en el frente y no tenía cinturones de seguridad en el asiento trasero. Por lo que realmente no había forma de sujetar el asiento de seguridad al automóvil. "Sólo será un viaje de una hora", dijo María Elena a su hermana. "Lo llevaré cargado. Estará bien". Todos subieron al automóvil y se fueron. Mi suegro conducía, mi suegra estaba en el asiento del pasajero adelante, María Elena estaba detrás de su madre sosteniendo a Marquito sobre sus rodillas, a su lado estaban Lara y su hermana de quince años, Bellita.

A mitad de camino, con su madre medio dormida en el asiento de adelante y Lara leyéndole el cuento de *Huevos Verdes con Jamón* a Marquito, mi esposa sintió de pronto la necesidad de rezar. En silencio, le dio gracias a Dios por haber traído a Lara y a Marquito a su vida. En ese instante, sintió una profunda pena que nunca ha podido explicar. Unos cinco minutos después, a la 1:19 p.m., una camioneta cargada de niños hizo un súbito giro a la izquierda justo en frente del auto de mi suegro.

"¡Cuidado, papá!", gritó María Elena desde el asiento de atrás.

Su padre, que iba a cincuenta millas por hora, pisó el freno y giró a la izquierda en un intento por evitar el choque. Pero fue demasiado tarde. El pequeño Chevrolet se estrelló de lado contra la camioneta. El padre de María Elena quedó inconsciente, su madre sufrió toda la fuerza del impacto y murió en forma instantánea. En el asiento de atrás, las dos niñas cayeron al piso y quedaron inconscientes. María Elena se agachó y sentó a Bellita en el asiento para evitar que ahogara con su peso a Lara. Luego, miró a Marquito a quien todavía tenía estrechamente abrazado. Mi hijo estaba inconsciente y evidentemente había sufrido una lesión craneana masiva. Respiraba con dificultad, su pulso era débil. Más o menos un minuto después, dejó de respirar y su rostro cambió de color.

En ese momento, yo estaba en Monterey, en la iglesia. El sacerdote acababa de empezar su homilía, que ese día se refería a los niños. De pronto sentí que alguien tiraba de la cadena de plata que usaba siempre alrededor de mi cuello. Siempre que alzaba a Marquito, él agarraba la cadena y tiraba de ella. Era como si él hubiera estado justo ahí conmigo.

Después de la iglesia me fui a casa directamente y llamé a mi esposa para decirle que quería que regresara a casa. Tan pronto como me acerqué a la puerta, oí que el teléfono timbraba. Respondí, era María Elena que llamaba del hospital. "Amor, hemos tenido un accidente", me dijo, "mamá y Marquito murieron".

Tomé un avión y me fui a casa esa noche. Mi hija de cuatro años tenía la clavícula rota y estaba en el hospital con una concusión. Mi esposa tenía un brazo roto y estaba enyesada. Mi suegro había sufrido lesiones en el tórax y tenía una cadera dislocada, pero se recuperarían. Mi cuñada tenía lesiones faciales y una concusión, pero se pondría bien. Ninguno de los que venía en la camioneta se había lesionado seriamente.

María Elena y yo no sabíamos qué hacer, si cuidar a Lara en el hospital o hacer los arreglos para el funeral de Marquito. Hablamos. Lloramos. Rezamos. Y esa noche, tomamos la decisión de que teníamos que seguir adelante. Sí, tendríamos un período de duelo por nuestro hijo, pero debíamos seguir viviendo por nuestra hija. Queríamos más que cualquier otra cosa que nuestra hija tuviera una niñez normal. Tendríamos que hacer un esfuerzo sobrehumano para no dejarnos consumir por esa tragedia. Si dejábamos que eso ocurriera, podríamos destruir nuestro matrimonio y nuestra familia.

Unos pocos días después del accidente, enterramos a Marquito y a mi suegra, Chavela, en Escobares, Texas. Mientras rezabamos el rosario en la iglesia, el pequeño cuerpo de Marquito yacía en un ataúd abierto. Es una imagen que recordaré siempre. En ese momento, sabía que me había perdido mucho de la corta vida de mi hijo y no había forma de recuperar esa pérdida. Había dedicado demasiado tiempo a estudiar, demasiado tiempo a pensar en cómo avanzar en mi carrera militar, demasiado tiempo lejos de él. Algo que lamentaría por el resto de mi vida.

¡Me quedé con ganas de abrazarlo y decirle cuánto lo quiero!

CAPÍTULO 3

El final de la Guerra Fría

Cuando regresamos a California, algunos representantes de la Escuela de Postgrado de la Armada me ofrecieron permitirme dejar de asistir a las dos últimas semanas de clases. "Si le parece bien", dijeron, "tomaremos el puntaje que tenga hasta este momento y esas serán las notas que obtendrá, así no tendrá que presentar ningún examen final. Y si necesita cualquier cosa, lo que sea, no vacile en decírnoslo". Agradecí su oferta y de inmediato la acepté. Necesitaba un poco de tiempo antes de reanudar las clases porque María Elena todavía estaba en tratamiento médico por sus lesiones. Sin embargo, cuando alguien del Ejército llamó y me dio la oportunidad de dejar la Escuela de Postgrado y trasladarme a un nuevo ambiente, con mucha delicadeza nos negamos. Teníamos muchos amigos en Monterey, y pensamos que lo mejor que podíamos hacer era quedarnos con ellos.

En el esfuerzo por enfrentar la tragedia, María Elena y yo empezamos a asistir regularmente a clases de Biblia. Mi esposa siempre había tenido una fe muy fuerte y estaba segura de que su madre y nuestro hijo estaban juntos en el cielo. Aunque yo sabía que eso era cierto, también buscaba la fe como una fuente más concreta de fortaleza en todos los aspectos. Comencé a leer los salmos por la noche, antes de irme a dormir, y en varios de ellos encontré consuelo, sobre todo en varios versos del Salmo 36:

¡Qué inapreciable es tu misericordia, Señor!
Por eso los hombres se refugian a la sombra de tus alas.
Se sacian con la abundancia de tu casa,
les das de beber del torrente de tus delicias.

También tuve una conexión inmediata con el Salmo 144, que me hizo pensar profundamente en mi carrera, como soldado que lucha por su país.

Alabado sea el Señor, mi roca,
quien adiestra mis manos para la guerra,
mis dedos para la batalla.
Él es mi Amor, mi Dios y mi Baluarte.

La muerte de mi hijo fortaleció inconmensurablemente mi fe en Dios. Y esa fe me ha hecho avanzar en formas que realmente no alcanzo a explicar. Por ejemplo, nunca he tenido miedo en una batalla. Lo que pienso es que si fui llamado por mi país para servir en el ejército, ese es mi destino. Además, al considerar las consecuencias de la muerte, ahora tendría a mi tío Raúl y a Marquito para ayudarme a hacer esa transición, así como mi abuela y mi tío Poncho ayudaron a mi tío Raúl. Desde ese momento en adelante, siempre que alguien me decía, "Si Dios quiere", esa expresión tenía un sentido nuevo y mucho más profundo para mí.

A medida que mi tiempo en la Escuela Naval de Postgrado llegaba a su fin, comencé a buscar la forma de ser asignado de nuevo a la fuerza blindada. Había trabajado con los tanques Sheridan livianos, pero después de diez años de carrera militar, sentía que necesitaba establecerme firmemente en armamento pesado. Afortunadamente, el Ejército aceptó y me envío a Fort Knox en Kentucky, el Hogar de las Fuerzas Blindadas. Al fin trabajaría con los tanques M60 y M1 de sesenta y setenta toneladas. Era la mejor artillería blindada del mundo, con motores de enorme capacidad y un increíble alcance.

Cuando llegué a Fort Knox en julio de 1983, el mayor general Frederic (Ric) Brown, comandante general de Fort Knox y jefe de la fuerza blindada, me eligió como jefe de analistas para un grupo de estudio especial, la futura Fuerza del Sistema Blindado de Combate. Nuestra misión consistía en diseñar el tanque del futuro que debía entrar en servicio en el año 2000, incluyendo una posible tecnología que contribuiría a permitir un avance revolucionario en el sistema. Durante los siguientes siete meses, analizamos todos los distintos tipos de desarrollos tecnológicos y aplicaciones más novedosas, no sólo para diseñar ese tanque súper avanzado del futuro para nuestro Ejército, sino para encontrar un reemplazo al tanque Sheridan liviano. Eventualmente, elaboramos múltiples diseños de tanques que usaban avanzada tecnología computarizada en todos los sistemas, incluyendo control de fuego, adquisición de objetivos, navegación y mantenimiento. Además, nuestro grupo de estudio desarrolló el concepto conocido como "sistema de manejo del campo de batalla", que comprendía un tablero de controles con pantalla plana en el interior del tanque, para que el comandante del vehículo pudiera ver las posiciones de las tropas tanto del enemigo como de las suyas.

Surgieron varias otras iniciativas como resultado de esa investigación que tuvieron un impacto significativo en la fuerza blindada. Por ejemplo, sirvió de base para la justificación y el desarrollo de una nueva bala de energía cinética mejorada, así como el desarrollo del tanque M1A2 que sigue siendo el más avanzado del mundo. Diseñamos además un nuevo tanque de artillería blindado para reemplazar el tanque Sheridan e iniciamos una nueva fuerza de trabajo para estudiar toda la familia de vehículos blindados. En conjunto, todo este esfuerzo señaló el comienzo de un esfuerzo de transformación del ejército que recibió el nombre de Sistema de Combate del Futuro.

El mayor general Ric Brown me nombró más adelante su asistente especial y me puso a cargo de un pequeño grupo en la oficina del director de desarrollos de combate (que se ocupaba de todos los aspectos de materiales, estructura de la fuerza y aspectos de equipo para la fuerza blindada, incluyendo sistemas y capacidades para el futuro). Como resultado, interactué durante mucho tiempo con los altos mandos en Washington y en todo el Ejército. Al final, el Ejército no solamente hizo una inversión enorme en nuestros programas recién diseñados sino que acortó considerablemente las fechas previstas para la investigación, el desarrollo y el despliegue de mejores equipos de combate.

La confianza depositada en mí por el mayor general Brown me hizo avanzar también a una posición desde donde podía observar directamente las operaciones al más alto nivel del Ejército. Vi cómo interactuaban entre sí los distintos departamentos y cómo eran sus relaciones con el Congreso. Auque mi cargo era administrativo, terminé involucrado en conversaciones sobre las principales decisiones relacionadas con las capacidades futuras de la fuerza blindada, ya que el mayor general Brown me llevaba con él a casi todas las reuniones que tenía con las personas claves encargadas de tomar las decisiones del Ejército.

Recuerdo un caso específico, en Fort Knox, en donde el Subjefe del Estado Mayor del Ejército, el general Max Thurman, escuchaba los informes que se le presentaban sobre la fuerza blindada que preveía el mayor general Brown para el año 2000. Mientras el encargado de presentar el informe hablaba del gran desarrollo que lograría la escuela blindada entre 1995 y el año 2000, el general Thurman se dirigió al mayor general Brown y dijo:

"Ric, ¿ya sabe quiénes serán los generales de la fuerza blindada en el año 2000?"

Con una expresión de perplejidad, el mayor general Brown le respondió:

"Señor, no lo sé".

"Bueno, debería empezar a pensarlo. Déjeme que le diga, hay un joven capitán que va a ser uno de los futuros líderes del Ejército".

El Subjefe del Estado Mayor del Ejército entonces procedió a analizar los antecedentes de este capitán, describiendo en detalle el programa previsto para su carrera. Como dándolo por hecho, dijo que llegaría a ser general, a menos que se desviara en algún punto del camino.

"Su nombre es John Abizaid", dijo el General Thurman. "Sígale la pista. Ah, además, Ric, la fuerza blindada debe empezar a buscar y desarrollar desde ya sus líderes futuros".

Me sorprendió sobremanera que el Subjefe del Estado Mayor fuera tan abierto en cuanto a las carreras de los oficiales jóvenes que parecían estar destinados a formar parte de los altos mandos del Ejército en el futuro. "Este muchacho, Abizaid, tiene mi mismo rango y ya ha sido identificado como un futuro general", pensé para mí. "¿Me pregunto si sabe que será general?" En ese momento, yo no tenía la menor idea de que John Abizaid y yo estuviéramos destinados a volvernos a encontrar tanto en Kosovo como en Irak.

Pasé, en total, tres maravillosos años en Fort Knox. Durante ese tiempo, María Elena y yo fuimos bendecidos con dos niños más: Rebekah Karina, que nació el día de Navidad de 1983, y Daniel Ricardo, que nació el 11 de diciembre de 1985. Con mi familia en crecimiento, y las muchas responsabilidades de mi cargo en el departamento de personal, así como el incentivo de un mejor salario en puestos civiles, consideré muy seriamente dejar la carrera militar; esa fue la única vez que lo pensé. Había estado trabajando mucho con una empresa llamada General Dynamics Corporation y, después de que terminamos el estudio preliminar de los diseños de los futuros tanques para el Ejército, me ofrecieron un puesto como analista de sistemas de operaciones de investigación por $50.000 al año. En ese entonces, era capitán y sólo ganaba $600 al mes, era una oferta muy tentadora. Sin embargo, una noche, mientras cenábamos, María Elena me miró y dijo:

"Sabes, desde que te conozco, lo único con lo que has soñado ha sido con ser soldado, y tu meta siempre ha sido llegar a comandante de batallón, si te vas ahora, nunca sabrás si hubieras podido lograrlo. Te alejarás de todo lo que siempre has querido hacer".

Lo pensé por un segundo. "Tienes toda la razón. No creo que tengamos que hablar más de este tema de la oferta de trabajo. Nos quedaremos en el ejército", dije.

Con mucha frecuencia pienso en la generosidad de mi esposa en ese momento, en todo lo que tuvo que soportar como la esposa de un militar. Soy muy afortunado de tenerla en mi vida. Y se lo digo con frecuencia.

Entre tanto, la situación en el Medio Oriente no se había calmado en absoluto. El 23 de octubre de 1983, un terrorista suicida hizo detonar un camión cargado de explosivos en las barracas del Cuerpo de la Marina de los Estados Unidos en Beirut, Líbano. Murieron en total 241 miembros de las fuerzas armadas de los Estados Unidos (220 marines, dieciocho miembros de la Armada, tres miembros del Ejército) y sesenta quedaron heridos. Otro ataque casi simultáneo a ese tuvo lugar cerca de las barracas francesas dejando cincuenta y ocho muertos y quince heridos. Estos hombres formaban parte de una fuerza multinacional de las Naciones Unidas que había sido enviada al Líbano para mantener la paz en medio de una inminente guerra civil. Este hecho, uno de los primeros ataques terroristas masivos contra las fuerzas armadas norteamericanas, se cree que pudo haber sido perpetrado por miembros de la milicia chiíta libanesa (uno de los primeros grupos de Hezbollah) con el respaldo de Irán y Siria.

Dos días después, el 25 de octubre de 1983, un total de 9.600 soldados norteamericanos participaron en la invasión a Granada, una pequeña isla en el Mar Caribe. Su misión era rescatar unos 600 estudiantes de medicina norteamericanos que eran mantenidos como rehenes de las fuerzas cubanas y granadinas después del incruento golpe militar (probablemente respaldado por la Unión Soviética). Murieron diecinueve norteamericanos y 116 fueron heridos en el primer despliegue de tropas estadounidenses en combate directo desde la Guerra de Viet Nam. La misión terminó con la evacuación exitosa de todos los estudiantes de medicina, pero un análisis posterior a la invasión determinó que la operación presentó fallas de inteligencia inadecuada, rivalidad inaceptable entre las distintas fuerzas, desorganización, y que el liderazgo había sido deficiente. Como resultado, el Ejército revisó sus procedimientos de entrenamiento y tomó en serio la necesidad de contar con interoperabilidad y efectividad conjunta para la guerra.

Dos meses después de Granada, en diciembre de 1983, el presidente Reagan nombró a Donald Rumsfeld enviado presidencial y lo encargó de reunirse en Bagdad con Saddam Hussein. Su mensaje era directo: Washington estaba dispuesto a reanudar relaciones diplomáticas con Irak dado que su posible derrota en el conflicto entre Irán e Irak, que llevaba ya tres años, era contraria a los intereses de los Estados Unidos. Rumsfeld volvió en marzo de 1984 a reunirse de nuevo con Saddam para continuar sus esfuerzos diplomáticos. A pesar de que los Estados Unidos habían condenado abiertamente el uso de armas químicas letales por parte de Irak contra Irán, las relaciones diplomáticas entre los dos países quedaron plenamente reestablecidas en noviembre de 1984. (Estos dos países habían roto relaciones diplomáticas desde la guerra árabe-israelí de 1967).

El 15 de abril de 1986, aproximadamente por la época en que se me notificó que había sido elegido para asistir a la Escuela Superior de Comando y Estado Mayor en Fort Leavenworth, Kansas, el presidente Reagan ordenó una serie de ataques aéreos a Libia. La inteligencia estadounidense indicaba que Moammar Kadafi había patrocinado un ataque terrorista a un club nocturno alemán frecuentado por soldados norteamericanos en licencia, en donde un soldado había muerto y más de sesenta habían sido heridos. Los Estados Unidos respondieron con 200 aviones que dejaron caer aproximadamente sesenta toneladas de bombas. El mensaje del Presidente a los terroristas alrededor del mundo no pudo ser más claro. Estos ataques contra ciudadanos norteamericanos serían objeto de duros contragolpes.

Seis meses después, el 1 de octubre de 1986, el presidente Reagan sancionó la Ley Goldwater-Nichols, que cambió fundamentalmente la estructura de comando entre las fuerzas armadas y la rama ejecutiva del poder civil. Hizo esto en un intento por solucionar los problemas relacionados con las rivalidades entre los distintos servicios de las fuerzas armadas que se hicieron evidentes durante la Guerra de Viet Nam, la fallida misión de rescate de los rehenes en Irán en 1980 y la invasión de Granada. Desafortunadamente, los líderes militares veteranos en el Pentágono se oponían contundentemente a los cambios.

La nueva legislación indicaba que el Jefe del Estado Mayor Conjunto tuviera que reportar directamente al Presidente así como al Secretario de Defensa. Anteriormente, el cargo de Jefe del Estado Mayor Conjunto se rotaba regularmente entre el Ejército, la Armada, la Fuerza Aérea y la Marina, lo que solía dar lugar a favoritismo hacia la rama de las fuerzas armadas que tuviera el poder en un determinado momento. Además, la nueva ley también sacó a los jefes del Estado Mayor Conjunto de la cadena formal de comando para los comandantes regionales. En adelante, estos comandantes reportarían directamente al Secretario de Defensa. Por último, la nueva legislación requería que el Presidente de los Estados Unidos diseñara anualmente una estrategia de seguridad nacional para presentarla al Congreso.

La Ley Goldwater-Nichols entró en vigencia después de que me registrara en la Escuela Superior de Comando y Estado Mayor en Fort Leavenworth. Lo cierto fue que estar expuesto a los niveles más altos de liderazgo en las fuerzas armadas, combinado con el hecho de que mi desempeño era bueno, fue una verdadera ventaja para mi carrera. Me ascendieron a mayor y fui seleccionado para continuar estudios como residente en Fort Leavenworth, como el siguiente paso en mi carrera profesional. Durante mis estudios en esa institución me concentré en aprender a ser un oficial eficiente a nivel de división y a nivel de los distintos cuerpos de las fuerzas armadas.

Después de tres años en un entorno de aprendizaje a un ritmo extremadamente acelerado en Fort Knox, estaba decidido a volver a centrar mi atención en mi familia. María Elena había estado soportando gran parte de la responsabilidad familiar y quería recompensárselo. Claro está que no abandoné mis estudios. En cambio, le dediqué aun más atención a las partes del currículo relacionadas con la guerra, como las divisiones, los cuerpos tácticos y las fuerzas de operaciones conjuntas.

Cuando estaba ya a punto de graduarme, en la primavera de 1987, recibí una oferta demasiado buena para rechazarla. El teniente coronel Mike Jones, comandante del 3er Battallón, de la 8ª Caballería de la 3ª División Blindada en Alemania, me llamó y me pidió que fuera su S-3 (oficial de operaciones de batallón). Mike y yo habíamos prestado servicio juntos en las fuerzas de trabajo de Fort Knox mientras desarrollábamos los diseños para los futuros tanques y nos habíamos hecho amigos. Para esta época se encontraba desde hacía un año en Alemania como comandante de un batallón de tanques y comenzaría un importante ejercicio de entrenamiento en el área de Hohenfels. Este ejercicio serviría para evaluar la habilidad táctica de su unidad y realmente me necesitaba para que me encargara de su S-3. Después de trece años en el Ejército, al fin me encontraba cerca de una misión que me permitiría servir realmente en un cargo de liderazgo en un batallón blindado. No iba a perder esa oportunidad por nada del mundo. No desperdiciaría esa oportunidad. Por lo tanto, empacamos y nos fuimos para Gelnhausen, Alemania.

Entre 1987 y 1990, presté servicio en la 3ª División Blindada del Ejército, que había desempeñado un papel fundamental e histórico en la victoria de los Estados Unidos en Europa tras la Segunda Guerra Mundial. En este entonces, durante toda la Guerra Fría, la 3ª División Blindada era el principal punto de guardia de la Organización del Tratado del Atlántico Norte (OTAN) para la defensa de Europa. Nuestra misión era estar preparados para detener a las fuerzas soviéticas que intentaran avanzar por la ruta más obvia de ataque; la Brecha de Fulda, una brecha en los Montes Vogelsberg entre Frankfurt y el límite con Alemania Oriental. Durante esos tres años, fui oficial de operaciones y oficial ejecutivo del 3er Batallón, la 8ª Caballería (Mustangs) y la Gelnhausen, y oficial encargado de operaciones en el cuartel general de la división en Frankfurt. Ahora sentía que ya me había enfrentado a todos los posibles retos que podía enfrentar un comandante de un batallón blindado —a excepción de una guerra. Habíamos realizado importantes ejercicios de maniobras por todas las áreas rurales de Alemania. En múltiples ocasiones, habíamos puesto a prueba el Centro de Entrenamiento de Maniobras de Combate contra una fuerza profesional contraria y la Caballería 3–8 había sido la mejor en las competencias de suministros, mantenimiento y artillería a nivel del Ejército.

Durante mi segundo año en Alemania, el mayor general George Joulwan asumió el mando de la 3ª División Armada e inmediatamente empezó a poner en práctica los más recientes conceptos de entrenamiento desarrollados por el Ejército en el Centro Nacional de Entrenamiento en Fort Irwin, California. Reestructuró totalmente el entrenamiento en Hohenfels para ponerlo al nivel de las normas profesionales del Centro Nacional de Entrenamiento de los Estados Unidos. El liderazgo de Joulwan representó una gran mejoría en nuestros ejercicios de preparación.

El mayor general Joulwan dirigió también a la división en un REFORGER (Retorno de las Fuerzas a Alemania), uno de los ejercicios de mayor envergadura y más inspiradores en los que haya participado. Teníamos, literalmente, batallones, divisiones y cuerpos —con miles y miles de hombres y gran cantidad de equipo— maniobrando por todas las áreas rurales de Europa. Joulwan estaba allí en el campo con nosotros —comandando, observando, dirigiendo, asesorando, ponderando y criticando, a medida que entrenábamos.

Otra parte importante de nuestro desarrollo profesional en Alemania tuvo que ver con la realización de visitas del estado mayor a los campos de batalla más famosos de Europa. La visita a los campos de batalla que más me impresionó fue la relacionada con la Batalla del Bulge. Durante la Segunda Guerra Mundial, el 6 de diciembre de 1944, con 200.000 hombres y 1.000 tanques, Alemania lanzó un ataque sorpresa a través de los Bosques Ardennes en Bélgica. Su objetivo era llegar hasta el Canal de la Mancha, dividir los ejércitos aliados y revertir el curso de la guerra. El principal campo de batalla fue un área de setenta y cinco millas de bosques densos, cubierta de nieve.

Nuestro grupo visitó el campo de batalla en diciembre, en las mismas condiciones climáticas y en la misma época del año. Nevaba, llovía y el frío era intenso, mientras los historiadores nos guiaban a través del espeso bosque y los estrechos senderos. Recorrimos la vía de ataque del enemigo y nos detuvimos en el sitio donde acamparon las fuerzas norteamericanas, el sitio donde se encontraban durmiendo cuando fueron tomadas por sorpresa. Aprendimos que la verdadera historia de esta batalla tuvo que ver con los heroicos esfuerzos individuales de los soldados. Con frecuencia, aislados e ignorantes de lo que ocurría en realidad, hicieron lo que pudieron para impedir el avance de los nazis. Los soldados norteamericanos se organizaron en pequeños grupos para luchar contra el enemigo. Quemaron los depósitos de reservas de gasolina para que los tanques alemanes no tuvieran combustible. Avanzaron por entre bancos de nieve que les daban a la cintura para atacar los flancos de las fuerzas invasoras. Al final, ganaron suficiente tiempo para que las tropas del general Eisenhower llegaran y el contra ataque por parte de las tropas del general Patton tuviera éxito. El día de Navidad, la 2ª División Blindada de los Estados Unidos puso fin de una vez por todas al avance de los alemanes, y para fines de enero, el enemigo se había replegado y había salido de Bélgica. No habían pasado tres meses de esa batalla cuando terminó la guerra en Europa.

Este recorrido al sitio de la Batalla del Bulge me convenció de que el comando de unidades pequeñas es de gran importancia en situaciones de combate. En último término, todo se reduce a ese joven soldado, sargento u oficial que tiene el valor de no ceder terreno y de seguir luchando cuando las cosas se ponen difíciles y todo parece perdido. Una persona, no importa a qué nivel de mando, puede cambiar el curso de una batalla y producir un impacto en toda la operación bélica. Esa fue una lección que no habría de olvidar jamás.

Hacia fines de la década de los ochenta, cuando estaba por terminar mi asignación en la 3ª División Blindada en Alemania, varias situaciones de carácter social adquirieron importancia primordial en el Ejército norteamericano. La primera fue la importancia que adquirió el aspecto de la diversidad racial. A nivel nacional, el presidente Reagan declaró un Mes Nacional de la Herencia Hispana como reconocimiento a las muchas contribuciones de los hispanos a través de la historia de los Estados Unidos. Cada una de las ramas de las fuerzas armadas realizó algún tipo de actividad para destacar el aspecto de la diversidad. Por ejemplo, el Ejército envío equipos de personas por todo el mundo para hablar acerca de la dificultad que enfrentaba para crear y mantener un cuerpo de oficiales de orígenes diversos. En ese momento me sorprendió oír que los alemanes se referían a nosotros como un "ejército blanco e inmaculado".

Sin embargo, durante este tiempo, las fuerzas armadas del Ejército hicieron esfuerzos conjuntos por atraer, identificar, retener y promover la participación de miembros de las minorías. Con esta medida, me beneficié personalmente de muchos programas. Era evidente que la fuerza blindada no quería perder hombres que quisieran permanecer en la misma. Las malas noticias fueron que me di cuenta de que en diez años probablemente estaríamos cortos de oficiales de nivel medio provenientes de las minorías y vi eso como algo desafortunado porque el mundo estaba cambiando. Para mí era evidente que la diversidad iba a desempeñar un papel mucho más importante en los asuntos y en el empuje de Norteamérica. Basta pensar en lo que ocurría a fines de la década de los ochenta. Las computadoras personales y la World Wide Web eran inventos recientes. Los negocios estaban creciendo agresivamente en el extranjero y las fronteras internacionales comenzaban a desdibujarse. Algo tal vez más sorprendente aun, en noviembre y diciembre de 1989, cayó el Muro de Berlín y Alemania Occidental se unió de nuevo con Alemania Oriental. Apenas dos años más tarde, la misma Unión Soviética colapsaría y se disolvería. Estos cambios globales habían sido inimaginables apenas unos pocos años antes.

En 1987, cuando llegamos por primera vez a Europa, María Elena y yo tomamos el tren que va de Frankfurt a Berlín Occidental para visitar a unos viejos amigos. Mientras viajábamos por Alemania Oriental, de camino a Berlín, me vino a la memoria las veces que cruzaba el río hacia México, de niño. Literalmente habíamos entrado en un mundo distinto. Al otro lado del Muro de Berlín, los edificios eran simples y grises y la gente era extremadamente pobre. Debido a que no tenían electricidad, se veían obligados a encender hogueras para alumbrarse y calentarse. Pero ahora, todo eso cambiaría. Tomaría tiempo iniciar un proceso de desarrollo en firme, pero sin duda se crearían nuevas industrias, nuevas empresas y comenzaría a fluir dinero hacia el este de Europa. Por consiguiente, el Ejército norteamericano estaba destinado a cambiar también. Ya no sería necesario proteger la Brecha de Fulda, por ejemplo, porque ya no estaba allí la Unión Soviética para enfilar sus fuerzas a través de esta brecha y pelear en una guerra. De hecho, la 3ª División Blindada fue desactivada y disuelta en 1992. Era evidente que el final de la Guerra Fría lo cambiaría todo.

Cuando mi tiempo en la 3ª División Blindada llegaba a su fin, el oficial de misiones de la rama blindada me preguntó qué tipo de misión preferiría, le respondí, "Cualquier batallón de tanques M1 en el Ejército". Trascurridos un par de meses, recibí una carta por correo. "Bienvenido a Fort Benning, Hogar de la Infantería, Brigada 197 de Infantería (Individual) (Mecanizada) y el 2º Batallón de la Infantería 69 Blindada" decía.

No tenía la menor idea de que hubiera un batallón de tanques en Fort Benning. Pronto me enteré de que el batallón 2-69 era un batallón de apoyo de entrenamiento para la escuela de infantería. Su objetivo consistía en capacitar a los soldados de infantería en la forma de interactuar con las fuerzas blindadas y en enseñarlos a usarlas. "Bien, no fui específico en mi solicitud", me dije. "Me están dando lo que pedí —el comando de un batallón de tanques M1. Entonces, no me queda más remedio que irme para Georgia".

Tenía sentimientos encontrados acerca de irme de Alemania. María Elena y yo echaríamos de menos a Europa. Además, también nuestra familia había crecido con el nacimiento de mi hijo Michael Xavier el 28 de agosto de 1988. La fecha del parto coincidió con un ejercicio de entrenamiento de artillería y estaba terminándolo cuando me llamaron para avisarme que mi esposa habia roto la fuente y que iba camino al hospital. Después de viajar apresuradamente durante cinco horas, me sorprendí al saber que aún no había nacido el bebé. Tan pronto como entré en la habitación, María Elena comenzó a tener contracciones. Fue así como pude mantener intacto mi récord. He estado María Elena presente en el nacimiento de cada uno de mis hijos.

Aunque con cierta nostalgia por dejar a Alemania, estaba también entusiasmado por el futuro. Me habían ascendido anticipadamente a teniente coronel y mi misión para comandar un batallón de tanques representaba el logro de uno de los sueños de mi niñez. Volveríamos a los Estados Unidos, estaríamos un poco más cerca de casa —aunque Fort Benning (al sur de Georgia, cerca al límite con Alabama) quedaba aún a mil millas del Valle del Río Grande.

Inmediatamente después de tomar posesión de mi cargo, cuando terminaron los saludos y todos los dignatarios se marcharon, llamé a mi oficina al capellán del batallón, el capitán John Betlyon. Era la primera vez que tenía un capellán que me reportara a mí y quería aprovecharme de esa situación. Le pedí al capellán que me diera un pensamiento para el día. Todos los días, mientras estuviera al mando, en cualquier sitio donde me encontrara, su misión era suministrarme esa oración. Con frecuencia pasaba por la oficina todas las mañanas y me dejaba alguna frase inspiradora. A veces serían cuatro o cinco líneas, a veces un par de párrafos. Quienes trabajaban conmigo comenzaron a leer estos pasajes y se fueron volviendo cada vez más populares hasta el punto de que todas las compañías querían una copia. Yo no promoví la idea, pero en realidad quedé muy complacido de poder compartir algunos pensamientos basados en la fe con mis soldados. También me propuse asegurarme de que el capellán dijera una oración al final de cada reunión.

Muy pronto se me hizo evidente que mi fe iba formando un vínculo entre todos los miembros de mi batallón. Me pareció interesante que, cuando querían saber algo más de mi vida personal, acudieran a mi esposa.

"Señora, ¿podría contarnos un poco acerca de su esposo?", le preguntaban.

"Bien, para empezar, es un buen padre", respondía María Elena. "Siempre dice a sus hijos que lo peor que pueden hacer en la vida es mentirle. Entonces, les aconsejo que reconozcan sus fallas y den la cara si cometen un error. Pero nunca le mientan porque entonces tendrán muchos problemas".

Una de las personas más importantes para el comandante de un batallón es su oficial ejecutivo. En mi caso, este oficial era un mayor muy inteligente y dedicado, llamado Fred D. (Doug) Robinson, que había llegado dos semanas antes que yo. Nuestras capacidades individuales se complementaban y en muy poco tiempo formamos un buen equipo. Ambos nos dábamos cuenta de que el batallón se sentía muy cómodo con la misión de apoyo educativo. El entrenamiento y la capacidad de respuesta para el despliegue habían perdido importancia y el mantenimiento de los tanques no cumplía las normas. Había mucho por hacer.

En este punto de mi carrera, tenía un concepto muy claro de mis responsabilidades como comandante. Todos mis instintos y todos mis esfuerzos habían estado siempre centrados en un buen entrenamiento y en estar preparados para ir a la guerra si la nación nos lo pedía. *Esa* tenía que ser nuestra mayor prioridad porque *eso* era lo que estábamos llamados a hacer. Después de todo, aunque el Muro de Berlín hubiera caído, cual quier cosa podría pasar. En los últimos dos años, Saddam Hussein había utilizado armas químicas para matar a 5.000 kurdos en el norte de Irak, y

20.000 hombres del Ejército de los Estados Unidos habían invadido a Panamá para restaurar la democracia y derrocar al dictador corrupto Manuel Noriega. Nadie sabía realmente cuándo ni dónde se requeriría la presencia de las fuerzas armadas de los Estados Unidos en el futuro.

Fue así como en junio de 1990, Doug Robinson y yo cambiamos todo el concepto y nos enfocamos en el entrenamiento y la capacidad de respuesta del 2° Batallón 69 Blindado. En primer lugar, siempre que se movilizaba cualquier elemento del batallón para un entrenamiento, llevábamos todo lo que teníamos al campo. Esto incluía todo nuestro equipo de mantenimiento, suministros y cualquier otro equipo bélico. Teníamos que asegurarnos de poder identificar lo que necesitábamos para pelear, para que luego pudiéramos transportar y maniobrar con esos materiales. En segundo lugar, cuando íbamos al campo para entrenamiento, *vivíamos* en el campo. Obligaría a mis soldados a sobrevivir y a actuar bajo condiciones de exploración aun si estaban sólo en el polígono.

Este mensaje produjo el impacto de un rayo por todo el batallón. Anteriormente, al entrenar en Fort Benning, la mayoría de las unidades obtenían sus suministros de las instalaciones permanentes. Con frecuencia iban a entrenar y luego volvían a sus lugares habituales a dormir. Si tenían un problema de mantenimiento, llevaban los tanques al taller para la reparación.

"¿Qué cree que está haciendo este tipo?" preguntó uno de los soldados, refiriéndose a mis órdenes. "¡Jamás nos han movilizado! Siempre hemos sido un batallón de apoyo educativo. ¡Sólo ayudamos en el entrenamiento de una escuela de infantería! ¡Nunca nos van a enviar a la guerra! La Escuela de Infantería jamás lo permitiría".

A pesar de la resistencia inicial de la mayoría de los oficiales mayores no comisionados, confié en mis instintos y me mantuve fiel a mi plan.

"Haremos todo lo posible por asegurarnos de que nuestro batallón se entrene y esté listo para movilizarse en caso de que sea llamado", dije a mis soldados. "Mi responsabilidad es entrenarlos para la guerra. Esa es la mayor prioridad de este batallón, ¡y eso es lo que haremos!"

Fue así como durante los meses de junio y julio, nuestro batallón entrenó todos los días. Llevábamos todo lo que teníamos al campo. Allí hacíamos los trabajos de mantenimiento. Nos especializamos en maniobras, logística y artillería. Fortalecimos la unidad del equipo e instilamos en los soldados el espíritu guerrero. Fue difícil para nosotros lograrlo, pero para el 31 de julio, las Panteras del 2° Batallón 69 Blindado estaban próximas a alcanzar el nivel de capacidad necesario para ir a combate.

Dos días más tarde, el 2 de agosto de 1990, Saddam Hussein invadió a Kuwait.

CAPÍTULO 4

La Tormenta del Desierto

Cuando terminó la guerra entre Irán e Irak en 1988, Saddam Hussein estaba al mando del cuarto ejército más grande del mundo. Sin embargo, la economía de Irak estaba pasando por un período difícil. Incapaz de pagar los $14.000 millones que había tomado prestados de Kuwait, Saddam intentó aumentar el precio del petróleo a través de la OPEP (Organización de Países Exportadores de Petróleo), pero Kuwait respondió aumentando la producción de sus enormes yacimientos petroleros, lo que mantuvo bajo el precio mundial del crudo. Enfurecido por esta acción y por la negativa de Kuwait de cancelar la deuda de Irak, Saddam reunió a sus fuerzas militares en la frontera con Kuwait a fines de julio de 1990 y luego llamó a la embajadora de los Estados Unidos, April Glaspie, para reunirse con ella en privado. Lo que ocurrió después ha sido tema de abundante debate.

Es posible que Saddam Hussein haya malinterpretado los comentarios de Glaspie en cuanto a que los Estados Unidos no tenían una opinión acerca de los conflictos del mundo árabe, y haya supuesto que los Estados Unidos no intervendrían en caso de que Irak invadiera a Kuwait. Después de todo, los gobiernos de Reagan y Bush habían bloqueado una y otra vez los esfuerzos del Congreso por imponer sanciones económicas a Irak a la vez que habían permitido que empresas norteamericanas vendieran miles de millones de dólares en armas a Irak. Es evidente que Saddam Hussein pensó que cualquier respuesta del Ejército de los Estados Unidos a una invasión no tendría consecuencias.

Por lo tanto, ansioso de que Kuwait fuera de nuevo parte de Irak (estos dos países fueron separados por Gran Bretaña en 1913), deseoso de tener las enormes reservas de petróleo de eso país y decidido a demostrar su enorme poder militar, Saddam Hussein invadió a las 2:00 A.M. el 2 de agosto de 1990. En la operación participaron más de 120.000 soldados iraquíes incluyendo divisiones motorizadas y mecanizadas de infantería, fuerzas de comandos especiales, escuadrones de helicópteros y bombarderos y miembros de la Guardia Elite Republicana. El Ejército de Kuwait que contaba con solo 16.000 hombres fue fácilmente dominado y, después de sólo dos días de lucha, su monarquía fue derrocada, su gobierno disuelto, y Saddam Hussein anunció que Kuwait sería la provincia décimo novena de Irak.

Las Naciones Unidas respondieron sin demora aprobando resoluciones que condenaban la invasión, exigiendo el retiro de las tropas iraquíes y estableciendo sanciones económicas contra Irak. El 8 de agosto de 1990, el presidente George H. W. Bush ordenó el envío de tropas norteamericanas a la región, como medida para evitar una invasión de Arabia Saudita. La Operación Escudo del Desierto ya estaba en camino. Eventualmente, esa movilización llevó a un desplazamiento gradual de aproximadamente 500.000 hombres del Ejército de los Estados Unidos durante los siguientes cinco meses.

Poco después de que el presidente Bush diera la orden de movilizar el Ejército norteamericano, el mayor general Barry McCaffrey llegó a Fort Benning a inspeccionar mi brigada matriz, la 197ª Infantería. McCaffrey —egresado de West Point y veterano de Viet Nam (donde fuera gravemente herido)— era comandante de la 24ª División de Infantería (Mecanizada). Mi brigada había sido adscrita a la división de McCaffrey después de que la Brigada 48ª de la Guardia Nacional había tenido problemas graves de preparación durante su entrenamiento previo a la movilización. McCaffrey visitó los tres batallones de la brigada para determinar nuestra capacidad de respuesta general. A fin de evaluar el tiempo que nos tomaría terminar el entrenamiento y prepararnos para la movilización a Arabia Saudita, la primera pregunta que me hizo McCaffrey fue:

"¿Cuál es su plan de entrenamiento?"

"Señor, estamos entrenados y listos para partir de inmediato", respondí. "Acabamos de terminar el entrenamiento de artillería. Cada elemento del batallón se ha desplegado en su totalidad y nuestro batallón acaba de terminar unas maniobras de capacitación realmente difíciles. Tenemos un plan de entrenamiento que seguirá fortaleciendo nuestras destrezas para el combate mientras nos preparamos para el despliegue. Las Panteras estarán listas para combatir".

Impresionado, McCaffrey nos dio algunos consejos para las dos semanas siguientes mientras nos organizábamos para las operaciones de combate. A medida que se acercaba la fecha de movilización del 2-69 Blindado, aumentó el número de nuestras tropas. Establecimos grupos de armas combinados separando dos compañías, y asignamos una a cada uno de los batallones de infantería de la brigada. Tuvimos que constituir rápidamente el equipo mientras perfeccionábamos nuestras artillería e hicimos un entrenamiento de maniobras limitado en el área rural de Georgia. Para la tercera semana de agosto, estábamos listos para la guerra. Pero fue sólo cuando llegaron los poderosos vehículos de dieciocho ruedas para cargar los tanques con la munición lista, que algunos de nuestros oficiales no comisionados aceptaron el hecho de que su unidad de apoyo escolar realmente sería movilizada.

La ceremonia de despedida de nuestra brigada en Fort Benning me recordó las ceremonias a las que solía asistir de niño cuando mi hermano Ramón salía para su entrenamiento anual de reservistas. Esta fue una ceremonia mucho más grande, claro está, pero fue esencialmente igual —hubo discursos, estaban presentes las familias, y se hicieron batir las banderas. Esta vez, era en serio. Cuando los buses salieron de Kelly Hill y me despedí de mi familia, pensé, "Es posible que sea la última vez que algunos de nosotros veamos a nuestros seres queridos". Le pedí a Dios que nos diera fuerzas. Íbamos a la guerra, y todos lo sabían.

Después de dos semanas de entrenamiento y de integrarnos a la 24ª División de Infantería, las Panteras llegaron al Puerto de Dhahran en Arabia Saudita, a mediodía, el 1 de septiembre de 1990. Esperamos dos semanas a que llegaran nuestros tanques y todo el resto del equipo. Durante ese tiempo, mantuvimos ocupados a los miembros de la tropa con ensayos de misiones, entrenamiento del uso de misiles Scud, entrenamiento individual y reconocimiento de las posiciones defensivas en el desierto. Pero estábamos todos hacinados en una espantosa ciudad de carpas, bajo un calor infernal, cerca del puerto y no veíamos la hora de avanzar al área de concentración de las tropas, donde podríamos tener un poco más de amplitud. El peligro de ataques con misiles Scud era muy real. Por lo tanto, cuando al fin llegó nuestro equipo, no perdimos tiempo en descargarlo todo, realizar las verificaciones de preparación para el combate, formar nuestras unidades y salir al desierto.

Nuestra área de concentración estaba a noventa millas al sureste pero aún distaba cuarenta o cincuenta millas de la frontera con Kuwait. Como parte de la primera división mecanizada en tierra, nuestro batallón blindado contaba con más de 1.000 hombres, dos tangues y dos compañías de infantería. Teníamos abundante equipo de apoyo, incluyendo Humvees, camiones de carga, camiones reabastecedores, vehículos de comando y control y ambulancias. Tan pronto llegamos a nuestra área de concentración, constituimos equipos de reconocimiento para explorar el área y determinar las mejores rutas para nuestras posiciones defensivas. Luego, nuestra prioridad fue determinar cómo sobrevivir en el difícil entorno del desierto —evaluar los efectos del calor en nuestra artillería y cómo limitar la actividad durante las horas de mayor calor durante el día, por ejemplo. Durante los primeros sesenta días sobrevivimos con comidas listas para consumir y literalmente vivíamos de lo que teníamos en nuestros vehículos y de lo que llevábamos con nosotros. Los oficiales, los sargentos, los soldados —todos vivíamos de forma muy austera en condiciones adversas. En realidad, si durante esos dos meses iniciales nuestra 24ª División de Infantería hubiera recibido órdenes de entrar en combate, no habríamos podido mantenernos como una fuerza de ataque. Nuestra provisión de municiones era limitada y el suministro de combustible tan escaso que el movimiento de los vehículos de combate, en especial de los tanques, estaba prohibido. Por lo tanto, tuve que hacer a un lado los tanques y ordené que sólo se movieran bajo un control muy estricto.

Durante este período de movimiento limitado nos centramos en tácticas de pelotón, entrenamiento en defensa nuclear, biológica y química; procedimientos de evacuación médica y entrenamiento individual en todas las destrezas de combate. Hicimos salidas de cuarenta a cincuenta kilómetros en nuestros Humvees de alta movilidad incluyendo navegación diurna y nocturna con brújula. (En ese momento no teníamos sistemas de posicionamiento global, sólo algunos mapas desactualizados). Teníamos también un pequeño polígono para practicar tiro en el calor del desierto. El primer día de práctica, los hombres se presentaron sin sus chaquetas antimetralla y sin los proveedores de municiones. Cuando dije a los oficiales no comisionados que haríamos las prácticas de tiro con el uniforme de combate completo, recibieron mi orden con escepticismo.

"Señor, nunca lo hemos hecho así antes", se quejó uno de los oficiales no comisionados de mayor edad. "La mayoría de los soldados tendrán problemas para calificar".

"¿Durante la batalla, se van a quitar las chaquetas antimetralla y van a dejar los proveedores de municiones para poder disparar sus armas?", pregunté.

"Bueno, no, señor".

"Entonces, ¿no cree que deberían practicar para el combate con el uniforme completo para que estén preparados cuando los enviemos a combatir?"

Eso puso fin a la conversación. Por supuesto, comenzamos con una tasa de falla de 80 por ciento en las calificaciones. Después de unas cuantas sesiones de entrenamiento con el uniforme de combate completo, los soldados se fueron acostumbrando poco a poco al nuevo ambiente y alcanzaron el nivel de capacitación deseado.

Cuando hicimos el entrenamiento para la movilización, Doug Robinson y yo acordamos que era esencial que nuestro batallón de tanques supiera mantenerse solo en el campo al menos durante dos semanas, con ayuda de mantenimiento limitada de cualquier fuente. Por lo tanto, antes de dejar Fort Benning, se le indicó a la sección de mantenimiento que trajera todo lo que podríamos necesitar, incluyendo repuestos para los motores, cascos, torres, sistemas de comunicación, vehículos de ruedas, sistemas para control de incendios.

"Señor ¡eso es demasiado!", protesto el jefe de mantenimiento.

"Es posible que estemos allí por mucho tiempo y nuestra supervivencia dependerá del equipo que tengamos. Por lo tanto, lo llevaremos todo, jefe", respondí.

Esa decisión valió la pena cuando salimos al desierto y pudimos reportar constantemente altas tasas de preparación operativa para el combate.

Sin embargo, pensé que estaba en problemas cuando el comandante de la división de asistencia nos visitó a mediados de octubre.

"¿Cómo puede tener una tasa de operacionalidad del 80 por ciento?", preguntó. "¿Qué está haciendo?"

Creí que se quejaba porque nuestra tasa era demasiado baja.

"Señor, no lo sé", respondí. "Hacemos lo que se supone que debemos hacer. Le estamos dando mantenimiento a todos los tanques y a todo el equipo".

"Bien, ¿cómo pueden lograrlo?"

"Señor, trajimos nuestras carpas de mantenimiento y nuestro equipo de herramientas y todos los materiales, y hemos estado dando servicio de mantenimiento a todos nuestros vehículos".

"¿Eso han hecho? Tengo que verlo".

Entonces, llevé al general a nuestra área de mantenimiento

donde nuestros mecánicos estaban trabajando. Vio cómo se mantenían los motores, las torretas artilladas de los tanques y se dio cuenta del trabajo incesante de los soldados que parecían abejas trabajando por todas partes.

"¿Quién pensó en todo esto?", preguntó.

"Señor, esto es lo que se supone que deben hacer las unidades blindadas", le respondí.

"Bien, esto es excelente", dijo por fin. "No he visto que se estén haciendo servicios de mantenimiento en ninguna otra parte de la división. Con razón tienen las tasas de preparación operacional más altas. Buen trabajo, Ric".

"Gracias, Señor", respondí. "Pero el crédito le corresponde en realidad a mi oficial administrativo, a mi oficial de garantía de mantenimiento y, en especial, a nuestros mecánicos. Han hecho un trabajo increíble".

Supe después que la tasa de preparación para entrar en acción de la Infantería 24ª era de menos de 60 por ciento.

Mientras más permanecíamos en la línea de avanzada del área de concentración, mejor nos adaptábamos a las difíciles condiciones climáticas. La mayoría de las veces, lo hacíamos todo solos. Sin embargo, ocasionalmente recibíamos ayuda de algunas fuentes inesperadas. A las dos semanas de haber salido del Puerto de Dhahran, una tarde me llegó un informe de que una de las compañías había entrado en alerta porque un SUV civil venía en dirección a una de nuestras posiciones perimétricas. De inmediato me puse en contacto con el puesto de comando de la compañía para que me actualizaran y fui de prisa al lugar, esperando lo peor. Al llegar, vi que el SUV estaba muy cerca a uno de nuestros tanques y me preocupé mucho. Pero entonces se acercó el teniente y me dijo:

"Coronel Sánchez, tiene que venir a ver esto. Esos tipos tienen Coca-Cola fría".

"¿Qué? ¿Coca-Cola fría? ¿Quiénes son?"

"Señor, son norteamericanos. Trabajan para las compañías petroleras de Dhahran. Han estado recorriendo todo el territorio buscando soldados norteamericanos y vienen otros cuatro o cinco vehículos iguales en camino. Quieren darnos Coca-Cola y hielo".

Se trataba de un grupo de dos o tres docenas de norteamericanos expatriados, que adoptaron nuestro batallón y se encargaron de traernos bebidas gaseosas, pasabocas y hielo casi todos los fines de semana mientras estuvimos en la avanzada. Se hicieron buenos amigos nuestros (en especial dos de ellos, James Steve Cothern y Lee Ingalls) y compartieron con nosotros la cena de Acción de Gracias y nuestras celebraciones y servicios religiosos de Navidad.

Entre la tropa, el tema de conversación era siempre la comida. Todos echábamos de menos las bebidas gaseosas, las hamburguesas, las pizzas y la comida rápida. Recuerdo una noche que estábamos en grupo hablando de nuestros hogares, cuando alguien llegó con un plato de cordero; Arabia Saudita es famosa por su cordero.

"Oigan, solíamos hacer eso todo el tiempo, cuando era niño, en el sur de Texas", les dije. "El cabrito es una delicia, y, de donde yo vengo, es lo que habitualmente comemos. Cuando era joven me encantaba".

"¿De veras?", preguntó Doug Robinson, nuestro oficial ejecutivo.

"Ah, sí. ¡*Cabrito*! Muy bueno. ¡De lo mejor!"

Bien, quién lo diría, después de unos días, Doug me llevó al campo, detrás de la carpa de la cocina, donde alguien había estacionado un tanque.

"¿Qué está haciendo su tanque aquí?", le pregunté.

"Ah, esto es algo que tiene que ver, señor", respondió Doug.

Cuando dimos la vuelta por la parte de atrás de la carpa, pude ver que el cañón de la ametralladora estaba hacia arriba, y había una cabra muetra colgando de ese "mástil" y el sargento encargado de la cocina lo estaba adobando.

"¡Doug! ¿Qué diablos es esto?", le pregunté.

"Bien, señor, fuimos a entrenar y —*que me parta un rayo,*

señor— esta cabra se estrelló contra mi Hummer. Simplemente no la pude dejar ahí, señor".

Cuando por fin todos dejaron de reír, miré a Doug y le dije:

"Sabe que nos va a meter en problemas, ¿no es cierto? ¿Encontró al beduino para pagarle su cabra?"

"No, señor. El rebaño estaba solo ahí afuera".

"Um. Bien, ¿ustedes saben cómo prepararlo?", pregunté.

"Sí, señor. Eso creo", respondió el sargento. "Pensaba hacer un sudado".

"Bien, creo que sería buena idea", dije por fin. "Que coma el que quiera".

Naturalmente, casi ninguno se atrevió a probarlo. Para mí, fue como haber tenido una fiesta en mi hogar. Sólo que esta vez, pude comer más que suficiente.

Poco antes de Navidad ese año, recibí otro regalo que resultó ser mejor que el de la cabra. Recibimos una llamada del cuartel general de la brigada que nos informó que había nuevos tanques M1A1 disponibles y que nos los entregarían si creíamos que tendríamos tiempo para hacer la transición. En ese momento, parecía que no nos íbamos a mover del lugar donde nos encontrábamos reunidos por lo menos hasta mediados de enero, por lo que el comandante de nuestra división pensó que tendríamos tiempo suficiente para hacer la transición y entrenar a nuestras tropas en el manejo de los nuevos vehículos. Nuestros tanques viejos, los M1, tenían cañones de 105 milímetros. Pero estos nuevos tanques M1A1 tenían armas con cañones de 120 milímetros —lo que representaba un significativo aumento de armamento. Doug y yo estábamos muy familiarizados con los M1A1 y no había duda de que podíamos integrarlos en el tiempo disponible. Pero en realidad, me sentí muy contento cuando empezaron a llegar las nuevas municiones y comenzamos a disparar haciendo uso de nuestros conocimientos del M1A1.

"¡Mire, señor!", dijo mi jefe de artilleros. "Estas son las nuevas rondas de proyectiles. Ya sabe, las que tienen mayor poder de penetración cinética".

"Correcto", le respondí. "¡Esto es fantástico!"

Lo que recibíamos en ese momento eran las municiones que habían sido diseñadas por el equipo en el que yo había trabajado hacía un tiempo en Fort Knox. Eran proyectiles que habíamos previsto que estarían listos en quince o veinte años, pero que habíamos propuesto acelerar su desarrollo para tenerlos disponibles para 1988 (KE-88), para adelantarnos a cualquier mejora que pudiera desarrollar la Unión Soviética en cuanto a protección blindada. Aunque el Ejército había acelerado el desarrollo y la fabricación de estos proyectiles, la producción del KE-88 apenas comenzaba. Ese momento fue muy satisfactorio para mí porque había participado personalmente en ese trabajo de mejora. Para mis soldados, los nuevos tanques y el nuevo blindaje representaban tanto un aumento de poder de armamento como una protección. Por lo que todos nos sentíamos bastante tranquilos mientras se acercaba el momento de entrar en combate.

Entre septiembre y noviembre, nuestro sistema de logística empezó a fluir y poco a poco fuimos acumulando combustible, municiones y repuestos. Recibimos carpas, catres, correo y mejores alimentos. Hasta la fecha, sigo recordando esa primera comida caliente a fines de octubre o principios de noviembre: carne asada y huevos. Y cuando la división levantó las restricciones de movimiento de los vehículos de combate, comencé inmediatamente las maniobras de combate para entrenar a todo el batallón. Fueron ejercicios cruciales porque algunos de nuestros hombres nunca habían tenido entrenamiento pelotones en un lugar como el desierto. Comenzamos entrenando compañías y pelotones. Cuando consideré que el batallón estaba listo, hice un ejercicio de entrenamiento que incluyó el despliegue de todos y cada uno de los miembros del batallón y de todo el equipo que iría al campo de batalla. Si algún tanque o Hummer no estaba en condiciones de funcionamiento, lo enganchábamos y lo remolcábamos. Una vez que salimos de nuestra área de concentración, desplegamos todos los elementos e información de combate, en orden de marcha y espaciados según las distancias indicadas por las normas. Cada líder se desplazaba en el vehículo en el que esperaba entrar en batalla. Luego nos alejamos a una distancia de aproximadamente treinta o cuarenta kilómetros.

Más o menos a mitad del ejercicio, le pedí a Doug Robinson que se hiciera cargo de la formación. Entonces, dejé mi tanque, me subí a un Hummer, avancé a toda velocidad frente a la formación y llegué hasta la cima de una colina cercana, a unos 150 pies de altura, de manera que podía tener una visión más amplia de la formación. No estaba preparado para la emoción que experimenté al mirar a traves de mis binoculares. Los vehículos y los 1.200 soldados bajo mi mando venían directamente hacia mí —en ese momento me di cuenta de que las órdenes que impartiera tendrían un impacto en las vidas de todos ellos. Entonces, agaché la cabeza y pronuncié una corta oración: "Por favor, Señor, dame la sabiduría y el valor para tomar las decisiones correctas, a fin de que pueda mantener con vida a estos valientes soldados durante la batalla. Amén".

A fines de diciembre, el mayor general McCaffrey nos ordenó levantar el campamento y avanzar 200 kilómetros al noroccidente —más allá de Kuwait, cerca de la frontera entre Arabia Saudita y el sur de Irak. "Estén preparados para combatir tan pronto como lleguen", dijo McCaffrey.

Para este momento, las Naciones Unidas le habían dado a Irak la fecha límite del 15 de enero de 1991 para retirarse pacíficamente de Kuwait. La administración Bush había establecido también una fuerte coalición de treinta y cinco naciones que habían aceptado participar en la expulsión de las fuerzas iraquíes por fuerza militar, de ser necesario. Se había conformado un ejército de aproximadamente 660.000 hombres (74 por ciento, o 500.000 de ellos, norteamericanos) y se habían invertido $56 mil millones de dólares en la financiación de la guerra (en su mayoría provenientes de Arabia Saudita, Kuwait y otros países del Golfo Pérsico).

Mientras nos preparábamos para la movilización, emití la orden de que a cada soldado sólo se le permitiría llevar una bolsa en sus vehículos de combate. Todo el resto del espacio se necesitaba para nuestras provisiones (municiones, alimentos, herramientas y repuestos). Claro está que, después de casi cuatro meses de haber sido movilizados, la mayoría de nuestros hombres habían recibido todo tipo de "cosas" de sus hogares. Pero simplemente no podíamos llevarnos todo eso al campo de batalla. Por lo tanto, todos recibieron la advertencia de que serían sometidos a inspección y que cualquier cosa que se encontrara además de bolsa, se descartaría. Al final, acabamos cavando enormes hoyos en el desierto y desechando allí toda clase de objetos personales.

Al llegar a nuestra posición de ataque, las condiciones de vida volvieron a ser tan difíciles como lo habían sido en septiembre. Mientras esperábamos la orden de atacar, nuestro procedimiento de operaciones estándar consistió en minimizar nuestro grado de exposición al fuego del enemigo, nadie dormiría sobre el terreno, en vehículos ni en carpas. Cavamos trincheras y dormimos en ellas. Mi trinchera personal tenía 5 pies de profundidad y 3 ó 4 pies de ancho, con una pequeña puerta falsa tapando la entrada en la parte superior. Todas las noches, cuando entraba, la revisaba para ver si había escorpiones o arañas. Volvimos a comer comidas listas para consumir, a lavar la ropa en baldes y a utilizar letrinas en las trincheras. Teníamos duchas improvisadas o nos bañábamos con esponja. Y aunque un soldado tiene derecho a quejarse, fueron muy pocas las protestas que escuché desde que dejamos el área de concentración de tropas.

No pasó mucho tiempo antes de que todos los jefes de división recibieran un llamado para presentarse ante el mayor general McCaffrey en el cuartel general para las instrucciones finales sobre el plan de ataque de la división. El combate comenzaría con un ataque aéreo masivo para debilitar las posiciones defensivas iraquíes. El ataque principal vendría de Arabia Saudita directamente a Kuwait con toda la fuerza del VII Cuerpo (1ª División Blindada, 3ª División Blindada, 1ª Infantería, 2ª Caballería y 11º Grupo Aéreo) de los Estados Unidos. La 24ª Infantería sería parte del 18º Cuerpo Aéreo de los Estados Unidos que barrería como "gancho izquierdo" a través del desierto del sur de Irak. Nosotros seríamos el batallón de reserva de la 197ª Brigada de Infantería, que estaría posicionada a mayor distancia, hacia la izquierda, durante el ataque de la división. La 6ª División Blindada Ligera francesa estaría a nuestra izquierda protegiendo nuestro flanco. La 24ª Infantería fue el principal esfuerzo de la misión del 18° Cuerpo Aéreo por poner en práctica lo que luego se llamó el concepto de "Ave María". Nosotros nos deslizaríamos hacia el norte sin ser detectados, atacaríamos dentro de Irak y atravesaríamos la carretera principal 8 (la vía principal entre Kuwait, Basra y Bagdad). Esta vía era una de las vías de comunicación crucial para la supervivencia y el éxito iraquí en Kuwait. El objetivo de nuestra brigada era un área que cruzaba la carretera principal 8 al sur de Nasiriyah, a lo largo del río Éufrates, no lejos de la Base Aérea Tallin.

El 17 de enero de 1991, comenzó oficialmente la Operación Tormenta del Desierto con ataques aéreos masivos sobre Bagdad y otras posiciones militares claves a través de Irak. Los bombarderos hicieron más de mil misiones por día y se lanzaron miles de misiles crucero desde buques de la armada en el Golfo Pérsico. La destrucción que llovió sobre Irak fue asombrosa, lo que llevó a Saddam Hussein a declarar que había comenzado "la madre de todas las guerras".

En la División Blindada 2–69 todos sabíamos que la orden de atacar llegaría en cualquier momento. Estábamos en alto nivel de alerta y la tensión era casi intolerable. Por lo tanto, no estaba preparado en lo más mínimo para la noticia que me llegó el 7 de febrero, avisándome que había muerto mi padre en la Ciudad de Río Grande. Me contactó personalmente el mayor general McCaffrey y me preguntó si quería ir a casa. Me dijo que de ser así, no tendría ninguna objeción.

Tuve que conducir por tres horas para llegar a un teléfono y llamar a casa. Mi hermano me dijo que papá había muerto tranquilamente el 2 de febrero, el día del cumpleaños de mi madre. Habían intentado comunicarse conmigo pero no pudieron lograrlo, entonces procedieron con el funeral, lo habían enterrado en la víspera. Llamé a María Elena y hablé con ella.

"Realmente no tengo por qué ir a casa", le dije. "Ya pasó el funeral".

"Entonces, has lo que en tu corazón creas que es lo mejor", me dijo.

Yo sabía qué era lo mejor.

Estábamos a punto de iniciar el ataque.

Mi lugar estaba con mis hombres.

El 2° batallón, 69° blindado (conocido como Destacemento 2–69) inició su ataque el 24 de febrero de 1991 por la tarde, y atravesando la frontera de Irak hacia el noreste. No paramos de movernos, con operaciones continuas de día y de noche. Si dormíamos, lo hacíamos dentro de los tanques, mientras estos seguían avanzando. Sólo nos deteníamos a cargar combustible y cambiar de conductores. "No nos detendremos a menos que sea absolutamente necesario", les había dicho a nuestros oficiales y a los oficiales no comisionados. "Seguiremos atacando. Si los sistemas electrónicos de control de fuego fallan, continuaremos disparando con las miras de hierro. La única razón por al cual pueden detenerse es si experimentan una falla mecánica catastrófica. En ese caso, nos ocuparemos de que los mecánicos arreglen los vehículos mientras están en movimiento, de ser posible".

Sólo encontramos un mínimo de resistencia la primera noche. Uno de los comandantes de nuestra compañía informó que estaba recibiendo disparos por el flanco izquierdo, pero no estaba seguro de qué tipo de armamento provenía.

"Devuelva el fuego", respondí.

"Pero, señor, no sabemos quién nos dispara".

"Devuelva el fuego", repetí.

Hubo una larga pausa al otro extremo. Por último, el joven capitán dijo:

"Señor, ¿qué ocurre si hay allí mujeres y niños?"

"¿Está siendo atacado, capitán?" pregunté.

"Sí, señor. Nos están disparando con ametralladoras".

"Entonces, devuelva el fuego. Eso es lo que debe hacer. El resto lo aclararemos después".

Devolvió el fuego y seguimos avanzando hacia nuestro objetivo. Nunca supimos si se trataba de un beduino solitario o de una posición enemiga.

Durante toda esa noche y el día siguiente, seguimos avanzando, mientras la unidad de reserva seguía a nuestros dos batallones de infantería que iban a la cabeza (Destacamentos 1–18 [1er Batallón, 18° de Infantería] y 2–18 [2do Batallón, 18° de Infantería]). El 25 de febrero por la noche, habíamos alcanzado nuestro objetivo inicial a unos 235 kilómetros al interior de Irak y nos movíamos a través del desierto de Shamaya. Al caer la noche, redujimos considerablemente la marcha debido a una lluvia torrencial que nos dejó sin ninguna visibilidad. A medida que avanzamos hacia el norte, encontramos un enorme *wadi* (un cañón o barranco de desierto).

En ese punto, nuestros exploradores tuvieron que hacer un reconocimiento y determinar una ruta para que todos (el puesto de comando táctico de la brigada, la artillería de campo, los recursos médicos, el combustible) pudieramos llegar hasta nuestro objetivo a tiempo. Entonces, llamé al jefe del pelotón de exploradores y le indiqué su misión.

"Busque un paso a través del wadi", le dije, "y si encuentra al enemigo, evite entablar contacto, pero marque sus posiciones para que más adelantes podamos sacarlos de ahí".

Recuerdo claramente que recordé en ese momento mi visita al lugar de la Batalla del Bulge, y la importancia del liderazgo de una unidad pequeña, cuando le pregunte a este joven jefe de pelotón si tenían preguntas. Haría unos tres años que había salido de West Point, era de estatura promedio y de contextura delgada, pero un gran líder y el mejor teniente del batallón. Me miró con expresión de preocupación.

"Señor, es posible que encontremos resistencia", dijo.

"Sí, eso es correcto", respondí.

"Podemos perder algunos de los nuestros".

"Eso es muy cierto, teniente".

"Bien, ¿qué debo hacer, señor?"

"Hijo, vas a cumplir tu misión".

Cuando miré a los ojos de ese joven de pronto me di cuenta de que era la primera vez que daba una orden en la que enviaba a mis soldados a una misión donde la posibilidad de muerte era muy real. Durante el resto de mi carrera, hasta que di mi última orden en uniforme, siempre recordé a ese joven teniente y me preguntaba, "¿He hecho todo lo posible para asegurarme de que mis soldados estén debidamente entrenados para ganar en combate y garantizar que estos jóvenes regresen sanos y salvos?"

Continuamos el ataque y seguimos a nuestros batallones de infantería hacia el Valle del Río Éufrates. Allí, nuestro ataque se hizo mucho más lento por el carácter pantanoso del terreno (llamado *sebkah*). Aún en la retaguardia, nos encontrábamos en el flanco izquierdo, detrás de la TF 2–18, mientras la TF 1–18 se encontraba en una ruta diferente hacia nuestro flanco derecho. A medida que las condiciones del terreno se deterioraban cada vez más, el TF 2–18 se vio obligado a avanzar en una sola fila, a paso de tortuga, haciendo un gran esfuerzo por atravesar el área con seguridad. Eventualmente, el ataque se estancó.

Poco antes de medianoche, recibí una llamada de nuestro comandante de brigada.

"Ric, ¿podrías desviar tu batallón para que haga enlace con el Destacamento 1–18 en el flanco derecho, ponerte al frente de las líneas y asumir su misión?", preguntó. "Han estado en contacto con el enemigo y ahora los tanques se están quedando sin combustible. Tenemos que interrumpir el paso por la carretera principal 8 para el amanecer".

"Sí, si puedo", respondí. "Tenemos combustible de sobra en nuestros tanques y mis camiones reabastecedores están llenos. Puedo unirme a la TS 1–18, pasar a las primeras líneas y dejar atrás a mis reabastecedores para que pongan a los otros tanques en marcha de nuevo. Podemos llegar al objetivo al amanecer".

Inmediatamente impartí órdenes a todos los sistemas de combate —tanques y transportadores de infantería— para que se desplazaran hacia el sur, fuera del pantano. Giramos en una curva muy estrecha para salir del camino de lodo, maniobramos hacia el sur, nos unimos a nuestros camiones abastecedores y luego nos dirigimos al occidente para encontrarnos con nuestro batallón hermano. El mayor Doug Robinson se quedó atrás, con órdenes de seguirnos con todos los demás elementos de la tropa tan pronto como pudiera.

Después de desplazarnos unas treinta millas, a las 2:30 A.M. llegamos adonde estaba el otro Destacamento y entramos a territorio enemigo, a mitad de la noche, camino a la carretera principal 8. Al amanecer, Doug nos alcanzó y todos llegamos a nuestro objetivo entre Basra y Nasiriyah. Apenas si habíamos terminado de fijar nuestras posiciones defensivas al oriente y al occidente para detener el tráfico, cuando nos encontramos con fuerzas iraquíes provenientes ambas direcciones. El enemigo no tenía la menor idea de que estuviéramos allí. Muy pronto destruimos sus vehículos y los sobrevivientes se entregaron. Tuvimos encuentros similares durante el resto del día, y reunimos rápidamente cientos de prisioneros iraquíes a quienes llevamos a un área de detención, cerca de la carretera, donde no había peligro. Los teníamos bajo custodia, les dimos mantas, alimentos y atención médica a quienes la necesitaban.

En un momento de calma, donde no hubo combates, fui a ese lugar para asegurarme de que los prisioneros de guerra estuvieran recibiendo el tratamiento adecuado. Uno de los iraquíes que sabía inglés me dijo que sus oficiales los habían abandonado días antes, y que estaban asombrados del buen tratamiento que habían recibido de nosotros.

"Nos habían dicho que si nos capturaban los americanos, nos ejecutarían de inmediato", me dijo.

"No, eso no lo hacemos", le respondí. "Ahora están seguros".

La conversación me demostró la necesidad de ser inclementes durante el combate, pero benevolentes en la victoria. Una vez que entramos en combate, tenemos la responsabilidad de utilizar todos los elementos necesarios para lograr nuestra misión y preservar las vidas de nuestros soldados. Pero cuando alcanzamos la victoria, debemos cuidar a los prisioneros y tratarlos con dignidad y respeto. A veces, es un equilibrio muy difícil de mantener porque ser benevolentes en la victoria es algo que hay que hacer inmediatamente después de la fase más violenta de un combate. Sin embargo, el liderazgo y la disciplina del Ejército de los Estados Unidos nos permite hacerlo, y eso es lo que nos convierte en la mejor fuerza de combate del mundo.

Cerca de las 10:30 A.M., el comandate de la brigada me llamó a su centro de operaciones tácticas. Había recibido órdenes del mayor general McCaffrey de que hiciéramos un ataque sorpresa en la Base Aérea de Tallin, a unos setenta kilómetros de distancia.

"El mayor general McCaffrey quiere que trasmitamos un mensaje muy claro a los iraquíes, de que tenemos fuerzas de combate en operación en su área de retaguardia", dijo el comandante de la brigada. "Su misión es ir a la base aérea y crear caos. Destruir cuando pueda, pero sin entrar en combate abierto. Tienen que volver al atardecer, reabastecer combustible y unirse de nuevo a nuestro ataque. ¿Puede realizar ese ataque para el mediodía?"

"Sí, señor, el tiempo es muy corto, pero creo que podemos lograrlo", le respondí.

"Muy bien. Debe ponerlo en práctica tan pronto como sea posible. También deben mantener sus posiciones defensivas. No podemos abandonar la carretera principal".

Tan pronto como salí del puesto de comando de la brigada, llamé a los comandantes de mi compañía y al centro de operaciones del Destacamento y les di la orden de alerta. Los comandantes de la compañía ya estaban esperandome cuando llegué. Puse un mapa sobre la parte delantera del tanque y desarrollamos nuestro plan de maniobras. Un batallón de infantería y una de las compañías blindadas, nuestra batería de artillería y el batallón de avanzada llevarían a cabo el ataque sorpresa a Tallil. Yo comandaría personalmente a una fuerza de más de 200 soldados, mientras que Doug se haría cargo de comandar el resto del batallón y de mantener nuestras posiciones defensivas en la carretera principal 8.

No teníamos imágenes de satélite ni mapas actualizados, por lo tanto, cuando llegamos a Tallil, nos dimos cuenta de que todo el perímetro de la base aérea estaba rodeado de bermas de cuarenta pies. Nuestro plan original era ingresar desde el sur. En cambio, tuvimos que maniobrar y rodear las bermas hasta llegar a la entrada principal. Mientras dábamos la vuelta hacia el norte, nuestra formación se cruzó con un grupo de beduinos que venían con niños. Allí, de pie, con sus rebaños de camellos, ovejas y cabras, comenzaron a señalar y a gritarnos. Pasamos también por una extensa serie de posiciones de combate en las que los iraquíes habían ubicado sus MIGs de combate de fabricación soviética para su protección.

Las bermas impedían que fuéramos vistos y amortiguaban el ruido de nuestros tanques, por consiguiente, cuando atacamos en la entrada principal, los iraquíes se sorprendieron de vernos. Nuestros tanques entraron en la base aérea disparando a cualquier cosa en movimiento. Las defensas del enemigo fueron dominadas sin problema, aunque seguimos recibiendo fuego por parte de armas pequeñas. Con el constante martilleo de las balas contra nuestros tanques blindados, abrimos fuego contra los edificios, los hangares, los camiones y los aviones (incluyendo algunos helicópteros C-130). Al salir, uno de nuestros tanques recibió una descarga y comenzó a arder. Ordené de inmediato que la tripulación lo sacara lo más lejos posible de la base y que luego lo evacuara. Cuando la tripulación salió del tanque y vímos que se encontraba a salvo, descargamos dos rondas de municiones sobre el M1A1 para que no pudiera ser utilizado después contra nosotros. Al salir de la base, di la orden de destruir todos los MIGs soviéticos que fuera posible durante nuestra retirada.

Llegamos de nuevo a nuestras posiciones defensivas en la carretera principal 8 a las 6:00 P.M. y Doug Robinson nos estaba esperando con múltiples camiones para reabastecernos de combustible. Habíamos practicado este proceso de reabastecimiento incontables veces de manera que pudimos reabastecer todo el batallón en sólo ocho minutos. El proceso incluye acercar los tanques, reabastecerlos, retirarlos y enviarlos de nuevo al combate.

Doug tenía el resto del batallón listo para continuar el ataque, por lo que cuando reabastecimos los tanques, continuamos hacia el sur por la carretera principal 8. No tuvimos descanso después del ataque a la Base Aérea de Tallil. En ese momento, nos encontrábamos en territorio iraquí, a 370 kilómetros de la frontera.

Durante la noche, mientras el batallón se detuvo para un corto descanso, uno de nuestros soldados informó haber escuchado los quejidos de un iraquí abandonado que había perdido las dos piernas y un brazo. Lo recogimos y lo mantuvimos con vida durante día y medio, hasta que pudimos evacuarlo en un helicóptero. En ese mismo período de descanso, bajé de mi tanque para estirar las piernas y dar un vistazo. La noche era muy oscura, pero a unos cinco metros de distancia, vi lo que parecía ser un hombre acostado en la mitad de la carretera. Sin embargo, quedé aterrado al acercarme y no encontrar más que una mancha. Se trataba de un soldado iraquí que había muerto y todo el tráfico en la carretera de ambos sentidos le había pasado por encima. Fue un recordatorio horrendo de la guerra que permanecerá en mi memoria por siempre.

Poco después de reanudar nuestro ataque por la carretera, tuvimos noticia (a las 2:30 A.M.) de que se llevaría a cabo un cese al fuego al amanecer. Había tenido lugar una reunión esa víspera entre Kuwait y las fuerzas de colisión y habían acordado permitir que los iraquíes se retiraran siempre que pusieran fin a las hostilidades. Por consiguiente, nos detuvimos donde estábamos y establecimos de inmediato posiciones defensivas transitorias. En la mañana ampliamos nuestra área de operaciones y, cumpliendo órdenes, comenzamos a buscar arsenales de armas químicas u otras armas de destrucción masiva. Aunque no encontramos armas de destrucción masiva, sí descubrimos varios sitios logísticos y filas de armas grandes convencionales. La mayoría de este armamento era nuevo, aún sin desempacar. Durante la reunion de actualización de la situación, en la tarde, uno de los oficiales no comisionados trajo una linda pistola Kalashnikov y me la dio.

"Aquí tiene, señor", me dijo. "La encontramos con el resto de las armas y queremos que la tenga".

"Gracias, sargento", le dije sonriendo. "Pero ustedes me van a meter en problemas por regalarme esta arma. No creo que podamos quedarnos con las armas como si fueran trofeos de guerra".

Me quedé con esa pistola mientras estuvimos en combate, pero la devolví de inmediato cuando regresamos a Arabia Saudita. En cuanto a las demás armas que encontramos, al poco tiempo recibimos una orden del cuartel general del batallón de destruir todos los sitios logísticos y los arsenales. Eso produjo unas explosiones increíbles cuando incendiamos los sitios donde estaban guardadas las municiones.

En el término de veinticuatro horas después del cese al fuego, algunos elementos de la división tuvieron varios encuentros con el enemigo mientras se retiraban hacia el norte por la carretera principal 8. Como resultado, el mayor general McCaffrey ordenó una ofensiva. Mis órdenes fueron llevar de inmediato todos los elementos de combate de mi batallón hacia el sureste por la carretera principal 8 para atacar posiciones, adoptar la posición de una división de tanques de reserva y prepararnos para el combate. La urgencia de la orden no daba tiempo y ni siquiera nos tomamos el trabajo de levantar las carpas. Se desarrollaron intensos combates en una parte de la carretera, entre Basra y la frontera con Kuwait, sitio que después se conoció como "la Carretera de la Muerte". Después de la guerra, hubo mucha controversia en relación con esta batalla, en parte porque fue una victoria dudosa para la coalición. Sin embargo, desde mi punto de vista, como testigo de la batalla, creo que el mayor general McCaffrey tomó la decisión correcta cuando ordenó atacar.

Permanecimos inactivos por varios días y por último recibimos la orden de cese al fuego el 3 de marzo. "No deben disparar contra los soldados enemigos ni contra sus vehículos", decía la orden. "Cualquier unidad enemiga tiene ahora la autorización de moverse por entre nuestras líneas. No se preveén más enfrentamientos".

El Destacamento 2-69 volvió a adoptar posición de combate en algún lugar entre Basra y Nasiriyah, y luego se desplazó cinco o diez kilómetros al sur de la carretera. En esta área había habido fuertes combates y estaba llena de cadáveres, equipo y campos minados. Nuestra misión desde la declaración de cese al fuego consistía en explorar el campo de batalla. El lema del momento era "recoger, enterrar y marcar". Debíamos recoger a los muertos, ponerlos en cementerios transitorios y marcar las coordenadas de esos lugares para entregárselas después a los iraquíes. Mientras cumplíamos con esta tarea, se desplazaban sobre nuestras cabezas nubes de humo negras que nos ahogaban. Provenían de los pozos de petróleo que Saddam Hussein había ordenado incendiar en Kuwait.

Al día siguiente recibimos órdenes de prepararnos para ser movilizados de nuevo. Eso significaba que había que encontrar un lugar adecuado donde consolidar y reorganizar el batallón, pero no era tan fácil como parecía porque había campos minados por todas partes. Enviamos entonces grupos de avance para explorar el área hacia el sur. Su tarea era identificar un lugar adecuado, determinar la ruta más conveniente para llegar allí y luego marcarla para poder ocupar esa posición durante el día. Los exploradores hicieron un buen trabajo pero, desafortunadamente, hubo demoras y oscureció. Mientras avanzábamos, me pude dar cuenta de que realmente no sabíamos dónde estábamos. Desde mi punto de vista, parecía que fuéramos a tientas en la oscuridad.

"¡Deténganse! ¡Deténganse todos! Esto no está bien", dije.

Unos minutos después oímos una explosión. Pero no supimos si se trataba de un ataque o simplemente de un animal salvaje que había pisado una mina. Después de asegurarnos de que ninguno de los nuestros estaba herido y de que no nos estaban atacando, di otra orden.

"Bien, nadie se mueva. Quédense en sus vehículos. En la mañana veremos qué ocurre".

Esa noche todos dormimos en nuestros equipos de combate y, al amanecer, nos dimos cuenta de que las tropas que avanzaban a la cabeza del batallón, unos 150 soldados y doce tanques habían entrado directamente a un campo minado. Entonces retrocedimos con todos los vehículos para salir de allí exactamente por el mismo sitio por donde habíamos entrado. Nos tomó horas hacerlo, pero no perdimos ningún hombre ni sufrimos ningún daño.

Más adelante, nos preparamos para la nueva movilización. Los jefes de nuestro batallón comenzaron a especular: ¿A dónde iríamos? Pensábamos que nos dirigiríamos a Bagdad. Era lógico. Ya estábamos en el país, no había oposición significativa y estábamos perdiendo el tiempo. ¿Por qué no nos permitían continuar el ataque a Bagdad y forzar una rendición total? Claro que esa era la forma de pensar a nivel del batallón. En Washington, nuestros líderes políticos tenían otras ideas. En un par de días, recibimos la orden de retirarnos de Irak y volver a Arabia Saudita, prácticamente por la misma ruta por la que habíamos venido. El Destacamento 2-69 nunca puso un pie en Kuwait.

El 3 de marzo de 1991 (el día que recibimos la noticia del cese al fuego oficial) terminó oficialmente la guerra, cuando Irak aceptó formalmente las condiciones presentadas por las Naciones Unidas —incluyendo el compromiso de desmantelar y no desarrollar armas de destrucción masiva. Kuwait había sido liberado y las Naciones Unidas, los Estados Unidos y la coalición habían logrado todas sus metas. Un año después, el 30 de marzo de 1992, el presidente George H. W. Bush respondió la pregunta acerca de por qué no llegamos hasta Bagdad para derrocar a Saddam Hussein:

> Sin duda teníamos la capacidad militar de continuar hasta Bagdad. Pero una vez que hubiéramos derrocado el gobierno de Saddam Hussein, probablemente habríamos tenido que quedarnos allí e instaurar un nuevo gobierno. ¿Y qué habría sido: un gobierno suní, un gobierno chiíta, un gobierno kurdo u otro régimen baathista? ¿Cuánto tiempo habrían tenido que quedarse allí las fuerzas norteamericanas para respaldar ese gobierno? ¿Y qué tan efectivo habría sido un presidente títere del Ejército estadounidense? Involucrar a las fuerzas norteamericanas en una

> guerra civil en Irak nos habría dejado en un atolladero porque habríamos entrado allí sin un objetivo militar definido. Es tan importante saber cuándo no usar la fuerza como saber cuándo usarla.

Para la segunda semana de marzo, el Destacamento 2-69 estaba de vuelta en Arabia Saudita preparándose para una nueva movilización acelerada de todo nuestro personal y equipo. Afortunadamente, todo salió como estaba programado y volví a Fort Benning justo a tiempo para la Primera Comunión de mi hija Bekah —el Domingo de Pascua.

Mi regreso a casa en pascua fue especialmente simbólico e importante para mí —no sólo para celebrar la resurrección, sino para dar gracias porque todos los hombres que tenía bajo mi mando regresaron sanos y salvos a sus familias. Además, me dio la oportunidad de hacer una pausa y reflexionar sobre mi estadía en Irak. Había pasado toda una semana combatiendo contra un enemigo en un área del mundo conocida como "la Cuna de la Civilización". Hace cinco mil años, quienes vivían allí utilizaban los fértiles valles del Tigres y el Éufrates como fuente de agua para riego. Crearon la primera sociedad, la primera ciudad realmente grande y el primer código público de leyes y valores de que se tenga noticia. Ahora, las ruinas de esa gran ciudad, Babilonia, quedan a escasos noventa kilómetros (cincuenta y seis millas) al sur de Bagdad, en la orilla oriental del Éufrates.

Los valles de los ríos Tigres y Éufrates eran muy similares entre sí. Los bancos que bordeaban los dos ríos tenían de cuatro a seis pies de altura, las aguas de ambos ríos eran turbias y había abundante vegetación sobre los bancos de arena. Era un enorme contraste con el paisaje seco y austero del desierto. Me recordaba el Valle del Río Grande en el sur de Texas. Qué ironía, pensé. "la Cuna de la Civilización" se parecía al lugar donde nací. Y era allí donde estaba el enemigo. Pero me preguntaba: ¿tenía que ser precisamente el enemigo?

CAPÍTULO 5

Dentro de la caja

Antes de la Operación Tormenta del Desierto, nuestra unidad matriz (la 197ª Brigada de Infantería) había sido una unidad mecanizada independiente, con planes a largo plazo para que el Ejército nos enrolara en la 24ª División de Infantería. Sin embargo, después de la guerra, se tomó la decisión de acelerar el proceso, y la 197ª recibió el nombre de 3ª Brigada, convirtiéndose en parte de la 24ª Infantería. En ese momento, hicimos todo el trabajo de reestructurar las operaciones de logística, de mantenimiento, de suministros y comando y de control.

Además, nuestros soldados cumplieron las etapas asociadas con el retorno de un Ejército que acaba de combatir. Todo comenzó con la euforia de volver a casa victoriosos. Hubo desfiles y ceremonias de bienvenida que incluyeron discursos, reuniones familiares y banderas. Después, tuvimos que ayudar a los soldados a readaptarse y encarrilarse de nuevo en un ambiente de paz tanto en sus vidas personales como en sus vidas profesionales. Eso demostró ser un reto muy significativo porque, mientras estuvieron en Irak, se les habían confiado decisiones de vida o muerte y, de hecho, se habían desempeñado de forma ejemplar. Pero para ellos fue una gran decepción haber sido obligados a volver a un ambiente de guarnición donde se les imponían procedimientos de entrenamiento típicos del tiempo de paz. Nuestros soldados y líderes probados en batalla no reaccionaron bien, por ejemplo, al tener que recibir instrucciones de seguridad de parte de un oficial no comisionado que les enseñaba cómo limpiar sus armas después de una sesión de entrenamiento de polígono con armas pequeñas.

Era evidente que necesitábamos realizar algunos cambios, y pensar en alguna forma de tratar a estos guerreros de una manera más adecuada a su regreso a casa. Nuestros altos mandos tuvieron que enfrentar esta situación durante los primeros seis a ocho meses después del regreso a Fort Benning, mientras hacíamos algunos cambios necesarios. También nos dimos cuenta de que lo más importante era ser pacientes. Simplemente teníamos que dar a nuestros hombres y mujeres el tiempo necesario para readaptarse tanto física como mentalmente.

A unos pocos meses del regreso de Irak, hubo un aumento notorio en el número de problemas familiares y maritales entre los soldados. El Ejército ofreció entonces asesoría y apoyo. Ante todo, la reintegración de los combatientes fue difícil porque el Ejército no se había dado aún cuenta de la importancia de la unidad familiar. Además, experimentamos un par de casos de Síndrome de la Guerra del Golfo, una enfermedad inusual específica de los veteranos de la Operación Tormenta del Desierto. Uno de los oficiales tuvo un problema cerebral, otro presentó una infección en la sangre. La comunidad médica intentó determinar si los soldados podrían haber estado expuestos a agentes químicos durante su estadía en Irak. Lo único que pudieron determinar fue que esto podría haber ocurrido después del cese al fuego cuando estábamos bombardeando esos enormes depósitos de municiones. Existía la posibilidad de que algunas sustancias químicas hubieran pasado inadvertidas y hubieran sido liberadas a la atmósfera en el curso de las enormes explosiones. A excepción de eso no hubo indicaciones de que se hubieran utilizado armas químicas contra nuestras tropas.

Durante algún tiempo después de nuestro regreso, el Batallón Blindado 2–69 experimentó también algunos problemas disciplinarios. No llegar a tiempo y algunas desobediencias intencionales en el desempeño de los deberes fueron problemas esporádicos entre los soldados mientras se esforzaban por reintegrarse a un ambiente de guarnición y tiempo de paz. Sin embargo, nunca pensé que llegara a impactarme tanto el que uno de mis hombres fuera arrestado por conducir bajo la influencia del alcohol. Se crean lazos especiales con quienes han estado unidos en combate. Este capitán, quien había estado al mando de nuestro puesto de combate táctico, no sólo había desempeñado un trabajo excepcional en Irak sino que era alguien con un enorme potencial. Las reglas de la unidad exigían castigos en todos los casos de conducción bajo la influencia del alcohol y realmente me destrozó tener que manejar este caso. ¿Debo seguir el reglamento al pie de la letra? ¿Debo proteger a mi capitán y dejar que esto pase inadvertido? ¿Qué debo hacer?

Terminé yendo a consultar el caso con el comandante de brigada para pedir su consejo.

"Señor, debido a mi relación personal con este joven", le dije, "es posible que no sea objetivo".

"¿Cómo puedo ayudarte, Ric?", preguntó.

"Bien, quisiera que se encargara de este caso o que vigilara la forma como lo manejo para aconsejarme si lo que estoy haciendo es lo correcto para el Ejército".

"Muy bien. Haz lo que pienses que está bien y yo lo supervisaré".

Después de mucho pensarlo, decidí incluir una carta de reprimenda en el expediente oficial del capitán. Quedó devastado cuando le dije lo que había hecho, en parte, porque pensó que iba a ser más condescendiente. Como resultado de mi decisión, podría quedarse en el Ejército por otros dos años, pero iba a tener que irse después. No me gustó tener que hacerlo, y realmente me afecto como persona. Pero pensé que era lo correcto, no sólo para el Ejército sino para el bienestar personal de este joven. Había visto personalmente las consecuencias del alcohol en mi padre y esos recuerdos fueron los que, en gran medida, me movieron a tomar esa decisión.

. . . .

Cuando terminé mi asignación en Fort Benning en junio de 1992, ya había decidido que asistiría al Colegio de Guerra del Ejército de los Estados Unidos en Carlisle, Pensilvania. Trescientos de los mejores oficiales de las Fuerzas Armadas (y de algunas otras ramas del Ejército) fueron elegidos para participar en el siguiente nivel de educación profesional. Era un programa de un año enfocado en preparar a oficiales para que comenzaran a operar en un escenario nacional estratégico o en un ambiente estratégico como miembros del alto comando. Aunque el currículo del curso era interesante y estimulante, una de las principales cosas que aprendí durante mi experiencia en Carlisle fue a tener una imagen clara del egocentrismo que existe entre los oficiales que creen que se encuentran entre el pequeño grupo de los elegidos para llegar a ser generales.

Hubo dos eventos importantes que ocurrieron durante ese tiempo como oficial en el Colegio de Guerra. A principios del año, se anunciaron los oficiales elegidos que serían ascendidos rango de coronel. A las siete y media de la mañana nos llevaron a un gran auditorio y allí nos tuvieron durante cinco minutos mientras ponían en la cartelera, afuera del auditorio, la lista de los seleccionados. Después nos dejaron salir para que todos viéramos la lista.

El nivel de expectativa variaba entre los miembros del grupo. Algunos, como yo, no esperábamos nada. Otros creían, con todo su corazón y todo su ser, que estarían en la lista, y, de no ser así, sería para ellos el fin del mundo. Recuerdo la reacción de un teniente coronel que no salía de su asombro al ver que no estaba en la lista. "Han cometido un error —un gran error", dijo. "Voy a hacer algunas llamadas. Se me aseguró que iba a estar en la lista".

Cuando el grupo se dispersó un poco, me acerqué a leer la lista y quedé encantado de encontrar allí mi nombre, había sido seleccionado para un ascenso a coronel antes de tiempo —eso no era común. Me sentí bendecido.

El otro evento significativo tuvo lugar un par de meses después, en la primavera, cuando se publicó la lista de los que habían sido elegidos para comandantes de brigada. Las reacciones fueron muy similares, solo que esta vez hubo un coronel que estaba tan disgustado que amenazó con retirarse del Ejército. "Esa no es la brigada que quiero", dijo. "¡Si no me cambian, renunciaré!". Bien, no lo cambiaron y renunció. Al principio, muchos pensamos que el Ejército debía haberlo forzado a cumplir con sus obligaciones. Pero luego llegamos a la conclusión de que probablemente era mejor salir de un elemento tan egoísta como ese oficial.

La mayoría de quienes fuimos seleccionados para comandantes de brigada, estábamos agradecidos y contentos de ir adonde nos enviaran. De los cuatro oficiales de unidades blindadas elegidos para comandantes, sólo uno fue seleccionado —y ese fui yo. Personalmente, no lo podía creer. Era 1993, y tanto mi ascenso como mi transferencia a Fort Riley, Kansas, tendría lugar a mediados de 1994. Durante ese año intermedio, el Ejército decidió enviarme a Washington, D.C., a trabajar en la oficina del Inspector General.

Me fui de Carlisle preocupado por el grado de verdadera dedicación al Ejército y a nuestra nación que había realmente en las filas de los oficiales, y hasta qué punto se trataba sólo de ambición personal. Eso me hizo dar una mirada a mi vida en retrospectiva y reflexionar. Recordé la conversación que había tenido con María Elena acerca de mi sueño de llegar a ser comandante de un batallón. Ahora ya lo había logrado, y lo había hecho en combate. Había alcanzado mi sueño, y el Ejército quería ascenderme y convertirme en comandante de brigada. Decidí, por lo tanto, seguir en el Ejército mientras la nación me necesitara.

Una vez en Washington, D.C., María Elena y yo alquilamos una casa en Burke, Virginia, a unos treinta minutos del Pentágono, donde trabajaba. Durante mis primeros años como oficial, había aprendido a informar las violaciones que veia, y sabía que si alguna era una violación contra un general, el Inspector General en Washington la investigaría. Ahora, yo sería uno de esos investigadores.

Cada acusación, anónima o no, se investigaba a fondo. Nuestro equipo de ocho a diez coroneles y tenientes coroneles tenía acceso a prácticamente todas las bases de datos imaginables —hoteles, aerolíneas, tarjetas de crédito, teléfonos, lo que fuera. El proceso era organizado y profundo. Comenzábamos con una investigación preliminar. Si la acusación era infundada, simplemente cerrábamos el caso y el tema investigado jamás llegaba a conocerse. Sin embargo, si encontrábamos algún fundamento, iniciábamos una investigación formal —con testigos, expertos, citaciones— todo lo exigido por la ley. Por lo general, la última persona en ser interrogada era el general investigado. Para entonces, ya estábamos bastante seguros de lo que había o no había hecho y de cuál podría ser el resultado. De hecho, no recuerdo un solo caso en el que el interesado nos diera algún dato nuevo que cambiara el curso de la investigación.

La objetividad del proceso, que tenía la meta específica de proteger tanto al individuo como al Ejército, me convenció de algo muy importante. Si alguna vez se hacía una acusación en mi contra, lo peor que podía hacer era mentir, y aun el más inexperto de los Inspectores Generales descubriría la verdad. Son muchas las personas que trabajan en esto, muchas las investigaciones y muchas las formas de averiguar lo que alguien había o no había hecho, había o no había dicho. Era la misma lección que había aprendido de mis padres cuando era niño. "Lo peor que pueden hacer es decir mentiras", me habían dicho. "Y si mientes, lo sabremos, ¡y el castigo será doble!"

Durante el año que trabajé en la oficina del Inspector General tuve oportunidad de entender muy bien la razón por la cual los generales cometen faltas. Normalmente se debe a una de dos razones. O ignoran algún reglamento o política, o son tan arrogantes que piensan que pueden salirse con la suya hagan lo que hagan. Cuando cometían alguna equivocación eran relativamente fáciles de manejar. Descubríamos que su intención había sido correcta, pero simplemente se equivocaron en algo. Por lo tanto, recibían una advertencia y eso era todo. Sin embargo, los generales que se consideraban como un regalo de Dios para el Ejército podían encontrarse en graves problemas. Recuerdo un general que se sentó frente a mí y no dejó de sonreír con un gesto burlón durante todo el proceso. "Verá usted, si esta persona todavía estuviera en su cargo político", me dijo, "no estaría aquí sentado. Porque me protegería, y usted no podría hacerme absolutamente nada".

Nunca olvidaré ese lado oscuro del rango de general. Me enseñó cómo *no* debe ser un general, en caso de que alguna vez tuviera la suerte de llegar a ese nivel de mando.

Al terminar mi año en Washington, D.C., nos fuimos a casa, al sur de Texas, por un par de semanas, antes de viajar a Fort Riley. Mientras visitaba a mi madre, ella mencionó casualmente que Benito González, el padre de la familia numerosa que vivía al otro lado de la calle de nuestra casa, quería hablar conmigo.

"Claro que sí, mamá. Iré a verlo", le dije.

"¡Ricardo!", dijo el Sr. González, quien no hablaba inglés. "Pásale y siéntate aquí, ¡déjame enseñarte algo!" Me llevó a la mesa de la cocina, nos sentamos y sacó una caja con medallas y expedientes militares. "Mira, estuve en el Ejército", dijo. "Combatí en la Segunda Guerra Mundial con el Ejército de los Estados Unidos y estoy muy orgulloso de mi servicio".

A continuación, el Sr. González empezó a contarme sus experiencias. Había prestado servicio en la unidad mexicana-americana que se había formado en el Valle del Río Grande.

"Todos nuestros oficiales eran gringos", dijo. "Algunos de nuestros sargentos sabían hablar inglés por lo que cuando los gringos nos daban órdenes, ellos las traducían. En Europa, cuando querían que atacáramos, señalaban en la dirección que querían que fuéramos, decían '*Ataquen*' y nosotros atacábamos".

Nunca me había dado cuenta de lo que las personas mayores de nuestra comunidad hispana hicieron durante segunda la Guerra Mundial. Benito González había sido enviado a Europa y había participado en las Campañas de Francia, Alemania y Bélgica, incluyendo la Batalla del Bulge. Tenía un veterano de la Segunda Guerra Mundial viviendo frente a mi casa desde que era pequeño, y nunca lo había sabido. Había prestado servicio con orgullo en el Ejército de nuestro país y luego había regresado a la pobreza que había dejado atrás.

Pasé varias horas con el Sr. González, haciéndole preguntas y oyendo sus historias. Cuando me disponía a irme, le agradecí el servicio que había prestado a nuestro país y le dije que todos los norteamericanos tenían con él una profunda deuda de gratitud. Me saludó, con lágrimas en los ojos, y me dijo que estaba orgulloso de ver la clase de hombre en la que me había convertido. Tres años antes había prestado servicio durante la Tormenta del Desierto, pero en ese momento sabía quién era en realidad el héroe en esa habitación.

Mientras íbamos hacia Kansas, María Elena, los niños y yo nos detuvimos durante un fin de semana para visitar al mayor general Richard Boyle y a su esposa Fran, en Kilgore, Texas, adonde se había retirado varios años antes. Habíamos permanecido en contacto desde que nos conocimos por primera vez en Fort Bragg, cuando era comandante de división asistente y yo era su edecán.

El mayor general Boyle y yo recordamos los viejos tiempos y se interesó especialmente en mis experiencias durante las operaciones de Escudo del Desierto y Tormenta del Desierto. Cuando el fin de semana estaba por terminar, le pregunté qué tal había sido su jubilación del Ejército; me sorprendió con su respuesta.

"Bien, Ric, ya sabes, ha sido muy difícil", me dijo. "Todo lo que hacemos, todas las maravillosas bendiciones que recibimos mientras servimos a nuestro país en uniforme... es una maravilla haberlo hecho. Pero al Ejército, al sistema, realmente no le importa".

"¿De verdad, señor?"

"Sí, de verdad. Cuando me jubilé, al Ejército no le importó que yo le hubiera dado todos esos años. Fue casi como si jamás hubiera prestado servicio. En último término —y esto nunca lo debes olvidar, Ric— en último término, lo único que queda es la familia, los amigos y la fe".

Pensé mucho en ese consejo durante el recorrido de 600 millas hasta Kilgore desde Fort Riley. El mayor general Boyle fue el primer oficial de estado mayor que realmente se interesó en mí. Era una persona que apreciaba mucho y me preocupó que no estuviera contento en sus años de jubilación. La principal huella que dejó en mí fue reafirmar el pacto que habíamos hecho María Elena y yo muchos años antes. A excepción de la guerra, lo primero sería nuestra familia.

Al final, nuestra estancia en Fort Riley nos brindó uno de los mejores ambientes familiares que disfrutamos durante mi carrera militar. Mientras nos dirigíamos al puesto de comando, nos maravillábamos de los magníficos edificios de piedra a lado y lado de las calles. Pero fue cuando dimos la vuelta por Schofield Circle, con su maravilloso campo verde de desfiles, cuando María Elena y los niños realmente se entusiasmaron. En Schofield Circle, había hermosas casas de piedra caliza, eran las viviendas de los comandantes, tanto de coroneles como de tenientes coroneles. Una de estas casas sería nuestro hogar durante los próximos dos años. Era una edificación de 6.400 pies cuadrados con una sala y una cocina enormes —cada uno de los niños tenía su propia alcoba. Cuando entré por primera vez a la casa no podía dejar de pensar en nuestra estadía en Corea en ese apartamento minúsculo que mi esposa y mi hija habían tenido que soportar. Habíamos avanzado mucho.

Veintiún años antes, había sido comisionado a Fort Riley como subteniente. Ahora volvía como comandante de 3.200 soldados en la 2ª Brigada (de Dagas) de la 1ª División de Infantería. Desde el primer día, tuve dos cosas muy presentes, en primer lugar, la historia de Fort Riley, que comenzó en 1855, y la historia de la 1ª División de Infantería, que, evidentemente, estaba en todas partes. La Guerra Civil, Custer en Little Bighorn, Pancho Villa y el patrullaje de la frontera de México, la Segunda Guerra Mundial, Corea y Viet Nam, eran parte de la herencia de Fort Riley, y estaba decidido a defender ese legado a toda costa. En segundo lugar, nunca olvidé que cuando, como un joven teniente, llegué por primera vez a Fort Bragg, fue justo durante una alerta para la Guerra de Yom Kippur, y que sesenta días después de llegar a Fort Benning, mi batallón recibió el informe de que iríamos a combatir en la Guerra del Golfo Pérsico. No sabía si algo similar me sucedería esta vez, pero estaba seguro de que tendría preparada la Brigada de los Dagas por si recibíamos la orden de ir a pelear.

Durante nuestro entrenamiento, recibí una tarde una llamada de la policía militar informándome que había habido disparos de rifle en las barracas detrás de nuestro cuartel general. De inmediato corrí al campo de desfiles para cerciorarme de la situación y me enteré de que un soldado había matado a otro con un rifle y mantenía amenazada a la policía militar. Tan pronto como obtuve la información básica, fui al teléfono y llamé al comandante de la división, el mayor general Randy House, y le informé la situación.

"Está bien, Ric", me respondió en tono calmado. "¿Qué necesitas?"

"Bien, señor, en este momento, no sé si necesite su ayuda".

"Muy bien, parece que tiene la situación bajo control y que todo se está manejando como es debido, cuando pueda, llámeme y póngame al día".

De vuelta en las barracas, me reuní con la Policía Militar y acordamos ponerle fin al asunto. Tan pronto como comenzaron a avanzar, el joven con el rifle se apuntó con el arma y se suicidó.

Fue una experiencia perturbadora para todos, pero debo admitir que mi jefe hizo que resultara menos difícil. Consciente de que se trataba de una situación de vida o muerte, y de que había habido una tremenda presión, el mayor general House no interfirió ni empeoró la situación. Por el contrario, me brindó su apoyo y luego mostró su confianza al permitirnos manejar la situación. Realmente le agradecí lo que hizo y se lo hice saber después.

Randy House era de Texas. Se graduó de la Universidad A&M de Texas y era un verdadero Aggie. Pronto me di cuenta de que era un líder brillante e innovador que se esforzaba en entrenar a sus soldados y en asegurarse de que estuvieran preparados para la guerra. Toda su filosofía encajaba exactamente con mi forma de pensar y lo observaba admirado mientras cambiaba el concepto convencional del entrenamiento que existía en Fort Riley. Obtuvo su experiencia cuando, como coronel, participó en el desarrollo de procedimientos de entrenamiento innovadores en el Centro Nacional de Entrenamiento.

El mayor general George Joulwan me había expuesto a los métodos del Centro Nacional de Entrenamiento con sus ejercicios masivos en Hohenfels, cuando estuve en Alemania con la 3ª División Blindada. Ahora, Randy House no sólo me enseñó la historia y las metodologías del Centro Nacional de Entrenamiento sino que se ocupó personalmente de convertirse en mi mentor mientras mi brigada se preparaba para el riguroso programa de quince días del Centro Nacional de Entrenamiento.

El Centro Nacional de Entrenamiento, ubicado en Fort Irwin, California (a unas 100 millas al noreste de Los Angeles), se formó a principios de los años setenta, después de la Guerra de Viet Nam, cuando los líderes del Ejército decidieron que tenían que mejorar los procedimientos de entrenamiento. Los soldados que participan en este programa se encuentran en un entorno de combate simulado, en el que pasan por situaciones tanto ofensivas como defensivas contra un enemigo profesional. Estos ejercicios con armas de fuego son emocionantes, y a la vez representan un reto. Tanto las unidades como los jefes de las mismas son monitoreados y observados las veinticuatro horas al día, los siete días de la semana. Al final de la experiencia, los encargados de la evaluación realizan una revisión para analizar todos los aspectos del desempeño de la unidad y de su jefe. El programa está diseñado, en parte, para ofrecer una mejor comprensión de las tendencias naturales de los soldados en situaciones de presión como las que se experimentan en el campo de batalla.

La destreza y experiencia del mayor general House demostraría ser una ayuda invaluable para preparar las dos brigadas de la 1ª División de Infantería para su participación en el excepcional programa del Centro Nacional de Entrenamiento. La 1ª Brigada iría allí de enero a febrero de 1995 y la 2ª Brigada (la nuestra) iría dieciocho meses después, hacia el final de mi estadía en ese lugar.

En diciembre, el coronel a cargo de la 1ª Brigada me pidió que le diéramos apoyo.

"Ric, necesitamos su ayuda", me dijo. "¿Podría prestarnos unos hombres y algo de equipo?"

"Claro que sí", le respondí. "Le daremos lo que necesite".

Y eso hicimos. Les dimos nuestro total apoyo, sin condiciones, porque formábamos parte del mismo equipo.

Entre tanto, había comenzado el entrenamiento de la Brigada de las Dagas que nos prepararía para el combate —tal como había hecho cuando fui comandante del batallón en Fort Benning. A este respecto, fue interesante ver que mi reputación me había precedido. Algunos de los oficiales bajo mi mando habían oído decir que era intransigente cuando de Entrenamiento Físico se trataba. "Oigan, cuando venga Sánchez", les habían dicho, "nunca se les ocurra cancelar el entrenamiento por causa del mal tiempo. Y es mejor que se preparen para ir al campo con todas sus posesiones".

Cuando dos de mis comandantes de batallón se refirieron a los comentarios que habían escuchado, les expliqué mi filosofía básica. "Miren", les dije, "tenemos que mirar el entrenamiento como si se tratara de un combate real. No podemos cancelar simplemente porque esté haciendo frío o calor. Es mejor pensar cómo haremos para sobrevivir y combatir en esas condiciones. En otras palabras, señores, mi mantra es: 'Vamos a entrenar en la forma en la que vamos a combatir' ".

Así fue, durante ese primer verano, mis métodos despertaron cierta controversia. Debido a lo que había aprendido en la Tormenta del Desierto, ordené que toda la brigada utilizara el uniforme de combate completo cuando estuviéramos en el campo. Claro está que nos encontrábamos en Kansas, en agosto, y hacía calor —pero no tanto como en Arabia Saudita o en Irak durante la Guerra del Golfo. Poco después de que empezamos a entrenar, comenzamos a tener una serie de lesiones menores relacionadas con el calor. El mayor general House, que siempre estaba presente durante nuestros ejercicios de entrenamiento, vino a preguntarme qué ocurría.

"Ric, he oído que tiene algunos problemas de lesiones por el calor", me dijo. "¿Quiere seguir entrenando con todo el equipo de combate? Tal vez debería considerar aligerarlo un poco".

"Bien, señor, nos estamos asegurando de que no ocurra un acuidente. Tenemos a todos nuestros oficiales no comisionados completamente involucrados en el monitoreo de los soldados. No me gusta que tengamos estas lesiones debidas al calor, y nunca pondré a mis soldados en ninguna situación que represente un peligro para sus vidas. Pero debido a su preocupación, revisaré mis normas, señor".

"¿Hay alguna forma de minimizar la exposición al calor?"

"Bien, tal vez podemos permitirles que se quiten el equipo de combate por cortos periodos de tiempo durante las horas más calurosas del día. Pero tenemos que seguir entrenando así".

"Muy bien, Ric, confío en su buen juicio. Pero debe tener cuidado de que no se presenten lesiones graves".

Completamos nuestro entrenamiento de verano y la Brigada de las Dagas tuvo un desempeño extremadamente bueno. Estaba seguro de que nos encontrábamos muy próximos a estar listos para la guerra, si la nación nos llamaba. Afortunadamente, eso no ocurrió, pero nos mantuvimos listos durante todo el año, hasta que llegó la hora de prepararnos para nuestra visita al Centro Nacional de Entrenamiento en diciembre de 1995.

Pude sobrevivir los días más calurosos en Irak, sin ningún problema. Imagino que eso fue gracias a haber crecido en el sur de Texas. Pero el frío de las llanuras de Kansas durante ese invierno fue algo totalmente diferente. Algunos de mis comandantes de batallón se reían de mí porque me ponía cinco o seis capas de ropa y me veía realmente ridículo. Definitivamente, estaba preparado, pero cuando el factor de viento hacía sentir la temperatura a menos 59° F, dejamos de entrenar. Sólo había una forma en la que podíamos continuar con esos helados vientos de Kansas soplando con la fuerza que lo hacían. Puesto que debíamos permanecer en el campo por un mínimo de dos semanas, nos limitamos a intentar sobrevivir dentro de nuestros vehículos hasta que se calmaron los vientos y subió un poco la temperatura.

A medida que se acercaba el momento de partir al Centro Nacional de Entrenamiento, nuestra brigada tuvo que reabastecerse de algunos equipos. Por consiguiente, enviamos una nota a la 1ª Brigada pidiendo ayuda, lo que imaginé que no sería problema después de que nosotros los habíamos ayudado a ellos el año anterior. Pero mis hombres regresaron para informarme de que no podrían conseguir el equipo que necesitábamos.

"¿Por qué no?", les pregunté.

"Bien, señor, el comandante de la brigada dio orden de que no nos prestaran equipo".

"¿Dio orden?" pregunté.

"Sí, señor. Cuando le pedimos a uno de los comandantes de brigada del batallón que lo confirmara lo dicho respondió, 'Así es. Si los ayudara, estaría incumpliendo órdenes' ".

Pensé que no valía la pena armar un problema y me limité a buscar una solución. Nos esforzamos al máximo por reparar nuestro equipo deteriorado y pedimos equipo prestado donde pudimos encontrarlo en otras unidades de la división antes de salir para Fort Irwin, California.

El mayor general House estuvo presente todos los días durante las dos semanas que estuvimos entrenando en el Centro Nacional de Entrenamiento. Para mí, su presencia fue tan valiosa como cada ejercicio que practicó la Brigada de las Dagas. Después de una de nuestras batallas clave iniciales en la que fuimos golpeados sin misericordia por la fuerza opositora profesional, House vino en su Humvee hasta nuestra posición, se bajó de su vehículo y me entregó una botella de Dr. Pepper helada. Había estado levantado durante treinta y seis horas sin descanso y estaba muerto de sed.

"Aquí tiene, Ric, bebe esto y siéntate", me dijo.

Me senté y tomé una cantidad considerable de Dr. Pepper.

"Gracias, señor", le dije. "Era justo lo que necesitaba".

"Bien, hablemos", dijo. "¿Dónde estaba usted en el campo de batalla?", preguntó.

"Bien, señor, estaba detrás del batallón que iba a la vanguardia".

"¿Pensó que tenía una idea clara de la situación durante el punto crítico de la batalla?"

Era evidente que, a juzgar por el desempeño de la brigada, yo no había estado en el lugar correcto para tomar decisiones críticas.

"No, señor, aún estoy tratando de entender cuál debería ser mi posición mientras una brigada combate".

"Ric, tiene que desplazarse según el ruido de los disparos", me dijo House. "Tiene que entender cuánto puede avanzar. Por lo general, no querrá estar con la compañía y con los comandantes del batallón. Pero si es absolutamente necesario, tal vez tenga que hacerlo. Por lo tanto, no debe tener miedo de avanzar. A veces, tal vez tenga que estar en el punto decisivo junto a un joven comandante de pelotón. Si eso ocurre, asegúrese de que el segundo al mando entienda la situación".

Durante la siguiente batalla, mientras la brigada combatía a través de un paso de montaña, yo estaba al frente en el campo de batalla. Y, naturalmente, House llegó de inmediato adonde me encontraba, me entregó otra botella de Dr. Pepper y puso su brazo alrededor de mi espalda.

"Ric, esta vez avanzó demasiado", me dijo. "No puede estar en medio de la acción. Con un poco de experiencia, irá aprendiendo".

En términos generales, salí del Centro Nacional de Entrenamiento sintiéndome muy seguro. Claro está que, como la mayoría de las brigadas, la Brigada de las Dagas no tuvo un desempeño muy bueno contra la fuerza profesional opositora. Pero aprendí mucho sobre mí mismo, sobre mis subalternos y sobre mis soldados. Todos habíamos crecido muchísimo como unidad. También me impresionó el estilo con el que el mayor general House desempeñaba su función de mentor, con sus botellas de Dr. Pepper heladas. Me encantaba formar a los soldados, sin mencionar un método que me ayudó a desarrollarme como líder. Su metodología estaba en sincronía perfecta con mis tendencias naturales. Pero ahora, gracias a que pude ver ese mismo estilo de liderazgo en un general a quien realmente admiraba, sentía que mi propio estilo había quedado validado. Un líder no tiene por qué ser abusivo, obsceno o denigrante. Para poder dirigir a los soldados de forma eficiente, debe ser rígido, exigente y comandar desde la posición de avanzada.

Durante mis últimos meses en Fort Riley, recibí una carta personal del general Barry McCaffrey. "Ric, quisiera que viniera a SOUTHCOM para ser el jefe encargado del personal aquí en Panamá. Me entusiasma la idea de volver a trabajar con usted". En ese momento, el general McCaffrey estaba a cargo del comando del sur y era responsable de todas las operaciones del área de América del Sur y América Central.

El mayor general House había estado haciendo algunas llamadas para buscarme una misión adecuada para cuando saliera de Fort Riley. Al día siguiente, cuando lo encontré, le dije:

"Señor, debo comunicarle que acabo de recibir una nota del general McCaffrey. Me pide que vaya a SOUTHCOM para ser el jefe encargado del personal. Tal vez deba decirle que no".

"Ric, debo dejar de hacer llamadas relacionadas con su futuron", respondió House. "Jamás se le dice que no a un general de cuatro estrellas".

"Está bien, señor", respondí. "Creo que le diré a María Elena que nos vamos para Panamá".

SEGUNDA PARTE

LOS LÍDERES DEL MUNDO DESPUÉS DE LA GUERRA FRÍA

★ ★ ★

CAPÍTULO 6

Operaciones conjuntas de interagencia en SOUTHCOM

De 1996 a 1999, trabajé como alto oficial del Estado Mayor en el Comando Sur de los Estados Unidos (SOUTHCOM), uno de los principales comandos conjuntos de combate del Departamento de Defensa. Esta fase de mi carrera me prepararía en varias áreas para mi posterior experiencia en Irak. En primer lugar, me expuso al proceso de toma de decisiones de liderazgo a nivel nacional, especialmente de los Miembros del Estado Mayor Conjunto y de la rama ejecutiva del gobierno nacional. Con frecuencia interactuaba con el Congreso y con varios otros elementos de la rama legislativa. En segundo lugar, SOUTHCOM me ayudó a entender las diferencias de cultura entre los distintos departamentos de interagencia (el Departamento de Estado, con Concejo de Seguridad Nacional, los Miembros del Estado Mayor Conjunto y el Departamento de Defensa). El contacto con el Departamento de Estado me hizo entender el mundo de la diplomacia y la forma de pensar de un funcionario del servicio exterior, que me resultó invaluable cuando más adelante tuve que tratar con la Autoridad Provisional de la Coalición del embajador L. Paul Bremer, y el subsiguiente establecimiento de la nueva Embajada de los Estados Unidos. En tercer lugar, tener que tratar con los distintos países de América del Sur y establecer coaliciones regionales me dio una clara visión de las complejidades de las normas nacionales para establecer acuerdos y más importante aun, de la necesidad de entender el impacto de los intereses nacionales individuales sobre las operaciones de la coalición. Esta experiencia fue muy instructiva cuando como comandante de las tropas en Irak tuve que desarrollar relaciones entre las distintas facciones iraquíes y los socios de la coalición.

Una de las experiencias más importantes durante mi misión en SOUTHCOM fue la de aprender cómo tratar con los líderes no convencionales. El entorno complejo de la coalición, junto con el trabajo operacional de interagencia me condujo con frecuencia a establecer relaciones de comando poco tradicionales. SOUTHCOM no podía emitir órdenes directas cuando trataba con líderes nacionales de las coaliciones antidroga y la Interagencia de los Estados Unidos. Como resultado, nuestras estrategias de liderazgo dependían en gran medida de lograr consenso y promover los intereses generales para lograr esfuerzos unificados. Tener presentes las distintas culturas de los servicios de interagencia y sus limitaciones de operación era crucial para lograr su cooperación y compromiso.

Estuve en SOUTHCOM justo en un período histórico que representaría un cambio radical en el enfoque de los Estados Unidos hacia las tácticas de guerra. Los eventos que siguieron a la Guerra Fría, antes, durante y después del tiempo que estuve en SOUTHCOM en Panamá y Miami, determinaron las estrategias futuras para el manejo de los conflictos de menor nivel en todo el mundo. Durante este período de cambio global, fue desarrollándose en el país la idea de que las tropas estadounidenses podían intervenir sólo en conflictos regionales con un mínimo de pérdida de vidas humanas y por un período de tiempo de seis meses a un año. Los líderes norteamericanos se sentían tranquilos de pensar que nuestros compromisos a largo plazo, después de un conflicto bélico, requerirían sólo una presencia militar para mantener la paz. A su vez, esa manera de pensar trajo como resultado la política de intervenir en áreas de conflicto del mundo sin mayor dificultad, aunque, con frecuencia, sin un plan de retirada debidamente elaborado.

Podemos rastrear el comienzo de este cambio de paradigma a la división de Yugoslavia entre 1991 y 1992. La violencia étnica resultante alcanzó un *crescendo* con los brutales ataques serbios contra los musulmanes de Bosnia. Mientras las Naciones Unidas aprobaban rápidamente una serie de resoluciones orientadas a poner fin al conflicto, se desarrolló un debate público en los Estados Unidos sobre los llamados a intervenir a nivel internacional. Todo parecía indicar que Colin Powell, el Presidente del Alto Comando Conjunto, había ganado esta controversia cuando arguyó convincentemente a favor de intervenir sólo después de que se hubieran cumplido ciertas condiciones. Las especificaciones del general Powell, ahora conocidas como "la Doctrina Powell", incluían: un riesgo a la seguridad de los Estados Unidos; apoyo internacional positivo; objetivos políticos claramente definidos; plena consideración del riesgo para las tropas estadounidenses y la duración de su presencia en el exterior, una estrategia de retirada bien definida; y la total aprobación por parte del pueblo norteamericano. El general Powell citó la Guerra del Golfo Pérsico y la invasión de los Estados Unidos a Panamá como ejemplos de intervenciones exitosas. Durante la década de los noventa, su doctrina se vería puesta a prueba con las crisis en Somalia, Haití, Bosnia e Irak.

Antes de terminar su administración, el presidente George H. W. Bush movilizó 25.000 soldados estadounidenses (el 9 de diciembre de 1992) a Somalia, para respaldar a las Naciones Unidas en la ayuda humanitaria a las víctimas de la hambruna. Para junio de 1993, el presidente Bill Clinton había reducido la presencia de tropas norteamericanas a 4.200 hombres, cuya misión consistía en respaldar operaciones relacionadas con el mantenimiento de la paz. Sin embargo, en octubre 3 de 1993, dos helicópteros Black Hawk fueron derribados en la ciudad capital de Mogadiscio provocando una conflagración armada que terminó con dieciocho soldados norteamericanos muertos y ochenta y cuatro heridos. Al finalizar la batalla, el cuerpo de uno de los pilotos de los helicópteros fue arrastrado por las calles por los combatientes enemigos —incidente que quedó grabado por un camarógrafo. Las macabras imágenes de televisión enfurecieron a los americanos e hicieron que la administración Clinto enviara refuerzos para estabilizar la situación. Para el 31 de marzo de 1994, se habían retirado de Somalia todas las fuerzas norteamericanas.

Seis meses después, en septiembre 1994, estalló un episodio de violencia en Haití. Esto tuvo lugar varios años después de que el presidente democráticamente elegido, Jean-Bertrand Aristide, fuera derrocado durante un golpe militar. Cuando las tropas estadounidenses intentaron entrar al país para ayudar a las Naciones Unidas en sus esfuerzos por restablecer la paz, se les negó el ingreso por órdenes del general Raoul Cédras, el dictador de ese país. En vez de provocar una confrontación militar, el presidente Clinton retiró el barco que llevaba las tropas y luego organizó un plan de invasión que comprendía 25.000 hombres del Ejército norteamericano. Una negociación de último minuto mediada por el triunvirato formado por el expresidente Jimmy Carter, el general Colin Powell y el senador Sam Nunn, obligó a Cédras a abandonar el país. Aristide recuperó el poder y las tropas estadounidenses entraron en Haití sin encontrar oposición. Ya en marzo de 1995, las fuerzas de paz se habían retirado.

Durante los meses de agosto y septiembre de 1995, en respuesta a un sangriento bombardeo serbio en una plaza de Sarajevo, la OTAN (Organización del Tratado del Atlántico Norte) lanzó una serie de ataques aéreos durante dos semanas sobre Bosnia, contando con 400 bombarderos y 5.000 hombres de quince naciones distintas. Esta acción trajo a los bosnios y serbios a la mesa de negociaciones con los musulmanes croatas, teniendo como resultado un acuerdo de paz que se forjó en Dayton, Ohio.

Durante toda la década de los noventa, Saddam Hussein representó un problema en Irak por sus constantes enfrentamientos con los Estados Unidos y las Naciones Unidas. Después de la

Guerra del Golfo, se establecieron zonas de vuelo vedadas en las regiones norte y sur del país para proteger a los kurdos y los chiítas, respectivamente, de los ataques aéreos de Saddam. El 27 de junio de 1993, Estados Unidos lanzó un ataque contra los servicios de inteligencia iraquíes en respuesta a un plan fallido para asesinar al ex presidente George H. W. Bush. Después del comienzo de un programa de "petróleo por alimentos" que comenzó en 1995, Saddam amenazó con retirar su cooperación con los inspectores de armamento de las Naciones Unidas, a menos que se levantaran las sanciones económicas y el embargo petrolero. Durante varios años, los inspectores de las Naciones Unidas eran expulsados o aceptados en Irak; por último, los Estados Unidos y Gran Bretaña lanzaron ataques aéreos sucesivos durante cuatro días, en diciembre de 1998, contra posibles sitios de desarrollo de armas de destrucción masiva en Irak. A pesar de esos ataques, Saddam Hussein seguía discutiendo con las Naciones Unidas acerca de permitir o no el acceso de los inspectores de armas.

Durante la década de los noventa, tanto el Ejército de los Estados Unidos como la administración Clinton se estaban adaptando a la confusa situación posterior al fin de la Guerra Fría. En 1994, el Ejército anunció una iniciativa de modernización que integraría la adopción generalizada de nuevas tecnologías. Al mismo tiempo, se diseñó un nuevo plan para reducir en un 40 por ciento el número de hombres en servicio activo. Cinco años después, en octubre de 1999, el Jefe del Estado Mayor del Ejército, el general Eric Shinseki, reveló el desarrollo de un nuevo concepto para una fuerza de mediano tamaño capaz de movilizarse at cualquier lugar del mundo en cuatro días. Sería un nuevo ejército de alta tecnología específicamente diseñado para las guerras del siglo XXI. El general Shinseki consideraba que el Ejército tenía que "tener una capacidad de impulso irreversible" para que esta transformación se mantuviera aun después de terminar su cargo como Jefe del Estado Mayor.

Entre tanto, la administración Clinton desarrolló una serie de políticas estratégicas relacionadas con el momento de utilizar la fuerza militar, las condiciones para la participación de los Estados Unidos en los conflictos y la forma como el gobierno debía manejar dichas operaciones. Por ejemplo, en mayo de 1994, la Decisión Presidencial de la Directiva 25 ordenaba la participación del Ejército en operaciones de mantenimiento de paz únicamente cuando los objetivos estuvieran relacionados con soluciones políticas, económicas y militares enmarcadas dentro de un sólido presupuesto.

Dos años después, en marzo de 1996, la administración fue muy clara en que era necesario desarrollar una estrategia de retirada bien definida antes de entrar por la fuerza en otro país. En cualquier caso, la intervención militar sólo podría llevarse a cabo cuando estuviera justificada por una combinación de las siguientes siete razones: (1) la defensa contra ataques directos a los Estados Unidos, a los ciudadanos norteamericanos y a sus aliados; (2) contener la agresión; (3) defender intereses económicos clave; (4) preservar, promover y defender la democracia; (5) prevenir la difusión de armas de destrucción masiva, el terrorismo, el crimen internacional y el tráfico de drogas; (6) mantener la confiabilidad ante la comunidad internacional; y (7) por razones humanitarias.

Por último, en mayo de 1997, la administración Clinton expidió la Decisión Presidencial de la Directiva 56 (PDD 56), que hace obligatoria la cooperación y sincronización entre agentes gubernamentales. Esencialmente, ordenaba que el Pentágono, el Departamento de Estado, la Agencia Central de Inteligencia (CIA) y otras agencias gubernamentales clave trabajaran unidas para crear un nuevo programa orientado a la educación y capacitación del personal para misiones de mantenimiento de paz, a fin de reducir o inclusive eliminar métodos burocráticos de operación convencionales. Entre tanto, la rama ejecutiva intentaba sincronizar el trabajo de las agencias intergubernamentales (la Interagencia) para alcanzar los objetivos de seguridad nacional. Desafortunadamente, no se pusieron en práctica los mecanismos para hacer que la Interagencia tuviera que responder por sus actos —este inconveniente nos perseguiría hasta Irak.

Durante esta época de agitados cambios, llegué a ser Director de Operaciones de SOUTHCOM, uno de los pocos comandos del Departamento de Defensa donde las operaciones conjuntas y de Interagencia eran una realidad de todos los días. Los cinco servicios militares (el Ejército, la Armada, la Fuerza Aérea, la Marina la y Guardia Costera) y la mayoría de los departamentos civiles (el Departamento de Estado, el de Defensa, el de Justicia, la CIA, la DEA, y otras más) trabajaban unidas en nuestra misión nacional antidrogas. Las operaciones de SOUTHCOM abarcaban todo el hemisferio occidental y giraban en torno a la sincronización, integración y optimización de todos los elementos del gobierno que participaban en el control del tráfico de drogas. Nuestra misión incluía trabajar con la mayoría de los países del Caribe, de América del Sur y de América Central —con sus gobiernos, sus ejércitos y sus agencias civiles relacionadas con aspectos humanitarios— para promover la credibilidad y la capacidad. Era un reto trabajar en este lugar, dada la falta de enfoque nacional y de recursos destinados a América Latina.

Antes de ir a Panamá como Subjefe del Estado Mayor, me ilusionaba en realidad volver a trabajar para el general Barry McCaffrey. No había en el campo de batalla otro combatiente u otro líder mejor, y no cabía duda de que podría aprender mucho trabajando en su grupo de comando. Pero esa oportunidad nunca se materializó porque el presidente Clinton lo nombró director de la Oficina Nacional de Política de Control de Drogas unos meses antes de mi viaje a Panamá.

A mi llegada, el Subcomandante en Jefe había sido ascendido para ocupar transitoriamente el cargo que antes ocupara McCaffrey, lo que me convirtió, *de facto*, en Jefe de Estado Mayor, al menos de manera transitoria. Mi cargo resultó ser problemático porque dos de los oficiales del estado mayor, el director de operaciones y el director de inteligencia, eran generales.

Para mí, el aspecto más difícil de mi nuevo cargo tenía que ver con tener que tratar con el subcomandante en jefe, un almirante naval. Muy pronto me di cuenta de que los miembros del estado mayor le temían porque no reaccionaba bien a las malas noticias.

Inclusive los generales del estado mayor venían a pedirne que sirviera de portavoz. En esos casos, yo era el primero en comunicarle las malas noticias; con frecuencia, tenía que esquivar la pila de papeles que me lanzaba. La primera vez que esto ocurrió, el almirante se calmó y se disculpó. "Ric, por favor, entienda que no se trata de algo personal contra usted", me dijo. Mi disponibilidad de servir de amortiguador me ganó su respeto y fue una enorme ayuda cuando llegó el nuevo comandante de combate y volví a mi cargo inicial de Subjefe del Estado Mayor.

El general Wesley K. Clark llegó a fines del verano de 1996 para asumir el comando de SOUTHCOM. Era egresado de West Point del año 1966 y veterano de Viet Nam, donde había sido herido en combate. Por su papel en esa guerra había recibido la Estrella de Plata y la Estrella de Bronce. Pronto me di cuenta de que tenía un deseo insaciable de información detallada y una capacidad increíble de retener y utilizar todo lo que sabía. Además, el general Clark era un pensador estratégico excepcionalmente hábil, cuya visión del futuro era casi siempre fascinante e inspiradora. Nos mantenía activos en múltiples frentes relacionados con nuestros problemas y, como resultado, fueron surgiendo rápidamente una variedad de estrategias creativas. La excepcional capacidad del general Clark para establecer relaciones personales con los panameños y con la mayoría de los líderes de América del Sur hacía que nuestros trabajos fueron mucho más fáciles.

María Elena y yo esperábamos que nuestra visita a Panamá fuera por solo un año. Por lo tanto, al acercarse la primavera, comencé a averiguar acerca de la posibilidad de ser transferido de nuevo a la fuerza blindada en Alemania. No pasó mucho tiempo antes de que el general Clark me llamara para hablar de mi futuro.

"Ric, deseo que se quede un año más y que sea el oficial de operaciones (J-3) del comando", me dijo. "¿Aceptaría?"

Recordando la lección ya aprendida de que nunca se dice que "no" a un general de cuatro estrellas, respondí de inmediato:

"Señor, esperaba volver a Alemania, pero a pesar de eso, me quedare y seré oficial de operaciones".

Clark sonrió y me dio un apretón de manos.

"Realmente no le puedo contar la otra noticia que va unida a esto", me dijo, "pero estoy seguro de que ya la sabe".

El general Clark me estaba diciendo que después de veinticinco años en el Ejército sería ascendido a brigadier general. Me sentí feliz y emocionado, y no veía la hora de llegar a casa para darles la noticia a María Elena y a nuestros hijos.

Casi de inmediato comencé el proceso de transición con el oficial de operaciones que aún ocupaba el cargo de J-3 y, cuarenta y cinco días después, asumí el cargo plenamente. Debido a que interactuaría con varios líderes militares internacionales, me dieron de inmediato el uniforme, lo que me daba la autoridad y responsabilidad de un brigadier general, pero sin el salario. Mi ascenso real se realizó un año después.

Mi primera obligación como oficial de operaciones fue sacar personal militar de Panamá al nuevo comando en Miami. Con base en un tratado de 1974 entre los Estados Unidos y Panamá, la Zona del Canal sería devuelta a Panamá a comienzos de siglo y los Estados Unidos se retirarían. El cambio del comando de SOUTHCOM constituiría el primer paso de la terminación formal de la presencia del Ejército de los Estados Unidos en Panamá. El cambio oficial se llevó a cabo en un avión sobre el Mar Caribe, cuando activamos las comunicaciones en Miami y las cerramos en Panamá.

Tan pronto como trasladamos el comando, algunos miembros del Congreso comenzaron a cuestionar nuestro presupuesto global, que representaba una enorme suma de dinero. Enviaron entonces una delegación que debía recibir información sobre nuestros planes, pero la enviaron primero a Panamá, en vez de a Miami. Los miembros del Ejército en SOUTHCOM seguían esperando su turno en el ciclo de transferencia de Panamá a Miami, y enviaron a un joven mayor al aeropuerto a recibir y a actualizar a los delegados del Congreso. Estos se sintieron desairados y congelaron todos nuestros fondos. Cuando recibí la noticia, programé un desayuno con la delegación para cuando vinieran a Miami de camino a Washington.

"Lamentamos profundamente que no hayan recibido el tratamiento adecuado en Panamá", les dije. "Debimos enviar un oficial de más alto rango".

"Oh, no se preocupe", respondió uno de ellos. "Sólo venga a vernos a Washington".

"Pero estoy en capacidad de responder cualquier pregunta que tengan".

"No, es demasiado tarde. Debe venir a Washington para justificarse ante nosotros".

Fue así como a la semana siguiente, fui a Washington D.C., y gasté una cantidad increíble de tiempo explicando nuestro presupuesto. Eventualmente, ganamos y nuestro presupuesto no se redujo. Este incidente me mostró la importancia de tener en cuenta el egocentrismo y el poder del Congreso a todos los niveles, ni más ni menos.

Para cuando estaba ya plenamente instalado en mi cargo como oficial de operaciones, recibimos otro comandante de combate. El general Clark había sido trasferido a Alemania como Comandante Supremo de los Aliados en Europa, y sería el jefe del Comando Estadounidense en esa región. Charles E. Wilhelm —un marino y veterano de Viet Nam que también había recibido las estrellas de plata y de bronce— fue su reemplazo. El general Wilhelm comenzó a realizar de inmediato pequeñas reuniones de actualización en las mañanas en la sala de conferencias al lado de su oficina, con miembros clave de su personal. Durante la primera semana, le presenté al general un informe de actualización semanal muy detallado. Pero durante la siguiente reunión de la mañana, tomó el informe y dijo: "Mire, Ric, no se sienta mal por lo que le voy a decir pero, ¿para qué demonios necesito saber todo esto?"

Como es natural, mi primera reacción fue la de querer meterme debajo de la mesa de la sala de conferencias. Pero me di cuenta de que sólo estaba tratando de establecer la forma como quería interactuar con su personal. "Esto es un documento de veinte páginas que los involucra a todos", dijo. "En vez de presentar me esto, ustedes deberían estarse haciendo una pregunta: '¿Para qué y dónde necesito la participación de Wilhelm?'. Si hay algún problema con el Secretario de Defensa o con el Presidente de los Jefes de Estados Conjuntos, infórmenmelo. De lo contrario, su responsabilidad es hacer uso de la autoridad que tienen como coroneles o generales para manejar las relaciones con la Interagencia, con el Estado Mayor Conjunto, con el Departamento de Defensa y con todos los demás. Sólo deben mantenerme informado y no permitir que algo me tome por sorpresa".

Fue un alivio no tener que volver a presentar ese informe porque era extremadamente detallado y me tomaba mucho tiempo prepararlo. Pero, entre más pensaba en lo que el general Wilhelm acababa de decir, más me daba cuenta de la gran lección que nos estaba dando en cuanto a delegar autoridad. De un momento a otro, con esta orientación, me había convertido en un flamante general de una estrella con el derecho a interactuar con un general de cuatro estrellas, —con todos los departamentos y con todos los elementos de poder dentro de un comando conjunto. Y si esas declaraciones no hubieran sido suficientes para que cada uno de los oficiales tomara responsabilidad, Wilhelm encontró otras formas de lograrlo. Por ejemplo, un día, dos de nosotros le entregamos lo que pensamos que era un importante documento. Pero cuando nos llamó de nuevo a su oficina, un par de horas después, el documento tenía escrito en la carátula las siglas "DOA" (dead on arrival [muerto a llegar]).

"Cielos", pensé. "Aquí viene otra vez".

"Señores, es evidente que las personas a su cargo escribieron este documento", dijo. "Ahora bien, son muy capaces, pero no tienen su nivel de experiencia. A veces, los generales tienen que involucrarse —yeso es lo que tiene que ocurrir en este caso. Quiero que vuelvan a sus oficinas y escriban de nuevo todo el documento, no olviden incluir sus propios puntos de vista".

Esa solicitud no era irrazonable. Wilhelm nos estaba diciendo, en otras palabras, "Oigan, ahora son generales. Espero que sepan cuándo se requieren sus juicios, su experiencia y sus habilidades". Durante los dos años siguientes, el general Wilhelm demostró una enorme paciencia y una gran confianza en los oficiales bajo su mando. Aprendí de él lecciones invaluables sobre cómo ser un general.

Cuando empezó el ciclo de asignaciones en el verano de 1997, esperaba que me llegara el nombramiento para unirme al Ejército en Alemania. Pero una vez más, otro general de cuatro estrellas me pediría que me quedara unos años más. El general Wilhelm quería reestructurar su personal ascendiendo a brigadier general a John Goodman (el actual director de estrategia policía y planes) nombrándolo como su nuevo Jefe del Estado Mayor. En el estado mayor conjunto habían seis oficinas principales: Personal (J-1), Inteligencia (J-2), Operaciones (J-3), Logística (J-4), Estrategia, Politica y Planes (J-5) y Comunicaciones (J-6). El general Wilhelm me pidió que siguiera con mis responsabilidades de oficial de operaciones (J-3) y que asumiera las responsabilidades adicionales de director de estrategia, politica y planes (J-5). Después de aceptar este cambio, John Goodman y yo trabajamos estrechamente durante el resto del año mientras me desempeñaba en ambos cargos. Mi experiencia resultó ser un torbellino de actividad y aprendizaje.

Todo lo que hice se relacionaba con coaliciones y operaciones conjuntas combinadas. Al diseñar nuevas estrategias para la época después de la Guerra Fría, realizamos conferencias regionales que incluían todas las naciones del hemisferio sur, América Central y el Caribe. Trajimos embajadores, jefes militares y funcionarios clave de todas las interagencias estadounidenses (de Estado, de Justicia, de la CIA, etc.) y se reunían con sus contrapartes internacionales. Nuestro objetivo era lograr la cooperación mutua en áreas de seguridad, actividades antidroga y asistencia humanitaria. Como resultado, aprendí a conformar secciones conjuntas, a elaborar documentos sobre grupos de trabajo conjuntos y a negociar actividades bilaterales con naciones anfitrionas.

Fue evidente que nuestro estado mayor tenía que estar preparado para manejar desastres naturales y todas las misiones en forma simultánea, el general Wilhelm nos pidió adaptar nuestros procedimientos a dichas necesidades. John Goodman y yo, por ejemplo, emprendimos un importante esfuerzo de reestructuración del estado mayor para establecer equipos de acción en momentos de crisis que nos permitieran desempeñar múltiples operaciones en forma simultánea. Cuando Centroamérica se vio afectada por uno de los peores y más mortíferos huracanes de la historia, el Huracán Mitch, en octubre de 1998, el personal del estado mayor de SOUTHCOM estaba bien preparado. Las inundaciones de proporciones catastróficas que se produjeron en Nicaragua y Honduras dejaron cerca de 20.000 personas muertas o desaparecidas. La Sección Águila de SOUTHCOM comandada por el coronel Duz Packett se organizó y se desplazó allí en cuestión de días. El coronel Duz, con un magnífico desempeño, organizó las operaciones de asistencia humanitaria en estos países durante casi seis meses. Las rápidas respuestas de SOUTHCOM no sólo salvaron vidas sino que también abrieron puertas para ayudar a mejorar las relaciones políticas y militares con Nicaragua y otros países de América Central. Nada de esto hubiera sido posible sin la capacidad visionaria del general Wilhelm para crear y desarrollar nuestra capacidad de respuesta.

Además, Wilhelm fue también el primero en traer el Centro de Técnicas de Guerra Conjunta, sacándolo de Norfolk, Virginia, para realizar ejercicios destinados a facilitar las operaciones conjuntas de interagencia (tal como lo había ordenado el Decreto Directivo Presidencial 56). Vino un equipo de aproximadamente sesenta personas a evaluar todo lo que hacíamos en el cuartel general. Construyeron escenarios basándose en eventos reales que estaban ocurriendo en ese momento, nos monitorearon y nos observaron y, al término de cuarenta y cinco días, nos hicieron una evaluación formal. Durante ese tiempo seguimos desempeñando nuestro trabajo normal. Fue a la vez un trabajo muy exigente y una experiencia educativa esencial.

El Centro de Técnicas de Guerra Conjunta hacía gran énfasis en la planificación de la Fase IV en relación con las operaciones de coalición. La Fase IV se refiere a la parte de una campaña que se desarrolla justo después de un combate decisivo —en la que las operaciones se centran en la estabilización y la reconstrucción. Anteriormente, solía pasarse por alto la Fase IV porque los líderes militares estadounidenses estaban enfocados en ganar guerras y no en el proceso de mantenimiento de la paz que viene después del conflicto. Sin embargo, nuestras experiencias después de la Guerra Fría nos enseñaron, una y otra vez, que se requieren planes muy detallados de Fase IV antes de iniciar las operaciones de combate. De lo contrario, una guerra donde se obtuviera la victoria únicamente con base en los éxitos tácticos podría convertirse en una derrota estratégica. El país había tenido que enfrentar los problemas de Bosnia, Haití, Somalia y Panamá.

El Centro de Técnicas de Guerra Conjunta también señaló que la mayoría de los líderes militares preferían combatir en la guerra, ganarla y luego pasar las operaciones de la Fase IV a otras agencias gubernamentales estadounidenses. Sin embargo, la historia ha demostrado que, con los recursos adecuados, es el Ejército de los Estados Unidos el que puede tener mayor éxito en reconstruir la capacidad de un país de gobernarse y velar por su propia seguridad. No hay otra entidad gubernamental que tenga las comunicaciones, la logística y la capacidad de elaborar planes estratégicos cruciales para la recuperación inmediatamente después de un conflicto convencional. Por otra parte, varias agencias dentro del gobierno de los Estados Unidos son prácticamente incapaces de cumplir esta misión porque suelen operar en forma convencional, tienen limitada capacidad de despliegue y casi nunca entrenan para este tipo de misiones. Todos estos puntos fueron muy importantes para mí y vendrían a mi memoria más tarde tanto en Kosovo como en Irak.

La mayoría del tiempo que estuvimos en SOUTHCOM lo dedicamos a fortalecer la interagencia antidrogas existente y las relaciones de coalición, así como en diseñar los planes antidrogas de los Estados Unidos en el hemisferio occidental para el futuro. En este esfuerzo, viajé a todos los países de América del Sur, con excepción de Uruguay y Argentina. Visité puestos del Ejército en las selvas de Colombia, viajé en barco por el Amazonas y volé en un helicóptero Puma por dos días a lo largo de la frontera entre Venezuela y Colombia. Mis misiones consistían en establecer relaciones personales y desarrollar estrategias que llevaran a los Estados Unidos más allá de las relaciones bilaterales a soluciones de coaliciones regionales.

El hecho de que hablara español fluidamente me resultó muy conveniente. Llegaba a la primera reunión, después de los primeros apretones de mano, me saludaban en inglés y yo respondía en español. Esto me permitió establecer muy buenas relaciones, lo que invariablemente producía sonrisas y permitía que nos comunicáramos sin necesidad de traductores.

Durante una de mis visitas a Colombia pude ver a mis antiguos amigos, Alfonso Calero y Guillermo Barrera, a quienes había conocido en la Escuela Naval de Postgrado de Monterey, California. Ambos estaban todavía en la armada colombiana y ahora Alfonso era almirante. Cuado llegué a Bogotá, organizaron una gran cena familiar. Alfonso y Guillermo desempeñaron un papel preponderante en el establecimiento de relaciones con líderes clave del gobierno colombiano, las Fuerzas Armadas y la Policía. Tan pronto como Alfonso les dijo que habíamos sido condiscípulos en la escuela de postgrado y que éramos grandes amigos, fui aceptado como alguien en quien podían confiar.

Tanto en América Central como en América del Sur, la cultura era muy similar a la del Valle del Río Grande, donde me crié. Las relaciones personales eran lo más importante y los acuerdos por escrito se consideraban menos importantes que el compromiso y el "apretón de manos". Valoraban el hecho de poder hablar abiertamente con alguien y llegar a un acuerdo, y luego confiar en que dicho acuerdo se cumpliría. En otras palabras, la garantía era la propia palabra. Eso era exactamente lo que tanto mi padre como mi tío nos habían inculcado de pequeños. "Si dices que vas a hacer algo y das tu mano como señal de que lo harás, debes cumplir tu palabra". Las coaliciones con estos países de América del Sur y América Central las ratificamos, naturalmente, con documentos oficiales, sin embargo, aprendí que para tener operaciones de coalición exitosas, éstas deben basarse en relaciones personales.

Mi trabajo en el Comando Sur de los Estados Unidos demostró ser fundamental en el desarrollo de un nuevo brigadier general como yo. Obtuve un gran conocimiento de las operaciones de interagencia, de las operaciones antidrogas y de las operaciones de guerra de coalición. Además, los retos de dirigir múltiples operaciones de crisis por todo el continente me prepararon para mi desempeño en futuros conflictos.

Sin embargo, no estaba ni mucho menos preparado para el ambiente político y el parroquialismo de las ramas de las Fuerzas Armadas. Mientras desarrollábamos nuevas estrategias de coalición y secciones de trabajo conjuntas de interagencia en un ambiente posterior a la Guerra Fría, los servicios militares invariablemente nos hacían la guerra con dientes y uñas. "No podemos darles personal para esas cosas", decían. "Tendríamos que sacarlos de las filas y no estamos dispuestos a hacerlo".

Al final me di cuenta de que esa negatividad no tenía que ver sólo con el hecho de que se tratara de comprometer hombres para participar en operaciones conjuntas. Se debía a la estrechez de mente y la avidez por el poder. En último término, las antiguas y legendarias rivalidades entre los distintos servicios se hacían evidentes en el momento en que menos podíamos permitir ese tipo de comportamiento.

CAPÍTULO 7

Kosovo y la Guerra de Coalición

En el verano de 1999, después de tres años en SOUTHCOM, al fin iba de regreso a Alemania. Mi nuevo cargo sería el de comandante de división asistente para apoyar a la 1ª División de Infantería del Ejército. Tanto a María Elena como a mí nos había encantado la primera misión en Alemania, y estábamos entusiasmados de volver a ese país. Pero, una vez más, me dirigía a una organización que estaba a punto de ir a la guerra —en esta oportunidad en Kosovo, una región del sur de Serbia que limita con Albania, Macedonia y Montenegro.

Tengo en mi mente a Kosovo como un microcosmos de lo que enfrentaría tres años después en Irak. Los Estados Unidos encabezaron una coalición militar de ocho países, cada uno con sus propias reservas, sus propias restricciones geográficas, sus propias reglas y sus propios planes tácticos para el manejo de las operaciones. Por consiguiente, aprendí las dificultades de comandar una coalición en tiempos de guerra. Muy pronto fue evidente que tenía que tener en cuenta los intereses nacionales, la política internacional, las sensibilidades culturales y las implicaciones políticas al desarrollar un plan de acción. Desde un punto de vista político, la misión de las Naciones Unidas en Kosovo enfrentaría todos los retos de seguridad, políticos y económicos que la Autoridad Provisional de la Coalición tendría que enfrentar más adelante en Irak. Estos incluían: falta de personal y recursos financieros; ausencia total de orientación nacional e internacional; y un enfoque de normalidad. Mis experiencias en Kosovo me servirían después al comandar las operaciones militares de la coalición de treinta y seis naciones y al ayudar a la Autoridad Provisional de la Coalición a desarrollar una estrategia político militar, así como a poner en práctica un plan global de campaña para Irak.

Las diferencias entre las varias etnias en esta región de Europa Oriental habían existido durante siglos, al menos desde 1389 y la Batalla de Kosovo Polje (conocida también como el Campo de los Cuervos), en la que Serbia peleó hasta el agotamiento contra los turcos musulmanes del imperio Otomano. Aún hoy, los serbios conmemoran esta batalla como una gran victoria porque creen que fue la que detuvo la difusión del Islam hacia el occidente. Inmediatamente después de la Primera Guerra Mundial, Serbia se incorporó a Yugoslavia y más adelante, después de la Segunda Guerra Mundial, el país se convirtió en un satélite de la Unión Soviética. La animosidad entre los serbios (cristianos ortodoxos) y los albanos (musulmanes) se mantuvo bajo control bajo el mandato de hierro de Josip Broz Tito. Pero cuando entre 1991 y 1992, Yugoslavia se dividió, Kosovo quiso separarse de Serbia y se convirtió en una nación independiente. Sin embargo, los serbios estaban resueltos a impedir que esto ocurriera porque tenían un fuerte vínculo histórico con la región y no querían cederla a los musulmanes albaneses. Como resultado, Serbia impuso un régimen inclemente sobre Kosovo.

En 1996, un año después de la firma de los Acuerdos de Paz de Daytona (que oficialmente pusieron fin a la guerra en Bosnia), el Ejército de Liberación de Kosovo inició una guerra de guerrillas de tres años contra las fuerzas de seguridad serbias —y los serbios respondieron asesinando a miles de albaneses. En esencia, el presidente de Yugoslavia, Slobodan Milosevic (apodado "el Carnicero de los Balcanes") continuó la campaña de limpieza étnica que había iniciado poco antes contra los musulmanes en

Kosovo. En un esfuerzo por impedir que continuara el genocidio, la OTAN lanzó un ataque ilimitado contra objetivos yugoslavos el 24 de marzo de 1999. Durante los setenta y ocho días siguientes, 1.000 bombarderos operando desde bases aéreas en Italia y desde portaviones en el Mar Adriático, realizaron 38.000 ataques contra objetivos militares específicos en Yugoslavia. Sin embargo, en lugar de retroceder, Milosevic incrementó inicialmente la limpieza étnica en Kosovo, lo que obligó a cientos de miles de albaneses a huir hacia los países vecinos de Macedonia y Albania. Por último, el 10 de junio de 1999, después de que la OTAN y las Naciones Unidas amenazaran con intervenir con un ejército en tierra, Milosevic aceptó retirar las tropas serbias de Kosovo y permitir que la región quedara bajo la protección de la ONU.

Cuando llegué a Schweinfurt, Alemania, a finales de junio, algunos elementos de la 1ª División de Infantería ya habían sido movilizados a la región. Como asistente del comandante de la división de apoyo, mi responsabilidad primordial consistía en supervisar nuestras fuerzas y asegurarme de que contaran con los hombres, el equipo y el apoyo necesario. La mayoría del tiempo, tenía que operar desde Camp Able Sentry, el puesto norteamericano en la antigua República Yugoslava de Macedonia, cerca de la frontera con Kosovo. Fue así como, de inmediato, me encontré de nuevo en un ambiente de combate de la coalición. La Fuerza de Protección de las Naciones Unidas para Kosovo (UNKFOR) estaba comandada por el general del Ejército Alemán, Klaus Reinhardt, quien reportaba al general Wesley Clark (Comandante Supremo de los Aliados en Europa).

Hice mi primer viaje a Kosovo a principios de julio de 1999. Aunque ya había cesado la guerra, todavía se producían algunos enfrentamientos a causa de los albaneses que regresaban al país y empezaban a desplazar a los serbios. A su vez, varios cientos de miles de serbios huían de Kosovo en un éxodo masivo hacia Serbia. Al llegar a Camp Able Sentry, volé de inmediato a Kosovo para unirme a nuestras fuerzas y estudiar la única ruta disponible para transporte de suministros y equipo hacia la provincia —el Valle del Río Kačanik. Volamos a poca altura para poder tener una buena visibilidad de la ruta: un camino de doble vía cortado en el flanco de las montañas. Esta vía adquirió una prioridad estratégica para protección y mantenimiento, dados los muchos puentes viejos que había que cruzar. Volamos hacia el noreste por unos veinte minutos, hasta el valle del río, y finalmente hasta la llanura central de Kosovo, cerca de la ciudad de Ferizaj. Tan pronto como salimos del valle, pudimos ver incendios en los pueblos hasta donde alcanzaba la vista.

El helicóptero aterrizó en la cima de una montaña donde el brigadier general Bantz J. (John) Craddock (nuestro comandante de división asistente para maniobra, y el comandante de la fuerza terrestre del Ejército de los Estados Unidos en Kosovo), había establecido su puesto de comando táctico. (John Craddock y yo nos conocíamos desde 1978, cuando asistimos al curso avanzado de oficiales blindados en Fort Knox, Kentucky). Después de una corta reunión con John y una actualización de operaciones de parte de su estado mayor, volví al Black Hawk y volamos por todo el sector donde se encontraban las fuerzas estadounidenses para entender el entorno.

Las principales ciudades, Ferizaj, Vitina, Kamenica, Strepce y Gnjilane no tenían edificios modernos ni infraestructura sofisticada. En los pueblos dispersos por toda el área rural, lo único que se veía era ganado, equipo agrícola antiguo, canales sucios y viviendas humildes. En los pueblos no había hoteles, estaciones de servicio ni grandes centros comerciales. Era como volver a ver a México —un país del Tercer Mundo, donde los habitantes eran extremadamente pobres. Supe entonces que estábamos haciendo lo correcto. Las Naciones Unidas, los Estados Unidos y las fuerzas de la coalición habían puesto fin al genocidio y ahora podían cambiar y mejorar las vidas de estas personas para iniciarlas en el camino al progreso y la prosperidad.

Durante los cinco meses siguientes, pasé la mayoría del tiempo en Camp Able Sentry, ubicado cerca del aeropuerto en Skopje. El aeropuerto era el único punto de desembarco de las fuerzas militares, el equipo y los suministros destinados a Kosovo. Dada la vulnerabilidad del Paso de Kačanik, dedicábamos todo nuestro tiempo a garantizar que las líneas de suministro estuvieran disponibles y protegidas. Eventualmente, la UNKFOR estableció otras rutas de suministros hacia Kosovo que aliviaron el estrés de la ruta de Kačanik y garantizaron la entrega oportuna de suministros a las fuerzas de la coalición.

A mediados de agosto, el mayor general John Abizaid asumió el comando de la 1ª División de Infantería en Alemania. Cuando se anunció su nombramiento, recordé de inmediato que se trataba del joven capitán que había oído mencionar años antes a un Subjefe del Estado Mayor del Ejército durante nuestras conversaciones en Fort Knox. John había sido marcado como futuro general y, ciertamente, lo había logrado, ahora sería mi jefe. Poco después de la llegada de Abizaid, John Craddock fue reasignado y reemplazado por el brigadier general Craig Peterson, que tenía experiencia previa en Bosnia. Al término de la comisión de Peterson, cuatro meses después, Abizaid me dio ese cargo, Comandante de la Brigada Multinacional del Este conocida también como la Sección Falcon, cargo que asumí el 10 de diciembre de 1999. La Sección Falcon era una coalición de fuerzas de las Naciones Unidas compuesta por elementos y soldados de ocho naciones —Estados Unidos, Polonia, los Emiratos Árabes Unidos, Grecia, Rusia, Lituania, Jordán y Ucrania. Era ahora el comandante de las fuerzas terrestres estadounidenses en Kosovo.

La Sección Falcon tenía una triple misión: (1) llevar a cabo operaciones militares y eliminar la resistencia; (2) preparar las condiciones para transferir el poder regional a las autoridades civiles; y (3) ayudar a reestablecer las estructuras civiles y gubernamentales.

Dos terceras partes de nuestra misión se asemejaba a ese frase política tabú, "construcción de naciones". Pero, de hecho, era exactamente lo que teníamos que hacer en Kosovo porque no había gobierno, no había policía y no había ejército. Después de todo, los serbios que habían estado a cargo de la región, se fueron cuando las fuerzas de las Naciones Unidas ocuparon la provincia y cuando regresó la población de origen albano. Había, sin embargo, muchos serbios que se habían quedado en la provincia, pero se encontraban principalmente en pueblos aislados y en sectores protegidos dentro de las principales ciudades. Además, cada uno de esos pueblos tenía sus propias milicias, una organización bastante desarticulada, compuesta por pequeños grupos armados que desestabilizaban las fuerzas de la coalición. Para empeorar aun más las cosas, había bajos niveles de violencia asociados con una creciente insurgencia protagonizada por elementos extraños (contrabandistas y criminales) que entraban y salían de Serbia.

La Misión de la ONU en Kosovo era la responsable del establecimiento de las fuerzas de seguridad y de formar un gobierno provincial en Kosovo. Sin embargo, no contaba con los recursos ni la experiencia para cumplir esa misión, por lo que los militares tuvieron que hacerlo. Desafortunadamente, tampoco teníamos los recursos ni la experiencia —al menos no al comienzo.

Mi función como comandante fue extremadamente compleja: de un momento a otro, podía estar en una videoconferencia, participando en una reunión geopolítica estratégica, coordinando u ordenando acciones para respaldar a la ONU o a otros sectores nacionales (en aspectos operacionales), o en tierra, patrullando con un pelotón a nivel de batallón (en misión táctica). La Fuerza Falcon estaba integrada por una brigada reforzada con personal sin experiencia en este tipo de misión. De hecho, a excepción de mí, nadie más en el cuartel general había prestado servicios en una coalición conjunta. Durante nuestros ejercicios de entrenamiento, el mayor general Abizaid y yo analizamos las deficiencias del personal, y él se comprometió a resolver el problema. "Ayudaré en todo lo que pueda", dijo. "Si no tenemos el personal que ustedes necesitan, lo buscaré en otro lugar".

Fiel a su palabra, Abizaid rápidamente reforzó el cuartel general enviándonos oficiales de Alemania con la capacitación, el rango y la experiencia para llevar a cabo el trabajo. En un momento dado, envió tantos oficiales a Kosovo que dijo bromeando que estaba teniendo problemas en Alemania porque yo tenía a todos los miembros de su personal. Era evidente que Kosovo constituía la prioridad número uno del General y el principal esfuerzo de la división. Gracias al compromiso de Abizaid, el cuartel general de nuestra subabastecida brigada se expandió hasta el punto en que no me cupo duda que podríamos cumplir nuestra misión.

A la semana de haber asumido el mando en Kosovo, tuvimos nuestra primera baja, cuando el sargento primero Joseph E. Suponcic murió al explotar una mina en la carretera, cerca del pueblo de Kamenica. Muchos serbios estaban furiosos de que las fuerzas de coalición hubieran venido a perturbar sus vidas. Pero era extremadamente difícil acabar con estos pequeños focos de resistencia porque las comunicaciones eran de persona a persona —entre tribus y otros pequeños grupos sectarios. No entendíamos al pueblo ni su cultura y tampoco teníamos una idea muy clara de las razones del conflicto. Además, tampoco tuvimos éxito en penetrar las organizaciones serbias ni en establecer enlaces con los musulmanes albaneses para obtener su ayuda. Muy pronto nos dimos cuenta de que en este entorno, nuestra inteligencia de alta tecnología y sofisticados sensores era de poca utilidad. Después de todo, el enemigo no tenía un sistema de comando y control sofisticado ni tampoco tenía computadoras.

En Kosovo, entre quienes trabajaban en comunicaciones, me gané la reputación de ser una persona que hacía las cosas personalmente y era extremadamente exigente. Todos los días dedicaba un tiempo a comunicarme con nuestro personal de inteligencia. También trabajé con mis superiores para establecer un cargo de director de inteligencia y encontrar la persona que lo desempeñara. Sin embargo, los requerimientos de inteligencia eran tan complejos e intensos que dos candidatos entraron y salieron del cargo antes de que encontrara la persona con la experiencia necesaria para cumplir esa misión. Teníamos que enfrentarnos a distintos tipos de enemigos en Kosovo, y tenía que tener muy bien establecido con el personal de inteligencia la importancia de encontrar nuevas formas de obtener información. Las vidas de nuestros soldados dependían de ello.

Gradualmente, pudimos mejorar nuestra capacidad y nuestros recursos aprovechando la diversidad de nuestra coalición de interagencia conjunta, que incluía la CIA, fuerzas especiales y servicios de inteligencia extranjeros. Los reunimos a todos para formular estrategias, sincronizar operaciones y desarrollar soluciones innovadoras. Por ejemplo, establecimos una organización específicamente diseñada para operaciones de inteligencia que protegerían las vidas de nuestros soldados. Le dimos el nombre de G-2X. "G-2" significaba la función estándar de inteligencia del personal de cualquier cuartel general y la "X" significaba el aspecto humano. Con esa organización, fuimos muy efectivos en prevenir los ataques del enemigo contra nuestras tropas.

A medida que mejoramos nuestra capacidad de inteligencia, también comenzamos a capturar más insurgentes. Por lo que nos vimos obligados a establecer y mejorar constantemente nuestras instalaciones de detención y el centro de interrogación en Camp Bondsteel. En Kosovo, se aplicaban sin ninguna duda los principios de la Convención de Ginebra a todos los prisioneros. Nadie del Departamento de Defensa vino a ayudarnos y nadie puso en duda la moralidad de nuestros métodos.

Sin embargo, la Fuerza Falcon sí tuvo una experiencia significativa de un caso de abuso de un prisionero. En la primavera del 2000, nos llegó información de las personas de la localidad de un incidente en el que se vieron involucrados miembros de la 82ª División Aerotransportada que se encontraban en Vitina. Nuestra investigación preliminar reveló que un sargento y cuatro hombres de su grupo capturaron a un par de serbios que enterraban minas. Los prisioneros fueron llevados a una casa abandonada y allí fueron golpeados y amenazados de muerte a menos que hablaran. El informe de los investigadores indicaba que los soldados estaban empeñados en obtener los datos de inteligencia necesarios para salvar vidas y, debido a que los prisioneros no habían sufrido lesiones mayores, no debían presentarse cargos. No obstante, yo no estuve de acuerdo y recomendé que el caso fuera ante una corte marcial. Para mí era evidente que el grupo habría podido realizar un interrogatorio táctico y que sin embargo decidió violar los principios de la Convención de Ginebra y nuestras propias normas en cuanto a interrogación y tratamiento de prisioneros. No tenía la menor duda de que si dejábamos que se salieran con la suya, otros soldados de las fuerzas terrestres pensarían que estaba bien hacer algo similar. Por último, enviamos al sargento y a sus hombres ante una corte marcial, donde fueron sentenciados y enviados a prisión.

Más o menos al mismo tiempo, también presencié cuando uno de nuestros oficiales tuvo miedo de entrar en acción por temor a una investigación —cosa que me preocupó sobremanera. El protagonista de este incidente fue un joven comandante de batallón de la policía militar. Uno de sus pelotones había salido a hacer un patrullaje de rutina en la parte más intrincada de un valle sin salida que terminaba en unas montañas cerca de Strepce. Cuando un grupo de serbios les cortó la ruta de regreso, el joven teniente pidió refuerzos, como era lo normal. Sin embargo, el grupo de serbios insurgentes se organizó y cuando entraron los refuerzos al valle comenzaron a atacar a los soldados.

Desde las laderas de las montañas circundantes, la turba, en la que había mujeres y niños, empezó a despeñar grandes rocas y a lanzar troncos y todo tipo de objetos. Los informes que recibíamos en Camp Bondsteel indicaban que los soldados estaban cayendo y que el número de heridos iba en aumento. El comandante de la policía militar dirigía una retirada organizada a través del valle, pero avanzaban muy lentamente. Envié helicópteros de combate de refuerzo, pero la proximidad de la turba a nuestros soldados no permitió disparar fuego de advertencia. Temiendo lo peor, decidí ir personalmente en mi helicóptero de comando a evaluar la situación. Mientras sobrevolábamos el área, pude ver claramente cómo los serbios atacaban a los soldados. Me comuniqué por radio y hablé directamente con el comandante de la policía militar.

"Señor, estamos bajo ataque", dijo. "Tengo aproximadamente quince heridos, algunos de ellos aparentemente graves. Algunos de mis soldados fueron derribados por grandes rocas".

"Debe responder al ataque", le dije.

"Pero, señor, no puedo disparar contra la turba. Hay mujeres y niños".

"Bien, va a tener que tomar una decisión, comandante. Yo no puedo tomar decisiones por usted, pero si tiene ese número de heridos, le recomiendo que abra fuego para repeler a la turba".

Después de un par de horas, la policía militar se pudo retirar al fin del valle. Afortunadamente, no hubo muertos. Durante la revisión posterior de la acción, pregunté al comandante por qué no había disparado.

"Señor, simplemente no sabía si las reglas de enfrentamiento me permitían hacerlo", dijo. "Temí que pudiera haber investigaciones en caso de que alguien resultara muerto".

"En primer lugar, las reglas de enfrentamiento sí permiten abrir fuego en una situación así", le dije. "En segundo lugar, jamás debe permitir que el miedo de una investigación le impida tomar una decisión cuando se vea enfrentado al enemigo. *Jamás* tomará la decisión correcta si hace eso. Siempre tiene que pensar en base a que sabe acerca de una determinada situación en un determinado momento. Nunca tendrá todo el conocimiento que se requiere para evaluar una situación y tomar una decisión, pero si lo que ha hecho se aproxima a la decisión correcta, siempre lo respaldaré".

En términos generales, el desempeño de este oficial en Kosovo fue excelente, más tarde comandó una brigada de policía militar y obtuvo distinciones en Irak. Pero lo que ocurrió en Kosovo fue una importante experiencia de aprendizaje tanto para él como para mí. Me di cuenta de que había que darles a los oficiales entrenamiento sobre las reglas de ataque y que este entrenamiento debía ser impartido por oficiales probados en batalla y no por abogados.

No había fuerzas de seguridad en la provincia (ni del ejército ni de la policía), por lo que los militares tenían que brindar estabilidad mientras se establecían las otras fuerzas. Sin embargo, las Naciones Unidas no tenían ningún plan de recursos para reconstituir las fuerzas de policía ni tampoco un nuevo ejército en Kosovo. Y aunque hacer esto no era responsabilidad de las fuerzas de la coalición, el mayor general Abizaid y yo decidimos afrontar el reto.

Dedujimos que el extinto Ejército de Liberación de Kosovo era la mejor institución para empezar. Casi todos sus líderes y soldados aún se encontraban en el país y, ademas, conocíamos a sus comandantes. Fue así como, con la aprobación del general Reinhardt, decidimos crear una nueva organización para reestablecer sus filas. Las Naciones Unidas estaban en contra del establecimiento de cualquier grupo que tuviera una función de seguridad por lo que nuestro reto era identificar estructuras, responsabilidades y funciones para una nueva organización de orientación civil. Le dimos el nombre de Cuerpo para la Protección de Kosovo y limitamos su misión inicial a brindar ayuda y asistencia humanitaria en situaciones de desastre. Tan pronto como difundimos nuestro plan, se presentaron miles de personas para alistarse. Les dimos uniformes estilo militar, los organizamos en unidades a todo lo largo del sector y comenzamos a entrenarlos para realizar operaciones humanitarias y ayudar en casos de desastre. La iniciativa tuvo tanto éxito que muy pronto el Cuerpo para la Protección de Kosovo se extendió más allá de nuestro sector y al poco tiempo estaba operando en toda la provincia. A medida que crecía el Cuerpo para la Protección de Kosovo, se fue aliviando la presión de nuestras unidades militares. Esto representó una contribución positiva para la seguridad y la estabilidad de la región.

Además de mejorar nuestra inteligencia y constituir el Cuerpo para la Protección de Kosovo, también interactuamos con los líderes civiles y religiosos de la region. Los albaneses étnicos veían a los Estados Unidos como los salvadores de Kosovo y estaban especialmente agradecidos en el presidente Clinton y el general Clark, a quienes consideraban héroes. Naturalmente, eso hizo que fuera mucho más fácil obtener el compromiso y la cooperación de sus respectivos pueblos. Por otra parte, los serbios estaban furiosos con los norteamericanos por destruir su forma de vida. "Todo iba muy bien en nuestro país antes de que llegaran los norteamericanos", decían. "Estábamos en paz, y podíamos ir adonde quisiéramos". Como era de esperarse, se negaban a cooperar con nosotros.

Nos tomó mucho tiempo ganarnos la confianza de los serbios. Por ejemplo, cuando algunos de sus líderes expresaron su preocupación porque no podían viajar sin riesgo para visitar a sus familiares y comprar suministros, empezamos a ofrecer escoltas militares a miles de serbios, para que pudieran hacerlo. Además, desarrollamos proyectos en sus distintos pueblos para desarrollar sus condiciones de vida de forma que gradualmente llegaron a la conclusión de que de hecho quieríamos ayudarlos.

Eventualmente, comenzamos a reunirlos y a darles voz en los aspectos políticos, económicos y de seguridad de la región. Por ejemplo, organizamos cenas semanales para todos los líderes involucrados, los miembros del alto mando del Cuerpo para la Protección de Kosovo, los administradores regionales de las Naciones Unidas y los altos mandos de la coalición militar. Después de iniciar nuestras reuniones estructuradas para analizar los eventos y problemas de las semanas anteriores, organizábamos una cena social, lo que promovió sólidas relaciones. Estas cenas se hicieron tan populares que todos querían ser invitados.

En una de esas reuniones, el administrador regional de las Naciones Unidas hizo un elogio a nuestros soldados. "General, sus tropas lucen magníficas", dijo. "Su patrullaje de nuestro sector me recuerda los días en que mi madre me llevaba de la mano a ver pasar al Ejército norteamericano cuando llegó a Roma a liberarnos durante la Segunda Guerra Mundial. Todavía lo recuerdo, los soldados norteamericanos en sus tanques que pasaban por las calles. Nosotros batíamos banderas de los Estados Unidos. Por primera vez en muchos años, nos sentíamos seguros".

Ese comentario me hizo sentir muy orgullosos de que nuestros soldados estuvieran continuando ese gran legado del Ejército estadounidense. Sin embargo, los comentarios del administrador me hicieron también pensar en que las imágenes de guerra impresas en las mentes de los niños albaneses y serbios en Kosovo los acompañarían de por vida. Iba a pasar mucho tiempo para que pudieran superar los efectos del odio que presenciaban día tras día.

Al recorrer la provincia, también recibí comentarios de los kosovares que me hicieron pensar en la misión global de la coalición. Por ejemplo, durante una función social en Pristina, me tomaron totalmente desprevenido cuando uno de los principales ciudadanos de Kosovo se me acercó y me preguntó:

"General, ¿de dónde es usted?"

"Señor, soy un oficial americano, un general, comandante de las fuerzas estadounidenses en Kosovo", respondí.

"No, no, general, ¿qué es usted?"

"Bien, si quiere decir cuál es mi origen, soy hispano, mexicano americano. Mis abuelos eran mexicanos".

El hombre hizo una pausa y con un gesto de absoluta incredulidad dijo:

"¿Pero cómo puede ser eso?".

"Bien, mis abuelos migraron a los Estados Unidos, allí nacieron mis padres", respondí. "Yo nací en Texas".

"No, general. Lo que quiero decir es, ¿cómo es posible que un miembro de una minoría sea el comandante en jefe de las fuerzas norteamericanas aquí en nuestro país?"

El comentario de este hombre me dejó totalmente despistado. No podía entender que un miembro de una minoría pudiera ser el comandante en jefe de una fuerza que incluía miembros de la mayoría. No podía entender el progreso en cuanto a la igualdad entre las diferentes razas que habían logrado los Estados Unidos. Fue para mí un momento de profunda reflexión; como norteamericano, no entendía la forma de pensar de este hombre —ni por qué él, a su vez, no podía entender qué éramos, ni lo que los Estados Unidos representaban.

Tal vez no me ha debido sorprender tanto que un líder de Kosovo no entendiera lo que estaba ocurriendo en los Estados Unidos, porque, a veces, podría parecer que nuestros líderes no tuvieran la menor idea de lo que estaba ocurriendo en Kosovo. Recibí varias instrucciones procedentes de Washington que, la mayoría de las veces, me obligaban a preguntarme a quién se le habían podido ocurrir. La mayoría de las veces, las órdenes eran una clara muestra de la ignorancia o de la total falta de interés por la cultura de Kosovo. Por ejemplo, una instrucción de Washington, enviada en julio de 1999, ordenaba que las fuerzas estadounidenses se aseguraran de que, en el término de sesenta días, todas las escuelas estuvieran integradas cuando las abriéramos para el siguiente período escolar. ¡Integradas! En Kosovo el pueblo había estado en guerra civil. Los serbios no tenían la menor intención de interactuar con los albaneses o viceversa. Pensar que pudieran enviar a sus hijos a escuelas integradas era una locura. En los Estados Unidos tuvieron que pasar más de cien años después de la Guerra Civil para lograr integrar las escuelas. Se creería que quienes trabajan en el Departamento de Estado podrían haber pensado en eso antes de emitir semejante orden.

Además de Washington, también teníamos un gran problema con las Naciones Unidas, que era responsable de todo el esfuerzo administrativo en Kosovo. Durante el mes siguiente a la fecha en la que asumí mi comando, pude darme cuenta, que las Naciones Unidas luchaba por desarrollar una estrategia viable para la provincia, que tenían pocos planes que pudieran implementarse y que no tenían operaciones de coordinación en toda la provincia. Los representantes regionales de las Naciones Unidas no pisaron el suelo de Kosovo durante los primeros seis o siete meses de las operaciones. Y aunque los lideres de las Naciones Unidas estaban dispuestos a transferir la responsabilidad de ciertas misiones a los militares, se negaban a ceder cualquier porción de su autoridad o a responsabilizar a cualquiera dentro de su organización por los resultados (o falta de ellos). La situación era tan mala que comenzaba mis reuniones de información con las delegaciones visitantes (de miembros del Congreso, oficiales del Ejército, etc.) con una diapositiva que decía: "United Nations: UNcoordinated, UNplanned, and UNresourced" (Las Naciones Unidas: Sin coordinación, sin planeación y sin recursos). Era importante mostrar la situación tal y como estaba a las altas autoridades porque cada centímetro de progreso en Kosovo durante los primeros ocho a doce meses de la operación era diseñado por los militares y por nadie más.

Naturalmente, nuestra coalición militar multinacional también tenía problemas. Había sido conformada rápidamente a través de las estructuras de la OTAN a nivel nacional, y se había difundido poca o ninguna información sobre las limitaciones de cada nación en cuando a la forma de hacer uso de sus tropas. Por lo tanto, nos vimos obligados a aprender las distintas restricciones a medida que íbamos desarrollando las operaciones en tierra. Cuando se movilizó la 82ª División Aerotransportada para controlar la violencia en Mitrovice, por ejemplo, el comandante francés, y sus fuerzas no hicieron más que mirar mientras la unidad norteamericana enfrentaba un encarnizado ataque de la resistencia serbia. Superar estas formidables complejidades exigía negociaciones entre el comandante francés, el comandante de las fuerzas de Kosovo y el general Clark.

Soportamos también algunos incidentes internacionales con los rusos que eran defensores absolutos de los serbios. En un caso, ordené al comandante del batallón ruso que se preparara para detener un convoy de serbios kosovares que, según nuestra inteligencia, estaban planeando instigar violencia en una comunidad albana étnica cercana. Sin embargo, el comandante del batallón ruso dijo que no podía cumplir esa orden. Apelé de inmediato al comandante de las Fuerzas de las Naciones Unidas para la Protección de Kosovo, quien, a su vez, se comunicó con el comandante de todas las fuerzas rusas en la provincia. Pero también él se negó a cumplir las órdenes. Dada la premura del tiempo, llevé el asunto directamente al general Clark quien llevó la discusión hasta Moscú. Por último, y justo a tiempo, llegó la orden del Kremlin de que los rusos de las fuerzas terrestres debían seguir mi orden.

Los militares rusos también estaban pasando por una época difícil después de la desaparición de la Unión Soviética. A veces creo que todavía tenían un pie en la Guerra Fría. Cuando me reuní con el teniente coronel ruso que me reportaba a mí, por ejemplo, estaba acompañado de un representante del gobierno, cuya tarea consistía en monitorear todo lo que el joven ruso decía y hacía en mi presencia. Si yo le daba una orden, nunca sabía a ciencia cierta si sería cumplida. Era evidente que el representante era el que tomaba las decisiones, no el teniente coronel.

Con el tiempo me di cuenta de que la mayoría de los líderes militares las naciones que integraban la coalición tenían que consultar sus órdenes con sus superiores y otros representantes de su gobiernon. Mi situación también estaba algo enredada. Debido a que prestaba servicio bajo la fuerza de las Naciones Unidas en Kosovo, mis operaciones eran reportadas directamente al comandante de la fuerza de Kosovo, el general Klaus Reinhardt. Además, yo le reportaba al mayor general John Abizaid, quien era el comandante de mi división para todos los aspectos relacionados con entrenamiento, personal, equipo y logística. También había una cadena de comando operacional individual para los Estados Unidos que iba directamente a Wesley Clark, quien tomaba todas las decisiones finales cuando había desacuerdos entre la OTAN y los intereses estadounidenses.

A pesar de la complejidad de las cadenas de comando en Kosovo, y a pesar de los problemas constantes entre Washington y las Naciones Unidas pudimos establecer un significativo grado de estabilidad en la provincia. Para mediados del 2000, cuando fui de nuevo a Alemania, en la mayoría de las ciudades y pueblos había algún grado de estabilidad. El cuerpo para la protección de Kosovo funcionaba bien y estaba ansioso por convertirse en el Ejército de Kosovo. Los concejos de gobierno locales funcionaban. Las escuelas estaban abiertas y la economía comenzó a mejorar a medida que empezaron a llegar los recursos de nuevo a la provincia y se veía un gran auge en el sector de la construcción. Sin lugar a dudas, la Brigada Multinacional del Este y el Ejército de los Estados Unidos habían tenido un significativo impacto positivo en Kosovo. Quedaban aún muchas lecciones por aprender de la participación de los Estados Unidos en esa región.

En primer lugar, la coalición de las Naciones Unidas no estaba preparada para manejar la construcción de una nación, que implicaba un cambio de régimen, la total disolución de las estructuras políticas, la falta de cuerpos de seguridad, los diferencias étnicas y religiosas, la pobreza y las dificultades economicas, las milicias individuales en los respectivos pueblos y aquellas personas que no reconocían las fronteras oficiales.

En segundo lugar, había una ausencia de prioridad nacional, enfoque y comprensión por parte del gobierno de los Estados Unidos. Washington se apresuraba a exigir acción sin tener una idea clara de la cultura, ni cómo era la situación en el país, ni del daño colateral potencial. Muchas de sus órdenes simplemente no eran realistas.

En tecer lugar, la coalición dependía totalmente de los militares estadounidenses para obtener un resultado exitoso en Kosovo. Sin embargo, el Ejército no contó nunca con los recursos necesarios inmediatamente después de las principales operaciones de combate (Fase IV), y existía una absoluta carencia de estructuras organizacionales, financiación y personal necesario para la mayoría de las tareas que había que cumplir.

En cuarto lugar, el Ejército de los Estados Unidos se vio obligado a encargarse de tomar el mando en las siguientes áreas: combatir la insurgencia, desarrollar un cuerpo de policía y desarrollar la capacidad de respuesta de seguridad; restaurar la infraestructura de los servicios públicos básicos; crear una capacidad de inteligencia efectiva en un entorno similar al del tercer mundo; construir centros de detención y reestablecer la base social, económica y política del sector este de la Brigada Multinacional.

Por consiguiente, en mi informe de Análisis Posterior al Combate hice varias recomendaciones clave:

1. Durante los primeros doce a dieciocho meses después de las operaciones de combate, o hasta que alguna organización civil haya desarrollado la capacidad, el Ejército de los Estados Unidos debe ser tanto el responsable como la autoridad principal para la misión. Es la única organización que tiene la capacidad de planeación estratégica y operacional, el comando, el control y las comunicaciones así como la capacidad logística necesaria para tener éxito en un entorno como este.

2. Deberá ponerse en marcha un excelente plan estratégico antes de que comiencen las hostilidades. Las operaciones en Kosovo se estaban realizando sin ningún plan estratégico y operacional por falta de una visión bien definida para la provincia. Por falta de un consenso en cuanto al futuro de Kosovo, las organizaciones gubernamentales, no gubernamentales, nacionales e internacionales luchaban constantemente entre sí compitiendo por los mismos objetivos.
3. El personal de los cuarteles generales debe tener las personas debidamente capacitadas, los procesos debidamente elaborados y la experiencia necesaria para manejar las complejas operaciones estratégicas y los retos tácticos de la misión.
4. Las unidades movilizadas para llevar a cabo cada misión deberán contar con apoyo a nivel nacional y asistencia a fin de alcanzar el éxito.

Presenté el Analisis Posterior al Combate de acuerdo con el procedimiento establecido. Sin embargo, llegó a un archivador del Pentágono y allí se quedó.

MI EXPERIENCIA MÁS DIFÍCIL durante la época de Kosovo fue el trágico caso de violación y asesinato de una niña albanesa étnica de doce años de edad, llamada Maurita. Un sargento norteamericano cometió el crimen. Tan pronto como me enteré, fui directo a la morgue, donde había sido llevado el cadáver de la niña. Cuando la vi allí sobre la mesa, me vino a la mente la imagen de mi hijo muerto cuando lo vi dentro del ataúd, antes del entierro. Me conmovió mucho y sentí una enorme empatía por el profundo dolor de la comunidad.

Después de escribir una carta a la familia de la niña, organicé una reunión con los líderes locales donde expresé personalmente mis condolencias y les informé acerca de nuestro proceso legal y del estado de la investigación. Cuando terminé de hablar diciendo, una vez más, cuánto sentía lo que había ocurrido, y la muerte de Maurita, el hombre que estaba a mi izquierda me dijo:

"Bien, está bien, General. Fue la voluntad de Dios. Hablemos ahora de la liberación de nuestros compatriotas que tiene en custodia".

"Señor, no vine aquí para hablar de las personas que se encuentran en custodia", le respondí. "Vine aquí por mi preocupación por la familia, por este pueblo y por el impacto que esto puede tener en nuestra relación".

"Ah, no se preocupe por eso. Dios dispuso la muerte de la niña. Pasemos a algo más importante".

Recuerdo haber comentado después con mi edecán que no había sabido cómo reaccionar a lo que ese señor me dijo. Como católico, entendía el concepto de la voluntad de Dios, pero no hasta el punto de desentenderme por completo del hecho o del impacto que podría tener en la comunidad. Fue una enorme lección acerca de las diferencias culturales entre mi fe y la fe del Islam.

Ese hombre era un musulmán y yo era católico. Las palabras eran prácticamente las mismas, pero el significado parecía ser extremadamente diferente.

Fue la voluntad de Dios.

Si Dios quiere.

CAPÍTULO **8**

Se sueltan los sabuesos del infierno

En diciembre de 2000 estaba de nuevo en Bélgica, recorriendo el sitio de la Batalla del Bulge con varios historiadores. Había hecho este mismo recorrido diez años antes con el comandante de mi batallón, el teniente coronel Mike Jones. En ese entonces, yo era un joven mayor que estudiaba las acciones tácticas de la batalla. En esta oportunidad me encontraba con mi nuevo jefe, el general Montgomery Meigs, y con sus principales asistentes, y estábamos estudiando la batalla desde el punto de vista del liderazgo operacionales y estratégico.

Mientras se estaba desarrollando la Batalla del Bulge, el general Dwight Eisenhower (Comandante Superior de las Fuerzas Aliadas en Europa) tuvo que lidiar con el primer ministro Winston Churchill, con el presidente Franklin Roosevelt, con los líderes rusos, sin dejar de tener en cuenta las disputas entre el general británico Bernard Montgomery y algunos de los generales norteamericanos que se encontraban en Bélgica. El general Eisenhower (Ike) estaba profundamente involucrado en todos los aspectos de la batalla, desde las acciones tácticas hasta los aspectos políticos de la misma. La gran lección que sacamos de este viaje fue que un general debe entender las realidades políticas y el impacto que ellas tienen en los objetivos militares. Para tomar las decisiones correctas, un comandante debe permanecer en estrecho contacto con el campo de batalla.

El general de cuatro estrellas Montgomery Meigs, comandante del Ejército de los Estados Unidos en Europa, era un historiador erudito que, dos veces por año, llevaba a su grupo de jóvenes generales por Europa a estudiar las batallas que tuvieron lugar durante la Segunda Guerra Mundial. Durante esos viajes, nos concentrabamos específicamente en el liderazgo militar del general Eisenhower. ¿En qué pensaba Ike? ¿Cuáles eran sus dilemas? ¿Qué impacto tenía la política en su lucha y cómo su lucha influenciaba la política? Meigs incluía también en el grupo conocidos historiadores militares que ilustraban la perspectiva tanto de los líderes aliados como de los alemanes, sus procesos de toma de decisiones y los retos que enfrentaban.

Durante la Batalla del Bulge, los generales alemanes ejecutaron sus órdenes (contra sus propios criterios), y terminaron perdiendo no sólo la batalla sino que, unos meses más tarde perdieron también la guerra. La historia ha demostrado con frecuencia que los políticos han tomado decisiones que van en contra del criterio de los militares. Cuando eso ocurre, el general tiene dos alternativas: cumplir las órdenes o retirarse. En el caso de la Batalla del Bulge, los generales alemanes tenían que obedecer, o de lo contrario, los nazis los matarían. La mayoría del tiempo, un general que se ve confrontado con órdenes que están en conflicto con su juicio militar, cumplirá dichas órdenes en la medida de su capacidad.

El general Meigs, graduado de West Point y veterano de Viet Nam, consideraba que era su responsabilidad preparar a sus subalternos para convertirlos en futuros líderes de nuestro ejército. Tan pronto como me convertí en director de operaciones para el Ejército de los Estados Unidos en Europa, en junio del 2000, me tomó bajo su ala. El general Meigs tenía el toque humano —algo que muchos generales mayores no tienen. Me animaba constantemente a seguir mis instintos naturales, que eran permanecer cerca de los soldados y asegurarme de que supieran que me preocupaba por ellos. Entendía intuitivamente la dura realidad de los oficiales pertenecientes a las minorías. Sin ser condescendiente en forma alguna, se aseguró de que los subalternos como yo recibieran el desarrollo profesional y el apoyo necesarios para poder contribuir positivamente a la nación.

Además, el general Meigs era también una excepción a la regla en cuanto a que estaba dispuesto a cambiar de acuerdo con los tiempos. La mayoría de los generales de cuatro estrellas del Ejército han servido durante toda su carrera convencidos de que "el Ejército combate y gana las guerras de la nación". El Ejército aún se esforzaba, y no necesariamente aceptaba la visión de combate conjunto expresada en la Ley Goldwater-Nichols de 1986. Aunque Meigs pretendía aceptar la guerra de coalición, estaba bajo tremenda presión por parte de sus iguales para mantener las cosas como estaban. Era evidente que al Ejército le faltaban líderes experimentados con experiencia en servicio conjunto.

Después de mis tres años en SOUTHCOM, me presenté como director de operaciones del Ejército de los Estados Unidos en Europa y me di cuenta de que era el único de los miembros del estado mayor del general Meigs que había trabajado ampliamente en un entorno donde se realizaban operaciones en combinación con otras agencias y servicios. Meigs se desvivió por animarme a que dirigiera el comando en un entorno de operaciones conjuntas después de la Guerra Fría.

Uno de los primeros aspectos por los que me preocupé fue la lista de prioridades conjuntas que involucraba a todas las ramas del Ejército, un importante documento sobre la obtención de fondos dentro del Departamento de Defensa. Cuando este documento llegó a mi escritorio por primera vez, pregunté a los miembros de mi personal cómo lo habían elaborado anteriormente para el comandante general.

"Bien, señor, nos limitamos a incluir algunos de los datos básicos y a enviarlo de vuelta al cuartel del alto comando", fue la respuesta. "No acostumbrábamos a importunarlo con esto".

"Este documento no debería considerarse como algo que importune", respondí. "Es el plan de un comandante de guerra para establecer prioridades en cuanto a sus necesidades. Se enfoca en los presupuestos para todos los servicios, incluyendo el Ejército, la Armada, la Fuerza Aérea y la Marina, y puede jugar un papel muy importante en nuestra financiación".

Fui de inmediato a hablar con el general Meigs y le pedí que me permitiera trabajar en esto personalmente.

"Señor, esta lista es el medio por el cual cada comandante de guerra de la fuerza conjunta le comunica sus prioridades al Departamento de Defensa", le expliqué. "Mire, por ejemplo, el punto relacionado con la calidad vida. Usted ha tenido problemas para financiar este punto con el presupuesto del Ejército. Pero si le da un puesto alto en la lista de prioridades, entonces el comandante de guerra lo aceptará y el Ejército tendrá que financiarlo".

Después de que el general Meigs se involucró en la lista de nuestras prioridades, el Ejército de los Estados Unidos en Europa pudo incrementar la financiación de recursos para mejorar la calidad de vida de nuestros soldados y sus familias en toda Europa. Debido a la burocracia de la Guerra Fría, sólo habíamos trabajado de manera profunda en los presupuestos del Ejército. La lista de prioridades conjunta abrió nuevos caminos para mejorar la financiación.

Al considerar los requerimientos futuros de entrenamiento, nos empeñamos en el desarrollo agresivo de un programa de entrenamiento que incorporara técnicas de combate de fuerzas conjuntas. Cuando el general Meigs presentó el concepto al general Eric Shinseki, el Jefe de Estado Mayor del Ejército, en una reunión, muchos de sus colegas de cuatro estrellas protestaron. "No, tenemos que mantenernos concentrados en mantener nuestros puntos fuertes como ejército", dijeron. "Si no nos aseguramos de que nuestros soldados y nuestras unidades hayan dominado sus habilidades de combate, nunca podremos combatir junto a otras fuerzas". Esta declaración demostraba una comprensión insuficiente de lás complejidades de los combates conjuntos. Al general Shinseki le gustó nuestra idea, aunque recalcó que todos los generales de cuatro estrellas deberían estar de acuerdo. Tomó algún tiempo, pero al fin Meigs y Shinseki consiguieron convencer a los otros generales que el entrenamiento aislado era una metodología anticuada que debía evolucionar. Por lo tanto, el Ejército de los Estados Unidos en Europa aplicó el concepto de integración en los ejercicios de nuestra división y nuestros distintos cuerpos del Ejército. Desde ese momento, el entrenamiento incluyo fuerzas conjuntas.

Otra iniciativa adoptada fue consolidar las fuerzas armadas, especialmente en Alemania e Italia. Esta idea, conocida como "establecimiento eficiente de bases" representó una continuación de los esfuerzos de los Estados Unidos por reducir nuestra presencia en Europa después de la Guerra Fría. Nuestro plan resultaría en la consolidación de cuarenta o cincuenta instalaciones en unas cuatro o cinco bases con nuevos edificios, mejor entrenamiento y otras instalaciones de apoyo. También lograría eficiencia —y por lo tanto ganaría reconocimiento— a traves de todo el sistema de apoyo, ofreciendo comodidades más modernas para los soldados y sus familias y, a largo plazo, ahorrándole al país cientos de millones de dólares.

Durante una reunión en nuestro cuartel general principal, se le presentó la idea a un funcionario del congreso y lo siguiente que supe era que me encontraba en un avión rumbo a Washington, D.C. con Bill Chesarik, el que tuvo la idea. Nuestra misión era presentar información al Congreso sobre el concepto de bases eficientes para una posible financiación. Puesto que ya había tratado con delegaciones del Congreso sobre este tipo de asuntos, cuando los tanques del futuro y la eliminación de la financiación en Panamá, supe que nuestro éxito dependería de nuestra capacidad para demostrar la relación costo/beneficio de la propuesta. Después de dedicar un par de días y noches interminables a desarrollar nuestra presentación más allá de los dos diagramas originales, informamos a los altos mandos del Ejército y al Departamento de Defensa y por último al Congreso.

Poco después de nuestro regreso a Alemania, el general Meigs recibió información de que el Congreso había aceptado el concepto de establecimiento de bases eficientes y que debía presentarse a la mayor brevedad un cronograma de financiación. Bill Chesarik y yo habíamos hecho un Luen trabajo, y cuando llegó el momento de marcharme de Alemania, en el 2006, ya era seguro que el concepto de establecimiento de bases eficientes sería una realidad.

Varios meses más tarde, en la primavera de 2001, estaba descansando en casa un sábado por la noche, cuando me sorprendió una llamada del general Shinseki.

"Ric, he decidido que usted será el comandante de la 1ª División Blindada", dijo. "Felicitaciones. Tenemos gran confianza en su capacidad de liderazgo. Les deseo la mejor de las suertes a usted y a María Elena. Hará un gran trabajo como comandante de la división".

Cuando colgué el teléfono, mi expresión debe haber sido de asombro total.

"¿Quién era?", preguntó María Elena. "¿Qué pasó?"

Cuando le di la noticia a María Elena, nos sentamos y comentamos nuestra buena suerte. Para ambos fue una bendición y recordamos una frase del Evangelio de San Lucas: "Al que mucho se le ha dado, mucho se le pedirá".

Sabímos que el futuro iba a ser muy exigente para nuestra familia. Pero, por el momento, no teníamos la menor idea de cuán exigente llegaría a ser.

Asumir el comando de la 1ª División Blindada, en junio de 2001, fue la transferencia más fácil que jamás haya hecho. El general George Casey acababa de traer de vuelta a la división de Kosovo, y trataba de reestablecerla mientras que prácticamente la mitad del personal rotaba hacia otras dependencias después de haber combatido. Para cuando me hice cargo, cada uno de los comandantes de brigada era nuevo, el 60 por ciento de los comandantes de batallón se habían ido, y, al igual que yo, todos los jefes de departamento del personal de mi cuartel general eran recién llegados. Como era de esperarse, nuestras primeras reuniones fueron totalmente desorganizadas. Nadie tenía la respuesta a ninguna pregunta porque todos estaban aún asimilando sus cargos. Además, todo nuestro equipo de oficina estaba aún empacado porque la división acababa de reubicarse en Wiesbaden, como parte de una iniciativa de reducción de fuerza. Por último, les dije a todos que no tendríamos más reuniones durante los próximos treinta días. "No les voy a hacer ninguna pregunta durante ese tiempo", les dije. "Recorreré la división e iré resolviendo los asuntos a medida que se presenten. Mientras tanto, quiero que todos desempaquen y se organicen. Cuando nos reunamos de nuevo, todos deben saber qué ocurre en sus correspondientes secciones".

En el verano de 2001, todos estábamos atentos a los cambios que se producían en Washington, D.C. El presidente George W. Bush y los republicanos habían llegado a la Casa Blanca después de ocho años de la administración Clinton, y todos esperábamos una especie de cambio sísmico. El nuevo secretario de defensa era Donald Rumsfeld, quien anteriormente, durante la administración de Gerald Ford, había ocupado el mismo cargo cuando la Guerra de Viet Nam estaba por terminar. Casi inmediatamente, empecé a oír quejas del Pentágono que anunciaban que Rumsfeld era un microadministrador. También empezaba a surgir algún debate sobre la filosofía militar de los ideólogos conservadores en la administración Bush.

A medida que se iba forjando una nueva estrategia de seguridad nacional entre las primeras cosas que oímos fue el concepto de una política de "atacar primero". La mayoría de los oficiales del Ejército eran relativamente conservadores y nuestras reacciones iniciales a semejante idea no fueron negativas. Tal vez debíamos ser un poco más agresivos para repeler al enemigo, pensábamos. Pero las controversias que vinieron después a favor del unilateralismo —actuar solos— no parecían tener en cuenta las experiencias de los últimos diez años aproximadamente. Podría decirse que casi todas las crisis o todos los despliegues de contingencia a los que se vio enfrentada la nación habían involucrado una coalición.

La mayor preocupación entre los altos mandos del Ejército apareció cuando se empezó a hablar en serio de reducir el tamaño del Ejército, de diez divisiones a ocho. Si eso ocurría, la nación se vería frente a un significativo riesgo estratégico en caso de un conflicto mayor. Simplemente no podríamos hacer un despliegue de fuerzas de combate prolongado. Este hecho básico parecía no haberse tenido en cuenta por parte de los asesores de la administración Bush. Además, junto con la reducción del tamaño del Ejército, el secretario de defensa Rumsfeld estaba respaldando de manera agresiva un cambio significativo hacia el poder de la fuerza aérea y una resurrección del sistema de defensa basado en misiles. Según él, el Ejército aún estaba encerrado en la Guerra Fría. Hasta cierto punto, tenía toda la razón. No había nadie más encerrado en la vieja forma de pensar de la Guerra Fría que algunos de nuestros generales. Nuestra doctrina no estaba evolucionando y todavía estábamos entrenándonos para derrotar al Ejército Soviético en Europa Central, además, nuestras formaciones de combate no podían desplegarse con rapidez. En términos generales, la tensión entre Rumsfeld y los altos mandos del Ejército habían llegado a un punto contencioso y contraproducente.

Al mando de la 1ª Division Blindada en Alemania, me encontraba monitoreando toda la estrategia y todos los cambios filosóficos provenientes de Washington, pero mi prioridad número uno era garantizar que la división Old Ironsides (el nombre que se le daba a nuestras división) estuviera entrenada y lista para combatir. Debido a que la mayoría de nuestros soldados habían rotado a otros puestos cuando nuestra división regresó de Kosovo, tuvimos que reestablecer el entrenamiento para mejorar nuestra capacidad de respuesta inmediata. Como lo habíamos hecho antes, cada unidad fue enviada al campo de entrenamiento con todo su equipo de combate. Por lo general, los entrenamientos eran dirigidos por comandantes de brigada. Pero estaba decidido a estar presente en todos los eventos de los batallones y las brigadas, un compromiso que había aprendido del mayor general Randy House.

Mientras nos preparábamos para los ejercicios de entrenamiento, escuché muchas quejas. Nunca antes hemos llevado todo el equipo al campo de entrenamiento. Nunca nos hemos quedado en el campo de entrenamiento por semanas a la vez. ¿Qué quiere el jefe? ¿Por qué hace esto?

Entendí lo que nuestros soldados estaban pensando. Iban a experimentar situaciones nuevas muy difíciles e iban a aprender algunas lecciones complejas. Pero yo había tenido la experiencia de la Tormenta del Desierto, había estado en Kosovo y sabía lo que mis soldados iban a encontrar en caso de que fueran enviados a combatir. Quería que estuvieran preparados para la peor de las situaciones. Por lo tanto, oía sus quejas pero seguía adelante con mis planes.

El 11 de septiembre de 2001, estaba asistiendo a una conferencia de comandantes del V Cuerpo del Ejército en Patrick Henry Village, en Heidelberg, aproximadamente a una hora de camino de Wiesbaden. Más o menos a mitad de la tarde, en la mitad de la presentación de un informe de instrucciones, llegó un ayuda de campo y le entregó al teniente general Scott Wallace una nota informándole que un avión se había estrellado contra una de las torres del World Trade Center de la ciudad de Nueva York. Durante un corto receso, varios de nosotros vimos el informe en vivo de CNN y observamos cómo un avión de una aerolínea comercial se incrustaba directamente en la segunda torre. En ese momento, todos nos dimos cuenta que lo más probable era que se tratara de un ataque terrorista. Lo que nos preguntábamos era si se limitaba a Nueva York o si formaba parte de un ataque mucho mayor contra los Estados Unidos.

El teniente general Wallace canceló de inmediato la reunión y nos indicó que pusiéramos a todas las fuerzas en alerta e incrementáramos la seguridad en todas las instalaciones para dar la debida protección al personal, a los edificios y al equipo. No teníamos la menor idea de adónde podría atacar después el enemigo, y algunas de nuestras instalaciones más importantes en Europa estaban expuestas y eran vulnerables. Después de recibir las instrucciones de Wallace, me reuní con mis oficiales de operaciones e inteligencia (que también estaban presentes en la reunión) para analizar nuestra situación. "No sé todavía quién es el enemigo" dije, "pero iremos a combatir".

Mientras regresaba a Wiesbaden, oímos la terrible noticia de que las Torres Gemelas habían colapsado, que un avión se había estrellado contra el Pentágono y que otro se había accidentado cerca de Shanksville en Pensilvania. De inmediato, la Organización del Tratado del Atlántico Norte invocó el Artículo 5, lo que significaba que todas las naciones signatarias del acuerdo de la OTAN estaban ahora unidas en operaciones militares conjuntas. No pasó mucho tiempo antes de que supieramos que el grupo terrorista Al-Qaeda y su líder, Osama bin Laden, estaban involucrados en los ataques. Consciente de que Al-Qaeda tenía su base de operaciones en Afganistán y estaba protegida por el régimen talibán, los Estados Unidos, a través de la OTAN, exigieron que se les permitiera ingresar a ese país en busca de bin Laden. Cuando los líderes talibanes se negaron, se produjo de inmediato un revuelo en el Departamento de Defensa, en preparación para la guerra. El 20 de septiembre de 2001, el presidente Bush entregó un ultimátum a Afganistán en el que indicaba que a menos que bin Laden y sus asociados fueran entregados al gobierno de los Estados Unidos y se cerraran los campamentos terroristas de Al-Qaeda, habría guerra. Al día siguiente, los oficiales talibanes rechazaron el ultimátum.

Antes de tres semanas, la OTAN lanzó una invasión contra Afganistán, cuyo propósito era (1) derrocar el régimen talibán, (2) destruir la organización y los campos terroristas de Al-Qaeda, y (3) capturar y matar a Osama bin Laden. La invasión, conocida por el nombre de Operación Libertad Duradera, constó de una coalición de veintitrés naciones encabezada por los Estados Unidos y Gran Bretaña. Comenzó con un ataque aéreo masivo que lanzó bombas sobre los campos de entrenamiento de Al-Qaeda y las posiciones militares talibanes, en su mayoría en o cerca de las ciudades de Kabul, Kandahar y Jalalabad. Las tropas terrestres (con el refuerzo de las tropas de la Alianza Norte Afgana) llegaron poco después de la campaña aérea, y para mediados de noviembre, la mayoría de los líderes talibanes y de Al-Qaeda habían muerto, o habían sido capturados, o habían huido del país, o estaban escondidos en cuevas en las montañas Hindu Kush al norte de Afganistán. Se creía que, durante una tregua decretada durante la Batalla de Tora Bora en diciembre de 2001, bin Laden y varios de sus hombres escaparon y huyeron a Pakistán. Para enero de 2002, se había establecido un gobierno interino encabezado por el Presidente Hamid Karzai, y las tropas de la coalición habían establecido su puesto principal en la Base Aérea Bagarm, justo al norte de Kabul.

Algunos historiadores calificaron el inicio de la guerra en Afganistán como el punto de partida de una guerra mundial contra el terrorismo que llegó a conocerse en los círculos militares con la sigla GWOT (Guerra Mundial Contra el Terrorismo). Otros señalan como el inicio de la guerra el discurso del estado de la unión pronunciado por el presidente Bush el 29 de enero de 2002, en que calificara a Corea del Norte, Irán e Irak como el "eje del mal", debido a que amenazaban la "paz mundial" al patrocinar el terrorismo y desarrollar armas de destrucción masiva. Fue evidente para los altos mandos que estaríamos en Afganistán por mucho, mucho tiempo.

Dos semanas antes del discurso del estado de la unión pronunciado por el Presidente, llegó el primer grupo de prisioneros talibanes y de Al-Qaeda al nuevo campo de prisioneros militares en la Bahía de Guantánamo en Cuba. En su discurso, el presidente Bush llegó a decir, "Los terroristas, que una vez estuvieran en Afganistán, ahora se encuentran en celdas en la Bahía de Guantánamo (GTMO)".

Lo que no mencionó el Presidente fue que su administración pensaba detener e interrogar a los prisioneros durante un tiempo indefinido. El Presidente esperó una semana más, hasta el 7 de febrero de 2002, para emitir un memorando en el que indicaba que había determinado que los principios de la Convención de Ginebra no se aplicaban a los miembros de los talibanes ni a los miembros de Al-Qaeda porque eran "combatientes ilegales" y, como tales, no calificaban como prisioneros de guerra. "Acepto la conclusión legal del Departamento de Justicia", escribió el Presidente, "y determino que ninguna de las disposiciones de Ginebra se aplican a nuestro conflicto con Al-Qaeda en Afganistán o en cualquier otra parte del mundo porque, entre otras razones, Al-Qaeda no es una de las entidades firmantes de la Convención Ginebra".

Este memorando presidencial constituyó un evento inusitado en la historia militar de los Estados Unidos. Esencialmente, hacía a un lado todas las restricciones legales, todas las normas de entrenamiento y todas las reglas para interrogación que conformaban la base del Ejército de los Estados Unidos para el tratamiento de los prisioneros en el campo de batalla desde que los principios de la Convención de Ginebra fueran revisados y ratificados en 1949. Nuestra actual doctrina de detención e interrogación quedaba así obsoleta e invalidada en la guerra con Al-Qaeda. Según el Presidente, ahora era permitido ir más allá de esas normas en cuanto a los terroristas de Al-Qaeda. Y esa directriz puso a los Estados Unidos en camino hacia la tortura.

En los primeros días después de que el Presidente declarara que Guantánamo sería un centro de detencion para terroristas, muchos miembros de Al-Qaeda que se entregaron voluntariamente fueron llevados allí. Aun más, a unos pocos meses de los horrendos hechos del 11 de septiembre, se ejerció una enorme presión sobre los interrogadores para obtener información relacionada con estos prisioneros. Los líderes gubernamentales querían tener datos de inteligencia por dos importantes razones: para evitar otros posibles ataques terroristas a los Estados Unidos y para identificar las células de Al-Qaeda y así poder eliminarlas. Pero eso no fue fácil porque estos prisioneros eran unos fanáticos inconmovibles, dispuestos a morir por su causa. De haber estado obligados a actuar dentro de los principios de la Convención de Ginebra, los interrogadores probablemente no hubieran logrado extraerles ninguna información sustantiva, sobre todo teniendo en cuenta que el enemigo estaba entrenado para resistir los interrogatorios.

La directiva emitida por el presidente Bush el 7 de febrero de 2002 no definió los límites de interrogación ni ordenó específicamente la utilización de métodos definidos. La decisión crucial se dejó en manos del Departamento de Defensa. Sin embargo, más de un mes antes, ya el secretario Rumsfeld había dado órdenes al estado mayor conjunto de suspender el seguimiento de los principios recomendados por la Convención de Ginebra. Por consiguiente, en un memorando enviado el 21 de enero de 2002 al general Tommy Franks en el Comando Central de los Estados Unidos (CENTCOM), los jefes del estado mayor, por instrucciones de Rumsfeld, indicaron que los miembros de Al-Qaeda y de los talibanes que se encontraban bajo el control del Departamento de Defensa no tenían derecho al estatus de prisioneros de guerra indicado en la Convención de Ginebra. De inmediato, el general Franks codificó la suspensión de los principios de la Convención enviando, el 24 de enero de 2002, su propio memorando titulado "Directrices para el manejo de las PUC (Personas bajo el control de los Estados Unidos)", que decía:

> Los Estados Unidos han determinado que los miembros del Al-Qaeda y los talibanes que se encuentran prisioneros del Departamento de Defensa no tienen derecho al estatus de prisioneros de guerra que propone la Convención de Ginebra de 1949...
> Con la guerra contra el terrorismo en pleno avance, la necesidad de obtener información precisa y oportuna acerca del poderío militar, intenciones o actividades, organizaciones o personas extranjeras, puede estar en contraposición con las Leyes de la Guerra y con otro entrenamiento que haya recibido nuestro personal militar.

Antes de la invasión a Afganistán, los principios de la Convención de Ginebra y las Leyes de la Guerra disponían límites sobre la autoridad e impedían que los prisioneros fueran víctimas de abuso. El memorando del presidente Bush de febrero de 2002 estableciá nuevas directivas que permitían que los prisioneros sospechosos pertenecientes a Al-Qaeda fueran torturados. Sin embargo, los memorandos de enero 21 y enero 24 de los jefes del estado mayor conjunto y de CENTCOM, respectivamente, ya habían instituido esas medidas como política militar. El siguiente paso del proceso le correspondía al Ejército de los Estados Unidos (el Comandante Encargado del Estado Mayor para operaciones G3, en coordinación con el Comandante Encargado del Estado Mayor para inteligencia, G2) como agente ejecutivo para operaciones de interrogación militar, que debería establecer los procedimientos específicos y el entrenamiento relacionado con las operaciones de interrogación *antes* de enviar a sus soldados a combate a fin de que pudieran operar en un entorno estructurado y controlado. Desafortunadamente, esto nunca se dio.

Para la primavera del 2002, el Pentágono, trabajando conjuntamente con CENTCOM, el principal elemento militar comandado por el general Franks, había desempolvado los planes de guerra de contingencia y comenzaba a prepararse para invadir a Irak. Para fines del verano, el teniente general Wallace estaba trabajando a fondo en los detalles de los planes de guerra. Una vez que acordaran tanto la estrategia como el plan de guerra, el teniente general Wallace nos impartiría órdenes, a mí y a sus otros comandantes de división, para que pudiéramos comenzar a preparar los planes de guerra de nuestras correspondientes divisiones. Sin embargo, las órdenes de CENTCOM cambiaban con frecuencia —por lo general cada semana. El hecho es que Rumsfeld estaba microadministrando a sus generales en aspectos como la forma en que las tropas deberían ser enviadas por aire a Irak, incluyendo el número de hombres y la composición de los escuadrones. Anteriormente, estos asuntos habían sido responsabilidad del comandante principal de tácticas de guerra. Sin embargo, el secretario y su personal se involucraron y fue tal su participación en las etapas de planificación que terminaron por desorganizar totalmente el proceso. Los cambios en los planes de operación de las tropas de ataque eran constantes. El impacto más devastador que tuvo el método de microadministración de Rumsfeld fue que los comandantes de tácticas de guerra, hasta el nivel de las divisiones, jamás pudieron elaborar planes que fueran más allá de la misión básica de derrotar el ejército de Saddam Hussein. Por ejemplo, se me dijo inicialmente que la 1ª División Blindada se movilizaría a Irak como una de las unidades base del plan. Después se me dijo que seríamos una fuerza de seguimiento. Más adelante, que no nos íbamos a movilizar en absoluto. Por último, que nos movilizarían después de que concluyeran las operaciones de combates mayores para manejar la Fase IV.

Cada vez que cambiaban nuestras órdenes teníamos que detener nuestros planes, repensar y reagruparnos para reajustar nuestro programa de entrenamiento. Los constantes cambios agotaron la energía de nuestros miembros del estado mayor y tuvieron un impacto negativo en el régimen de entrenamiento. La frustración era tan palpable que por último levanté las manos frustrado y dije, "¡Paren! ¡Esto tiene que terminar! No podemos seguir cambiando así nuestros planes. De aquí en adelante, vamos a hacer planes y a entrenar para la misión de división de reserva [la más compleja]. Así, sea cual sea la decisión que tomen para nosotros en el último momento, estaremos listos".

De hecho, el Secretario de Defensa participó en las decisiones de operaciones del comandante de combate. No creo que eso estuviera dentro de las directrices de la Ley Goldwater-Nichols de 1986. Personalmente, consideraba que Donald Rumsfeld había cambiado la doctrina de "control civil del ejército" (cuándo ir a la guerra y con qué fin) por "comando civil del ejército" (cuándo ir a la guerra, con qué fin y *cómo pelear la guerra*). Eso era muy peligroso, porque nuestro liderazgo civil nacional carece de la experiencia, el criterio y la intuición de nuestro estado mayor para tomar las decisiones correctas o hacer recomendaciones sobre aplicaciones detalladas de las fuerzas armadas. El nivel de control que ejercía el Secretario de Defensa iba mucho más allá del establecimiento de objetivos políticos y metas estratégicas. Estaba dando inicio a un patrón de influencia autoritaria y dominante sobre el plan bélico.

El riesgo en sí mismo implica aspectos tanto prácticos como

filosóficos, desde el punto de vista práctico, el comando civil de las fuerzas militares puede costar la vida de muchos soldados, puede poner en riesgo una gran cantidad de recursos (tales como equipo, suministro y dinero de los contribuyentes), y puede poner en riesgo nuestra capacidad de garantizar la seguridad de objetivos nacionales estratégicos. Además, las presiones y consideraciones políticas pueden llevar a decisiones tácticas basadas en argumentos inadecuados, lo que a su vez puede retardar, invalidar y dar como resultado el eventual fracaso de las operaciones militares. El comando civil de las fuerzas militares tiene el potencial de violar un amplio aspecto constitucional. La rama ejecutiva del gobierno nacional tiene control de las fuerzas armadas nacionales, el liderazgo militar mantiene el mando y la rama legislativa supervisa para determinar cómo las fuerzas armadas deben movilizarse y utilizarse. Cuando alguno de estos aspectos se pasa por alto, comenzamos a debilitar el equilibrio constitucional y a poner en riesgo las mismas bases de nuestra democracia. Si se permite que la rama ejecutiva utilice las fuerzas armadas para alcanzar los fines de su propia agenda política, nuestra república democrática comienza a aproximarse al estatus de una dictadura fascista.

En preparación para la inminente guerra en Irak, la rama ejecutiva del gobierno estadounidense (a través de las acciones del secretario Rumsfeld) estaba instruyendo al comandante de guerra acerca de las tropas necesarias para intervenir en este conflicto, acerca de cómo las debía movilizar y cómo debía ejecutar su campaña. En último término, años de cuidadosa planeación y buen juicio militar quedaban descartados para satisfacer los deseos del Secretario de Defensa. En términos generales, era la receta para el desastre.

Entre tanto, desarrollaba una incesante partida de ping-pong entre Saddam Hussein y las Naciones Unidas en relación con la inspección de arsenales y armamento en Irak. Las conversaciones formales en Viena, Austria, en julio de 2002, fracasaron cuando Irak se negó a permitir la reanudación de las inspecciones suspendidas desde 1998. Sin embargo, en agosto de 2002, Irak sorprendió a la comunidad internacional invitando al Jefe Inspector de Armamento de las Naciones Unidas a visitar Bagdad con el fin de "establecer una base sólida para... actividades de monitorización e inspección". Era evidente que Saddam estaba al tanto de los planes de los Estados Unidos.

El 12 de septiembre de 2002, el presidente Bush se dirigió a la Asamblea General de las Naciones Unidas y presentó un esquema del peligro que representaba Irak. "El mundo debe moverse en forma deliberada [y] decisiva para que Irak responda por sus actos", dijo. "Trabajaremos con el Concejo de Seguridad de las Naciones Unidas para redactar las resoluciones necesarias. Sin embargo, los propósitos de los Estados Unidos no pueden ponerse en duda. Las resoluciones del Concejo de Seguridad se aplicarán... o nuestra acción será inevitable".

Cinco días después de esa alocución, el 17 se septiembre de 2002, la administración Bush sacó una nueva "Estrategia de Seguridad Nacional" que hacía un llamado a la acción preventiva contra países hostiles y grupos terroristas. "[Los Estados Unidos] no dudarán en actuar solos, si fuere necesario, para ejercer nuestro derecho a la autodefensa mediante una acción preventiva", indicaba el documento. Exactamente una semana más tarde, el 24 de septiembre, se hizo público un expediente crucial de la inteligencia inglesa. Decía que Irak había reconstruido su programa de armas nucleares y que estaría en capacidad de producir armas nucleares en uno o dos años si podía obtener material necesario. Ese "Expediente de Septiembre", como se llamó después, indicaba también que Irak poseía actualmente armas químicas y biológicas.

Con base en esta y otras piezas clave de inteligencia suministradas por la administración Bush, entre el 10 y el 11 de octubre de 2002, el Congreso de los Estados Unidos aprobó por una abrumadora mayoría una resolución conjunta que apoyaba los esfuerzos diplomáticos del Presidente "a través del Concejo de Seguridad de las Naciones Unidas... para garantizar que Irak... cumpla con todas las resoluciones relevantes del Concejo de Seguridad". Con este documento, el Congreso también autorizó al

Presidente a "utilizar el Ejército de los Estados Unidos para: 1) defender la seguridad nacional de los Estados Unidos contra la amenaza continua representada por Irak, y 2) hacer cumplir todas las resoluciones relevantes del Concejo de Seguridad relacionadas con Irak".

Para mediados de noviembre, Saddam Hussein había aceptado una nueva resolución de las Naciones Unidas y había inspectores de armas en Bagdad. Pero cuando se publicó el informe de más de 12.000 páginas describiendo en detalle el programa de desarrollo masivo de armamento, el Secretario de Estado, Colin Powell, rechazó de plano el documento. Como resultado, el 19 de diciembre de 2002, Estados Unidos acusó a Irak de "violación" de la resolución de las Naciones Unidas. A través de sus voceros, Saddam Hussein se apresuró a responder acusando a los Estados Unidos de emitir juicios antes de que los inspectores de Naciones Unidas finalizaran su trabajo. Declaró además públicamente que Irak no poseía armas de destrucción masiva e invitó a la CIA a visitar el país para cerciorarse de que esto era cierto.

Durante los últimos meses de 2002, mientras los altos mandatarios del gobierno de los Estados Unidos antagonizaba con Saddam Hussein y fortalecían su caso a favor de una invasión a Irak, surgió evidencia irrefutable de que los norteamericanos estaban torturando y matando a los prisioneros en Afganistán. Los hechos se produjeron en el punto de reunión de la coalición en Bagram, en la Base Aérea de Bagram, justo al norte de Kabul. Era el principal centro de detención e interrogación para prisioneros capturados en Afganistán durante las operaciones desarrolladas por la coalición.

Debido a las órdenes del Ejército de los Estados Unidos y a las indicaciones presidenciales en enero y febrero de 2002, respectivamente, no hubo más instrucciones en cuanto a las técnicas utilizadas para obtener información de los prisioneros, tampoco había ninguna supervisión. En esencia, las directrices estipuladas en la Convención de Ginebra habían quedado a un lado en Afganistán —y en la guerra contra el terrorismo. La administración Bush no entendía claramente las profundas implicaciones de su política en las fuerzas armadas. En esencia, la administración había eliminado todas las doctrinas de entrenamiento y procedimiento que existían para conducir interrogatorios. Ahora, dependía de cada interrogador tomar las decisiones cruciales en cuanto a las técnicas que podían utilizarse. Por consiguiente, los principios de la Convención de Ginebra eran las únicas leyes que podían controlar el vasto universo de duras técnicas de interrogación. En retrospectiva, la nueva política de la administración Bush desencadenó una secuencia de eventos que llevó al uso de tácticas de interrogación severas no sólo con los prisioneros de Al-Qaeda sino, eventualmente, con los prisioneros en Irak —apesar de nuestros esfuerzos por contener dicha conducta ilegal.

Simultáneamente con este colosal, la administración creó también un ambiente de miedo y retribución que hizo que los altos mandos militares no estuvieran muy decididos a enfrentarse al autoritarismo de la administración. El resultado fue una confusión total dentro de las filas del Ejército en cuanto a la forma de llevar a cabo los interrogatorios. El Ejército, como agente ejecutor, no hizo nada por aclarar la política, actualizar la doctrina y las directrices del procedimiento, ni revisar los programas de entrenamiento para los encargados de realizar los interrogatorios y sus jefes. Con los principios de la Convención de Ginebra fuera del juego, la responsabilidad de publicar nuevas normas para evitar que nuestros soldados recurrieran a técnicas que pudieran considerarse torturas, recayó sobre el Departamento de Defensa y el Ejército de los Estados Unidos (como agente ejecutor). El que esto no se hubiera hecho constituye una flagrante negligencia y un grave incumplimiento del deber.

Después del 11 de septiembre, hubo una presión enorme para obtener información clave suministrada por los detenidos a fin de ubicar células terroristas y conocer sus planes de ataque. A su vez, esa presión llevó a la aplicación de técnicas severas de interrogación en Afganistán. En los incidentes documentados con las más atroces descripciones, a finales de noviembre y principios de diciembre, dos detenidos afganos fueron asesinados a golpes de bolillo. Cuando llegó la noticia a CENTCOM, el 14 de diciembre de 2002, el general Franks ordenó al teniente general Dan McNeil, comandante de las fuerzas terrestres en Afganistán, realizar una investigación a fondo de esas muertes.

También en diciembre de 2002, la capitán Carolyn Wood, la joven comandante de la compañía de reservistas asignada a la unidad de interrogación en Bagram, recibió una orden de advertencia de que ella y su compañía podrían ser transferidos a Kuwait, como parte de la fuerza que invadiría Irak. De inmediato, la capitán Wood habló con investigadores y pidió instrucciones a sus superiores con respecto a los procedimientos adecuados de interrogación y capacitación para sus interrogadores. Estaba tomando las medidas adecuadas para garantizar que no se produjeran abusos similares en Irak.

Prácticamente al mismo tiempo, el secretario Rumsfeld recibía el 27 de noviembre de 2002, un memorando de SOUTHCOM que solicitaba su aprobación para el uso de varias tecnicas de interrogacción en las instalaciones de detención en la Base de Guantánamo. En octubre de ese mismo año, Guantánamo había desarrollado una lista completa de dichas técnicas. La Categoría I incluía cuatro métodos que estaban muy por debajo de los principios de la Convención de Ginebra. La Categoría II incluía doce técnicas que estaban dentro de los principios, pero que podrían considerarse más allá de los mismos según como se aplicaran. Por último, la Categoría III enumeraba cuatro métodos que evidentemente estaban más allá de esos principios, de cualquier forma que se aplicaran. El 2 de diciembre de 2002, el secretario Rumsfeld aprobó la solicitud de SOUTHCOM de utilizar todas las técnicas de interrogación de las Categorías I y II y una de la Categoría III. En una aparente referencia a la solicitud de aprobación de técnicas en las que se mantiene a los interrogados de pie por tiempo prolongado, Rumsfeld escribió: "Yo permanezco de pie durante ocho a diez horas diarias, ¿por qué vamos a limitar el tiempo que los interrogados permanecen de pie a cuatro horas?".

Para la tercera semana de enero de 2003, el teniente general McNeil, a pedido de los jefes del Estado Mayor Conjunto reunió un grupo de trabajo para estudiar todos los aspectos de las operaciones de interrogación en Afganistán. El 24 de enero de 2003, se enviaron las recomendaciones de McNeil a CENTCOM y luego a Washington. Este informe enumeraba las técnicas de interrogación actuales y las utilizadas en el pasado (algunas de las cuales evidentemente iban más allá de los principios de la Convención de Ginebra) y las que habían sido efectivas. El informe también enumeraba métodos que el comando deseaba poner en práctica. De hecho, estaba pidiendo autorización para utilizar técnicas como "contacto físico leve" (golpear a los prisioneros) porque lo encontraban efectivo. Además, según el informe, la mayoría de los métodos de interrogación enumerados en las Categorías I, II y III se habían utilizado ampliamente en las instalaciones de detención de Bagram.

El 27 de enero de 2003, mientras su informe estaba llegando a los distintos niveles en Washington, el teniente general McNeil recibió los resultados del panel de investigadores que estudió los abusos de Bagram. Se estableció que se había utilizado una amplia variedad de técnicas de interrogación en el centro de detención —las que cumplían con los principios de la Convención de Ginebra y las que evidentemente iban más allá. Además, veintiocho soldados del 18° Cuerpo de la Fuerza Aérea estaban implicados en la tortura y muerte de los detenidos afganos en cuestión.

El teniente general McNeil envió de inmediato el memorando al general Franks en CENTCOM, al Jefe del Estado Mayor del Ejército y a los jefes del Estado Mayor Conjunto en el Pentágono. Explicó, básicamente, todos los problemas encontrados en las investigaciones de Bagram, enumeró los requerimientos necesarios para resolverlos y solicitó ayuda. "Tenemos necesidad urgente de orientación", escribió.

Para ese momento, casi todos los niveles de mando (de Afganistán hasta Washington) sabían o debían haber sabido que había un problema grave relacionado con las técnicas de interrogacción —que se habían producido muertes como resultado de la aplicación de torturas en Afganistán. Además, las investigaciones e informes asociados con los crímenes de Bagram documentaban minuciosamente las deficiencias en las técnicas de interrogación y en las operaciones de detención que más tarde se asociarían con la debacle de Abu Ghraib en Irak. Las personas responsables en Irak que conocían esta información incluían civiles en posiciones clave, generales en Afganistán, en el Departamento de Defensa, en el Ejército y en CENTCOM.

No se presentaron cargos formales contra ninguno de los cómplices en los abusos de Bagram durante quince meses —hasta que no se revelaron los abusos de Abu Ghraib por los medios de comunicación en abril de 2004. Se suponía que toda la cadena de comando esperaba simplemente que esto pasara bajo el radar. Como consecuencia, los abusos de Afganistán y, aun más importante, los problemas identificados en las operaciones de detención e interrogación nunca se comunicaron al comando conjunto (CJTF-7) en Irak. Sin embargo, cuando se difundió la noticia del escándalo de Abu Ghraib, fue evidente que había que hacer algo. Los concejos de guerra resultantes donde fueron juzgados los acusados de Bagram, documentaron todo lo que había ocurrido con horrendos detalles gráficos.

Mientras los Estados Unidos se debatía con la guerra global contra el terrorismo, nuestras fuerzas seguían operando sin seguir los principios de la Convención de Ginebra. Todos los miembros del Ejército, desde los oficiales más jóvenes hasta los generales de tres estrellas pedían orientación y ayuda al Pentágono. Pero ésta nunca llegó.

La comunidad de inteligencia dentro del Ejército tenía la responsibilidad de impartir directrices específicas y capacitar a nuestros soldados antes de envialos a combatir. Semejante error estratégico sólo puede clasificarse como una flagrante negligencia y un descuido imperdonable.

Los líderes civiles de los niveles más altos de nuestro gobierno eran igualmente, o inclusive, más culpables. La orientación del presidente Bush y los memorandos militares que suspendieron el seguimiento de los principios de la Convención de Ginebra habían desencadenado los sabuesos del infierno, y nadie parecia tener el valor moral de volver a meter estas fieras a sus jaulas.

CAPÍTULO 9

La fiebre por ir a la guerra en Irak

El 28 de enero de 2003, el presidente George W. Bush pronunció su discurso sobre el Estado de la Unión ante una sesión conjunta del Congreso y la audiencia nacional de televidentes. Hacia el final de su alocución, afirmó que Saddam Hussein tenía armas de destrucción masiva o estaba en proceso de adquirirlas. En cuanto a las armas químicas y biológicas, el Presidente dijo que Saddam tenía "el material para producir hasta 500 toneladas de armas con sarín, gas de mostaza v el agente VX, que afecta el sistema nervioso..., más de 38.000 litros de toxina botulínica... y hasta 30.000 municiones capaces de portar agentes químicos". Sobre el tema de las armas nucleares, Bush dijo, "Nuestras fuentes de inteligencia nos informan que ha intentado comprar tubos de aluminio de alta densidad adecuados para la producción de armas nucleares", y agregó, "el gobierno británico ha sabido que Saddam Hussein buscó recientemente cantidades significativas de uranio en África". El Presidente continuó calificando a Irak de "una grave y creciente amenaza para nuestro país, para nuestros amigos y para nuestros aliados". Dijo además que, "si nos vemos obligados a ir a la guerra, combatiremos con toda la fuerza y el poder del Ejército de los Estados Unidos".

El Presidente pronunció estas palabras después de un mes de intensa campaña de los medios de comunicación en la que los funcionarios de la administración Bush dejaron muy en claro que Irak era una evidente amenaza para los Estados Unidos. Entre otras cosas, dijeron que Irak había tenido vínculos con Al-Qaeda, que Saddam tenía la capacidad de causar la muerte a gran escala y que aunque aún no se tenía toda la información, no querían que los cañones humeantes de las armas fueran una gran nube en forma de hongo. La efectividad de la campaña de los medios de comunicación había sido demostrada el domingo 8 de septiembre de 2002, teniendo como resultado una votación del Congreso que aprobaba la utilización de fuerza y que se produjo en octubre 10 de 2002. En ese día de septiembre, el *New York Times* mostró a los funcionarios de la administración Bush en la primera página, en un artículo que decía, "Irak ha iniciado una cacería mundial para fabricar una bomba". Para reforzar el caso de la administración en cuanto a atacar a Irak, el vicepresidente Dick Cheney salió en el programa de NBC, *Meet the Press*, el Secretario de Defensa, Donald Rumsfeld, apareció en el programa de CBS, *Face the Nation*, la Asesora de Seguridad Nacional, Condoleezza Rice, apareció en el programa de CNN, *Late Edition*, el general Richard Myers (Presidente del Estado Mayor Conjunto) apareció en el programa de ABC, *This Week*, y el Secretario de Estado, Colin Powell, apareció en el noticiero *Fox News Sunday.*

Tal vez la actuación más dramática tuvo lugar ocho días después del discurso sobre el Estado de la Unión de Bush, cuando Powell hizo una presentación televisada ante el Concejo de Seguridad de las Naciones Unidas. Con el Director de la CIA, George Tenet, sentado justo detrás de él, Powell mostró fotos de satélite que mostraban los lugares donde se encontraban las armas nucleares e ilustraciones de plantas móviles de fabricación de armas nucleares montadas en remolques y vagones de ferrocarril. "Permitir que Saddam Hussein tenga posesión de armas de destrucción masiva durante unos meses o unos años más no es una opción", dijo Powell. "Los iraquíes siguen conversando con bin Laden en su refugio en Afganistán... [las] negaciones de respaldar el terrorismo van codo a codo con otras negaciones de posesión de armas de destrucción masiva. Todo es una red de mentiras".

Sin embargo, al cabo de unas pocas semanas, la comunidad internacional expresó dudas acerca del razonamiento de la administración Bush para justificar un ataque a Irak y ofreció planes alternativos a los de ir a la guerra. El director de los inspectores de armas de las Naciones Unidas, Hans Blix, por ejemplo, habló ante el Concejo de Seguridad de las Naciones Unidas y refutó muchas de las afirmaciones del secretario Powell. No sólo dijo que no se habían encontrado armas de destrucción masiva en Irak sino que cuestionó también la existencia de plantas móviles para la fabricación de armas. Francia y Alemania ofrecieron una iniciativa de paz que consistía en aumentar el número de sobrevuelos de vigilancia en Irak y triplicar el número de inspectores de armas. Pero la administración Bush rechazó la propuesta como un intento por alterar su cronograma para la invasión. Además, el Parlamento de Turquía rechazó un paquete de ayuda de los Estados Unidos por la suma de mil millones de dólares a cambio de permitir que se movilizaran tropas estadounidenses en ese país. Este arreglo hubiera permitido ataques simultáneos desde el norte y el sur sobre Irak, a través de Kuwait—y habría ofrecido una crucial ruta logística secundaria.

El 25 de febrero de 2003, el general Eric Shinseki, Jefe del Estado Mayor del Ejército, estaba rindiendo testimonio ante la Comisión de Servicios de las Fuerzas Armadas del Senado cuando el senador Carl Levin, preguntó abiertamente qué número de hombres sería necesario para mantener la paz en Irak después de la guerra. "Se requeriría algo así como varios cientos de miles de soldados", respondió.

Sin embargo, Shinseki recibió de inmediato una respuesta de los niveles más altos del Departamento de Defensa negando esa afirmación. En una instrucción del Pentágono, el secretario

Rumsfeld señaló, "La idea de que se requerirían varios cientos de miles de soldados estadounidenses me parece una gran exageración". Por otra parte, el Subsecretario de Defensa, Paul Wolfowitz, respondió con la siguiente afirmación ante el Comité de Presupuesto del Parlamento: "El concepto de que se requerirán varios cientos de miles de soldados estadounidenses para brindar estabilidad en Irak después de Saddam [es] una declaración exagerada". Wolfowitz dijo también al Congreso que los iraquíes "estarán muy satisfechos de recibir a una fuerza liberadora encabezada por los norteamericanos".

Esas declaraciones de Rumsfeld y Wolfowitz nos enviaron un mensaje escalofriante a los jóvenes generales como yo. Decían, básicamente, que los generales del Ejército tenían una credibilidad dudosa ante el liderazgo civil y el Departamento de Defensa. Sin embargo, el general Shinseki tenía razón. Sabíamos que así era. Y estábamos muy orgullosos de que tuviera el valor de mantenerse en su posición y no retractarse ante la intensa presión política.

Cuatro meses después, el 11 de junio de 2003, una numerosa delegación del Congreso asistió a la ceremonia de retiro del general Shinseki. Pero ni Rumsfeld ni nadie de su oficina asistió a esa reunión y eso me preocupó. Eric Shinseki sirvió en el Ejército durante treinta y ocho años, perdió parte de un pie en un combate en Viet Nam y había respondido con sinceridad a la pregunta de un senador estadounidense. El Secretario de Defensa debía haber estado allí para expresarle su agradecimiento en nombre de la nación. El general Shinseki estuvo en lo cierto, cuando, en sus palabras de despedida, dijo que la arrogancia del poder es el peor sustituto del verdadero liderazgo.

Durante los primeros dos meses y medio de 2002, en la época en que el presidente Bush pronunció su discurso sobre el Estado de la Unión y el general Shinseki declaró ante el Congreso, se desplegaron cerca de 120.000 soldados a Kuwait y el Golfo Pérsico, en preparación para una invasión a Irak. Otros 100.000 miembros de la Armada, de la Fuerza Aérea, de Logística y de Inteligencia fueron a la región como personal de apoyo. Parte de este despliegue incluía a la Capitán Carolyn Wood y la unidad de inteligencia militar del centro de detención de Bagram en Afganistán. Iban también con esa unidad todas las técnicas de interrogación, los procedimientos y la confusión asociada con la transferencia de un territorio de guerra donde no se aplicaban los principios de la Convención de Ginebra. Nadie de los niveles superiores en la cadena de comando de la capitán Wood (con excepción del teniente general McNeil) había hecho nada por corregir los problemas que llevaron a la muerte a los prisioneros de Bagram. No había habido orientación, no había nuevos procedimientos de interrogación y no se había dado ningún entrenamiento por parte del Ejército ni del Departamento de Defensa. Todos estaban demasiado ocupados con la invasión.

En Wiesbaden, la 1ª División Blindada se esforzaba en cambiar constantemente los planes de movilización. Para fines de febrero de 2003, aún no sabíamos si formaríamos parte de la campaña. Nuestras órdenes en ese momento eran simplemente estar preparados para movilizamos y realizar operaciones de combate que sirvieran de respaldo a un comandante de combate regional. Las órdenes no podían ser más vagas. Por lo tanto, después de tomar la decisión de entrenar para una misión de reserva, preparé a la división para operaciones de expedición en un conflicto de alta intensidad, no estaba dispuesto a correr ningún riesgo.

En febrero, la 1ª División Blindada participó en el ejercicio de combate convencional del V Cuerpo, conocido como Victoria en la Línea de Contacto. Estaban presentes todas las divisiones que se esperaba que serían movilizadas a Irak, aunque algunos elementos del Cuerpo (incluyendo el puesto de comando táctico del teniente general Scott Wallace) ya estaban en Kuwait. Al finalizar el ejercicio de tres semanas, estábamos totalmente listos para operaciones mayores de combate convencional en Irak. Sin embargo, en términos del campo de batalla del siglo XXI, estábamos corriendo un enorme riesgo, porque no estábamos preparados para la transición de un combate convencional a una guerra urbana y tampoco habíamos elaborado planes para la Fase IV.

El teniente general Wallace era consciente de esta deficiencia y me llamó. "Ric, necesito su ayuda", dijo. "Quiero que vea lo que puede hacer para desarrollar algún tipo de entrenamiento que nos ayude a combatir en ciudades contra un enemigo poco convencional. Es evidente que hay que hacer esto lo antes posible. Debe encargarse de ello y ver que todos estén preparados para cuando vayamos a atacar".

En este campo, la doctrina del Ejército era inexistente, por lo tanto, no había bases sobre las que pudiéramos desarrollar un ejercicio de entrenamiento. Pero seguimos adelante y desarrollamos un ejercicio de simulacro en Bagdad, una ciudad masiva, con una población de más de seis millones de habitantes. El Centro Europeo Multinacional de Entrenamiento del Ejército de los Estados Unidos y el coronel J. D. Johnson, nuestro segundo comandante de brigada, armaron un escenario que incluía técnicas de ataque, de defensa, integración de algún apoyo aéreo, reconocimiento y todas las funciones de combate de una batalla en un entorno urbano. El coronel J.D. y su equipo se encargaron de desarrollar el ejercicio de entrenamiento y llevarlo al teniente general Wallace, pero debido a que el V Cuerpo estaba a punto de atacar, no tuve tiempo de hacer nada con él, excepto distribuir algunos de los documentos y algunas de las lecciones aprendidas. Afortunadamente, debido a que la 1ª División Blindada todavía no había recibido órdenes de desplegar, pudimos comenzar a entrenar con este nuevo conjunto de directrices. De hecho, yo me aseguré de que fuera un ejercicio obligatorio. Según nuestra doctrina base de la Guerra Fría, las fuerzas blindadas y mecanizadas debían mantenerse alejadas de las áreas urbanas. Ahora nos entrenábamos para derrotar a fuerzas residuales, no convencionales, que defendían grandes ciudades. Al final, la visión original del teniente general Wallace acera de su tarea, sería extraordinariamente valiosa.

El 4 de marzo de 2003, se me informó al fin que la totalidad de la 1ª División Blindada se desplegaría. "Ustedes se van", dijeron. "No sabemos exactamente qué van a hacer cuando lleguen aquí. Pero se van. Es una orden en firme". Sin embargo, cuando ya nuestras fuerzas estaban en movimiento, recibí una llamada ordenándome detenernos. Aparentemente, toda la operación se había complicado con la negación de Turquía de permitir que las fuerzas estadounidenses actuaran desde su territorio. Por lo tanto, por el momento, los viejos tanques quedarían a la expectativa.

Ese período de espera interino me permitió no sólo más tiempo de entrenamiento sino la oportunidad de seguir consolidando los planes para cuidar de nuestras familias una vez que nos fuéramos a la guerra. En 1991, durante la Operación Tormenta del Desierto, habíamos tenido importantes problemas familiares en Fort Benning y, ahora que era comandante de división, estaba empeñado en no permitir que eso se repitiera. Asignamos a un comandante que permanecería en Alemania como parte de un destacamento de retaguardia que se ocuparía del cuidado de las familias. Después, establecimos grupos de respuesta constituidos por los cónyuges que tenían acceso a recursos para cualquier problema concebible que una familia pudiera tener (como problemas financieros y permisos de ausentismo por emergencia). Por último, establecimos centros de comunicación (llamados "Salas de las Cintas Amarillas") para que los cónyuges y los niños pudieran comunicarse con sus seres queridos por teléfono, por correo electrónico y por videoconferencia. Después de la Tormenta del Desierto, me convertí en un firme creyente de las operaciones del destacamento de retaguardia, algo que no quería era que un soldado en batalla tuviera que preocuparse por su familia.

Mientras esperábamos órdenes en Alemania, la fiebre de guerra en los Estados Unidos seguía siendo incontrolable. A principios de marzo, Estados Unidos y Gran Bretaña lanzaron una campaña de bombardeos para debilitar las defensas iraquíes antes de la invasión. Para mediados de marzo, el presidente de Francia, Jacques Chirac, había advertido al presidente Bush y al primer ministro inglés, Tony Blair, que Francia no apoyaría ninguna resolución de las Naciones Unidas autorizando la guerra con Irak. En respuesta, el Secretario de Defensa, Rumsfeld, sugirió públicamente que los Estados Unidos no podía hacerlo solo

—y Bush y Blair dieron un plazo de veinticuatro horas a las Naciones Unidas para que hiciera cumplir sus propias resoluciones sobre el desarme iraquí, o de lo contrario, se lanzaría una invasión en cuestión de días. Por último, los Estados Unidos y Gran Bretaña retiraron la resolución del Concejo de Seguridad de las Naciones Unidas que habían propuesto debido a que Francia, Rusia y China se negaron a apoyarla. El 18 de marzo de 2003, en una alocución televisada en vivo a toda la nación, el presidente Bush le dio a Saddam Hussein un plazo de cuarenta y ocho horas para irse de Irak o de lo contrario habría una invasión.

El 20 de marzo de 2003, aproximadamente noventa minutos después de que pasara la hora límite, las fuerzas de la coalición, comandadas por el general Tommy Franks invadieron a Irak. Mientras caían las bombas sobre los objetivos militares de Bagdad, 170.000 hombres se desplazaron al norte desde Kuwait. Las tropas terrestres estaban compuestas por 120.000 soldados y marines americanos, 45.000 británicos y 5.000 soldados de Australia, Polonia y Dinamarca. Era una fuerza mucho más pequeña de la que se utilizó durante la Operación Tormenta del Desierto en 1991. Sin embargo, compensamos su tamaño con el uso generalizado de armas de precisión de alta tecnología, enviando bombas guiadas por satélite y avanzados vehículos no tripulados de reconocimiento aéreo. En su alocución por radio, dos días después, el presidente Bush señaló que los objetivos de la guerra eran "desarmar a Irak de sus armas de destrucción masiva, poner fin al apoyo de Saddam Hussein al terrorismo y liberar al pueblo de Irak".

Tres líneas defensivas principales se desplazaron hacia el norte saliendo de Kuwait. Al occidente, el Ejército iba encabezado por la 3ª División de Infantería; la 1ª División de los Marines encabezó la fuerza militar que avanzaba por el centro; y la 1ª División Blindada de las fuerzas británicas encabezaba las filas del Ejército por el este. Con la ayuda de la supremacía aérea de la coalición, las ciudades del sur de Irak fueron capturadas en primer lugar. Esta acción permitió establecer la protección de la crucial (y única) línea de abastecimiento que se establecería fuera de

Kuwait. Más de 1.000 paracaidistas de la de la 173ª Brigada Aerotransportada se lanzaron en el norte de Irak para asegurar los aeropuertos clave. Para comienzos de abril, las tropas de la coalición habían capturado el Aeropuerto Internacional Saddam al occidente de la capital y le habían dado del nombre de Aeropuerto Internacional de Bagdad. Poco después, tanto el Ejército como el gobierno de Irak colapsaron, Saddam Hussein huyó y los jubilosos civiles inundaron las calles de Bagdad para celebrar. El fin no oficial de la invasión tuvo lugar el 9 de abril de 2003, cuando un grupo de marines de los Estados Unidos ayudaron a los iraquíes a derribar una enorme estatua de Saddam en una plaza de la ciudad de Bagdad —un hecho que fue televisado el mundo entero.

El Ejército de los Estados Unidos corrió un gran riesgo cuando lanzó esta primera invasión. Estábamos utilizando menos de la mitad de las fuerzas que utilizamos en 1991 y el ataque se lanzó mientras algunas de las unidades aún estaban en proceso de movilizarse a Kuwait. Las brigadas que llegaron descargaron sus equipos, se pusieron sus uniformes de combate y fueron enviadas de inmediato a entrar en acción. Fue lo que llamamos "un comienzo sobre ruedas". A pesar del riesgo tanto del tamaño como del flujo de nuestras fuerzas, resultó ser una de las más fantásticas acciones ofensivas que nuestro país haya realizado jamás, un magnífico despliegue de todas las fuerzas de la coalición.

Después de unos pocos días de haber derribado la estatua de Saddam, se me informó que la 1ª División Blindada sería movilizada y que debíamos estar en Irak para principios de mayo. Mientras me desplazaba visitando toda la división, pude oír las expresiones de desilusión de nuestros soldados y líderes. Habían presenciado la acción por televisión, como todos los demás, y sabían que el combate principal había terminado. Era para eso para lo que nos habíamos entrenado y era en eso en lo que esperábamos participar. Formar parte de las fuerzas que se ocupan de la reconstrucción de una nación no era "emocionante" para los soldados. Además, fuera del entrenamiento para operaciones de acción de guerra urbana, no habíamos hablado ni programado nada con respecto a la Fase IV o para enfrentar un conflicto de baja intensidad. Se había hablado de la posibilidad de una insurgencia, pero no habíamos entrenado ni teníamos planes para luchar en una situación así. Por lo tanto, la situación estaba permeada de incertidumbre. Todos se preguntaban: "¿Qué es exactamente lo que vamos a hacer cuando lleguemos?".

Desde ese momento en adelante, dediqué mucho tiempo a explicar, basándome en mi experiencia en Kosovo, que las operaciones de Fase IV generalmente implican operaciones de combate. Más importante aun, les recordé a todos que, si esto era lo que el país nos pedía, teníamos el deber de desempeñarmos en la mejor forma posible. Sabía que todos lo harían muy bien porque estaban preparados. El entrenamiento que habían recibido era el mejor que podíamos ofrecer y cada unidad se había desempeñado excepcionalmente bien. No importaba que fuéramos a encontrarnos con situaciones que nunca antes hubiéramos visto o que ni siquiera pudiéramos imaginar. Seguía estando seguro y convencido de que nuestros soldados responderían. Y estaba especialmente orgulloso del equipo de líderes que llevaríamos con nosotros a Irak. Siempre habíamos sido muy unidos y seguíamos siéndolo. Los comandantes de brigada de la 1ª División Blindada eran simplemente los mejores del Ejército. Eran excelentes guerreros que daban su vida por sus soldados.

Mientras nos preparábamos para movilizarnos a Irak, me reuní con todos las divisiones, con todos los líderes, tanto con los oficiales como con los no comisionados. Con el uso de diapositivas generadas en computadora, les hablé del liderazgo de combate durante cuarenta y cinco minutos, y sostuve largas sesiones de preguntas y respuestas. Algunos podían pensar que se trataba de charlas para levantar la moral de los hombres antes del gran partido, pero para mí, fue mucho más que eso. Los soldados que comandaba iban a la guerra, y yo era responsable de su seguridad. Por lo tanto, era mi deber compartir mis conocimientos con ellos, porque ya había estado en una situación semejante a la que ellos iban a enfrentar. Quería también que todos supieran que tenía fe en ellos, que eran hombres y mujeres jóvenes magníficos y que me sentía orgulloso de formar parte de su equipo.

Comencé mi presentación con algunas ideas sobre lo que podían encontrar en Irak. "Estaremos allí por un período de tiempo indefinido, en un entorno que no perdona", les dije. "Estarán en un campo de batalla con 360 grados las veinticuatro horas al día, contra un enemigo pensante, altamente sofisticado, que se adapta día tras día, que es paciente, brutal y no tiene, aparentemente, un propósito claro. Además, no olviden que se trata de una operación conjunta en la que algunos de nuestros socios de la coalición hablan idiomas distintos".

Quería también establecer algunas expectativas realistas para los soldados y sus familias. Nuestras órdenes de movilización eran por un año, pero les dije a todos que debían hacer planes para estar allí al menos 365 días, o hasta que la misión hubiera terminado. Así, si se ampliaba el plazo, la desilusión no sería tan grande. "No olviden que en último término", les dije también, "tienen la responsibilidad solemne de proteger el estilo de vida americano, de amarse unos a otros, de lograr su misión y de ser buenos guerreros". Les hablé de mis reglas para los líderes de combate, lo que se hacía utilizando el acrónimo de I.R.O.N SOLDIERS (un juego de palabras con el nombre de nuestra división, "Old Ironsides", y el armamento pesado blindado asociado con ella).

I significa "inquebrantable disciplina". Antes de la Operación Tormenta del Desierto, el general Barry McCaffrey nos había explicado lo que él llamaba la "regla del 10 por ciento". Hagan lo que hagan, hay un 10 por ciento de sus soldados que son criminales por naturaleza. Estos amantes de los problemas se mantienen a raya con normas disciplinarias que imponemos y con el liderazgo de los oficiales de menor rango. "Hacer lo correcto cuando nadie está viendo es la última prueba de disciplina", les dije.

R es para Respeto. Seremos respetuosos con nuestros compañeros, con el medio ambiente, con el enemigo y con los civiles. No hay que olvidar *jamás* la dignidad y el respeto.

O significa "organización en el campo de batalla". Tiene que ver con el liderazgo en el frente de batalla. En las horas más difíciles, en las peores condiciones, un líder siempre debe estar al frente. Los soldados lo esperan y nuestra ética de guerra lo exige. Tenemos que estar presentes en los puntos críticos del campo de batalla. Como nos lo enseñó el general McCaffrey en la Operación Tormenta del Desierto, a veces, lo peor que nos puede pasar no es morir en batalla junto a nuestros soldados. Seremos inclementes en la batalla y benevolentes en la victoria. Eso es lo que nos hace el mejor ejército del mundo.

N significa "nunca quedarse sin opciones". En el campo de batalla, debemos utilizar todo el poder de combate que tengamos disponible. El líder tiene la responsabilidad de conocer estas opciones y saber cómo aprovecharlas. Jamás aceptaremos la derrota.

SOLDIERS significa "cuidar a los soldados". Nunca debemos permitir que un soldado se encuentre en situación de peligro sin estar debidamente entrenado. Esa es una responsabilidad sagrada. La mejor forma como los líderes pueden cuidar a sus soldados es entrenándolos en las condiciones más difíciles.

Después de analizar mis reglas, enfaticé nuevamente los valores de nuestro ejército. Saqué la cadena que siempre he llevado al cuello durante los últimos treinta años para mostrarles mis placas y la placa con los valores del ejército, que recibe cada soldado. Sosteniéndolas en alto, les dije, "Estos son los valores que ustedes adoptan al jurar que serán soldados. Cada uno de ustedes sabe lo que significa L-D-R-S-H-I-P: Lealtad, Deber, Respeto, Servicio, Honor, Integridad y Persona valiente".

Luego hablé del honor y la integridad dejando bien claro para todos que cuando se trata de estos dos valores, no hay compromiso. "El honor es absoluto. Y la única persona que puede comprometer su integridad es uno mismo". En cuanto al valor personal, traté de disipar las dudas que aún flotaban en el aire y que sabía que rondaban en las mentes de muchos de nuestros soldados más jóvenes. "No se preocupen por su valor en la batalla", les dije. "O cumplen con su deber, o son cobardes, o son héroes. Son las únicas tres opciones en combate, y su reacción será instintiva". Por último, les dije a todos que una de las verdaderas pruebas de un soldado llega cuando es hora de demostrar su coraje moral. Hay que hacer lo correcto cualesquiera que sean las consecuencias.

Después de darles un poco de tiempo para digerir todo lo que les había dicho, expresé algunos conceptos personales. "Tuve que buscar una fuente de fortaleza en combate", les dije. "Los amigos y los recuerdos de la familia dan un cierto grado de apoyo. Pero, en último término, tuve que volver a mis raíces y cavar profundamente en mis creencias para encontrar el valor y la sabiduría necesaria para hacer lo correcto en el campo de batalla. Cada uno de ustedes tiene que pensar cuál es su fuente de fortaleza. Para mí, es mi fe en Dios.

"Cuando regresen de la zona de combate —cuando cesen los desfiles, cuando estén de nuevo con sus familias— recordarán su experiencia de guerra y se preguntarán si hicieron lo correcto. Si no han perdido soldados por falta de entrenamiento, liderazgo o disciplina de su parte, todo estará bien".

Terminé mi presentación con el Salmo 144:

Alabado sea el Señor, mi roca
quien adiestra mis manos para la guerra,
mis dedos para la batalla.
Él es mi Amor, mi Dios y mi Baluarte.

CAPÍTULO **10**

"Misión no cumplida"

Ustedes, los miembros del Ejército, no tienen experiencia de trabajar conjuntamente a otros servicios y todos están atados a esas estructuras bizantinas de comando! ¡No saben cómo operar en una situación conjunta!"

"Señor Secretario, se equivoca", respondí. "He servido en dos misiones conjuntas como general —dos años en el Comando Sur y un año en Kosovo. También tuve una misión conjunta como capitán. Entiendo el proceso de interagencia y entiendo las operaciones conjuntas".

Estaba hablando con el secretario Rumsfeld en su oficina en el Pentágono. Sabía que intentaba intimidarme porque tenía mi expediente en la mesa, abierto ante él, era el 10 de abril de 2003. Se acababa de derribar la estatua de Saddam Hussein en Bagdad, y se me había pedido ir a Washington para una entrevista. Era uno de los generales candidatos para comandar el V Cuerpo (un cargo de tres estrellas) como sucesor de Scott Wallace. Antes de que el secretario Rumsfeld asumiera su cargo, este tipo de entrevistas no era común. El Ejército le presentaba al Secretario de Defensa una lista con dos o tres nombres de los cuales uno era evidentemente mejor que los otros y, casi siempre, se aprobaba la recomendación del Ejército sin que mediara una entrevista. Pero como parte de su estilo microadministrativo, el secretario Rumsfeld se había inmiscuido en el proceso de selección de los generales de tres y cuatro estrellas. Anteriormente, los altos mandos del Ejército se encargaban de elegir, por lo tanto, el proceso había cambiado y todos los nominados tenían que tener iguales calificaciones para el cargo.

Antes de mi entrevista, los miembros del estado mayor me prepararon. "Tenga cuidado", dijeron. "El desconfía de los militares y tratará de abrumarlo con preguntas". Tenían toda la razón porque durante treinta y cinco minutos, Rumsfeld me bombardeó con una serie de preguntas rápidas para ver si podía concentrarme en los temas clave y refutar sus afirmaciones erróneas. Luego terminó abruptamente la entrevista y quedé sin saber cuál era mi situación.

Sin embargo, a las cuarenta y ocho horas, recibí una llamada de otro general que también era candidato para el cargo.

"Felicitaciones, Ric", dijo. "Obtuvo el cargo".

"¿Cómo lo supo?", le pregunté.

"Se lo oí decir a alguien que estaba en la oficina del jefe del estado mayor. Aparentemente, su experiencia en misiones conjuntas fue el factor decisivo".

El 16 de abril de 2003, el general Tommy Franks expidió órdenes para retirar las unidades de combate norteamericanas de Irak en el término de sesenta días y utilizar las nuevas tropas que llegarían durante sólo 120 días. De hecho, esa orden reduciría nuestra presencia a menos de 30.000 hombres para el 1ro de agosto. Además, el cuartel general de CENTCOM se retiraría de la región en mayo. Como parte de esta orientación general de despliegue de fuerzas, el general Franks indicó de forma explícita que los líderes militares debían correr tanto riesgo al salir de Irak como el que corrieron el entrar —lo que significaba que intentaríamos arreglárnoslas con el menor número posible de soldados.

En ese momento, no tenía una idea clara de la situación en Irak, ni estaba informado de la orden del general Franks. En retrospectiva, sin embargo, no cabía duda de que el Ejército se iba a tener que redistribuir en una misma área con un número mucho menor de hombres para cubrir todo el espectro de las operaciones de la Fase IV. El razonamiento del general Franks era muy claro, aunque estratégicamente errado. Esencialmente, el Ejército estaba repitiendo los modelos de la Tormenta del Desierto, de Haití, Granada, Panamá, Bosnia y Kosovo. Habíamos invadido a Irak, habíamos eliminado al régimen de Saddam y habíamos liberado el país. Habíamos ganado la guerra y había comenzado la fiebre por regresar a casa.

Esta orden había sido emitida con la aprobación de los representates más altos del gobierno de los Estados Unidos. No era posible que Tommy Franks se hubiera atrevido a adoptar una medida de semejantes proporciones basándose únicamente en su autoridad. Además, todos los principales departamentos del gobierno de los Estados Unidos conocían los planes para el movimiento de las tropas. Por ejemplo, junto con la orden del general Franks, tanto CENTCOM como el Departamento de Relaciones Públicas del Ejército dieron las directrices que debían aplicarse durante la retirada de las tropas.

Además, en abril de 2003, el secretario Rumsfeld expidió un memorando instruyendo al Departamento de Defensa a que continuara con su directriz de transformación de la fuerza militar. Era parte de la iniciativa más amplia del Departamento de Defensa de fomentar la defensa con misiles y transformar al Ejército de una organización de Guerra Fría a una en donde la capacidad de despliegue fuera más ágil y rápida y de carácter más expedicionario. Las decisiones de Rumsfeld se emitieron *durante* la invasión a Irak y *antes* de las órdenes de movimiento de tropas de Franks. Era como si tanto las operaciones de guerra como las de posguerra fueran secundarias. Pero Rumsfeld tomó en serio su orden de transformación, y ejerció una tremenda presión para que se cumpliera. En general, el Ejército cumplió con este cambio estratégico prioritario porque para ellos era natural hacerlo. Antes de la invasión a Irak, el Ejército había estado totalmente comprometido en la iniciativa que nos permitiera llevar a cabo la transformación. Ahora que la “disrupción” quedaba atrás, el memorando del Secretario simplemente reafirmó nuestro instinto de seguir adelante con la iniciativa de readaptación y de reanudación de nuestra principal tarea que consistía en prepararnos para la siguiente operación de contingencia.

Aparentemente, nuestro alto liderazgo realmente creía que los niveles de fuerza requeridos para la estabilización de Irak podían ser bajos. Pero me resultaba difícil reconciliar la idea de cómo el gobierno en general, y el Departamento de Defensa, en particular, podían dejar de considerar la guerra como una prioridad y seguir tranquilamente con la transformación del Ejército de los Estados Unidos. Durante los dos meses siguientes, la realidad de la situación en Irak crearía otra situación similar a la de Viet Nam durante la Guerra Fría. Mientras la rama ejecutiva y la interagencia del gobierno de los Estados Unidos (el Departamento de Estado, el Concejo de Seguridad Nacional, el Estado Mayor Conjunto y el Departamento de Defensa) proseguían sus actividades normales, los eventos que se sucedían en Irak, incluyendo la desbaathificación de la sociedad iraquí, la desbandada del Ejército iraquí y el movimiento de tropas ordenado por el general Franks, garantizaron una presencia prolongada de las tropas estadounidenses en el Medio Oriente.

En términos generales, la emisión simultánea de la orden de retirada expedida por el general Franks y la orden de transformación emitida por Rumsfeld, crearon confusión en todo el Ejército. La 1ª División Blindada, la 4ª División de Infantería y las Divisiones 101 Aérea y de Ataque Aéreo seguían moviéndose para ocupar sus posiciones mientras que la Fuerza Expedicionaria de la Marina, la 3ª División de Infantería y el gran número de unidades de apoyo estaba en Kuwait, saliendo de Irak, o preparándose para movilizarse. Algunas unidades llegaban, otras salían y otras permanecían en su lugar. La confusión era la orden del día.

Era difícil entender por qué se ejecutaron las órdenes de Franks y por qué los altos mandos militares y políticos de nuestro país las aceptaron sin reparo. ¿Habrían creído en realidad que podíamos invadir a Irak, efectuar un cambio de régimen y luego volver en el término de sesenta días? ¿No habíamos aprendido nada de de nuestras recientes experiencias en Bosnia y Kosovo, donde habíamos visto que para alcanzar una seguridad y una estabilidad duraderas, había que resolver los problemas políticos y económicos a la vez que enfrentábamos el reto militar? La intervención de los Estados Unidos se suponía que no iba a durar más de un año en Bosnia —y después de una década seguíamos allí. Me preocupaba la relación a nivel nacional entre el Departamento de Defensa, el Concejo de Seguridad Nacional y el Congreso. ¿Estaban prestando todavía atención a esta guerra? ¿Sabían nuestros líderes nacionales, políticos y militares lo que realmente estaba ocurriendo en Irak? ¿O el hecho de que no fueran conscientes de la situación tenía como resultado la indiferencia y la negligencia?

No tenía respuesta a estas interrogantes, al menos no en ese momento. Sin embargo, lo que sí sabía era que no había planes para las operaciones de la Fase IV en Irak —por lo menos no los conocía el comandante del combate. De hecho, antes de la guerra, el general Franks había acordado con el secretario Rumsfeld que CENTCOM no participaría en la Fase IV. Se encontraba preparando su plan de batalla y no tenía tiempo, experiencia ni intención de trabajar en esa fase del plan de campaña. Como resultado, las instrucciones originales del general Franks no decían nada acerca del papel del Ejército en las operaciones de la Fase IV. No obstante, las órdenes subsiguientes indicaban que las tropas terrestres debían prestar sólo un mínimo de apoyo a las actividades que tuvieran lugar después del combate. "Deberán ofrecer transporte, logística y algunas vías de comunicaciones", decía la directiva.

Era bien sabido, antes de la guerra, que había tenido lugar una importante contienda filosófica y un desacuerdo entre los Departamentos de Estado y de Defensa en cuanto a quién sería responsable de todos los aspectos de la guerra. El Departamento de Estado, asumiendo su posición tradicional de liderazgo en el manejo de las acciones y políticas de posguerra ya había finalizado un proyecto llamado "El Futuro de Irak". Sin embargo, el secretario Rumsfeld fue a la Casa Blanca y obtuvo una instrucción presidencial secreta, la Directiva Presidencial de Seguridad

Nacional 24 (NSPD-24), en la que el presidente Bush asignaba al Departamento de Defensa la responsabilidad de todos los planes y la ejecución de la Fase IV. Ese documento, firmado el 4 de enero de 2003, establecía también que la Oficina de Reconstrucción y Asistencia Humanitaria (ORAH) del Departamento de Defensa, manejaría los esfuerzos de posguerra, incluyendo tareas como el desmantelamiento de las armas de destrucción masiva, la derrota de las redes terroristas, la reorganización y reforma de las instituciones de seguridad (fuerzas de seguridad del ejército y la policía de Irak), facilitaría la reconstrucción, protegería la infraestructura, ayudaría al reestablecimiento de los servicios clave para los civiles (suministro de alimentos, agua, electricidad y servicios de salud), apoyaría la transición a una autoridad iraquí (estableciendo un nuevo gobierno de administración civil), y proveería lo necesario para sus propias operaciones.

Para dirigir este esfuerzo masivo, Rumsfeld nombró al teniente general retirado Jay Garner, veterano de la Guerra del Golfo en 1991 y antiguo Subjefe del Estado Mayor del Ejército. Desde el comienzo, sin embargo, la Directiva NSPD-24 sólo sirvió para crear una enorme desconexión entre la ORAH y las demás agencias o servicios. El Departamento de Estado ya no tenía nada de qué preocuparse. CENTCOM estaba abandonando la región y había expedido una directriz indicando que sólo se debía prestar mínima asistencia. Y el Departamento de Defensa no había estructurado, financiado ni obtenido recursos para una debida organización. La ORAH simplemente había caído por las grietas de una enorme burocracia comandada por políticos que no habían podido reconocer la enormidad de la tarea que los Estados Unidos estaba a punto de emprender. La verdad es que a Jay Garner se le había encomendado una labor imposible.

El teniente general Garner, sin embargo, se desempeñó en forma extraordinaria. Desarrolló un plan de intervención de doce a dieciocho meses, lo presentó al presidente Bush y advirtió que la ORAH no estaba capacitada para manejar algunos aspectos de la misión, como el desmantelamiento de las armas de destrucción masiva y la derrota de los terroristas. Los elementos clave de su estrategia incluían realizar elecciones en el término de tres meses, vender petróleo a otros países para incrementar las reservas y así financiar su plan, recurrir a un menor nivel de baathistas para llevar a cabo las funciones de gobierno y utilizar de 200.000 a 300.000 ex miembros del Ejército Iraquí para ayudar en el proceso de reconstruccion después de la guerra. El 21 de abril de 2003, su primer día en Bagdad, el teniente general Garner estableció también un grupo asesor iraquí interino (Concejo de Altos Líderes) compuesto por sunís, chiítas y kurdos. Su plan consistía en ponerle una cara local al gobierno de ocupación —y demostró ser una *buena* idea.

Desafortunadamente, la ORAH estaba destinada al fracaso desde el comienzo. En Washington, se produjeron discusiones sin fin sobre la aplicación de la política. El Departamento de Estado consideraba que debería involucrarse como lo había hecho durante los últimos doscientos años, en este tipo de situaciones. Algunos de los no conservadores de la Casa Blanca y el Pentágono querían detener o eliminar a los miembros de la antigua Guardia Republicana y a los altos jefes del Partido Baath de Saddam Hussein. Entre tanto, otros querían que los antiguos miembros del régimen no tuvieran nada que ver con el nuevo gobierno en Irak. Por lo tanto, no fue una sorpresa cuando después de apenas unos pocos días en Bagdad, el teniente general Garner recibió una llamada del secretario Rumsfeld quien le agradeció su buen trabajo y le informó que había sido reemplazado por el ex embajador L. Paul Bremer. No sé cómo se produjo este cambio. Lo único cierto fue que Garner se fue, Bremer llegó y la situación en Irak no mejoró.

Las fuerzas de la coalición todavía no tenían el control de todo el país. Aunque habíamos ganado la mayoría de las zonas de la parte sur de Irak durante nuestro ascenso desde Kuwait, aún no habíamos despejado toda la provincia de Anbar, el Triángulo Sunni ni ninguna de las áreas del norte —tampoco teníamos la menor idea del poder militar del enemigo en esos lugares. Las tropas terrestres habían terminado su ataque en Bagdad pero no habían tomado toda la ciudad.

Había también una violencia generalizada. La caída de Bagdad había desencadenado una serie de escaramuzas tribales mientras todos competían por el poder. Además, debido a la desaparición total de la policía y las fuerzas de seguridad, el saqueo se había generalizado y los delitos estaban a la orden del día. Las oficinas gubernamentales, el comercio y los palacios eran saqueados. Se bombardeaban las plantas de energía, los gasoductos y los puentes, supuestamente por las personas leales a Saddam Hussein. Además, las tropas de la coalición seguían centradas en su misión de combate, la destrucción del ejército de Saddam y trabajaban en tomar todo el país. Pasaría algún tiempo antes de que se les asignara la misión de controlar el saqueo y las otras actividades delictivas.

También había arsenales de armas y municiones por todas partes —no sólo en Bagdad, sino por todo el país. Calculábamos que había aproximadamente un millón de toneladas de armas y municiones convencionales distribuidas a todo lo largo y ancho de Irak, la mayoría sin custodiar, para que cualquiera se apoderara de ellas. Efectivamente, a comienzos de mayo, los iraquíes empezaron a organizar bazares de armas al aire libre en donde vendían de todo, desde pequeñas pistolas hasta granadas impulsadas por cohetes.

El público norteamericano desconocía por completo la situación de las tropas en Irak. Para opacar aun más la realidad, el 1ro de mayo de 2003, el presidente Bush declaró el fin de la guerra. Mar adentro, cerca de las costas de San Diego, California, vistiendo un uniforme de piloto y piloteando un bombardero de la Armada, Bush aterrizó en el portaaviones USS *Abraham Lincoln*. Unos minutos después, al dirigirse a la nación desde la cubierta del portaaviones, se podía ver detrás de él una gigante bandera blanca y azul que decía "Misión Cumplida". El Presidente comenzó la alocución diciendo, "Las grandes operaciones de combate en Irak han terminado. En la batalla de Irak, han prevalecido los Estados Unidos y sus aliados. Y ahora, nuestra coalición se ocupa de mantener la paz y reconstruir el país". Este evento, televisado en vivo y trasmitido al mundo entero, hizo que, de inmediato, casi todas las agencias y servicios del gobierno de los Estados Unidos declararan la victoria y comenzaran a dejar de prestar atención a Irak.

Al comienzo, no entendía muy bien la situación en Irak como para poner en duda o comprender las razones para esta declaración. Sin embargo, con el tiempo, todo fue muy claro para mí. El 1 de mayo de 2003, la coalición militar estaba compuesta por sólo cinco naciones, principalmente porque Estados Unidos no pudo convencer a nadie más de que se uniera. Ningún país quería comprometer a sus tropas mientras estuvieran teniendo lugar "importantes operaciones de combate". La declaración de "Misión Cumplida" dio a entender de que la situación en Irak era estable. Por lo tanto, no es de sorprender que, en la primera semana de mayo, se lanzara una iniciativa por parte de los Estados Unidos para incrementar el número de participantes en la coalición. En Washington, se ofrecía a los gobiernos todo tipo de incentivos para que se unieran —equipos apoyo logístico y de transporte, ayuda financiera, etc. Fue un esfuerzo exitoso de reclutamiento. Rápidamente, la coalición se expandió de cinco a treinta y seis naciones. Sin embargo, cada una de ellas había llegado a sus propios acuerdos de apoyo, tenía sus propios intereses nacionales que salvaguardar y sus propias reglas de compromiso, así como su propia cadena de comando nacional.

Miles de tropas de la coalición comenzaron a llegar a Irak. Pero nadie estaba trabajando en un plan para organizarlas o para ayudarlas con el entrenamiento necesario. Ni para garantizar que los compromisos de los Estados Unidos para con ellas se cumplieran. Todos esos detalles se dejaron en manos del comandante de la coalición de las tropas terrestres, quien debía identificarlos y resolverlos. Por otra parte, para fines de mayo de 2003, los Estados Unidos y Gran Bretaña habían presentado una resolución al Concejo de Seguridad de Naciones Unidas en la que se autodesignaban "naciones ocupantes", lo que les daría el control de las utilidades del petróleo de Irak. Además, las dos naciones habían obtenido una votación de 14 a 0 para levantar las sanciones económicas y otorgarles el control oficial del país.

DURANTE LA PRIMERA SEMANA de mayo de 2003, estaba con la 1ª División Blindada en Kuwait y nos habíamos movilizado ya en un 70 por ciento. Con órdenes de reemplazar a la 3ª División de Infantería y asumir la responsabilidad de Bagdad, avanzamos hacia Irak y llegamos a la ciudad el 8 de mayo de 2003.

El caos era total. El saqueo era mucho más extenso de lo que había previsto y había incendios por todas partes. Estas imágenes fueron transmitidas por los medios de comunicación y crearon una enorme presión para lograr el control de la situación. Desde el primer día, la 1ª División Blindada dedicó todo su esfuerzo a intentar devolverle la estabilidad a Bagdad. Para lograrlo, nuestros soldados se repartieron por toda la ciudad. Establecimos docenas de pequeñas bases de operación de avanzada y luego identificamos entre 350 y 500 sitios específicos que había que proteger. Estos lugares incluían edificios del gobierno, vecindarios de las minorías y lugares religiosos. Vigilamos las áreas con patrullaje o las protegimos con soldados que hacían la función de guardias. Sin embargo, a las pocas semanas, la violencia y el saqueo se fueron convirtiendo en ataques directos contra nuestras tropas.

A nivel del Ejército, el teniente general Scott Wallace se encargó de intentar controlar los miles de depósitos de armas y municiones en todo el país, algunos de los cuales abarcaban áreas de varios kilómetros. Sólo en Bagdad, había cientos de estos depósitos por toda la ciudad. Era necesario custodiar cada uno de ellos, desmilitarizar las armas y destruir las municiones. Sin embargo, el cuartel general del V Cuerpo del Ejército pronto se dio cuenta de que el tiempo y los recursos para lograr semejante tarea desbordaban las capacidades de nuestras tropas en tierra. De hecho, un rápido análisis calculó que, en nuestra situación actual, se requerirían tres años para completar la tarea. En el convencimiento de que la prioridad del Ejército era controlar la violencia y poner fin al saqueo, los altos mandos tomaron la decisión de contratar a entidades externas al Ejército para esta operación. Las empresas civiles custodiarían los sitios con la ayuda de los iraquíes, profesionales expertos en armamento desmilitarizarían las armas y destruirían las municiones y un número mínimo de soldados de las unidades de la coalición ayudarían en este esfuerzo.

Otra tarea inmediata de las tropas de la coalición consistía en comenzar el trabajo de restablecer el ejército, la policía y las fuerzas de seguridad iraquíes. Convencidos de que el Ejército sería responsable de llevar a cabo esta tarea, los altos mandos del V Cuerpo desarrollaron un sólido plan para la creación de instituciones integradas. Además, el V Cuerpo, al igual que la ORAH consideraba que era esencial que los iraquíes formaran parte de la solución para reconstruir la seguridad de la nación. Nuestro reto era determinar la forma de convencerlos de que debían regresar y, una vez que lo hicieran, definir si lo harían individualmente o por unidades. El general John Abizaid se encargó de dirigir este aspecto. Después de Kosovo y de una breve experiencia de trabajo en el Estado Mayor Conjunto en Washington, se había convertido en subcomandante general de CENTCOM bajo Tommy Franks. Había participado en una de las más exitosas ofensivas en tierra en la historia de los Estados Unidos —la invasión a Irak— y era uno de los candidatos para suceder a Franks cuando se jubilara en julio de 2003. A fines de mayo, Abizaid y yo nos sentamos a analizar la forma de reconstruir el Ejército Iraquí. Sabíamos que había entre 300.000 y 400.000 soldados regulares del Ejército Iraquí que no tenían trabajo y que probablemente estarían dispuestos a regresar al servicio. Sin embargo, siendo realistas, sabíamos que no combatirían para nosotros porque, después de todo, nosotros éramos los infieles. Sin embargo, era posible que sí combatieran para sus propios líderes. Siguiendo esta línea de ideas, Abizaid hizo algún trabajo preliminar en Bagdad e inició conversaciones con unos pocos ex generales del Ejército Iraquí. "¿Cuáles son realmente las probabilidades de recuperar algunas de las unidades del Ejército Iraquí?", preguntó. Las respuestas que obtuvo fueron extraordinariamente positivas.

Además de controlar la violencia y el saqueo, custodiar los depósitos de municiones y comenzar el trabajo de reconstruir las fuerzas de seguridad iraquíes, el V Cuerpo comenzó a reabrir las universidades y los colegios del país para que los niños pudieran terminar su año escolar. Además, empezamos a trabajar en un plan global de la Fase IV para todo Irak, que no sólo se enfocaba en la seguridad sino también en el autogobierno político y el desarrollo económico. Como parte del plan, sin esperar instrucciones de la ORAH, comenzamos a establecer de inmediato gobiernos locales en las provincias bajo la supervisión de los comandantes de las divisiones. Nuestra estrategia consistía en encontrar los centros de gravedad de la economía en cada ciudad, pueblo y aldea de Irak, comenzar así de inmediato el proceso de productividad, rentabilidad y prosperidad. En poco tiempo, los informes de progreso de los comandantes de las divisiones nos dieron razones para sentirnos muy optimistas. Las cosas parecían estar progresando y comenzaba a creer que realmente podríamos lograr, después de todo, la estabilidad en ese país.

Sin embargo, todo comenzó a cambiar con la llegada del embajador L. Paul (Jerry) Bremer, quien reemplazaría a Garner. Al enterarme de que Bremer llegaba, fui a Kuwait a recibirlo al aeropuerto. A su llegada, me uní al grupo del teniente general Garner que se encontraba con otros miembros de la ORAH y con el grupo de avanzada del embajador Bremer. Al bajar del avión, el Embajador me saludó, saludó al teniente general Garner y luego me pidió que fuera a conversar con él. Garner esperó afuera. Después de los primeros saludos de rigor, mientras pasaba por la aduana, Bremer dijo que tenía que reunirse con algunas personas en la ciudad de Kuwait y que esperaba que pudiéramos trabajar muy bien juntos. Cuando salió del aeropuerto se dirigió a su automóvil, el teniente general Garner nos siguió y habló con él, pero éste terminó subiéndose al SUV y dejó a Garner de pie en el andén.

Dada la cultura de su profesión, la actitud de Bremer hacia Garner era prácticamente normal. Había pasado la mayoría de su carrera en el Departamento de Estado, en parte como protegido de Henry Kissinger, como ex asistente de Alexander Haig, y como embajador en los Países Bajos durante la administración del presidente Reagan. Es protocolo normal que cuando los embajadores transfieren responsabilidades, están, casi siempre, separados por el tiempo y el espacio y no hay transferencia cara a cara. Eso es contrario a la ética y el procedimiento militar, de donde provenía Garner. Consideraba que era su deber ofrecer toda la ayuda y suministrar toda la información que pudiera para garantizar una transferencia sin dificultades. Probablemente, el embajador Bremer no lo entendía así.

Al día siguiente, Bremer estaba en Bagdad para comenzar su función como director de la Coalición de la Autoridad Provisional (APC). Sus primeras semanas, sin embargo, fueron algo agitadas. Cuando entró a una reunión con los altos mandos del V Cuerpo, por ejemplo, le dijo a teniente general Wallace, "Soy el Administrador de la APC y estoy a cargo. Quiero que ubique su comando y su centro de control con la APC en la Zona Verde, de inmediato". Esa declaración hizo desaparecer de inmediato la actitud positiva de los oficiales militares quienes consideraron la conducta de Bremer como arrogante. "¿Quién es este tipo y quién cree que es?", se preguntaban.

Las cosas no mejoraron, en una de las primeras reuniones del estado mayor, Bremer sugirió disparar a matar a los saqueadores para controlar la violencia en el país. Ese comentario se filtró al público, llegó a los titulares de los diarios en todo el mundo y le causó graves problemas. El embajador Bremer no hablaba en serio. Sin embargo, estaba reaccionando a la presión de la administración y de los medios de comunicación y fue simplemente un comentario desafortunado que se le escapó. Sin embargo, alguien que estaba presente en la reunión lo repitió a la prensa y cuando menos pensamos, sus palabras adquirieron un tono desproporcionado.

El embajador Bremer llegó al país con unas prioridades muy específicas establecidas por Washington que no coincidían con el plan que Jay Garner había presentado previamente al secretario Rumsfeld y al presidente Bush. Una de las primeras cosas que hizo Bremer fue reunirse con el Concejo de Altos Líderes —el grupo asesor iraquí que había conformado Garner. Este concejo estaba compuesto de representantes de siete organizaciones que supuestamente debían ocupar un lugar "especial" en el nuevo Irak. Más aún, estos líderes se consideraban como el gobierno que sucedería al de Saddam. Pero el embajador Bremer les informó de inmediato que él no lo veía así. "Ustedes no son el gobierno", dijo. "La APC está a cargo". El grupo asesor iraquí nunca volvió a reunirse y Jay Garner pronto se fue de Irak, después de haber permanecido allí aproximadamente un mes. La mayoría de los miembros de su equipo dejaron el país para mediados de junio y la ORAH dejó de existir.

La Autoridad Provisional de la Coalición (APC) recibió la misión y la autoridad de manejar las operaciones de la Fase IV en Irak —con el apoyo directo de los militares. Aunque era evidente que el embajador Bremer estaba a cargo de la administración de la ocupación, nunca se definieron claramente los detalles de la relación entre la APC y los militares. Este fue un paso crítico que simplemente se había ignorado y con la ausencia de una estructura bien definida, la tarea de determinar la forma como la APC y los militares trabajarían juntos quedó a cargo del comandante de tropas terrestres y el embajador Bremer. Inicialmente, el embajador Bremer pensaba que el Ejército trabajaría para él, que la APC podría establecer prioridades y emitir órdenes. Nadie en la Sección Combinada 7 consideró que esa fuera una buena idea. Era el *comando* civil de los militares, y eso no era aceptable.

La presencia del embajador Bremer y de la APC en Irak complicó aun más la estructura de comando ya bien compleja. Esta era la cadena de comando del Ejército durante la invasión y en el período inmediatamente después a la misma:

Departamento de Defensa—Washington, D.C.
Secretario de Defensa Donald Rumsfeld
Comando Central (CENTCOM)—Qatar
General Tommy Franks
Comando del Componente Terrestre de las Fuerzas Combinadas (CCTFC)—Bagdad
Teniente General David D. McKiernan (Comandante de las tropas terrestres)
Primera Fuerza Expedicionaria de la Marina (MEF)—Irak
Teniente General James T. Conway
Quinto (V) Cuerpo [Equivalente a la MEF]—Irak
Teniente General Scott Wallace
(incluye las Divisiones de la 3ª Infantería, la 101ª Aerotransportada, la 4ª Infantería y la 1ª Blindada)

Una semana después de que fuera derribada la estatua de Saddam Hussein en Bagdad, la estructura de comando del Ejército cambió rápidamente. El 16 de abril de 2003, como parte de la orden de retirada de las tropas del general Franks, CENTCOM comenzó a elaborar planes para abandonar el territorio de combate y trasladarse a Tampa, Florida. Su centro de avanzada de comando y control en Qatar suspendió las operaciones de guerra y el 1ro de mayo se habían retirado por completo del país. El general John Abizaid se encargaría del comando de CENTCOM en julio.

Además, el 1ro de mayo, el Comando del Componente Terrestre de las Fuerzas Combinadas (CCTFC), dirigido por el teniente general David McKiernan, asumió la designación de Grupo Combinado 7 (CJTF-7), responsabilizándose de las actividades de todas las tropas de la coalición en Irak. La 1ª División Blindada completó su movilización a Bagdad en el término de una semana y para mediados de mayo había reemplazado a la 3ª División de Infantería. Pero apenas dos semanas después, el 16 de mayo, se anunció formalmente que el CCTFC se iría de Irak y se reubicaría en los Estados Unidos. Este cambio abrupto fue otro error garrafal que representó un significativo riesgo estratégico para nuestro país. El CCTFC había realizado una excelente campaña de guerra en tierra y tenía el conocimiento institucional, las relaciones de comando y la organización necesarias para hacer la transición entre la guerra y la posguerra. El teniente general McKiernan había reunido un grupo con los mejores líderes que tenía el Ejército en ese momento de la historia. Los llamábamos "el Equipo Ideal". Pero ahora, el equipo ideal ya no estaría. Creo que, en parte, Franks y McKiernan tomaron esta decisión porque creyeron que la guerra había terminado y también porque no querían tener nada que ver con Bremer, con la APC ni con la Fase IV.

Cualquiera que fuera la razón para sacar de la escena al CCTFC, las consecuencias previsibles eran sombrías. Ya no tendríamos en el país capacidades a nivel de estado mayor para elaborar planes, campañas, políticas e inteligencia a nivel estratégico u operacional. Toda ese conocimiento de la situación y memoria institucional desaparecería cuando los mejores oficiales disponibles en el Ejército asignados al CCTFC se fueran del país. Se abolió y se cambió toda la serie de enlaces ya establecidos. Además, el V Cuerpo no tenía una coalición de operaciones y ORAH/APC se estaba yendo de Irak junto al CCTFC, justo en el momento en que las misiones de la coalición en el sector civil se ampliaban en forma dramática. Sin las capacidades necesarias sería extremadamente difícil combatir en la guerra que continuaba desarrollándose en Irak, sería muy difícil ofrecer el apoyo que la APC necesitaba con tanta urgencia para brindar estabilidad y seguridad al país. Por último, la pérdida de nuestras capacidades de inteligencia nacional a nivel estratégico sería la causa de los graves problemas que llevarían, en parte, a los futuros acontecimientos de Abu Ghraib.

Según el anuncio que hiciera la CCTFC el 16 de mayo, a partir del 15 de junio de 2003, el V Cuerpo asumiría el nombre de CJTF-7 (Sección de Comando Conjunto) con todas sus misiones y responsabilidades correspondientes. Esto significaba que al asumir mi cargo como comandante del V Cuerpo, me convertiría en el comandante en jefe de las tropas terrestres en Irak.

Hasta ese momento, había estado trabajando con Scott Wallace en el proceso del cambio de mando del V Cuerpo, pero ahora teníamos que empezar a trabajar de inmediato en la transición de las misiones del CCTFC al CJTF-7. Era evidente que la actual estructura de personal del cuartel general del V Cuerpo era inadecuada para una misión conjunta de semejante magnitud. Wallace me informó que el comando de McKiernan había venido trabajando en un Documento de Combinación de Personal (Joint Manning Document JMD), que establecería responsabilidades, funciones, requerimientos y experiencia excepcional para el nuevo personal del cuartel general. Desafortunadamente, sólo se realizaron dos reuniones del JMD entre el 16 de mayo y el 15 de junio, a la última de las cuales asistimos McKiernan, Wallace y yo. Salí de allí convencido de que no sería posible lograr una estrategia de transición válida y aprobada antes de que yo asumiera el control. Sabía que tendríamos que hacer una reestructuración mayor, una vez que me encontrara al mando. Y tendríamos que hacerla al mismo tiempo que desarrollábamos las operaciones militares.

Como si fuera poco, Scott Wallace me dio noticias aun más sorprendentes.

"Ric, me acaban de decir que debo irme de Irak inmediatamente", me dijo.

"¿¡Cómo!?", le respondí. "Pero, ¿por qué?"

Scott me explicó que, durante una reunión de información pública, había hecho un comentario poco prudente sobre su preocupación en cuanto a una insurgencia potencial, y había dicho que no estaríamos preparados para enfrentar ese tipo de enemigo. Naturalmente, tenía toda la razón. Pero parece ser que a alguien en Washington no le gustó lo que dijo y se dieron órdenes, a través de Franks y McKiernan, indicando que debía irse del país de inmediato.

"Bien, no podemos permitirlo", le dije. "Es imposible hacer la transferencia de mando de inmediato. Todavía estoy a cargo de la 1ª División Blindada y no se ha nombrado un reemplazo".

"Ric, tenemos que encontrar una solución", me respondió Wallace. "¿Te parecería bien si transfieres el comando de la división a tus comandantes asistentes?"

"Bien, imagino que Doug Robinson puede hacerlo. Pero esto no está bien, señor. No merece ese tratamiento. Debemos ir al CCTFC y hacer que McKiernan retarde esa orden al menos dos o tres semanas".

Al final, el teniente general McKiernan lo hizo, habló con el general Franks para que la salida de Wallace se pospusiera. Sin embargo, me parecía lamentable la forma como habían tratado al comandante de mi cuerpo del Ejército. Habíamos sido amigos durante años y sabía que era un hombre excelente, un magnífico soldado y una persona de una integridad intachable.

Sólo unas semanas antes, el teniente general Wallace y yo habíamos estado recordando el tiempo que estuvimos juntos en Fort Bragg y me referí a cuando me llamó para mi Informe de Eficiencia.

"Eras capitán y yo estaba llegando apenas al nivel de edecán", recordé. "Y mencionó que había tenido problemas anteriormente con los hispanos y que no quería que yo formara parte de su personal".

"Yo no recuerdo eso, Ric".

"Señor, es un comentario que nunca he olvidado. Pero también dijo que le había comprobado que estaba equivocado. Y lo he respetado desde entonces por tener el valor de admitírlo".

"¿De veras dije eso?"

"Sí, señor, así fue".

"¡Demonios, que tontería!".

"Bien, señor, nada tan tonto como lo que está ocurriendo aquí en Irak, ¿no le parece?"

CAPÍTULO **11**

Desbaathificación, desbandada y desmantelamiento

Después de que Saddam Hussein tomara el poder en 1969, sólo quedó un verdadero partido político en Irak. El partido Baath (Partido Baath Árabe Socialista) se fundó en Siria en 1943 y se convirtió en el partido prevalente en Irak durante los golpes de estado de 1963 y 1968. Cuando Saddam tomó el poder, se convirtió no sólo en el presidente del país y en el jefe del Concejo de Comando Revolucionario, sino también en el Secretario General del Partido Baath. Como una organización socialista/fascista manejada por un grupo estrechamente unido por lazos familiares y tribales, el Partido Baath se convirtió en el vehículo que utilizó Saddam para purgar disidentes y gobernar el país con puño de hierro. Prácticamente toda la infraestructura civil y gubernamental de Irak estaba controlada por miembros del partido y casi todos los miembros del servicio civil, aspirantes a ingresar a las universidades y miembros del ejército eran obligados a unirse al partido baathista si querían conservar sus cargos y practicar sus profesiones. En otras palabras, para miles de personas, era cuestión de supervivencia. Sencillamente no tenían otra alternativa.

El 16 de mayo de 2003, el embajador Paul Bremer, actuando

en su capacidad de administrador de la APC, emitió la Orden Número 1 de la Coalición de Autoridad Provisional, una orden que desestabilizaría el Partido Baath en Irak. Los cuatro representantes superiores del poder quedaron inmediatamente "retirados de sus cargos con prohibición de cumplir futuros cargos en el sector público". También, en forma aun más drástica, quedaron "retirados de sus cargos" los miembros de pleno derecho del partido que ocupaban los tres primeros niveles de mando "en todos los ministerios del gobierno nacional, corporaciones asociadas y otras entidades gubernamentales (por ejemplo, universidades y hospitales)". Por consiguiente, Bremer despidió cerca de medio millón de personas incluyendo 400.000 miembros de las fuerzas armadas y prácticamente 100.000 trabajadores civiles.

El impacto de esta desbaathificación fue devastador. Eliminó, esencialmente, toda la capacidad gubernamental y cívica de la nación. Las organizaciones relacionadas con la justifica, la defensa, los asuntos interiores, las comunicaciones, los colegios, las universidades y los hospitales quedaron totalmente cerradas o practicamente incapacitadas, debido a que cualquiera con cualquier experiencia estaba ahora desempleado. De un solo golpe, Bremer había creado un desempleo de un 60 por ciento y había enfurecido a miles y miles de personas.

La idea de la desbaathificación en Irak no era mala en sí misma. Era necesario retirar a quienes ocupaban los cuatro primeros niveles de comando y los culpables de asesinatos tenían que ser enjuiciados. Fue la decisión unilateral de despedir a prácticamente todos los demás lo que creó el verdadero problema. Además, no había un proceso adecuado de selección y apelación para que la gran mayoría de los iraquíes promedio recuperaran sus puestos —esto fue alienante para muchos.

En su orden inicial, Bremer indicaba que sólo él tenía la autoridad para conceder excepciones "basándose en caso por caso". Nueve días después estableció el Concejo de Desbaathificación Iraquí, que tenía como parte de su misión asesorarlo acerca de qué ciudadanos debían reinstituirse en sus antiguos empleos. Según esa directiva, este nuevo concejo reportaría "directa y únicamente" a Bremer, y él determinaría en qué momento se reuniría y qué ciudadanos iraquíes lo conformarían.

El problema evidente con este sistema era que cada uno de los que habían sido despedidos tenía que ir directamente a Bremer (o al Concejo de Desbaathificación), e indicar que no había estado nunca en los cuatro primeros niveles de alto liderazgo del Partido Baath, además de justificar la razón por la cual debía reintegrarse a su trabajo. Para que esto funcionara adecuadamente, se requeriría un esfuerzo masivo para establecer comités en cada ciudad y pueblo en Irak. Sin embargo, el embajador Bremer se negó a hacerlo. De hecho, había adoptado una posición distante y había hecho que los iraquíes formaran parte integral del proceso, adjudicándoles la responsabilidad. Pero no les ofreció suficiente autoridad, recursos ni supervisión para manejar el proceso. Las acciones de Bremer fueron realzadas más tarde como una estrategia primaria por el Primer Ministro kurdo, Barham Salih. "Estados Unidos debe adoptar la posición de respaldar a los iraquíes para no recibir toda la culpa cuando las cosas salgan mal", dijo Salih. Básicamente le estaba diciendo al APC que diera la responsabilidad pero no la autoridad a los iraquíes.

El Nuevo Concejo de Desbaathificación nombró a un disidente, el sobrino de Ahmad Chalabi, llamado Sam Chalabi y que era abogado, para que manejara este proceso. Esta pudo haber sido la peor elección, porque desde el comienzo, Ahmad Chalabi fue enfático en afirmar que a ningún baathista se le permitiría jamás volver a trabajar para el gobierno. Esa fue una de las razones por las cuales la orden de desbaathificación se convirtió en un fracaso total.

No pasó mucho tiempo antes de que surgieran grandes desacuerdos entre Bremer y los jefes del Ejército. En múltiples ocasiones hablamos con él y le dijimos que su política de desbaathificación tenía fallas y no estaba funcionando, y que no se había procesado ninguna apelación. Pero Bremer se negaba a tomar medidas. Se limitaba solamente a escucharnos. Para junio, tuvimos unos pocos desacuerdos importantes con la APC. Nuestros soldados habían estado trabajando en establecer concejos de gobierno, en restaurar los elementos clave de la infraestructura y en reestablecer algunos de los colegios. Como era natural, tuvimos que involucrar en el proceso a algunos ex miembros del Partido Baath. Bremer se molestó mucho y expidió una serie de memorandos dirigidos a mí y a mis comandantes subalternos. "Entiendo que no están cumpliendo mis órdenes", escribió. "No deben permitir que los baathistas participen en operaciones gubernamentales ni civiles. Cualquier excepción a la política de desbaathificación debe contar con mi aprobación personal".

Después de analizar el problema con él en privado, volví donde mis comandantes y les indiqué que continuaran con lo que venían haciendo. "Determinen lo mejor que puedan las funciones que tenemos que establecer", les dije. "Consigan a las mejores personas disponibles y volvamos a poner en marcha estos cargos. Y, por Dios, mantengan abiertos los colegios y permitan que los niños terminen el año escolar".

Me limité a ordenar que nuestros soldados continuaran con el trabajo que tenían entre manos sin preocuparme en especial de las repercusiones. Alguien tenía que hacer las cosas como debían hacerse. Además, lo más probable era que, para cuando Bremer pudiera lidiar con nuestras acciones, ya hubiéramos reinstituido muchas de las funciones necesarias en todo el país.

Al pensar en la desbaathificación y en la falta de un proceso efectivo para llevarla a cabo, no podía menos que preguntarme de dónde había venido la orden en primer lugar. Sin lugar a dudas, esto no era lo que Jay Garner había aconsejado antes de ser retirado de su cargo. Era evidente también que no había sido tomada en Irak por ningún miembro del Ejército. Tenía que haber sido introducida por el embajador Bremer, tal vez después de haber sido diseñada en la oficina del Secretario de Defensa, con la cooperación del Concejo de Seguridad Nacional. Aparentemente, intentaban copiar la desnazificación de Alemania después de la Segunda Guerra Mundial. Sin embargo, en ese entonces, el Ejército de los Estados Unidos estuvo a cargo de manejar toda la política, su planificación e implementación. Para asegurar el éxito, había que establecer metas específicas y contar con un proceso efectivo para alcanzarlas. De eso se trata el liderazgo básico.

Sin embargo, en este caso, la APC manejó este aspecto como si se tratara de un trabajo académico teórico. Simplemente emitieron la orden y declararon el éxito. Pero no había visión, ni concepto ni experiencia y, en mi opinión, tampoco existía el deseo de garantizar que la política fuera aplicada debidamente. Por otra parte, se veía bien sobre el papel. Cuando se dio a conocer la noticia a través de CNN, dio la impresión de que representaba un progreso, y para cuando fue evidente que había fracasado, nadie entendía por qué. Además, quienes la pusieron en práctica podían culpar a las personas a quienes se la habían encomendado —a los miembros del Concejo de Gobierno Iraquí.

La orden de desbaathificación fue una decisión calculada. Bremer y las personas de Washington que la diseñaron, tenían que haber sabido que esta orden paralizaría el país. La única explicación es una flagrante estupidez. Y estas personas no eran ni mucho menos estúpidas. Sin embargo, lo que no puedo entender es lo siguiente: cuando se hizo evidente que el proceso no estaba dando resultado, ¿por qué no lo resolvieron para que la política en sí tuviera la oportunidad de funcionar? El propósito inicial de la desbaathificación era eliminar los primeros cuatro niveles de comando del liderazgo del Partido Baath, y a aquellos que tenían las manos manchadas de sangre. Sin embargo, el mecanismo para lograr los objetivos de la política nunca se definió con claridad ni hubo recursos adecuados para su implementación a nivel nacional; además, nunca se instauró un sistema para supervisar la ejecución del mismo y su progreso. En realidad, el proceso no estaba funcionando ni siquiera en la Zona Verde, mucho menos en las áreas más apartadas de Irak. Esto lo sabía muy bien la APC, pero se negaba a aplicar medidas correctivas. ¿Por qué estaban dispuestos a permitir que la sociedad iraquí se quedara en el limbo? ¿No entendían que había cientos de miles de personas privadas de su derecho de representación, en su mayoría ex miembros del ejército que encontrarían la forma de expresar su insatisfacción? ¿No se daban cuenta de que esto iba a alimentar la ya candente violencia que asolaba el país? ¿No les importaba que nuestros jóvenes soldados fueran los que en último término recibieran el impacto de la reacción iraquí?

Unos pocos días después de la emisión de la orden de desbaathificación, el embajador Bremer vino al cuartel general del V Cuerpo cerca del aeropuerto a hablar con el teniente general Scott Wallace. Después de reiterar que él estaba a cargo, Bremer le repitió a Wallace que quería que el cuartel general del V Cuerpo funcionara dentro del Palacio Republicano, donde él se encontraba, en la Zona Verde, en el centro de Bagdad. También dijo que no quería que el teniente general Wallace ni el teniente general McKiernan asistieran a las reuniones de la APC. Quería tener contacto sólo conmigo porque sería yo quien asumiría el mando en menos de un mes.

Tanto McKiernan como Wallace cumplieron con lo que les pidió Bremer. El V Cuerpo dividió el personal y empezó a transferir una parte a la Zona Verde. Wallace me informó entonces que ahora tendría que asistir yo a todas las reuniones matinales del Embajador.

"Pero, señor, estoy tres niveles por debajo de Bremer", le dije. "Además, tengo mucho que hacer en la división y no hemos terminado todavía con la ocupación de Bagdad".

"Bien, no le queda otra alternativa, Ric, tiene que asistir a esas reuniones. Eso es lo que Bremer quiere".

"Está bien, señor, iré. Pero, por favor, asígneme un oficial de enlace que me ayude a pasarles la información a McKiernan y a usted, que siguen siendo los comandantes de las tropas terrestres".

Durante las siguientes semanas, tuve dos cargos, como comandante de división y como enlace militar con la APC. Asistí a todas las reuniones de actualización de Bremer de 7:30 a 8:00 A.M., y luego transmití todas las observaciones, los informes de la situación, los problemas y las instrucciones de Bremer. Además, McKiernan y Wallace todavía tenían la autoridad y el poder para actuar en todo el país. Después de las sesiones de la mañana de la APC, me dirigía a mi puesto de mando y continuaba con mis deberes para poner bajo control la situación en Bagdad. Es interesante que, durante este período, algunos de los subalternos de Bremer comenzaron a dar órdenes al personal del Ejército en cuanto a la ubicación de las tropas y las tareas que debían realizar las unidades pequeñas. Bien, en ese caso no fue necesario hablar con Wallace y McKiernan. Actué con mi propia autoridad y de inmediato puse fin a esa situación.

El proceso de establecer un cuartel general del V Cuerpo dentro del Palacio de la APC, tal como lo había solicitado el embajador Bremer, me reveló otro importante problema. Dado que tanto CENTCOM como la CCTFC se irían de Irak, el V Cuerpo iba a tener que ser el centro de planeación de estrategias y para eso no tenía ninguna experiencia, debería ocuparse también del nivel táctico en todo el país. Desafortunadamente, ni CENTCOM ni la CCTFC pensaban ofrecer ayuda para realizar esta tarea. Además, aunque el Documento Conjunto de Personal estaba en proceso de preparación, poco se pensaba en el análisis de la misión, ni en definir los cargos y funciones dentro del nuevo comando. Para poner las cosas en movimiento, Wallace y yo dividimos la estructura de comando del V Cuerpo en dos elementos —uno en la APC concentrado en la estrategia y el nivel operacional (ubicado en el palacio) y otro con un enfoque de combate táctico (ubicado en el cuartel general militar en el aeropuerto). Sin embargo, al hacerlo, teníamos que diluir transitoriamente el personal de comando y el control del cuerpo a nivel táctico. Pero simplemente no había otra forma de satisfacer la solicitud del Embajador.

Mientras asistía a las reuniones matinales de la APC, me di cuenta de un cambio sutil pero significativo en la estrategia nacional hacia la solución política a largo plazo. Parte del plan de la administración Bush era poner a expatriados clave a cargo del nuevo gobierno iraquí. Estas eran personas como Ahmad Chalabi, Ayad Allawi, Jalal Talabani, Abdul Aziz al-Hakim y varios otros que habían formado parte de la planificación de la invasión. Desde el punto de vista teórico, al darles control del país, las tropas de la coalición podrían irse más pronto. No obstante, el embajador Bremer dijo que éste no era el enfoque correcto y empezó a presionar para constituir un concejo de gobierno compuesto por un grupo más representativo en cambio de los expatriados clave ya designados.

Cuando Bremer comunicó su plan a Washington, algunas personas del Departamento de Defensa expresaron cierta preocupación, pero todo el mundo aceptó sus deseos. Para este momento, pensé que Washington se estaba distanciando de todo lo relacionado con Irak. Nadie estaba prestando atención a lo que ocurría, nadie escrutaba ni analizaba el impacto de las decisiones que salían de la APC. Mientras tanto, el embajador Bremer cambiaba toda la estrategia política de la coalición. Para mí fue muy claro que íbamos a quedarnos en Irak por mucho más tiempo del previsto.

El 23 de mayo de 2003, exactamente una semana después de expedir la orden de baathificación, el embajador Bremer expidió la Orden Número Dos, que disolvia formalmente el ejército, la fuerza aérea, la armada y todas las demás organizaciones militares de Irak, incluyendo el Ministerio de Defensa y todas las agencias relacionadas. Esa parte de la orden no fue problema en sí misma, porque el sistema militar en Irak ya se había desbandado. Bremer sólo oficializó esa desbandada. El problema era que, otra parte de la orden indicaba que la APC crearía "un Nuevo Cuerpo de Seguridad Iraquí". El embajador Bremer ya estaba informado de que habíamos estado trabajando en un plan para reconstruir las fuerzas militares de Irak. Sabía que Abizaid había contactado algunos ex generales y había encontrado una respuesta positiva, y que habíamos comenzado a traer pequeños grupos de militares para poner el proceso en marcha. Nuestra intención era volver a reunir las unidades, entrenarlas muy rápidamente y ponerlas a funcionar para que ayudaran a nuestros soldados.

Sin embargo, el embajador Bremer nos dijo que dejáramos lo que estábamos haciendo. La sección de trabajo CJTF-7 no tenía nada que ver con la reconstrucción de las fuerzas armadas iraquíes, dijo. Yo no podía dar crédito a lo que estaba oyendo. ¿Íbamos a crear un nuevo sistema militar en Irak y Bremer no iba a permitir que las fuerzas de la coalición que operaban en el país estuvieran involucradas en el proceso? Además, cuando sugerimos un plan para restablecer el ministerio de defensa, con metas y fechas debidamente establecidas, el Embajador se negó a hablar del cronograma. Su enfoque era trabajar de abajo hacia arriba y se negaba rotundamente a analizar la constitución de los niveles de comando del ejército por encima del nivel de batallón. Claro está que esto era exactamente lo contrario del enfoque del general Abizaid. Además, nos puso en un problema tremendo porque ahora teníamos que volver a donde los antiguos oficiales iraquíes, de quienes ya habíamos obtenido un acuerdo, a decirles, "Lo lamentamos, esto ya no va a ser posible".

Para principios de junio, Bremer había traído a Walter B. Slocombe, ex Subsecretario de Defensa, como asesor de seguridad nacional para encargarlo de la reconstrucción de las fuerzas armadas. El mayor general Paul Eaton fue elegido por el Ejército para ayudar a Slocombe y supervisar el esfuerzo de cinco años de entrenamiento bajo la dirección de contratistas civiles. Slocombe y Eaton desarrollaron su propio plan. Volvieron a Washington para informarlo, recibieron la aprobación e iniciaron el proceso. Sin embargo, el general Abizaid y yo informamos nuestro desacuerdo a niveles más altos. Pensábamos que el proceso era demasiado lento. Era necesario implantar cronogramas más agresivos, junto con un plan para reconstituir el Ministerio de Defensa y todas las funciones de alto comando hasta los cuarteles generales de brigada.

Tanto la baathificación como este nuevo plan para reconstruir las fuerzas armadas demoraron considerablemente nuestros esfuerzos en Irak y retardaron nuestra retirada del país. En ese entonces, pensé que habíamos llegado al final de los desacuerdos. Pero pronto tuvimos otro sobre la reconstrucción de la policía y las fuerzas de seguridad iraquíes.

Después de la caída de Bagdad, casi todos los miembros de la policía iraquí abandonaron sus cargos, lo que condujo a un incremento inusitado de la delincuencia, el saqueo y la violencia. Las cosas eran aun peores dado que Saddam Hussein había vaciado todas las cárceles en el momento en que la invasión se estaba produciendo. Casi de inmediato, sin embargo, el teniente general Wallace desarrolló un plan agresivo para reestablecer la policía y las fuerzas de seguridad. Dio órdenes a sus comandantes de división para que reclutaran, entrenaran y armaran a los ex miembros de la policía para que se unieran a nuestros esfuerzos por reestablecer la paz. La temprana atención de Wallace a la reconstitución de la policía y las fuerzas de seguridad fue crítica porque no sólo había que restaurar el orden, sino que había que vigilar y proteger en todo el país las centrales eléctricas y las fronteras. La estrategia de Wallace también tuvo en cuenta el largo plazo. Por ejemplo, rápidamente obtuvo la ayuda de la 16ª Brigada Aérea Británica para ayudar en los planes estratégicos. Luego asignó la tarea de la ejecución a nuestra Brigada 18 de policía militar (PM) y, para principios de junio, ya habían contratado y estaban capacitando a 5.600 iraquíes. Con la ayuda de los británicos y de la Brigada 18 de la policía militar íbamos a tener el show montado y listo en seis meses —al menos, ese era nuestro plan.

Más o menos por esta época, el embajador Bremer emitió otro edicto informando que la reconstrucción de la policía y las fuerzas de seguridad sería responsabilidad del Ministerio del Interior que acababa de establecer. Bernard B. Kerik, ex comandante de policía de la ciudad de Nueva York, había sido seleccionado por Washington para dirigir esta tarea. Cuando llegó Kerik al país, sin embargo, me pareció que quedó asombrado de ver que el nuevo Ministerio del Interior estaba compuesto por sólo una docena de personas. Por consiguiente, no tenía la capacidad de lograr una solución nacional.

El 3 de junio de 2003, la APC finalizó su plan para reconstruir la policía y las fuerzas de seguridad iraquíes, y Bremer envió al secretario Rumsfeld una copia de ese plan con una carta en la que hacía referencia a varios aspectos clave. Lo primero que me llamó la atención fue que el Embajador mencionaba que el enfoque de los derechos humanos de la policía de Saddam era inadecuado para la nueva fuerza de policía, ya que la antigua fuerza de policía había sido una institución casi militar. Además, Bremer dejaba muy en claro que este sería otro programa a largo plazo porque tendría que incluir entrenamiento "profesional" al nivel de las normas internacionales —y que la decisión de si sería una fuerza de policía nacional, regional o bifurcada le correspondería al futuro gobierno de Irak.

Nosotros, en las fuerzas armadas expresamos nuestro desacuerdo con el plan en general, principalmente porque iba a tomar demasiado tiempo y no había ninguna intención de establecer estructuras de comando en las etapas iniciales. Si embargo, Bremer no quiso dar marcha atrás y nos indicó muy claramente que pretendía mantener el control de toda la policía, los recursos, el entrenamiento, el reclutamiento y el equipo de la nueva fuerza policial y de las fuerzas de seguridad. Una vez más, esta no era una misión para el CJTF-7. Aceptamos de nuevo sus deseos, pero, por debajo del radar, proseguimos con nuestro propio plan. Ordenamos a los comandantes militares que siguieran reclutando ex policías iraquíes, que les dijeran que se reportaran a prestar servicio y que luego los seleccionaran. La 18ª Brigada de la policía militar y las divisiones siguieron trabajando con la policía iraquí mientras esperábamos el entrenamiento "profesional" prometido por Bremer. A propósito, cada uno de los miembros de la policía era ex miembro del Partido Baath.

Sin embargo, no ignoramos por completo al APC. Trabajamos estrechamente con Slocombe, Eaton y Kerik, y les brindamos todo el apoyo posible. Los tres comprendían que la única alternativa era trabajar con las fuerzas armadas porque no había nadie más disponible para ayudarlos a lograr sus respectivas misiones. Los planes para traer contratistas civiles jamás se materializaron. El embajador Bremer sabía lo que estaba ocurriendo y no le gustaba, peor no tenía otra alternativa. No obstante, cada cierto tiempo nos hacía saber que él estaba a cargo. En esos casos, yo recibía la descarga y servía de escudo a nuestros comandantes. Sin embargo, al mismo tiempo, constantemente bombardeábamos a Bremer y a la APC identificando áreas conflictivas y pidiéndoles que desarrollaran políticas para toda una serie de asuntos. Eso creó una significativa tensión, pero era nuestro deber tratar de resolver esos problemas; teóricamente, la APC era la agencia que se suponía que debía manejarlos.

El 31 de mayo de 2003, durante una de las reuniones, el embajador Bremer se refirió a varias preocupaciones del Ejército de los Estados Unidos en la región sur de Irak. Me pidió cuentas sobre el hecho de que el Ejército estuviera formando concejos que, en su opinión, eran "inequitativos, informales y, en algunos casos, estaban dirigidos por líderes ineptos que tenían que ser despedidos". Además, exigió que obtuviéramos "inteligencia sobre la que se pudiera actual" acerca de algunas de las milicias tribales del sur, sobre todo del Cuerpo Badr. Luego me dijo que quería que adoptáramos medidas militares y los elimináramos como una amenaza "para demostrarles que hablábamos en serio". Mi primera reacción fue limitarme a decir, "Sí, señor". Después, informé su solicitud a los tenientes generales McKiernan y Wallace.

No creo que McKiernan pudiera tomar en serio las instrucciones de Bremer porque quedaban pocas fuerzas norteamericanas en la parte sur de Irak para acometer semejante misión. Durante todo el mes de mayo, McKiernan había estado poniendo en práctica la orden de reducción de fuerza impartida por el general Franks y, para este momento, los elementos de la 3ª División de Infantería y de la 1ª División de la Marina estaban en Kuwait, y el resto de la fuerza que había permanecido en Irak se preparaba para partir. Wallace, que dejaría el V Cuerpo en dos semanas, intentaba reestablecer algún nivel de seguridad y estabilidad a todo lo largo y ancho de Irak. Por mi parte, tenía demasiado trabajo procurando mantener bajo control a Bagdad. Nadie en las fuerzas armadas estaba interesado en atacar al Cuerpo Badr que contaba con 10.000 hombres en el sur de Irak. El embajador Bremer soñaba.

Además, a fines de mayo, el Ejército retiró los programas de Stop-Loss y Stop-Move (detener pérdidas y detener movimientos) destinados a evitar que los soldados abandonaran sus unidades prácticamente por cualquier razón (para ir a escuelas de entrenamiento, para transferencias, por retiros, etc.). Estas limitaciones habían estado vigentes desde antes de la invasión, pero ahora el Ejército comenzó a impartir órdenes de desmovilizarse en masa, lo que creó un problema a todos los niveles de mando —desde el personal de las divisiones hasta las unidades individuales. En la 1ª División Blindada, por ejemplo, en el término de cuarenta y cinco días después de llegar a tierra en Kuwait, vería a cada general, cada comandante de brigada, cada oficial del estado mayor (con excepción del jefe del estado mayor), y el 70 por ciento de los comandantes de batallones abandonar el país. Esto significó que para el 15 de julio de 2003, el día que asumí el mando de las fuerzas de coalición en Irak, ya todas estas personas se habían marchado.

Tan pronto como escuché la noticia, fui de inmediato a hablar con mi jefe.

"General Wallace", le dije. "¡Esto es una absoluta locura!"

"Lo siento, Ric, pero la política es que vamos a redistribuir el Ejército entre los comandantes que quedan", respondió. "Vamos a tener que hacer cambios".

"Señor, considero que, cuando el V Cuerpo quede designado como el CJTF-7, el 15 de junio, no podremos cumplir lo que creo que deben ser nuestras misiones. El V Cuerpo no ha operado nunca a un nivel estratégico o político desde el sitio donde ocurre la acción. Vamos a tener que hacer una interfaz no sólo con el campo de operaciones sino con CENTCOM en Tampa y con líderes de más alto nivel en Washington y no tendremos a nadie en nuestro personal que lo haya hecho. El Documento de Personal Conjunto, tal como está redactado en la actualidad, no es adecuado. Demonios, ni siquiera está aprobado todavía y no hay nadie que se esté ocupando de contratar personal para nuestra organización. Además, estamos en proceso de desarmar los equipos de liderazgo de toda la fuerza militar justo en el momento en que procuramos estabilizar el país. Como resultado, nuestra efectividad bajará considerablemente mientras que los nuevos comandantes se adaptan a sus condiciones de trabajo y adquieren conciencia de su situación. Simplemente no se puede hacer".

"Tiene razón, Ric", respondió Wallace. "Hay que hacer algo al respecto".

Durante los días siguientes, trabajamos juntos para determinar las condiciones de transferencia de responsabilidades de la CCTFC al V Cuerpo/CJTF-7. Después, Wallace emitió un memorando dirigido al teniente general McKiernan que explicaba nuestras preocupaciones. "Las condiciones para el CJTF-7 no estarán dadas para el 15 de junio", indicó. "Nos preocupa el aspecto de reclutar personal, las capacidades de la organización y algunos aspectos críticos de cargos en los que hay que conseguir personas especialmente capacitadas, cargos que aún están vacantes y que no es probable que puedan llenarse sin la aprobación del departamento de personal conjunto. Nuestra mayor preocupación se concentra en los niveles de organización de C-2 (Inteligencia), C-3 (Operaciones) y C-5 (Estrategia, Política y Planes)".

McKiernan respondió prometiendo que dejaría suficiente personal para permitirnos operar. "Sin embargo, nos iremos el 14 de junio", dijo. "Se nos ha ordenado retirarnos". Llegaron unas diez personas antes del 15 de junio, pero en su mayoría eran oficiales jóvenes que hacía menos de treinta días habían salido del campo de batalla. Cuando volví y pregunté si el CCTFC podía prestarnos, temporalmente, su jefe de planeación para ayudarnos en el diseño de normas y estrategias, recibí una negativa.

El teniente general Wallace y yo nos comunicamos directamente con el Departamento del Ejército en Washington en un intento por estabilizar la permanencia de comandantes y otros miembros del personal clave, pero el Ejército se negó a alterar las reglas del tiempo de paz e indicó que los cambios de comando se producirían como estaban programados. No dispuesto a aceptar eso como respuesta final, analicé el asunto a fondo con el general Peter J. Schoomaker (Jefe del Estado Mayor del Ejército) durante su primera visita a Irak.

"Señor, el Ejército ha cometido un error enorme al obligarnos a cambiar a los comandantes mientras nos encontramos en una fase crítica de transición intentando mantener la seguridad en el país", dije. "Esto nos ha creado verdaderos problemas. Ha desorganizado por completo nuestras operaciones y ha retardado el proceso de lograr la estabilidad en el país. No podemos seguir así en el futuro".

"Muy bien, Ric. Entiendo lo que dice", respondió Schoomaker. "Fue una equivocación de nuestra parte".

Tan pronto como el Jefe del Estado Mayor regresó a Washington, el Ejército cambió su política con respecto a los despliegues futuros —los comandantes permanecerían en sus cargos para poder entrenar, movilizar y comandar sus unidades de combate.

Para esta época, también había centrado mi atención en el creciente problema de los detenidos en Irak. Su número iba en aumento a medida que seguíamos desmantelando puntos de resistencia y a medida que controlábamos la violencia y el saqueo. En primer lugar, hablé con la persona que estaría a cargo de la policía militar cuando yo tomara el mando. A fines de mayo, el brigadier general Paul Hill, comandante de la Brigada 800ª de la Policía Militar y su reemplazo, la brigadier general Janis Karpinski, vinieron a mi cuartel general para una primera visita en mi oficina. Los tres sabíamos que la Brigada 800ª permanecería en la organización del CCTFC y seguiría reportando al teniente general McKiernan. Él estaría a cargo de la administración, el entrenamiento, la disciplina y la logística. Como el principal comandante en jefe en Irak, yo tendría la autoridad sobre la policía militar en cuanto a sus misiones y al establecimiento de prioridades y movimientos.

Después de intercambiar algunos comentarios informales, analizamos la situación militar en Irak y las capacidades y necesidades de la Brigada 800ª.

"Bien, díganme", les pregunté. "¿Quién será el miembro de la policía militar a cargo en este país y quién será responsable de las operaciones de detención?"

Respondió la Brigadier General Karpinski, quien levantando la mano dijo:

"Seré yo".

"Bien", respondí. "¿Dónde está usted ubicada?"

"Señor, nuestro cuartel general está en Kuwait".

"Pero todas sus unidades están aquí".

"Sí, señor, pero se nos ha dicho que vamos a cerrar todas nuestras operaciones y vamos a volver a los Estados Unidos".

"Si usted va a estar a cargo de las operaciones de detención y va a ser mi principal asesora en la policía militar, me gustaría que trasladara su cuartel general a Bagdad. Cuando reciba sus órdenes de retirada, podrá irse de aquí".

Tres semanas después, la Brigadier General Karpinski trasladó el cuartel general de la Brigada 800ª de la Policía Militar a Bagdad.

El 10 de junio de 2003, en una ceremonia formal de cambio de mando, entregué la responsabilidad de la 1ª División Blindada a Doug Robinson. Dos días después, recibí mi estrella y fui ascendido al rango de Teniente General del Ejército de los Estados Unidos. El 14 de junio, en la rotonda del Palacio Republicano en Bagdad, asumí el mando del V Cuerpo, reemplazando a Scott Wallace. Estaban presentes John Abizaid, David McKiernan y Paul Bremer. Al día siguiente, el 15 de junio de 2003, el V Cuerpo fue designado como Sección Conjunta —7 (CJTF-7). Yo era ahora el principal comandante en jefe en Irak, responsable de cumplir la triple misión del CJTF-7:

1. Continuar las operaciones de ofensiva. Eliminar cualesquiera fuerzas enemigas que estuvieran aún en el país, incluyendo grupos enemigos residuales del régimen anterior, terroristas, insurgentes o grupos similares. Defender a la nación de todas las amenazas externas.
2. Brindar apoyo directo a la Coalición de Autoridad Provisional (APC).
3. Ayudar en las acciones de asistencia humanitaria de reconstrucción de Irak.

Habíamos podido poner algunas cosas en marcha en Bagdad, pero en términos generales, todo estaba aún inactivo en el país. Había algunas estaciones de policía abiertas, pero ninguna era efectiva. La distribución de combustible y electricidad era esporádica, a lo sumo. Todavía no se contaba con un sistema de racionamiento de alimentos. Los sistemas políticos y económicos del país tenían graves problemas. Los bancos no estaban abiertos. No había actividad comercial ninguna. El sistema judicial había desaparecido. No se habían establecido aún concejos de gobierno nacionales y los concejos locales eran pocos y muy dispersos. La misión que teníamos ante nosotros era abrumadora.

La Autoridad Provisional de la Coalición tenía una gran escasez de personal y no contaba con la capacidad para dirigir, manejar o sostener a Bagdad, menos aun todo el país —era evidente que nada se podía lograr a tiempo. Además, la organización estaba casi totalmente enfocada en Bagdad, hasta el punto en que no entendía la dinámica del resto del país. La relación entre la APC y las fuerzas militares era todavía incierta e indefinida, aunque se nos había ordenado hacer una transición, gran parte del trabajo del V Cuerpo había comenzado antes de la llegada del embajador Bremer a Irak. Su orden de desbaathificación había enfurecido a cientos de miles de personas que ya estaban muy disgustadas por la ocupación de su país. Apenas comenzábamos a ver las primeras señales de un movimiento de insurgencia, probablemente de parte de miembros del antiguo régimen de Saddam Hussein. La desbaathificación, concebida en los corredores del Pentágono y de la Casa Blanca por ideólogos neoconservadores, marcó el comienzo de un desmantelamiento incremental del plan estratégico original de los Estados Unidos para Irak. Esa orden garantizó que los Estados Unidos se quedarían en Irak por un número de años incierto.

El 13 de junio de 2003, se produjeron dos de los más sangrientos ataques enemigos desde la caída de Bagdad. Al día siguiente interrogamos a varios cientos de prisioneros capturados en los combates. El hecho innegable era que la guerra continuaba. Mientras los altos mandos del Departamento de Defensa restaban importancia a los ataques como "nada de qué preocuparse", o calificaban al enemigo de "sólo un puñado de rezagados", nosotros identificábamos objetivos y realizábamos operaciones de ofensiva en gran parte del país. Nuestras fuerzas se desplazaban hacia el occidente y hacia el norte. Realmente no teníamos la menor idea de lo que había en las áreas no despejadas y temíamos que pudiera haber elementos enemigos organizados en esos sitios. Después de todo, Saddam Hussein y sus hombres estaban todavía fugitivos.

Entre tanto, las tropas norteamericanas abandonaban rápidamente el país. La orden de reducción de tropas impartida por el general Franks en abril disponía una disminución de 175.000 a 30.000 hombres para septiembre, así que la combinación de crecientes enfrentamientos y la rápida reducción del número de soldados dio lugar a muchas de bajas en nuestras fuerzas armadas. Sin embargo, pocos en Washington parecían preocuparse.

Cuando el V Cuerpo fue designado CJTF-7, todos los comandos de cuarteles generales por encima de nosotros cerraron. Tanto CENTCOM como CCTFC se fueron, y con ellos, todas los servicios que brindaban. Las brechas que quedaron eran aterradoras. En el área de inteligencia nos faltaba capacidad operacional o estratégica, la capacidad de realizar interrogatorios, el personal que se encargara de analizar la inteligencia y tampoco contábamos con una infraestructura de comunicaciones. En términos generales, el CJTF-7 se había quedado sin recursos y sin el personal necesario para cumplir nuestras misiones. Se habían olvidado las lecciones del pelotón Smith en Corea. Además, la situación me recordaba también la lamentable experiencia con las Naciones Unidas en Kosovo. Sólo que esta vez, era el Ejército de los Estados Unidos el que estaba a cargo —y era algo que nosotros mismos habíamos causado.

El 15 de junio de 2003, me convertí en el general de tres estrellas más joven del Ejército de los Estados Unidos —cargo que ocupé sólo por tres días, de hecho. Me ascendieron otros dos niveles de autoridad para asumir el mando de la situación en Irak. La carga que tenía que soportar era inimaginable.

TERCERA PARTE

COMANDO EN IRAK

★ ★ ★

CAPÍTULO **12**

La lucha por la estabilización

"Muy bien, ¿cuál es la situación?", preguntó el secretario Rumsfeld.

"Señor, tenemos un convoy de tres vehículos que se aproxima rápidamente a la frontera con Siria", respondí. "Nuestras fuentes de inteligencia nos informan que hay objetivos de alto valor presentes. Estoy ahora en el teléfono satelital comunicado con nuestro comandante táctico en el sitio. Si vamos a atacarlos, debemos expedir la orden ahora mismo".

"¿Quiénes son los blancos de alto valor?"

"Señor, no tenemos nombres, pero la información es que son miembros del antiguo régimen".

"¿Hay personas inocentes en el convoy?", preguntó el general Tommy Franks.

"No lo sabemos en el momento, señor".

"¿Qué posibilidad hay de causar daño colateral?"

"Están en medio del desierto, señor. El daño se limitará al convoy".

"¿Qué hora es allá?", preguntó Rumsfeld.

"Señor, son como las 2:00 A.M.".

"¿Está seguro de que están huyendo?", preguntó el general Pete Pace (Vicepresidente del Estado Mayor Conjunto).

"Señor, tenemos un convoy que se desplaza a alta velocidad en dirección a Siria. Nuestra inteligencia nos informa que tenemos objetivos de alto valor y que intentan escapar".

"De manera que van en línea recta hacia la frontera a mitad de la noche, ¿no es así?", preguntó Rumsfeld.

"Sí, señor, eso es correcto".

"Bien, ¿qué están haciendo en este momento?".

"Señor, los estamos rastreando y estamos listos", respondí.

"¿Es esa su recomendación?", preguntó Franks.

"Sí, señor, lo es".

Tan pronto como me despertaron, aproximadamente una hora antes, había ido directo al centro de comando para informarme de la situación. El comandante que se encontraba en el lugar había recomendado que atacáramos el convoy y yo estuve de acuerdo. Sin embargo, según las reglas del uso de la fuerza en Irak, esta decisión sobrepasaba mi autoridad. Por lo tanto, tenía que iniciar una conferencia telefónica con Franks. Él, a su vez, se comunicó con Rumsfeld, porque el secretario tenía la autoridad final para eliminar objetivos de alto valor. Aunque la secuencia de autoridad era normal, la interrogación específica sobre lo que estaba ocurriendo en tierra no lo era —sólo era un ejemplo del estilo microadministrativo del secretario Rumsfeld.

El mayor general Walt Wojdakowski, Comandante Encargado de la Sección Conjunta 7 (CJTF-7), quien estaba monitoreando la situación táctica en tierra, y el brigadier general Bob Williams (Director de Operaciones C-3), que se encontraba hablando por otra línea con el director encargado de la CIA, John McLaughlin, estaban sentados cerca de mí en el centro de comando. Yo tenía en una mano un teléfono satelital blanco por el que me comunicaba con Franks, Pace y Rumsfeld en una la misma línea. En la otra mano, tenía un equipo convencional de radio satelital por el que estaba comunicándome con el comandante de operaciones tácticas especiales que se encontraba sobrevolando el sitio en un C-130.

"General Sánchez, el convoy se está acercando a la frontera", dijo el comandante táctico.

"Permanezca en espera", le respondí.

"Secretario Rumsfeld", dije por el teléfono blanco, "el convoy se encuentra muy cerca de la frontera y, si vamos a actuar, tenemos que hacerlo ya".

"Muy bien, adelante. Está autorizado para actuar".

"Muy bien, señor. Tengo que dejar esta línea por ahora y transmitir las órdenes. ¿Puede, por favor, esperar?"

"Sí, pero comuníquese de nuevo tan pronto como pueda".

Dejé el teléfono blanco y le di instrucciones al comandante de atacar el convoy. Mientras me confirmaban que el ataque estaba en proceso, me comuniqué de nuevo con Rumsfeld, Franks y Pace.

"¿Qué pasó?", preguntó Rumsfeld.

"Señor, no sé qué pasó", respondí. "Di la orden y el ataque se está ejecutando".

"Bien, debemos saber si los eliminamos. Quiero saber a quién matamos".

"Muy bien, señor, nos ocuparemos de eso".

"Bien", respondió Rumsfeld. "Vuélvase a comunicar tan pronto como pueda".

Para cumplir los deseos del Secretario, enviamos una unidad especial a asegurar el sitio y custodiar el área con fuerzas de policía. Cargamos los restos del convoy en camiones y los trajimos de vuelta a la Base Victoria, para intentar obtener material de ADN para reconocimiento. Al final, no pudimos establecer ningona relación de ADN con ninguno de los nombres que aparecían en el "mazo de naipes" (los jefes del círculo de poder de Saddam Hussein).

El incidente de la frontera con Siria tuvo lugar durante mi primer semana como comandante en Irak. Afortunadamente, ya conocía a todos los comandantes de división que me reportaban a mí. El mayor general David Petraeus, que comandaba la 101ª División Aerotransportada, estaba en la región norte de Irak, en un sector relativamente estable en comparación con el centro del país. El brigadier general Doug Robinson, actuando como comandante de la 1ª División Blindada en Bagdad, fue reemplazado al poco tiempo por el mayor general Marty Dempsey. Doug y Marty estaban en el entorno más complejo de todos, encargados no sólo de una ciudad de seis millones de habitantes, sino interactuando estrechamente con la APC. El mayor general Ray Odierno comandaba la 4ª División de Infantería en la región central norte del país. Dado que esta área incluía la provincia de Diyala, probablemente Ray tenía el lugar más difícil de todo el país. El mayor general Buford Blount, comandante de la 3ª División de Infantería, se encontraba en plena reestructuración y esperaba la orden de retirada. El coronel David Teeples comandaba el 3er Regimiento de Caballería Blindado, asignado a al-Anbar. El teniente general Jim Conway y la mayor general Keith Stadler estaban a cargo de la 1ª Fuerza Expedicionaria de los Marines en el sur de Irak, cerca de Najaf. También en el sur estaba la 1ª División del Reino Unido, ubicada en Basra. Pronto comenzarían una importante expansión de su sector a medida que llegaran las fuerzas de la coalición al país.

Para cumplir la solicitud del embajador Bremer de coubicar los cuarteles generales en donde él estaba, en la APC, repartimos el personal del CJTF-7/V Cuerpo y operamos con un doble enfoque. Mientras seguíamos trabando a nivel estratégico con Rumsfeld, Bremer, Abizaid y el cuartel general de los altos mandos, delegué la responsabilidad del manejo diario de los aspectos tácticos en mi general comandante encargado, el brillante Walt Wojdakowski —sin dejar de mantenerme actualizado e involucrado en todas las principales decisiones tácticas.

El enfoque principal del CJTF-7 era continuar nuestras operaciones para evitar hostilidades por parte del antiguo régimen de Saddam Hussein. La semana anterior a mi toma de posesión del cargo de comandante, el V Cuerpo lanzó el Ataque Operación Península, con una serie de redadas, utilizando helicópteros, embarcaciones pequeñas y vehículos blindados para bloquear carreteras. Aproximadamente 1.000 de nuestros soldados de la 4ª Infantería y una fuerza especial designada con el nombre de Caballo de Hierro, descendieron sobre una península a lo largo del río Tigris en el área cercana a Tikrit. Este último refugio de los seguidores del régimen de Saddam y de los miembros de la Guardia Republicana guardaba una considerable cantidad de armas y municiones en caletas, además de unos 400 sospechosos que fueron interrogados por las fuerzas de inteligencia. Dos de los detenidos resultaron ser ex generales iraquíes, pero la mayoría quedó en libertad a los pocos días.

Entre el 15 y el 19 de junio lanzamos la mayor ofensiva militar desde el final oficial de la guerra (el 1 de mayo). La Operación Escorpión del Desierto, realizada por tropas de la 3ª División de Infantería, la 4ª División de Infantería, la 101ª División Aerotransportada, la 1ª División Blindada y la 2ª y 3ª Divisiones de Caballería, consistió en una serie de ataques por toda la región central de Irak, principalmente en los bastiones de los musulmanes suní del Partido Baath y en áreas específicas de Bagdad. Identificamos muchos seguidores del Partido Baath, organizaciones terroristas y elementos criminales, con el propósito de ahuyentarlos, lo que terminó con la captura, detención e interrogación de docenas de personas. La Operación Escorpión del Desierto también le encargó a las divisiones el trabajo de reparar las estructuras dañadas en todo el país —incluyendo puentes, centrales eléctricas y pozos petroleros.

Durante las operaciones de ofensiva, nunca dejé de tener en cuenta que nuestros soldados estaban involucrados en una batalla muy poco convencional. Nos enfrentábamos a una gran variedad de enemigos que incluía elementos del régimen derrocado, extremistas, criminales y combatientes extranjeros. Éramos blanco de constantes rondas de mortero o fuego de cohetes que provenía prácticamente de cualquier sitio del país al norte de una línea a cuarenta kilómetros al sur de Bagdad. Esto incluía la Zona Verde, la Base Victoria y el Aeropuerto Internacional de Bagdad, Fallujah, Ramadi, Samara, Ciudad Sadr, Mosul, Diyala, al-Anbar y otras áreas. Se podía nombrar cualquier ciudad del área y probablemente estaríamos encontrando fuego enemigo proveniente de allí. Todos los soldados, marineros, pilotos y marines, en cualquier lugar donde estuvieran, estaban en riesgo de encontrarse en medio del fuego enemigo. Por lo tanto, casi a diario, los soldados y los comandantes tenían que mantener un difícil equilibrio entre ser inclementes en el combate y benevolentes en la victoria. Eso requería una enorme disciplina, un claro enfoque y un excelente liderazgo. Nunca antes en la historia de la guerra hubo una situación que dependiera más del liderazgo de pequeñas unidades a lo largo y ancho de un amplio escenario de combate. Fue una batalla constante en un escenario similar al de la Batalla del Bulge.

En este entorno tan difícil, las tasas de bajas comenzaron a aumentar. Los ataques con mortero, las granadas lanzadas con cohetes de propulsión y los francotiradores comenzaron a hacer estragos. Nuestros hombres morían o quedaban heridos día tras día, y comencé a sentir que podríamos reducir el número de bajas si mejorábamos nuestra inteligencia, supliendo las enormes deficiencias en el número de mi personal y poniendo fin a la masiva reducción de las tropas.

A medida que fueron surgiendo nuevas misiones, mi personal desarrolló amplios conceptos para propuestas de operaciones militares y produjo estimativos del número de hombres requerido. Con el tiempo, algunas de estas misiones que emprendimos incluyeron protección más amplia, disposición de las municiones del enemigo, eliminación de los grupos terroristas en el norte y el aseguramiento de la infraestructura eléctrica y de los pozos petróleo. Normalmente, no se asignaba oficialmente una misión a una tropa determinada hasta que no hubiera un acuerdo entre el comandante de combate y el Pentágono. Sin embargo, con frecuencia, el Pentágono respondía pidiéndonos que nos encargáramos de realizar esas misiones sin suministrarnos las fuerzas requeridas. Se me indicó que debía obtener dichas fuerzas "de nuestros propios recursos" (lo que significaba reemplazar o reasignar nuestras fuerzas actuales).

"Si las tomo de nuestros propios recursos, voy a estar corriendo riesgo en algún otro lugar", respondía. "¿Están dispuestos a aceptar ese riesgo?"

"Bien, no, no lo estamos".

Desde mis primeros días como general, siempre había habido

una regla tácita en el sentido de que el alto comando conjunto nunca dejaría a un comandante de batalla en una posición donde tuviera que decir "No, no puedo realizar esa misión con las fuerzas que me han sido asignadas". Sin embargo, al tener lugar esta conversación y no asignar la misión, el Pentágono evitaba realizar un llamado para pedir fuerzas adicionales a las que ya se encontraban en tierra.

De hecho, se me dijo, "Haga lo mejor que pueda con los recursos disponibles". Así es que eso fue exactamente lo que hice. Por ejemplo, para proteger las fronteras, hicimos patrullajes periódicos porque no teníamos el personal para asegurar todas las fronteras durante todo el tiempo. En término generales, teníamos que depender de nuestra inteligencia, para poder saber a ciencia cierta cuáles eran las áreas de crisis, y así establecer prioridades y desplazar nuestras fuerzas de un lado para otro del país, según las circunstancias. Y siempre fue así durante el tiempo que estuve en Irak. Nunca tuve una fuerza operacional de reserva en el país.

Entre tanto, seguía solicitando personal. Le pedí al Estado Mayor Conjunto más personas expertas en inteligencia, operaciones, estrategia, política, planeación, detención y aspectos legales.

"Necesitamos abogados que nos ayuden en todas las divisiones a resolver los retos de detención e interrogación", les dije.

"No, no podemos enviarle abogados", respondían. Y nunca lo hicieron.

Cuando al fin los altos mandos del Estado Mayor Conjunto decidían suplir nuestros requerimientos, nos interrogaban de forma interminable acerca de nuestras necesidades y su justificación.

"¿Por qué piden todo este personal? No creemos que lo necesiten".

"Un momento", respondía yo. "No tienen la menor idea de lo que necesito yo en este país".

"Bien, no tenemos ese personal. Tiene que solicitarlo con tres meses de anticipación".

"Pero lo necesito ahora".

"Entonces, haga su solicitud a través del comando de McKiernan. Sus requisitos tienen que tener la certificación del CCTFC".

"Pero yo no trabajo para McKiernan".

La burocracia dentro del Ejército lo ponía todo en duda, demoraba los procesos y, en último término, negaban la ayuda que solicitábamos. Por si fuera poco, no había un mecanismo en el Departamento de Defensa que obligara a las diferentes ramas del Ejército a cumplir las órdenes emitidas por los jefes del Estado Mayor Conjunto. Simplemente no lo podía creer. Todo el mundo sabía que las órdenes eran ignoradas, y nadie tomaba la situación lo suficientemente en serio como para resolverla. Los servicios del Ejército seguían en su danza burocrática aunque todavía estuviéramos en guerra. Entre tanto, los soldados combatían y morían en Irak.

Exactamente un mes después de que asumí el mando, el 14 de julio de 2003, envié un memorando a CENTCOM documentando el estado de mis solicitudes. "El porcentaje de personal total en el CJTF-7 es del 37 por ciento", les escribí. "[Y] sólo uno de treinta requisitos críticos se ha cumplido".

La obtención del personal necesario para las secciones conjuntas y el cuartel general conjunto siempre fue un problema desde que llegué al Ejército. Los servicios militares procuraban eludir el problema, en parte porque se sentían obligados a tomar personas de su propio personal y reubicarlas. ¿Cuál era la razón? Todo se originaba en la falta de preparación para un movilización a largo plazo, como la que enfrentábamos en Irak. Las tropas simplemente no eran suficientes para el extenso territorio que había que cubrir y, las únicas personas con autoridad para resolver el problema eran el Secretario de Defensa y los generales de cuatro estrellas. Sin embargo, casi todos parecían estar convencidos de que la guerra había terminado, por lo que dejaban que el proceso se desarrollara por inercia.

Desafortunadamente, no me podía dar el lujo de permitir que la situación de mi personal siguiera como estaba. Sencillamente tenía demasiada gente joven sin la experiencia necesaria para hacer lo que había que hacer. Por lo tanto, discutí esta situación con todos los altos mandos que visitaban a Irak. Presioné en todas las formas imaginables para que Washington hiciera algo al respecto.

Es interesante ver que también el embajador Bremer tenía mucha gente joven trabajando con él en la APC. También él tuvo problemas para conseguir personal más experimentado. El Departamento de Estado le había enviado muchos jóvenes profesionales. Muchachos recién graduados, de veinticuatro a veintiséis años, dispuestos a servir a su país buscando algo de emoción en el proceso, pero que sencillamente carecían del conocimiento necesario en cuanto a las operaciones de la coalición, la reconstrucción del país o la administración de planes y ejecución de los mismos como para manejar los asuntos de los que se debía ocupar la APC.

Por otra parte, Bremer tenía personas un poco más expertas que habían tenido gran éxito en sus respectivos campos en sus lugares de origen. Banqueros, educadores, abogados y varios académicos que conocían de teorías y prácticas, pero que nunca habían operado a la escala que lo exigía Irak. Por ejemplo, cuando la APC restauró la Corte Penal Central, el 18 de junio de 2003, Bremer nombró al juez Donald F. Campbell como director de la reconstrucción de todo el sistema judicial en Irak. Sin embargo, Campbell no tenía prácticamente personal y los únicos a los que podía recurrir en busca de ayuda eran los miembros de las fuerzas armadas. El APC tenía una enorme escasez de personal para ejecutar cualquier clase de proyecto masivo. Sin embargo, Bremer y el Concejo de Seguridad Nacional tenían grandes metas para Irak. Pensaban establecer una democracia, redactar una constitución, hacer elecciones y establecer un gobierno democratico para manejar el país —todo dentro de un plazo de dos años.

El interés del embajador Bremer por lograr todo esto lo llevó a poner en tela de juicio la orden del general Franks de reducir el número de tropas. El 18 de junio de 2003, durante una videoconferencia con el presidente Bush, Bremer sostuvo que pensaba que las tropas estaban siendo retiradas demasiado aprisa. El general Abizaid salió disgustado de esa videoconferencia por el hecho de que el tema se hubiera planteado ante el Presidente antes de haber sido analizado por la cadena de comando. "Debía haber hablado primero con Rumsfeld", decía Abizaid. "Además, los norteamericanos aquí somos como un anticuerpo. Entre menos soldados tengamos, mejor estaremos". Este incidente marcó el comienzo de una interminable discusión entre el embajador Bremer y las fuerzas armadas en cuanto a la cantidad de hombres necesarios en Irak. En realidad nunca aceptó lo que Abizaid y yo intentábamos decirle; que la verdadera respuesta para resolver los problemas en Irak era una estrategia improvisada, consolidada, junto con una rápida reacción de las fuerzas de seguridad iraquíes.

Poco después de la videoconferencia de Bremer con el Presidente y no mucho tiempo después de que el juez Campbell sugiriera que necesitaba la ayuda de las fuerzas armadas para lograr su misión, me reuní con mi personal y acordamos que haríamos todo lo posible por contribuir al éxito de Bremer y la APC. Era evidente para todos que, a largo plazo, no importaba lo que hiciéramos desde el punto de vista del Ejército. Si la APC no tenía éxito, nunca podríamos salir de ese país. Por lo tanto, fuimos y reunimos a los reservistas para encontrar personas con experiencia que pudieran ser de utilidad. Luego las enviamos al APC a reforzar los equipos de personal de sus altos asesores. Con el tiempo, seguimos enviando personas en mayor o en menor número, pero en un determinado momento teníamos aproximadamente 300 hombres y mujeres asignados a la organización de Bremer —personas que, en su mayoría, no habían venido al país con ese fin. Los sacamos de nuestras propias filas a pesar de nuestro escaso nivel de personal.

EL 10 DE JUNIO de 2003, el general Tommy Franks volvió a Irak para su visita de despedida. Ya se había anunciado que se retiraría el 8 de julio, y, en su mente, ya había ganado la guerra. Cuando Franks hizo su visita de cortesía a la Zona Verde, mi personal y yo le dimos un breve informe global de la situación del país. Pero él estaba más interesado en hablar del incidente de la frontera con Siria que había tenido lugar poco tiempo antes. Cuando Franks comenzó a hablar, tuve la clara impresión de que el sentía que tenía un nuevo general de tres estrellas en la habitación que necesitaba pontificar, hasta cierto punto.

"Ya saben, la operacion en Siria salió bien, pero ¿a quién matamos a fin de cuentas?", dijo. "Y, a propósito, no necesito análisis operacionales en una situación con esa. Lo que necesito de ustedes es perspectiva. Deben decirme lo que piensan".

"Sí, señor", respondí. "Entiendo".

"Bien, está bien, Ric", dijo. "Estoy satisfecho con todo lo que pasó. Ustedes están actuando a punta de lanza. A veces no pueden esperar. Eso fue evidente en este caso. Deben tomar decisiones basándose en la información que tengan y correr el riesgo".

Antes de que se fuera el general Franks, nos habló un poco acerca de su perspectiva sobre lo que restaba de la misión en Irak.

"Vamos a estar aquí por otros treinta a sesenta días y tenemos que ayudar a estabilizar la situación. Estamos cocinando algo con una receta desconocida. Habrá algo de experimentación y debemos estar preparados para salir airosos".

"¿Cocinando algo, señor?", preguntó alguien.

"Sí, así es. Cuando lleguen aquí las fuerzas internacionales, serán más numerosas que nosotros, en una proporción de aproximadamente tres a uno. Al menos eso es lo que pretendemos. Deben estar conscientes de que Irán tiene un plan estratégico para derrotarnos".

Después de eso, el general Franks puso fin a la reunión y salió a hacer una visita de reconocimiento.

Más tarde, ese mismo día, CNN transmitió a todo el mundo imágenes del general Franks caminando hacia el Palacio Republicano en su uniforme de combate, fumando un enorme tabaco. Muchos pensaron que estaba celebrando con un "tabaco de la victoria". Sin embargo, no creo que ese fuera el caso, porque Franks casi siempre tenía un tabaco en la mano. Sin embargo, me preocupé un poco cuando los reporteros me dijeron que había estado diciendo a las tropas que todos estarían en casa para septiembre.

Unos días después de que Franks se fuera del país, su reemplazo, mi viejo amigo el general John Abizaid, vino a visitarme. Mantuvimos varias conversaciones sobre la situación que estábamos viviendo y analizamos todas nuestras deficiencias. Lo primero que mencionamos en las conversaciones tuvo que ver con el personal de nuestros cuarteles generales y mi frustración en mis conversaciones con Washington.

"Señor, simplemente no tenemos tropas con la experiencia ni la capacitación adecuada para llevar a cabo nuestras misiones. Si no hubieran retirado el comando de McKiernan, para enviarlo a Georgia, no estaríamos en esta situación".

"Estoy de acuerdo"; dijo Abizaid. "¿Qué recomienda que hagamos?"

"Bien, señor, debemos reestablecer un cuarteles general de cuatro estrellas, enfocado en operaciones de guerra estratégicas".

"Muy bien, Ric", respondió Abizaid. "Eso tiene que ser aprobado por el Secretario de Defensa. Entretanto, déjeme ver qué puedo hacer para buscarle ayuda de la fuerza aérea y de los marines".

Después, Abizaid y yo hablamos de cómo nos había servido la experiencia de Kosovo como ejercicio de entrenamiento para Irak. Ahora estábamos pasando por casi todas las mismas situaciones que habíamos enfrentado allí. Las operaciones al interior de la ciudad, los asuntos de comunicación estratégica, los retos de inteligencia, las exigencias políticas, el intercambio de prioridades, la asignación insuficiente de tropas desde Washington y los problemas con la constitución de fuerzas de seguridad —los habíamos tenido todos en Kosovo, sólo que en menor escala.

"Ya sabe, Bremer estaba en lo cierto cuando dijo que el Ejército ya se había desbandado cuando él impartió su orden", le dije a Abizaid. "Ahora el problema consiste en que se niega rotundamente a que lo reconstruyamos".

"Sí, le va a tomar una eternidad al paso que él pretende hacerlo. Habla de tener apenas 45.000 iraquíes en uniforme de aquí a cinco años. Eso está muy mal. Necesitamos más efectivos que patrullen con nosotros ahora. Tal vez deberíamos hacer lo que hicimos en Kosovo".

"¿Quiere decir algo así como el Cuerpo para la Protección de Kosovo?", le pregunté.

"Sí, ¿por qué no?", respondió Abizaid. "¿Qué podemos perder? Si le damos un nombre diferente a Ejército Iraquí o Policía Iraquí, es posible que Bremer nos ayude a conformarlo".

"Bien, ¿cómo llamaríamos a ese grupo de hombres?"

"No sé. ¿Qué opinaría de algo como Cuerpo de Defensa Civil Iraquí?"

"¿CDCI?", respondí. "Suena bien".

"Claro está que Bremer rechazará la idea. Ya está diametralmente opuesto a nuestro plan de reconstituir las fuerzas armadas iraquíes. Pero tenemos que tener liderazgo iraquí para poder reconstruir el Ministerio de Defensa y todo lo demás. La iraquización es necesaria".

Por último, el general Abizaid y yo hablamos de la situación en términos de tropas y, específicamente, de la reducción del número de soldados producto de la orden expedida por Franks. Después de darle una revisión completa a la situación, le señalé que simplemente no había forma de llevar a cabo nuestras misiones, dado el hecho de que las tropas se estaban yendo.

"Si permitimos que la reducción del número de tropas continúe", le advertí, "no podremos combatir en esta guerra y estaríamos esencialmente entregando de nuevo el país a los baathistas".

"Bien, usted es el comandante de las tropas terrestres, Ric", dijo Abizaid. "¿Qué recomienda?"

"Señor, no quisiera decirlo, pero no podemos permitir que esos soldados vuelvan a casa".

"Cielos, eso va a producir algunos problemas graves de liderazgo".

"Sí, señor, ya lo sé. Pero, ¿qué alternativa nos queda? Todavía estamos combatiendo y el país está muy lejos de ser un lugar seguro y estable".

"Bien, Ric, no puedo hacer nada antes de estar al mando".

"Entiendo, señor. Pero quisiera que la retirada de las tropas no fuera tan inminente, quisiera poder disminuir su ritmo, para que no todos se vayan a la misma vez".

"Está bien", dijo Abizaid. "Sólo que no lo haga de modo que llegue a oídos de Franks, le daría un ataque. Y sería mejor si empezara a advertir a las tropas que deben estar preparadas para quedarse, en caso de que se lo pidamos".

"Sí, señor. Además, empezaré a desarrollar un plan para el Cuerpo de Defensa Civil Iraquí. Creo que tiene buenas posibilidades de funcionar".

"Ric, sólo tiene que aguantar otras dos o tres semanas", dijo Abizaid. "Después, podría ser que las cosas cambien".

Si algo había aprendido durante todos estos años era que podía confiar en John Abizaid. Si decía que haría algo, lo hacía. Por lo tanto, comencé a programar de inmediato una reversión del retiro de tropas decretado por Franks.

Aunque la mayoría de los altos mandos de las fuerzas armadas continuaba abrigando la ilusión de que la guerra había terminado, unos pocos como John Abizaid, entendían lo que realmente estaba sucediendo y se mostraron dispuestos a ayudarme. Había otros tres generales, en especial, que también se habían apresurado a salir al rescate. El general B. B. Bell se dio cuenta de que teníamos nuestra estructura de cuarteles generales en mal estado, y se ofreció como voluntario para enviar a su principal oficial de operaciones a Irak. Cuando el Comandante del Cuerpo de los Marines, el general Michael W. Hagee, vino a Irak, aceptó de inmediato enviarme al mayor general John Gallinetti, para que fuera el Jefe del Estado Mayor del CJTF-7. Y, tal vez, aun más significativa, fue la visita del encargado del Estado Mayor del Ejército, el general Jack Keane, que vino a Irak durante el fin de semana del 4 de Julio a visitar a nuestros soldados y a ver qué podía hacer para ayudar.

En varias prolongadas conversaciones privadas, el general Keane sondeó nuestras necesidades.

"Ric, ¿cuál es su mayor problema?", preguntó.

"Señor, no tengo en mi personal a las personas que necesito", le respondí. "Este cuerpo no está en capacidad de cumplir su misión. Tenemos jóvenes coroneles que no tienen la menor idea de cómo operar a este nivel. Son excelentes oficiales, pero sólo han combatido a nivel táctico. Literalmente no hay nadie en este cuartel general, a excepción de mí, que tenga experiencia en operaciones conjuntas o que haya servido a nivel estratégico".

"¿Cuáles son sus necesidades más urgentes?", preguntó Keane.

"Señor, necesito urgentemente un oficial de operaciones, un oficial de inteligencia y un experto en logística. El general Abizaid ya está trabajando para obtener un funcionario experto en estrategia, otro en política y otro en planificación. Debo llenar al menos esos tres cargos si quiero tener la posibilidad de tener éxito. Tiene que ayudarme, señor".

"Demonios, Ric, ¿por qué enviaron CENTCOM y el CCTFC a su equipo ideal de regreso a casa?", preguntó. "¿Alguien le explicó alguna vez por qué?"

"No, señor. Creo que pensaron que la guerra había terminado".

"Bien, le diría que lo colocaron en una posición condenada al fracaso. Ahora, no quiero que actúe con timidez al pedir recursos. Me voy a asegurar de que el personal del Ejército tenga como principal prioridad el refuerzo del CJTF-7. Esta fase de las operaciones es un reto mayor que la guerra misma. Tendré algunos nombres para usted el lunes o el martes".

Y Keane cumplió su palabra. Uno o dos días después de su regreso a Washington, recibí los nombres de cuatro generales para llenar algunas de las vacantes en mi personal. La primera en la lista era la mayor general Barbara Fast, quien se convertiría en nuestro jefe de inteligencia.

En ese entonces, había más de 1.400 analistas de inteligencia en la CIA y el Pentágono que formaban parte del Grupo de Vigilancia de Irak de David Kay, aunque ninguno de ellos tenía la misión de apoyar a CJTF-7. Estaban concentrados exclusivamente en ubicar las armas de destrucción masiva de Saddam Hussein. Las fuerzas armadas que operaban estrechamente con ellos les ofrecían amplio apoyo. Por ejemplo, siempre que tenían algún indicio de una posible ubicación de armas de destrucción masiva, los escoltábamos hasta esos sitios. Cumplíamos cientos de estas misiones, pero lo único que se encontró fueron unos pocos y viejos proveedores de armas químicas que habían estado en un refugio durante muchísimos años.

En ese entonces, el general Abizaid y yo intentamos persuadir a David Kay a que nos ayudara a construir el grupo de inteligencia de las fuerzas armadas. "Sólo dénos un poco de prioridad adicional, comparta sus recursos y luego comunique la inteligencia a medida que la obtenga", le suplicamos. Eventualmente, Abizaid llevó el asunto hasta Washington, pero negaron su solicitud. *[El 23 de enero de 2004, David Kay renunció a su cargo, frustrado, indicó que creía que no existían armas de destrucción masiva y que el hecho de no haberlas encontrado en Irak planteaba varios interrogantes acerca de las fuentes de inteligencia de los Estados Unidos con anterioridad a la guerra]*.

Durante esos primeros días en el CJTF-7, teníamos graves problemas para reunir inteligencia confiable. La responsabilidad táctica de cualquier comandante de combate es saber quién es el enemigo y qué está haciendo. Así se ganan las guerras. Por lo tanto, di a la operación de inteligencia la mayor prioridad. Programé reuniones diarias con el personal de inteligencia a pesar de lo escaso que era. Hacía muchísimas preguntas. "¿Quién nos está atacando? ¿Son los fedayines de Saddam? ¿Son los miembros de Al-Qaeda? ¿Hay, de hecho, grupos terroristas que operan en el país? ¿Dónde están?"

Presioné para obtener resultados. "Necesitamos inteligencia sobre la que podamos actuar a nivel estratégico y operacional", dije. "Por el momento no la tenemos. Sólo nos estamos enfocando en el nivel táctico —buscando el próximo blanco al que nos debemos dirigir. Además, no podemos limitarnos a registrar la información en un formulario y dejarla ahí. Probablemente, el enemigo no deja de moverse a nuestro alrededor. Tenemos que acortar el ciclo entre el momento en que obtenemos la información y el momento en que actuamos con base en ella. Así salvaremos las vidas de nuestros soldados.

"Estamos en una situación muy difícil", les dije. "Tenemos demasiados prisioneros y no tenemos suficiente espacio donde tenerlos para interrogarlos".

Durante nuestras operaciones iniciales habíamos recogido un alto número de detenidos. Deteníamos a las personas por una variedad de razones. Podían haber cometido delitos atroces, o podían haber sido sorprendidos plantando bombas artesanales (DEIs —Dispositivos Explosivos Improvisados), o podían ser simples transeúntes inocentes atrapados en una redada. Desafortunadamente, no había prisiones propiamente dichas en el país. Una vez más, parte de nuestro problema era la falta de planes de la Fase IV con respecto a los prisioneros. Por lo tanto, nos vimos obligados a comenzar de cero e improvisar. Empezamos por instalar alambre tipo concertina (una red expansible de alambre de púas) en la mitad del desierto. En esas especies de corrales metíamos a los detenidos y les suministrábamos lo básico. Los alimentábamos con nuestras propias raciones, les dábamos agua y nos esforzábamos por suministrarles algo de sombra. Con excepción del alambre de la cerca, estaban en condiciones similares a las de nuestros soldados.

Nuestro proceso inicial para identificar y mantener el registro de los prisioneros también tuvo que ser improvisado y era tan primitivo como es posible imaginar. No teníamos computadoras, entonces hacíamos listas y utilizábamos "rótulos de captura" improvisados, que no eran más que trozos de papel que nuestras unidades de primera línea prendían en la ropa de los detenidos. Por lo general, no anotábamos más que el nombre del individuo, aunque, a veces, los soldados anotaban también el lugar y la razón de la captura. Uno de los primeros problemas que experimentamos fue el de la diferencia de idioma. La mayoría de los iraquíes nos decían sus nombres, pero debido a que no hablaban en inglés, no nos podían decir cómo se escribían. A veces un mismo nombre estaba escrito de cuatro o cinco formas distintas, ya que nuestros soldados tenían que deletrearlos fonéticamente.

A medida que fue creciendo el número de detenidos empezamos a recibir quejas de los iraquíes a todos los niveles. "Mi primo fue capturado y no tenemos la menor idea dónde pueda estar. ¿Nos pueden decir si ustedes lo tienen?" Parte de nuestro problema radicaba en que cuando los iraquíes eran llevados a prisión durante el régimen de Saddam Hussein, de muchos de ellos no se volvía a tener noticia. Antes de la guerra, la gente de Saddam también había dicho a todo el mundo que si eran capturados por los norteamericanos, serían torturados y ejecutados. Cuando los líderes civiles comenzaron a presionar al embajador Bremer para obtener respuestas, el Embajador llamaba a mi oficina y preguntaba por qué no teníamos respuestas a estas preguntas.

"Bien, señor", le respondí, "no sabemos cómo se escriben los nombres, no tenemos computadoras y no hay mecanismos para hacer revisiones que puedan estar listas a tiempo".

"Bien, ¿qué va a hacer al respecto?", preguntó. "Tengo a estos iraquíes presionándome".

"Señor, trabajamos en mejorar el proceso interno pero tomará tiempo. Hemos pedido ayuda al cuartel general superior. Me dicen que la ayuda viene en camino", le respondí.

Nuestra situación con respecto a los detenidos empezaba a llegar a condiciones críticas para este momento. Eran muchos los detenidos que estábamos enviando a Camp Bucca, en el extremo sur de Irak. Además, varios cientos de prisioneros habían sido enviados a las instalaciones de Abu Ghraib, un barrio del noroccidente de Bagdad. Sin embargo, ese lugar tenía otro problema: era un bastión suní, donde sin duda encontraríamos resistencia constante. Además, la prision de Abu Ghraib era la más conocida de Saddam Hussein, donde muchos prisioneros políticos habían sido torturados y ejecutados.

Discutimos mucho si debíamos utilizar las instalaciones de Abu Ghraib o no por las serias implicaciones emotivas. Pero era, en realidad, la única prisión que tenía una infraestructura que nos permitiría aislar y llevar a cabo las operaciones de interrogación. Por lo tanto, a mediados de julio, el embajador Bremer tomó la decisión de designar esa prisión como instalación transitoria de detención hasta que tuviéramos disponible un centro de detención más amplio (lo que tomaría aproximadamente un año y medio).

Aproximadamente una semana después, el CJTF-7 realizó una operación de acordonamiento y búsqueda que recibió el nombre de Botín de la Victoria. Entre el 26 y 29 de julio, por todo el Triángulo suní, nuestras tropas realizaron una redada con el fin de tomar prisioneros los miembros restantes de los fedayines de Saddam. Acabamos tomando prisioneros a casi setenta partidarios de Saddam, incluyendo varios generales y oficiales, casi todos los cuales fueron enviados a Abu Ghraib.

Sin embargo, después de la redada el Botín de la Victoria, adopté medidas para disminuir las operaciones de acordonamiento y búsqueda. En primer lugar, me preocupaba que estuviéramos ganando demasiados enemigos entre los iraquíes por estar poniendo bajo custodia a muchas personas inocentes que sólo estaban en el lugar equivocado en el momento equivocado. En segundo lugar, claro está, no quería arriesgarme a sobrecargar el sistema hasta el punto en el que todo se paralizara por completo. Pedía además a los comandantes de nuestra división que fueran más disciplinados en su forma de identificar a los detenidos.

"No los envíen al sitio de detención con sólo el nombre", ordené. "Si lo hacen, no tendremos razones para mantenerlos detenidos, y estas personas serán liberadas de inmediato".

"Pero, señor", dijo uno de los comandantes, "no puede volver a soltar a esos hombres y dejarlos libres por la calle".

"General, si cualquiera de los prisioneros llega a Abu Ghraib sólo con el nombre, lo liberaremos", le respondí. "Usted es responsable de dar una razón y una justificación legal para que se lleve a cabo la detención".

Otro problema que tuve que resolver fue el tratamiento que recibirían los prisioneros. Tuve extensas conversaciones con mi personal acerca de lo que se debía hacer. ¿Deben considerarse todos los detenidos como prisioneros de guerra? ¿Deben recibir un tratamiento acorde a los principios de la Convención de Ginebra? ¿O debemos seguir las indicaciones del Secretario de Defensa y tratarlos como terroristas? A mediados de junio de 2003, di por terminado el debate y expedí una orden a todas mis unidades indicando que se debían aplicar los principios de la Convención de Ginebra a todos los detenidos durante los procesos de interrogación y en cuanto al trato.

Era evidente para mí que para evitar el uso de técnicas de interrogación demasiado rudas o cercanas al límite de lo aceptable según los principios de la Convención de Ginebra, se requeriría entrenamiento y supervisión. Sin embargo, el Ejército no había suministrado el personal de inteligencia que debía llevar a cabo los interrogatorios y la policía militar que debía custodiar a los prisioneros.

En Irak, no teníamos ningún tipo de normas por las que nos pudiéramos guiar. No teníamos normas de ninguna especie. Por lo que me limité a poner las normas internacionales consistentes con las leyes de la guerra. En mi concepto, eso era lo correcto.

La primera vez que fui a Abu Ghraib fue aproximadamente un mes antes de la Operación Botín de la Victoria. Habían pasado apenas dos semanas desde que había asumido el mando de CJTF-7, cuando vino a verme el juez Campbell, quien, en su tarea de reconstruir el sistema judicial de Irak, era también el asesor principal de detenciones para la APC.

"General Sánchez, no tengo forma alguna de evaluar las instalaciones disponibles, y podría utilizar su ayuda", me dijo.

"¿Adónde quiere ir, juez?"

"Bien, debo ir a Abu Ghraib. También quisiera ver Khan Bani Sadh, otra prisión que tenía Saddam hacia el noreste de Bagdad".

"Necesito ver personalmente esas dos instalaciones", le dije. "Vayamos en mi helicóptero".

Llegamos a la prisión de Abu Ghraib a mitad de la mañana y

fuimos recibidos por la policía militar a cargo de la prisión. Ninguno de los doscientos o más prisioneros estaba dentro de los edificios. Todos se encontraban afuera en el patio, en tiendas, rodeados de una hilera de alambre de concertina y torres de vigilancia con guardias armados. Las condiciones de vida eran terribles tanto para los prisioneros como para nuestros soldados. Había letrinas improvisadas, no había duchas, las comidas calientes estaban limitadas y no había manera de protegerse del calor. Casi todos vivían en condiciones muy precarias.

Cuando el juez Campbell y yo entramos a los edificios, pudimos ver por qué no había ningún prisionero allí. El lugar estaba en ruinas. No había cableado eléctrico ni plomería, no había electricidad y todas las ventanas se las habían llevado. Cuando entramos a las cámaras de tortura, vi suciedad y residuos humanos por todas partes. Las horcas colgaban todavía de los techos. Las celdas eran tan escuetas y horribles como es posible imaginar. Cuando subimos al recinto donde la policía de Saddam Hussein solía ahorcar a la gente, se me erizó el pelo de la nuca. Prácticamente podía oír la agonía y los gritos de las personas que habían sido torturadas y ejecutadas allí. Fue una sensación horrible que jamás olvidaré.

Cuando salimos de Abu Ghraib, el juez Campbell y yo acordamos que tendríamos que aislar las cámaras de tortura y no permitir que se usaran para nada. El futuro gobierno de Irak tendría que tomar la decisión de destruirlas o conservarlas. También estuvimos de acuerdo en que la prisión podía utilizarse para criminales reconocidos, de alto riesgo, aunque se requeriría mucho trabajo para que fuera habitable de nuevo. Salí de allí decidido a mejorar también las condiciones de vida de los soldados y los prisioneros. Teníamos que resolver esa situación y pronto.

De Abu Ghraib, fuimos a ver la prisión de Khan Bani Sadh. En este caso, no fue necesario aterrizar porque desde el aire pudimos ver que no quedaba prácticamente nada de las instalaciones. Lo único visible eran cinco o diez pies del muro circundante —y unos cuantos iraquíes lo estaban demoliendo con martillos. Algunos de los edificios habían sido arrasados hasta los cimientos. Los dos o tres que aún permanecían de pie estaban totalmente desmantelados —sin techos, sin puertas, sin ventanas, sin tubería, sin nada. La prisión había sido totalmente arrasada por los residentes locales que utilizaron los materiales de construcción para levantar sus propias casas. El juez Campbell y yo estuvimos de acuerdo en que no había forma de utilizar la prisión de Khan Bani Sadh como lugar de detención de prisioneros.

Al sobrevolar por última vez el sitio, recibí una llamada de radio en la que me informaron que habían encontrado los cuerpos de dos norteamericanos perdidos en acción. El Sargento de Primera Clase Gladimir Philippe y el Cabo de Primera Clase Kevin C. Ott habían sido secuestrados unos días antes cuando colocaban barreras en la vía para evitar que la gente entrara a un arsenal de municiones. Habíamos hecho una amplia búsqueda. Ahora me informaban que los habían matado y que sus cuerpos habían sido tirados al lado de un camino remoto en Bagdad. Me dirigí a los pilotos y les dije:

"Vamos directamente a ese lugar".

Llegamos y aterrizamos en un campo cercano. Caminé hasta donde se encontraba un grupo de soldados que custodiaban los cuerpos. Era un espectáculo macabro, que se tornaba aun peor por el calor y el sol de las primeras horas de la tarde.

"¿Hay alguna razón para que no hayan sido llevados todavía a la morgue?", pregunté.

"Señor, estamos esperando a la División de Investigación Penal, para que asegure el sitio y haga la investigación", respondió el oficial a cargo.

"Está bien", dije. "¿Pero por qué no han llegado?"

"Bien, señor, nos dijeron que están ocupados".

De inmediato llamé a nuestro jefe de operaciones en el cuartel general y le pregunté si sabía qué estaba pasando con el Departamento de Investigación Penal.

"Señor, están ocupados con unos robos que se reportaron en una de las unidades".

En ese punto, simplemente perdí los estribos.

"Llame al comandante del Departamento de Investigación

Penal y dígale que tiene más o menos treinta minutos para llegar con su maldito trasero aquí", le dije. "Enviaré a mi helicóptero a buscarlo, de ser necesario. No puedo creer que estén dando vueltas por un robo cuando hay dos de nuestros hombres muertos aquí bajo el sol ardiente. Quiero que estos soldados sean tratados con dignidad y respeto y quiero que sean atendidos ahora. ¡AHORA!"

"Sí, señor. Entendido señor. Están en camino".

CAPÍTULO **13**

Se revierte la orden de retirar las tropas

Mientras estuve de servicio en Irak, tuve una rutina diaria muy básica. Me levantaba todas las mañanas a las 6:00 a.m. en Victory Base y de las 6:30 a las 6:45 A.M. asistía a una reunión con mi personal, donde discutíamos la situación de la noche anterior. Lo primero que analizaba era los informes de bajas y el número de muertos y heridos. Después, volaba o conducía hasta la Zona Verde para reunirme con los oficiales de la APC (Autoridad Provisional de Coalición).

Cuando volaba hasta ese lugar, los pilotos del helicóptero tomaban diversas rutas por razones de seguridad. Por lo tanto, con el tiempo, pude tener una buena visión aérea de la "cuna de la civilización". En 1991, durante la Operación Tormenta del Desierto, me preguntaba si los valles de los ríos Tigres y Éufrates serían más hermosos cerca de Bagdad que en la parte sur de Irak. Hasta cierto punto, así es. A medida que los ríos se aproximan uno a otro, el terreno es más fértil y hay un marcado contraste con las partes color café, totalmente áridas, del desierto que bordea el valle. También hay millas y millas de cultivos de palma en los valles, lo que da la impresión de estar en un paraíso. Sin embargo, el agua que fluye por entre los bancos de los ríos y hacia los sistemas de irrigación es extremadamente sucia en esa área de Bagdad —como resultado de los desagües de agua negras, sin tratar, provenientes de las zonas pobladas del área. A veces, no podía dejar de pensar en lo contradictorio de la naturaleza en este lugar. El abrupto cambio de color, de verde a café, la belleza y la suciedad, todo en un mismo lugar; el confort de la historia en medio del dolor de la guerra, el intento por desarrollar una democracia en un lugar donde aparentemente muchos no la deseaban.

Al llegar a la Zona Verde, generalmente me reunía con el embajador Bremer a las 7:45 A.M., y luego íbamos a su reunión matinal de las 8:00 A.M. con todo el personal de la APC. Después pasaba algún tiempo en el Palacio Republicano o en reuniones, manejando asuntos de la APC, según fuera necesario. Tan pronto como terminaba en la Zona Verde, pasaba dos o tres horas con una unidad en alguna parte del país. Podía ir de un extremo a otro de Irak en aproximadamente una hora si tomaba un C-130, pero la mayoría de las veces volaba en un helicóptero o conducía un vehículo. Otras veces, iba a patrullar con algun joven comandante de tanques, almorzaba con un pelotón de infantería o daba una vuelta por un vecindario local con un grupo de marines. Mi propósito era estar "dentro de la caja", como había hecho durante los ejercicios de entrenamiento. Quería visitar a los líderes, tener contacto con los soldados y saber lo que estaba ocurriendo. Era muy importante para mí poder evaluar si mis instrucciones llegaban a las tropas para que pudieran organizar sus acciones en conformidad con ellas.

Para las 6:00 P.M. estaba de vuelta en Victory Base para nuestra serie habitual de actualizaciones de operaciones, donde analizábamos todo lo que había pasado ese día en el país (combates, información de inteligencia recopilada, etc.) y luego me ocupaba de los aspectos tácticos de la sección, emitía instrucciones y tomaba decisiones sobre las prioridades futuras. Normalmente, regresaba al lugar donde dormía aproximadamente a las 10:30 o las 11:00 P.M., donde lo primero que hacía era llamar a María

Elena. Era la única persona con quien podía hablar de ciertos sentimientos —y ella siempre sabía cómo me había ido ese día según el tono de mi voz. No obstante, con frecuencia me hablaba y no recibía respuesta mía porque estaba agotado y me había quedado dormido. "Está bien, Ricardo", decía. "Es hora de irte a la cama".

A la mañana siguiente, empezaba el ciclo de nuevo. Era una rutina de siete días a la semana, sin interrupción. Por lo general el tiempo pasaba y los acontecimientos de un día se confundían con los del día siguiente, pero siempre sabía cuando era domingo porque tenía en mi horario la hora de ir a la iglesia. A veces, iba a misa por la mañana, o la programaba durante la rutina de la tarde. Pero el personal sabía que debía reservar de una u otra forma la hora de la misa.

En mis viajes diarios a los campos de batalla veía personalmente cómo vivían nuestros soldados, y me daba cuenta de las condiciones no eran las mejores. La mayoría de los norteamericanos pensaban que las tropas habitaban en enormes ciudades de carpas con todas las comodidades. Sin embargo, pasaron meses antes de que todo eso pudiera quedar listo. De mayo a octubre de 2003 tuvimos hasta 180.000 hombres en Irak operando en condiciones de expedición. Durante los primeros días, las comidas calientes eran escasas y nuestros soldados salían a buscar su propio refugio. Algunos vivían en los parques de diversiones, en casas abandonadas, en palacios derruidos y en el zoológico. Muchos utilizaban zanjas abiertas en el piso como letrinas, se quedaban en carpas abiertas o vivían dentro de los vehículos de combate. Por algún tiempo, muchos vivieron de lo que llevaban con ellos —raciones militares y raciones T— o de lo que podían conseguir por sus propios medios.

Nuestro problema era la baja capacidad logística, no la falta de fondos. Sólo teníamos una ruta establecida para transportar suministros Irak. Había solamente una carretera principal desde Kuwait que podía utilizarse y los artículos se enviaban de acuerdo a la necesidad. Naturalmente, la prioridad era sostener la fuerza de combate de las tropas de la coalición. Todo lo demás venía después —y quiero decir todo lo demás. Prácticamente no había nada que pudiéramos utilizar en Irak. Los alimentos, los suministros, el combustible, las láminas de madera prensada, lo que fuera, tenía que ser transportado cientos de millas a través del territorio enemigo en caravanas vulnerables a cualquier ataque.

Nuestros problemas de logística se hacían aun más difíciles por el hecho de que nuestras tropas se estaban retirando. "La mayoría de las tropas no se quedarán mucho tiempo, por lo que no hay necesidad de acumular recursos", era lo que normalmente se pensaba durante los meses de mayo y junio. Se desarrollaban negociaciones continuas para abrir la rutas de comunicación a través de Turquía y Jordania, pero ninguno de los dos países estaba muy dispuesto a ayudarnos. Los turcos se mostraban especialmente reacios porque ya habían rechazado nuestra solicitud de establecer un área y una ruta de ataque desde el norte, antes de que comenzara la invasión.

Mientras el CJTF-7 (Sección Conjunta Combinada 7) y el CCTFC (Comando del Componente Terrestre de las Fuerzas Combinadas) presionaban para aumentar el flujo de suministros a nuestras tropas, los convoyes de logística comenzaron a fluir veinticuatro horas al día por todo tipo de terreno. Pero, dadas las circunstancias, era una tarea monumental mejorar la calidad de vida de los soldados estadounidenses en Irak. Para mediados del verano, la mayoría de los soldados ya habían estado movilizados durante seis meses. Sin embargo, cuando solicitamos un programa de descanso y esparcimiento (R&R) que les permitiera tener una licencia de dos semanas, encontramos considerable resistencia por parte de las fuerzas armadas. Eventualmente, nos lo aprobaron, aunque la mayoría de los permisos llegaron demasiado tarde para los soldados que formaban las tropas de guerra en el 2003.

Un día en el mes de julio, John Abizaid me llamó para informarme que el Congreso estaba diciendo que los soldados en Irak no tenían suficiente agua para beber.

"Todo el mundo está alarmado", dijo Abizaid. "Y la noticia acaba de ser transmitida por los medios de comunicación".

"Bien, lo confirmaré, señor", respondí. "Pero hasta donde yo sé, no tenemos ningún problema".

Esta queja realmente me intrigó, porque el agua era una de las pocas cosas que teníamos en abundancia. Teníamos dos ríos adonde recurrir, una multitud de lagos y habíamos tenido nuestra propia reserva de unidades de purificación por osmosis. Todas las organizaciones tenían instrucciones de instalar una de estas unidades en el país. Era prácticamente imposible creer que nuestros soldados no tuvieran agua.

El siguiente representante del Congreso que visitó a Irak estaba casi lívido.

"¿Cómo es posible que no les den agua a los soldados?", me preguntó.

"Bien, señor, creo que tienen agua en abundancia", respondí. "¿Podría decirme por qué cree que hay un problema con el agua?"

Cuando oí su explicación, volví a llamar a Abizaid.

"Señor, parece que los soldados se han quejado de que no tienen botellas plásticas de dos litros para el agua", dije. "Los congresistas dedujeron que no les estábamos dando suficiente agua a nuestras tropas terrestres. Tenemos agua en abundancia. No hay ningún soldado que no tenga su cantimplora llena, mientras esté dispuesto a caminar hasta el dispensador para llenarla. Pero no les podemos suministrar todas las botellas que quieran para llenarlas de agua debido a problemas logísticos".

El 8 de julio de 2003, John Abizaid recibió el comando de CENTCOM de Tommy Franks. Tres días después, el 11 de julio, revirtió la orden de retirar las tropas del Ejército. "La situación en Irak fluctua constantemente y se está evaluando y vigilando continuamente", escribió en su directiva. "A la luz de la situación actual [las tropas previamente programadas para retirarse] permanecerán en Irak hasta que sean reemplazadas por una fuerza equivalente ya sea estadounidense o de la coalición". Prácticamente al tiempo con esta instrucción, el general Abizaid ordenó que las tropas se movilizaran por "períodos de un año". Abizaid se dio cuenta de que necesitábamos más tiempo para manejar la situación. Además, no había ningún plan de rotación instaurado y la mayoría de los soldados permanecían en Irak al menos por un año antes de que pudieran ser reemplazados y marcharse.

Con estas órdenes, John Abizaid dio el primer paso para intentar remediar la situación en Irak. Sus decisiones fueron valientes e hizo lo correcto. Abizaid había obtenido la aprobación no muy decisiva de Donald Rumsfeld de antemano, pero el Secretario realmente no tenía otra alternativa en ese momento. Era aceptar el plan o enfrentar un caos total en espacio de dos meses.

La reacción inmediata en Washington fue de locura. La mayoría de los altos líderes de las fuerzas armadas habían dejado de prestar atención a la guerra. Estaban trabajando en volver a traer las tropas a casa, en transformar y reorganizar el Ejército. La insistencia de Abizaid de que nadie podía irse sin que llegaran reemplazos, conmovió todo el Pentágono. De pronto, todo se detuvo —los planes de retiro de las tropas, el movimiento para sacar las tropas de Irak. Todo se paró en seco. Los altos mandos del Ejército se molestaron especialmente porque el nuevo plan de rotación de tropas tendría que ser rediseñado a partir de cero.

Cuando la realidad se hizo evidente, la sorpresa inicial se convirtió en ira. Algunos soldados (y sus familias) se disgustaron en extremo al saber que no irían a casa como estaba programado. En especial, algunos de los altos generales del Ejército estaba furiosos. Poco después de que Abizaid diera la orden, recibí la visita del general James Ellis, el general de cuatro estrellas a cargo de suministrar el grueso de las tropas armadas a Irak.

"Ric, no puede hacer esto", dijo. "Usted y Abizaid tienen que modificar algunas de sus exigencias".

"Señor, si nos echamos atrás, pondremos en riesgo la misión", le respondí.

"Demonios, uno de estos días usted volverá a las Fuerzas Armadas", respondió. "Ahora mismo piensa como uno de los miembros de las fuerzas conjuntas de combate!"

"Señor, sólo pienso en lo que tengo que hacer para mantener

vivos a mis soldados y para cumplir la misión que se me ha encomendado".

La forma de pensar de Ellis era típica de muchos de nuestros generales del alto comando. Creían que el Ejército debía combatir y ganar las guerras de la nación, y que el CJTF-7, como operación conjunta, no era su responsabilidad, pensaban que la ley Goldwater-Nichols tenía muchas fallas. Además, el general Ellis me dio entender que si no me retractaba, cuando volviera al Ejército de los Estados Unidos pagaría el precio de poner las necesidades de la coalición por encima de las necesidades del ejército nacional. Personalmente, yo nunca había dejado de pertenecer al Ejército. Estaba sirviendo en el CJTF-7 y estaba cumpliendo una misión del Ejército en una coalición. Eso era esencialmente lo que exigía la ley Goldwater-Nichols.

Poco después de que Abizaid comunicara sus instrucciones, el Ejército comenzó a trabajar en un plan detallado de rotación para las tropas. Sin embargo, nos dimos cuenta de inmediato que las unidades de reserva no estaban incluidas en el plan original de mantener a los soldados en servicio durante un año. Sin embargo, era evidente que éstos tampoco podrían irse. Por consiguiente, el Departamento de Defensa tuvo que expedir otra orden directamente relacionada con la reserva. Como es natural, eso produjo otra conmoción a través de todas las ramas del Ejército y tuvo un efecto significativamente negativo en la moral de los soldados.

El plan de rotación abarcaba desde diciembre de 2003 hasta abril de 2004. Lo que tratábamos de hacer, en esencia, era mantener una fuerza de 138.000 (más 20.000 hombres de la coalición) tratando de infligir un impacto minimo en la moral de los soldados. La única forma de lograr esa cifra era exigir movilizaciones de un año. Si se necesitaban tropas adicionales, superpondríamos los contingentes. Al traer la siguiente rotación programada un poco más temprano y hacer que las tropas que abandonarían el país se quedaran un poco más de tiempo, podríamos lograr un mayor número de hombres por aproximadamente sesenta días. Fue así como adoptamos ese patrón que utilizaríamos para las siguientes movilizaciones de tropas. Desafortunadamente, con base en la situación real de Irak, llegamos también a la conclusión de que las fuerzas del Ejército, en general, tendrían que permanecer movilizadas indefinidamente. No había manera de saber cuánto tiempo tomaría controlar la situación de violencia, establecer la infraestructura y el liderazgo y reconstruir la nación.

Con estas acciones, el general Abizaid y yo implementamos formalmente el tercer y último paso (junto con la desbaathificación y la desbandada del Ejército Iraquí) del desmantelamiento gradual del plan estratégico original de los Estados Unidos para Irak. Ahora, en lugar de una drástica reducción de las tropas en un período de noventa a cientoveinte días, tendríamos una presencia militar significativa en el país por un período de tiempo indeterminado. El secretario Rumsfeld, aunque no estaba del todo satisfecho, no protestó ante nuestro enfoque. Sin embargo, sí dijo que tendría que aprobar personalmente la permanencia de cualquier soldado que fuera a quedarse en Irak más de 365 días. Un aspecto positivo de esta política fue que se inició un flujo de recursos que mejoraría la calidad de vida de nuestros soldados. A medida que avanzaba el verano, recibimos enormes cantidades de material de construcción para construir instalaciones de vivienda, establecimos intercambio de correo e implementamos un sólido programa de descanso y recreación.

A finales de julio, el alto comando del Ejército seguía ejerciendo una enorme presión para obligarnos a reducir el número de las tropas. "Lo que desean que hagamos es imposible", nos decían. "Tienen que reducir el número de tropas a un nivel que podamos sostener por largo plazo". Después de algunas conversaciones intensas al respecto, fue dolorosamente evidente para mí que el Ejército no contaba con las fuerzas disponibles para satisfacer nuestros requerimientos. Ya teníamos de 75 a 80 por ciento de toda la policía militar y del personal de servicios civiles en Irak. En ese momento, cinco de las diez divisiones del Ejército estaban totalmente movilizadas —y dos de las cinco restantes lo estaban parcialmente. Eso significaba que teníamos más de toda la fuerza de combate del Ejército en Irak. ¿Cómo *podría* el Ejército sostener estos números? *Era* imposible. Por lo tanto, Abizaid y yo acordamos que mantendríamos una fuerza de 138.000.

Aun así, el Ejército se esforzaba por localizar unidades de reemplazo que pudiera enviar a Irak. Dado que estábamos realizando operaciones conjuntas a un nivel sin precedentes, y que teníamos una urgente necesidad de completar el número de efectivos necesarios, el Ejército empezó a tomar soldados de todas partes, sin tener en cuenta las implicaciones a largo plazo. Movilizamos soldados de forma individual, enviamos secciones a distintas compañías, y enviamos compañías a distintos batallones. Establecimos además unidades "de reemplazo" que desempeñaban funciones para las que no se habían organizado ni entrenado originalmente. Por ejemplo, las unidades de artillería de reserva se usaron como infantería y policía militar. Las unidades de personal no combatiente ahora realizaban en Irak misiones de unidades de combate. En otros casos, ubicamos pequeñas unidades del Ejército en las brigadas de la Marina, lo que trajo camo consecuencia un cambio de procedimientos de operación estándar y de técnicas de combate. Además, causó estrés adicional en nuestros jóvenes oficiales que tuvieron que integrarse con sus tropas en una cultura distinta. Este proceso creó una estructura organizacional fragmentada y débil, con jóvenes líderes inexpertos que operaban como unidades independientes. Todo el sistema se estaba vimiendo abajo.

Para mediados de junio, con la ayuda de los encargados de planificación de CENTCOM, el CJTF-7 y la APC se reunieron para crear un plan de Fase IV global para Irak. El embajador Bremer publicó luego un documento de treinta páginas sobre el tema y lo envió a Washington. De inmediato, el CJTF-7 desarrolló planes de acción y comenzó a poner en práctica la estrategia. Sin embargo, la APC nunca desarrolló planes de acción para lograr una estrategia integrada, principalmente porque no contaba con el personal para hacerlo.

A medida que el comando continuaba trabajando en nuestros

planes estratégicos para Irak, comenzamos un estudio a fondo de las fuerzas de oposición. ¿Cómo es el enemigo? ¿Quiénes son? ¿Cuáles son sus tácticas? Éramos conscientes de que muchos de nuestros soldados estaban siendo emboscados fuera de las ciudades cuando intentaban reclutar gente. En varios casos, los pistoleros se les acercaban literalmente y les disparaban a la cabeza para luego desaparecer entre la multitud. Estos incidentes individuales eran cada vez más comunes, al igual que el uso de DEIs (dispositivos explosivos improvisados). Además, nuestra limitada inteligencia indicaba que no parecía haber un comando central ni una organización que coordinara los ataques. Parecía que se trataba, en cambio, de acciones de ex miembros del régimen de Saddam Hussein que actuaban por iniciativa propia por todo el país. Para mediados de julio, el general Abizaid y yo concluimos que enfrentábamos un estado de insurgencia. No había otra forma de describirlo.

Sin embargo, a la semana siguiente, cuando Abizaid realmente utilizó la expresión "insurgencia clásica", en una conferencia de prensa en el Pentágono, el Secretario de Defensa inmediatamente lo contradijo. Esencialmente, Rumsfeld sostuvo que nuestros enemigos eran simples grupos dispares de personas leales al régimen anterior, criminales y terroristas extranjeros.

Cuando me encontré con Abizaid, después de ese incidente, bromeó:

"Bien, eso no me salió muy bien. Es posible que me despidan".

"Pero tiene razón, señor", le dije.

"Bien, parece que Washington por el momento no quiere utilizar el término 'insurgencia'. Además, a propósito, no somos tampoco 'ocupadores'. Somos 'libertadores' ".

"Eso es ridículo".

"Ric, si cree que esto es malo, espere a que se aproxime la época de elecciones presidenciales".

En *cualquier* forma que se definiera, *nos* encontrábamos ante una situación de insurgencia y, *éramos*, de hecho, ocupadores. La administración Bush simplemente no quería usar esos términos porque enviaban las señales políticas equivocadas. Para los que estábamos en Irak, esa discusión era una sarta de tonterías. Cualesquiera que fueran los términos utilizados, sabíamos lo que nuestro enemigo estaba haciendo y sabíamos cuál era nuestra situación en el país. Por lo tanto, teníamos el deber de desarrollar una estrategia para llevar a cabo nuestra misión.

El 28 de julio de 2003, el general Abizaid envió a Rumsfeld un memorando titulado "Para Entender la Guerra en Irak", donde presentaba un esquema de quién era el enemigo, cómo operaba y cuáles eran nuestras recomendaciones para resolver el problema. Enumeraba básicamente tres soluciones: (1) acelerar la participación de los iraquíes en las funciones de seguridad; (2) centrarnos en las labores de inteligencia, en especial en HUMINT (inteligencia humana); y (3) ofrecer métodos de reconciliación para los iraquiés que no tienen más alternativa que luchar y morir. Además, Abizaid le envió a Rumsfeld una nota con la definición formal del Ejército del término "insurgencia".

En vez de enfrentar la insurgencia a corto plazo, lidiando con cada crisis, debíamos preparar un plan a largo plazo para contrarrestarla. Debido a que aún no contaba con una estrategia debidamente respaldada por una fuerza policial y por un grupo encargado de elaborarla, me veía obligado a cambiar las prioridades de planificación a medida que se presentaban las distintas crisis. Cuando comenzamos nuestro análisis detallado de la misión de contrainsurgencia, me di cuenta de inmediato que pocos de nuestros oficiales tenían experiencia para enfrentarse a este tipo de combate. Afortunadamente, los británicos habían asignado algunas personas que tenían una amplia perspectiva estratégica de cómo manejar los casos de insurgencia. Por consiguiente, mi jefe de personal asignó la responsabilidad principal de la elaboración de planes a un sobresaliente joven oficial británico de nuestra fuerza, el mayor Pat Saunders. Saunders realizó un trabajo excelente.

Generamos una estrategia global de contrainsurgencia que combinaba un sólido plan táctico de combate (que incluía la estructuración y el manejo adecuado de nuestras operaciones de inteligencia, interrogación y detención) con un enfoque político, económico y de seguridad integrado. A través de este abordaje de "corazones y mentes" nuestro propósito era aislar a los principales insurgentes de la población en general, tal vez dar alguna esperanza desde el punto de vista económico e involucrar en el proceso a tantos iraquíes como fuera posible. El general Abizaid solía indicar que los norteamericanos eran "anticuerpos" naturales en Irak. Si podíamos lograr la neutralidad con el iraquí promedio, tal vez, cuando se tratara de insurgencia, podríamos tener éxito.

Mientras desarrollábamos el plan de contrainsurgencia, Abizaid y yo nos reunimos varias veces con el embajador Bremer para analizar nuestras ideas para el Cuerpo de Defensa Civil Iraquí (CDCI). Le explicamos el concepto y expresamos nuestro convencimiento de que debería organizarse, conformarse, entrenarse y equiparse como una fuerza distinta del Ejército Iraquí.

Además, sugerimos que deberían ser los iraquíes quienes eventualmente decidieran acerca de la integración de esta fuerza con las fuerzas armadas nacionales. Sin embargo, Bremer se negó a considerar estas ideas y nos repitió que tanto la policía como el ejército eran su responsabilidad.

Por lo tanto, el embajador Bremer avanzaba también en forma agresiva con su esfuerzo de democratización. El 13 de julio de 2003, tuvimos una elaborada ceremonia para establecer el recientemente constituido Concejo de Gobierno Iraquí, compuesto por veinticinco personas. La televisión trasmitió en vivo los discursos, los juramentos de fidelidad y todos los detalles de la pomposa ceremonia. El embajador Bremer había elegido personalmente a cada uno de los miembros y había ordenado que todas las comunicaciones con el nuevo concejo de gobierno debían basarse en su autoridad y deberían estar coordinadas con la oficina principal de la APC.

Al terminar la ceremonia, Nuri Badran, el nuevo ministro del interior, se me acercó y me pidió una cita para hablar conmigo. Convinimos que lo recibiría a la mañana siguiente y, tan pronto como llegó, me dijo:

"General, ¿dónde está mi oficina?"

"Bien, Nuri, no lo sé", le respondí.

"¿Y dónde está mi personal?" continuó. "¿Dónde está el dinero para pagar mi nómina?"

"¿Ya habló de todo esto con el embajador Bremer y con sus asesores?"

"No he recibido ayuda de ninguno de ellos, general. ¿Me ayudaría usted?"

"Muy bien, veré qué puedo hacer", le respondí.

Más tarde, ese mismo día, le pedí a nuestro director de operaciones que buscara un edificio donde Badran pudiera establecer el nuevo Ministerio del Interior.

"Veamos qué podemos hacer para que tenga muebles y suministros de oficina para empezar a trabajar", le dije. "Podemos sacar el dinero del fondo del PREC (Programa de Respuesta de Emergencia a los Comandantes)".

Si queríamos tener éxito en nuestro enfoque de "corazones y mentes" para resolver los problemas en Irak y controlar la insurgencia, tendríamos que entender de verdad a los iraquíes. Había profundizado bastante en la historia de la región y tanto mi personal como yo aprendíamos más cada día. No cabía duda de que Irak seguía siendo una sociedad muy tribal. Las tribus, compuestas principalmente de sectas suní y chiítas de la religión islámica, eran sólidas y muy activas. Predominaban los suní en términos de poder. Eran la mayoría en la mayor parte de los gobiernos en los países del occidente del Medio Oriente, como Jordania, Arabia Saudita y Kuwait. Los chiítas eran principalmente quienes dominaban en Irán.

En Irak, Saddam Hussein era suní y, naturalmente, se aseguró de que éstos controlaran prácticamente todos los aspectos de su régimen. Sin embargo, la composición de de toda la nación era muy diversa. Los sunís predominaban en la región central norte y en el occidente —especialmente en el norte, desde Mosul hasta la frontera con Siria, y en el Triángulo suní, un área densamente poblada que lindaba al este con Bagdad, con el occidente de Ramada y con el norte de Tikrit. Los sunís eran relativamente seculares. Aunque tenían sus elementos extremistas, no estaban dogmáticamente sujetos a los *fatwas* (llamadas a la acción) del ayatolá ni del imán, y con frecuencia, los ignoraban. En términos generales, los sunís estaban muy molestos con la desbaathificación y con la desbandada del Ejército Iraquí, porque habían perdido sus puestos de trabajo y estaban desconectados de todos los aspectos de la sociedad.

El centro de la religión chiíta en Irak estaba al sur, en las ciudades de Karbala y Najaf. La ciudad de Basra, al sur, era también predominantemente chiíta, con una importante influencia iraní. En general, los chiítas no eran fundamentalistas. Los imanes y ayatolás tenían una importante influencia en la población y cuando se emitía un fatwa, se movilizaban grandes masas por todo el país. Ahora, con Saddam Hussein y los sunís fuera del poder, los chiítas tenían grandes esperanzas de llegar a convertirse en el poder dominante en Irak. Sin embargo, debido a la influencia de Muqtada al-Sadr y Muhammed Bakr al-Hakim, quienes tenían grupos armados considerables, el peligro para las tropas de la coalición que operaban en la región era constante.

En su mayoría, el norte de Irak era muy estable debido a la estricta disciplina de los kurdos, en su mayoría miembros de la religión suní. Kirkuk, la mayor ciudad de la región, era una gran marmita de habitantes de distintos orígenes. Saddam Hussein había sometido a la ciudad a un proceso de "arabización", en el que había traído a la ciudad muchos kurdos y miles de árabes. Sin embargo, con el derrocamiento de Saddam, los kurdos habían empezado a retomar el control y a revertir todo el proceso. Ahora, se estaba presionando a los árabes para que se fueran.

De hecho, no había áreas totalmente homogéneas en Irak. La composición étnica de la nación cambiaba en todas direcciones, de provincia a provincia. Bagdad era el ejemplo perfecto de la diversidad de Irak con barrios individuales de chiítas, sunís, cristianos y sirios (por nombrar sólo unos pocos). Ciudad Sadr, que queda al noreste de Bagdad, estaba compuesta de más de un millón de chiítas aislados. Los sunís vivían por toda la ciudad, pero se concentraban en mayor número en las áreas del sur. Justo al occidente de Bagdad, en Fallujah, los sunís eran opositores recalcitrantes de la ocupación de los Estados Unidos y la coalición.

La importancia de entender la composición de Irak era indispensable para tener una buena perspectiva desde el punto de vista militar, político y económico. A fin de mantener seguros a nuestros soldados, teníamos que saber dónde corrían el mayor riesgo. Y si queríamos tener éxito en la estabilización del país, teníamos que ganar el apoyo de los principales elementos de la sociedad iraquí. Cada provincia tenía su propia historia, su propia complejidad y su propio conjunto de retos que había que resolver. Por lo tanto, las soluciones tenían que ser específicamente diseñadas para cada área.

Dentro del CJTF-7, sabía que a menos que entendiéramos la composición de Irak, y a menos que tomáramos las medidas adecuadas, correríamos el riesgo de repetir los errores de los británicos a comienzos del siglo XX. En 1914, durante la Primera Guerra Mundial, las fuerzas británicas invadieron Mesopotamia, que incluía lo que es hoy Irak. Para 1917, habían ocupado Bagdad y, al año siguiente, Gran Bretaña unió las tres provincias del antiguo Imperio Otomano, Mosul, Bagdad y Basra, en una sola entidad política. Sin embargo, cuando terminó la guerra, los iraquíes se revelaron contra la ocupación británica y protagonizaron un prolongado levantamiento violento que tuvo que ser contenido mediante el uso indiscriminado de la fuerza. A pesar de la sólida comprensión de la compleja mezcla de grupos étnicos y religiosos a todo lo largo y ancho del país, los británicos siguieron adelante e impusieron una monarquía, redactaron una constitución y establecieron una asamblea constituyente, un parlamento y una legislatura. Aunque, *aparentemente*, los iraquíes tenían el control, los británicos aún regían el país y todos los sabían. Eventualmente, la opinión publica se cansó de la presencia militar en el área. Después de permanecer en Irak durante quince años, en 1932, Gran Bretaña firmó un acuerdo que le daba a Irak la independencia. Los términos de ese acuerdo incluían el mantenimiento de bases militares en el país y la capacitación de un nuevo ejército iraquí por parte de los británicos.

Años después, cuando T. E. Lawrence (Lawrence de Arabia) reflexionaba sobre las lecciones aprendidas de su experiencia en la región, indicó las enormes dificultades que enfrentaron los británicos en el trato con las tribus, la diversidad étnica y las diferencias religiosas de los pueblos del área. Básicamente, Lawrence advirtió a las futuras generaciones que, al tratar con los iraquíes, el éxito radicaba en darles la responsabilidad, ponerlos al mando y permitir que avanzaran a su propio ritmo. Lo peor que se podía hacer era intentar ocupar la región por la fuerza. El pueblo era demasiado orgulloso para permitir que esa situación se prolongara por mucho tiempo.

EN JULIO DE 2003, se combatían tres guerras diferentes en Irak. En primer lugar, el antiguo régimen de Saddam Hussein provocaba una insurgencia descentralizada y desorganizada contra las fuerzas de la coalición. Les interesaba principalmente combatir con los norteamericanos. En segundo lugar, los extremistas suní se sublevaban ocasionalmente y atacaban cualquier presencia extranjera en los distintos barrios. Esto era especialmente cierto en la parte occidental de Bagdad, cerca de Fallujah. Por último, el tercer combate era el de los terroristas que comenzaban a infiltrarse en Irak a través de Siria y posiblemente a través de Jordania. Nunca logramos cuantificar satisfactoriamente el número de terroristas en el país en un momento determinado. Sin embargo, calculábamos —con un nivel de confianza de apenas 30 o 40 por ciento— que, probablemente, eran apenas unos cuantos cientos. Lo más probable era que fueran miembros de Al-Qaeda y que estuvieran cooperando con los miembros del antiguo régimen de Saddam Hussein.

Además, se cernía en el horizonte un conflicto chiíta en el sur de Irak, aunque aún no había llegado a un nivel que nos preocupara demasiado. Los dos principales líderes, el ayatolá Muhammed Bakr al-Hakim y Muqtada al-Sadr podían atacarse mutuamente a la menor provocación.

Hakim, que acababa de regresar después de años de exilio, era el líder del Concejo Supremo de la Revolución Islámica en Irak, un partido político con vínculos muy fuertes en Irán. La Brigada Badr, las fuerzas de la milicia de al-Hakim, estaban bien organizadas y movilizadas por todo el sur del país, con una capacitación excelente, bien equipadas y financiadas por el gobierno de Irán. A principios de julio, hubo un gran debate dentro de la APC para determinar si se debía incluir a al-Hakim en el proceso político. Además, cuando, eventualmente, Bremer lo incluyó en el concejo de gobierno, lo hizo plenamente consciente de que al-Hakim tenía vínculos con Irán y que controlaba una fuerza militar significativa.

La milicia de Muqtada al-Sadr era conocida como el Ejército Mahdi. Pero a diferencia de la Brigada de Badr era una milicia muy desorganizada, prácticamente sin un comando identificable y sin estructura de control. Al-Sadr tenía seguidores por todo el sur, con el uso de sermones y de su periódico propagandista, era capaz de movilizar rápidamente a muchos miles de personas en Bagdad y en la mayoría de las capitales de provincia de la región. Cuando hacía un llamado a tomar las armas, buses y más buses cargados de chiítas comenzaban a salir de Bagdad.

En el área sur, dominada por los chiítas, el potencial de inestabilidad era enorme. Sin embargo, los chiítas estaban motivados a permanecer en paz con los demás, a fin de convertirse en el principal poder político del país. Estaban seguros de que eso ocurriría, en gran medida debido a que la APC había eliminado del gobierno a todos los baathistas suní. También era importante tener en cuenta que, bajo la superficie, todos los seguidores de al-Sadr y de al-Hakim estaban luchando también por el control de las ciudades y las mezquitas santas. ¿Por qué? Porque el control de las ciudades mezquitas significaba el ingreso de grandes sumas de dinero. Y, al igual que en todas partes, el dinero significa poder.

Si la coalición encabezada por los Estados Unidos quería ganar las tres guerras que se desarrollaban en Irak, controlar el foco de hostilidad que comenzaba a formarse en la comunidad chiíta y estabilizar la nación en general, el éxito militar debía estar acompañado del progreso político y económico. John Abizaid y yo habíamos aprendido esa lección con nuestra experiencia en Kosovo. Cualquier otro enfoque terminaría en un prolongado conflicto y en una creciente resistencia. Abizaid y yo nos reuníamos frecuentemente con Paul Bremer y le insistíamos en que trabajara con nosotros en el proceso de promover la cooperación y la reconciliación tribal. Pero el Embajador se negaba insistentemente a hacerlo. Creo que la razón era más filosófica que práctica. La visión global de la administración Bush —y por lo tanto de la APC— para Irak, era crear un estado democrático en donde las tribus tuvieran una influencia mínima o no tuvieran influencia alguna en el manejo del gobierno. Desafortunadamente, Irak estaba enraizada en sus costumbres tribales y eso no iba a cambiar en un futuro cercano.

Con la aprobación no muy resuelta de Bremer, el general Abizaid y yo iniciamos el proceso de atraer la cooperación tribal, lo que incluía a los suní, los chiítas, los kurdos y cualquier otro grupo importante en los distintos sectores. Identificamos a los dirigentes clave por todo el país y los invitamos a conversar con nosotros. Durante todo el verano, tuvimos reuniones individuales en cada provincia con los líderes suní y con los líderes chiítas. Invitamos a la APC y, en la mayoría de los casos, enviaron representantes a las reuniones para supervisarlas y presentar informes.

Algunas reuniones comenzaron con una enorme comida preparada por la tribu o por la unidad de coalición anfitriona. Como plato principal, siempre había una selección de pescado, cabrito o pollo. Algunos oficiales ni siquiera probaban el cabrito, pero a mí me encantaba. Los iraquíes lo notaban. De hecho, en varias oportunidades, era el tema con el que iniciábamos las conversaciones. Otro punto común con ellos tenía que ver con su forma de saludo "*In cha'Allah*" (si Dios quiere). "De donde yo vengo, en el sur de Texas, decimos lo mismo", les dije. "Tiene el mismo significado —si Dios quiere". Parecería algo trivial, pero el hecho de comer cabrito y tener expresiones idiomáticas similares me sirvió para relacionarme con los líderes iraquíes y eso, a la vez, dio lugar a conversaciones más productivas.

Una vez que entrábamos en temas de discusión serios, los líderes tribales, ya fueran sunís o chiítas, comenzaban con quejas similares acerca de que las tropas de la coalición no respetaban sus tradiciones, su cultura y sus familias. "¿Por qué no pueden mejorar nuestras condiciones de vida?", era otra pregunta frecuente. "Saddam podía darnos luz eléctrica. Cuando Saddam estaba a cargo, teníamos combustible. Ahora no tenemos combustible para nuestros vehículos ni para cocinar".

Después de expresar todas las quejas, nos dábamos cuenta de que prácticamente todos estaban dispuestos a cooperar con nosotros. Lo único que querían eran sus derechos fundamentales: representación en el gobierno, participación en las nuevas estructuras de seguridad (la policía y el ejército) y un aumento en las oportunidades económicas. Esas eran las exigencias comunes de todos los habitantes de las distintas regiones de Irak con quienes nos reunimos, y pensaba que eran muy razonables.

Durante este tiempo, me comuniqué frecuentemente con el presidente Bush por teleconferencia. El embajador Bremer solía estar conmigo durante estas comunicaciones y el general Abizaid y el secretario Rumsfeld estaban también comunicados desde cualquier lugar en donde se encontraran en ese momento. El Presidente fue siempre muy sincero, muy enfocado en los distintos temas y consciente de los problemas clave que analizábamos. Con frecuencia preguntaba por el progreso en nuestro proceso de cooperación y reconciliación.

"¿Cómo va nuestras estrategia de cooperación con los suní?", preguntaba. "¿Hemos avanzado?"

Por lo general, el embajador Bremer contestaba.

"Ah, Señor Presidente, nuestra estrategia de cooperación avanza. Estamos muy concentrados en ella".

"Bien, esto es algo bastante importante", decía Bush. "Tenemos que lograr que esta gente empiece a cooperar".

"Sí, Señor Presidente. Nos estamos ocupando de eso", respondía Bremer.

EN JULIO DE 2003, ocurrieron tres hechos importantes. Dos fueron de alcance internacional, pero pasaron prácticamente inadvertidos para el público norteamericano, el tercero fue de carácter más local y recibió mucha atención a través de los noticieros de todo el mundo.

El 9 de julio, el Ejército Iraní se posesionó en la frontera sur, del lado de Irak, y desde el punto de vista diplomático, se armó la debacle. Teníamos que disponernos a reestablecer los límites internacionales de Irak. Mientras emitía órdenes para comenzar a planear una accion militar, pensaba continuamente en Alemania y en los estudios que hicimos sobre los retos que enfrentó la coalición del general Eisenhower durante la Segonda Guerra Mundial. Llamé de inmediato al comandante británico en la región sur y le dije que se pusiera al mando, de inmediato, en el proceso de elaborar planes para encontrar una solución militar a la crisis. Enseguida llevó el problema hasta Londres. Fue como si le hubiera ordenado un ataque inmediato para ocupar el territorio iraní, lo cual no era el caso. Siempre consideré que nuestra primera opción era la diplomacia y las opciones diplomáticas eran ejecutadas por Londres ya que el Reino Unido todavía tenía relaciones diplomáticas formales con Irán. Después de lograr un acuerdo de mantener el *status quo* en las fronteras del sur entre Irak e Irán, el gobierno británico convenció a Irán de destruir el puesto de la frontera y de retirar sus tropas de nuevo a territorio iraní.

A fines de julio, se produjo otro incidente cuando capturamos a un grupo de tropas especiales turcas que operaba en el norte de Irak. Habían ingresado al país para buscar y destruir a los miembros de un grupo terrorista kurdo, el KADEK, que había estado realizando bombardeos esporádicos en Turquía. La situación escaló rápidamente hasta Washington y Ankara, donde los Departamentos de Estado y de Defensa tuvieron que comunicarse con sus contrapartes turcas. Al final, la administración decidió liberar a los prisioneros y no prestar atención al hecho de que un grupo terrorista reconocido por los Estados Unidos estuviera operando dentro de Irak, cerca de su frontera norte. Sin embargo, Turquía siguió insistiendo, hasta el cansancio, que los Estados Unidos mantuvieran al grupo terrorista KADEK bajo control.

El evento que despertó la atención mundial tuvo lugar el 22 de julio de 2003, cuando los dos hijos de Saddam Hussein, Uday y Qusay, murieron en un combate armado en su escondite al norte de la ciudad iraquí de Mosul. En una operación muy eficiente, las tropas especiales estadounidenses y la 101ª División Aerotransportada, basándose en datos sólidos de inteligencia, rodearon la casa y emplearon las armas para poner fin rápidamente al enfrentamiento. En las primeras horas de la tarde, fui informado de que había habido cuatro muertos y que era muy probable que Uday y Qusay, junto con el nieto de catorce años de Saddam Hussein se encontraran entre ellos. Los cuerpos fueron llevados a nuestra morgue en Victory Base, y comenzamos el proceso de identificación. Se tomaron radiografías, se enviaron muestras de ADN al laboratorio, se pidió además al Concejo de Gobierno Iraquí que conformara una delegación para el reconocimiento y posible identificación de los cuerpos. Algunos de los que conformaban el grupo habían ido al colegio con los hijos de Saddam y los conocían bien por lo que pudieron identificarlos en forma positiva. Se confirmó también que el muchacho era el nieto de Saddam mientras que el cuarto cadáver fue identificado como el de un reconocido guardaespaldas.

Después, debíamos decidir la mejor forma de difundir la noticia y convencer al pueblo de Irak de que estos cuerpos eran, de hecho, los de esas personas. Debido a que los principias de la Convención de Ginebra no nos permitían publicar fotografías de los cadáveres, tuvimos que llevar el asunto hasta Washington.

Después de algunas conversaciones, la administración tomó la decisión de pasar por alto los principios de la Convención de Ginebra. Fue así como al día siguiente del hecho, publicamos la noticia con las fotos de Uday y Qusay dentro de las bolsas plásticas para cadáveres. Cuarenta y ocho horas después, los resultados del análisis de laboratorio de las muestras de ADN confirmaron su identidad.

Cuando se acalló la agitación producida por la noticia, nuestro personal comenzó a elaborar planes para la eventual captura de Saddam Hussein. Desarrollamos un plan de notificación, un plan de detención, un plan para manejar las consecuencias, preparamos un paquete para los medios de comunicación y determinamos los métodos para realizar una identificación positiva. Analizamos también si una confrontación directa son Saddam debería ser una misión para capturarlo o para matarlo. Una captura implicaría problemas a largo plazo. Tendríamos que llevarlo a juicio, y si fuera declarado culpable, habría que sentenciarlo y ejecutarlo. Por otra parte, si matábamos a Saddam, todo terminaría rápidamente pero se convertiría en un mártir y tal vez no pudiéramos probar a los iraquiés que realmente había muerto. Por último, determinamos que lo más probable era que termináramos en otro ataque armado, en donde seguramente moriría. Si teníamos suerte, podríamos capturarlo.

La reacción del pueblo iraquí a las muertes de Uday y Qusay fue mixta. Aunque se alegraron, había quienes también se preocupaban de que Saddam pudiera buscar venganza. Por otra parte, los líderes iraquiés expresaron abiertamente su preocupación de que hasta que no atrapáramos al ex dictador, siempre existiría la posibilidad de que recuperara el poder. Estos temores aumentaron cuando Saddam entregó una grabación en la que declaraba que sus dos hijos eran mártires y urgía al pueblo a levantarse en armas. Durante la semana siguiente, tres soldados del ejército estadounidense murieron en una emboscada en Mosul, otro murió en un ataque con una granada al sur de Bagdad y 10.000 jóvenes iraquíes se presentaron para alistarse en un "Ejército Islámico" en la ciudad de Najaf.

CAPÍTULO **14**

Se enciende la insurgencia

A fines de julio y principios de agosto, los miembros del CJTF-7 recibieron ayuda temporal cuando el Centro Conjunto de Combate (JWFC) de Norfolk, Virginia, vino a ayudarnos. Scott Wallace, quien había prestado servicio anteriormente en el centro, les había pedido ayuda en mayo, cuando este cuerpo del Ejército se enteró por primera vez de que sería transferido a una fuerza conjunta. Agradecí mucho la ayuda porque sabía lo que podían hacer. Cinco años antes, había llegado un equipo a SOUTHCOM, en Miami, para una inmersión de cuarenta y cinco días en operaciones conjuntas. En ese momento aprendí que una victoria en un combate táctico puede convertirse en una derrota estratégica si no se manejan debidamente las operaciones de transición y poscombate. Durante esos ejercicios, fue evidente que algunas de las agencias del gobierno de los Estados Unidos eran tan pequeñas e improvisadas que eran prácticamente incapaces de cumplir con las operaciones de interagencia necesarias para alcanzar el éxito. Ahora, experimentaba esa misma sensación en la APC.

En 1998, la experiencia de SOUTHCOM había sido, en gran medida, un ejercicio de entrenamiento. Sin embargo, en este caso, nos estábamos entrenando mientras combatíamos. Trabajábamos en los problemas en tiempo real y aprovechábamos las "mejores prácticas" del JWFC desarrolladas con base en operaciones estudiadas en el mundo entero. La visita de la JWFC mejoró considerablemente todas las funciones del personal —los conocimientos, las capacidades y el desempeño operacional. Además, llegó justo a tiempo, porque las fuerzas nacionales de la coalición comenzaban a arrivar en masa.

Para mediados de julio, sólo diez naciones se habían movilizado a Irak. Además de los Estados Unidos, el Reino Unido, Australia y Polonia, que habían participado en la invasión, estaban también Islandia, Letonia, Lituania, Bulgaria, Dinamarca y Corea del Sur. A medida que los Departamentos de Estado y de Defensa firmaban acuerdos bilaterales individuales con las nuevas naciones, el Pentágono instruía a CENTCOM para que acelerara el flujo de las fuerzas de la coalición hacia el país (con mención específica de Tonga, Croacia, Nepal, Bosnia y Uzbekistán). En dos semanas, las compuertas se habían abierto y agosto fue un mes extremadamente activo durante el que se integraron miles de tropas de otros países de la coalición, entre ellos estaba Italia, los Países Bajos, España, Hungría, Ucrania, Eslovaquia, Macedonia, Tailandia, Mongolia, Nicaragua, Honduras, República Dominicana, El Salvador, Nueva Zelanda, Filipinas y Fiyi. Otros que llegaron durante los meses siguientes fueron Portugal, Noruega, Kazajstán, Moldava, Singapur y Japón.

La integración de este gran número de tropas en las operaciones de Irak representó un reto extraordinario. Tuvimos que asignar a cada país regiones determinadas de Irak y ubicarlos, asegurándonos de que recibieran el flujo adecuado de apoyo logístico. Casi todas las naciones esperaban recibir equipos, como lo había prometido el gobierno de los Estados Unidos. Pero no teníamos nada que darles. Por lo tanto, terminamos tomando material y equipo de los soldados norteamericanos y redistribuyéndolo a las fuerzas multinacionales. De lo contrario, esas fuerzas no hubieran podido desempeñar sus deberes ni asumir la responsibilidad de su área de operaciones.

La mayoría de las naciones se movilizaron a los sectores del sur de Irak donde estaban la Marina y las fuerzas británicas, desde una línea treinta millas al sur de Bagdad y más abajo. Iba allí regularmente a asegurarme de que las operaciones se estuvieran desarrollando sin contratiempo y de acuerdo con el cronograma previsto. Cuando me reuní con la brigada española, quedaron encantados de no tener que recurrir al uso de un traductor durante las sesiones de instrucción. Además, los miembros de la fuerza de la República Dominicana se debatían con el inglés, así que les di permiso de presentar sus informes en español, con copias traducidas al inglés para nuestro personal. En términos generales, las diferencias de idioma fueron un problema para la coalición. En ninguna de las unidades nacionales se exigía el dominio del idioma inglés. En algunos casos, tuvimos que usar triple traducción para podernos comunicar en forma efectiva. Por ejemplo, en el contingente mongol, tuvimos que pasar de inglés a polaco, de polaco a ruso y de ruso a mongol. En términos generales, nuestros problemas de idioma demoraron considerablemente nuestros cronogramas de elaboración y ejecución de planes.

Además, casi todas las naciones tenían restricciones en cuanto al tipo de servicio que podían prestar en Irak. Había cosas que simplemente no harían, y eso variaba de un país a otro. Las restricciones eran tan complejas que tuve que llevar un archivo electrónico de cinco páginas con la lista de todos los países, sus reglas de cooperación y quién estaba autorizado a hacer qué. Después de un tiempo, aprendí que cualquier orden que emitiera sería cumplida a tiempo o simplemente no se cumpliría en absoluto. En algunos casos, no estaban dispuestos a obedecerla. En otros, no tenían la capacidad de cumplirla. Casi siempre, tenían que comunicarse con los líderes políticos de su país para pedir su autorización.

Toda la coalición de treinta y seis naciones en sí misma, era un esfuerzo masivo por demostrar el apoyo y la cooperación internacional en la estabilización y reconstrucción de Irak. Eso era sin duda lo que los medios informaban y, como resultado, era lo que el público norteamericano creía. Sin embargo, bajo la superficie, la coalición estaba plagada de problemas complejos y de falta de compromiso. La mayoría de las naciones habían firmado porque les habían ofrecido todo tipo de incentivos económicos de parte del gobierno de los Estados Unidos. Sin embargo, la mayoría no tenía intenciones de movilizar sus fuerzas para un combate. En último término, la mitad sur de Irak operaba bajo reglas de compromiso altamente restrictivas. A excepción de los británicos y los italianos, ninguna de las tropas internacionales tenía autorización para imponer el orden. Por consiguiente, cada vez que era necesario recurrir al uso de la fuerza para mantener la seguridad, teníamos que enviar tropas norteamericanas desde las áreas central y norte del país.

El desarrollo de enfrentamientos violentos en el sur era siempre una posibilidad y, en agosto de 2003, Muqtada al-Sadr comenzó a convertirse en un problema. Aunque no era un imán ni un ayatolá, era un líder religioso, joven, fogoso e influyente respaldado por la credibilidad de su difunto padre, el Gran ayatolá de quien recibía el nombre la ciudad de Sadr. Muqtada no sólo se había expresado en contra de la coalición sino que también era el principal sospechoso del brutal asesinato del ayatolá Abd al-Majid al-Khoi, un miembro pro estadounidense del concejo regente chiíta, por una banda.

Después de que un nuevo juez iraquí, recientemente nombrado, revisara toda la evidencia del asesinato, se expidió una orden para la captura de al-Sadr y doce de sus principales lugartenientes. Inicialmente, parecía que la opción más factible fuera arrestarlos, por lo que pedimos a la Marina en el área que desarrollaran un plan. Estudiaron los movimientos de al-Sadr, el número de hombres que se requeriría para efectuar los arrestos y el ataque potencial que podíamos recibir como respuesta. Nuestra evaluación fue que habría posibles manifestaciones y violencia por parte de sus seguidores en Najaf, Karbala, Al Kut, Bagdad y, probablemente, por toda la región hasta Nasiriyah y Basra.

Cuando se le presentó el plan al embajador Bremer, insistió en que actuáramos de inmediato, y hasta habló con Condoleezza Rice y obtuvo la aprobación del Concejo de Seguridad Nacional.

"Ric, tenemos que actuar, tenemos que hacerlo ya", me dijo Bremer.

"Muy bien, señor, permítame estudiarlo y me comunicaré de nuevo con usted para definir el momento oportuno", respondí.

Cuando me reuní con mi personal para evaluar la situación, estuvimos de acuerdo con la Marina, a quienes no les gustaba la idea de intentar arrestar a al-Sadr. Estaban a sólo tres semanas de regresar a casa y no querían crear inestabilidad. Además, todas las fuerzas multinacionales comandadas por los polacos y los españoles, iban llegando en número abundante a la región. Estaban casi listas para asumir la responsabilidad del área central del sur que incluía a Najaf y Karbala, que serían el centro de detención. El hecho de que la mayoría de las naciones de la coalición no participaran en operaciones ofensivas representaba también un problema. Llegué a la conclusión de que simplemente nos encontrábamos demasiado vulnerables en este momento de transición y que no era el momento oportuno para realizar la misión.

Preparé entonces un memorando dirigido al general Abizaid y le entregué una copia a Bremer. "Entiendo el carácter crítico de esta misión", escribí. "Entiendo que es necesaria para la estabilidad del país. Pero según mi criterio militar, el momento no es adecuado. Sería un error estratégico de nuestra parte, en términos del esfuerzo de la coalición. Los estaríamos enviando al fracaso. Por lo tanto, mi recomendación es posponer la operación. En el momento adecuado y con un buen conocimiento de la situación, podemos llevar a cabo esta misión".

Al embajador Bremer le disgustó muchísimo mi recomendación. Sin embargo, el general Abizaid estuvo de acuerdo conmigo. "Tiene toda la razón, Ric", dijo. "No podemos facturar la coalición antes de haberla armado". Abizaid envió su opinión al Pentágono y el 18 de agosto de 2003, Washington le ordenó a Bremer no arrestar a Muqtada al-Sadr.

Durante los meses que siguieron, redefinimos nuestros planes y los informamos al Embajador. Determinamos que una operación para arrestar a al-Sadr probablemente terminaría en un intercambio de disparos, porque viajaba con un numeroso contingente de guardias armados. Cualquier misión para capturar al volátil líder religioso resultaría probablemente en su muerte. Por lo tanto, le pedimos a Washington que definiera la misión como "matar o capturar". Después le dijimos a Bremer que nos avisara con dos semanas de antelación y podríamos ejecutar la misión. Entre tanto, controlamos constantemente los movimientos de al-Sadr para determinar con exactitud su ubicación en caso de un ataque eventual.

Por el momento, una de las cosas que más me preocupaba era lo inadecuado de nuestras operaciones de inteligencia. Era evidente que necesitábamos inteligencia detallada y confiable para llevar a cabo una misión tan crucial, al igual que para todo lo demás que hacíamos en Irak. Afortunadamente, comenzamos a ver alguna mejoría con la llegada de la mayor general Barbara Fast al país. Me encantó que la hubieran movilizado porque había venido a hablar conmigo varias veces cuando estaba en Kosovo y tenía la reputación de ser una de las pocas oficiales de inteligencia con los conocimientos estratégicos y tácticos necesarios para esta situación. El que la hubieran enviado a Irak fue el resultado directo de la visita del general Jack Keane, a principios de julio, cuando le pedí ayuda para nuestro grupo G-2 (de inteligencia).

Tan pronto como se supo en Washington que Barbara Fast sería transferida a Irak, Stephen A. Cambone, Subsecretario de Defensa para Inteligencia, la llamó y le dio instrucciones muy específicas. Debía analizar toda la estructura del departamento de inteligencia del CJTF-7, evaluar y definir los retos existentes y hacer recomendaciones sobre los cambios necesarios para que pudiéramos cumplir nuestra misión. Cambone le indicó que debía presentar una evaluación de los resultados de este estudio y enviarla a través de la cadena de comando hasta Washington. Como resultado, para el 10 de septiembre de 2003, los más altos niveles del Departamento de Defensa estaban al tanto de nuestras deficiencias de inteligencia en Irak.

Cuando llegó la mayor general Fast a Bagdad, las indicaciones que le di fueron muy directas. "No sabemos qué es lo que no sabemos acerca de la inteligencia", le dije. "Quiero que ponga en marcha de nuevo lo que se cerró [cuando se fue el comando de McKiernan]. Tiene carta blanca para establecer las estructuras y capacidades de inteligencia necesarias para el éxito del CJTF-7". También le pedí que centrara específicamente su atención en desarrollar nuestra capacidad de recopilar inteligencia humana y que estableciera prioridades para nuestras operaciones de interrogación.

Dado que la creciente violencia y nuestras operaciones de contrainsurgencia estaban dando como resultado un número mayor de detenidos, emití órdenes de que los prisioneros que teníamos detenidos hacía mucho tiempo fueran trasladados a la prisión de Abu Ghraib. Definitivamente, este traslado aumentó la carga de detenidos para la policía militar así como para los interrogadores de esas instalaciones. Sin embargo, había que aprovechar los prisioneros que representaban un alto valor para inteligencia; y Abu Ghraib era realmente el único lugar donde los podíamos tener. Para asegurarme de que los detenidos fueran debidamente tratados de acuerdo a los principios de la Convención de Ginebra, me ocupé de supervisar el proceso al que se sometían los prisioneros. Además de obtener toda la información clave, requisábamos los detenidos al llegar, los sometíamos a exámenes médicos y hacíamos un inventario escrito de todas sus pertenencias personales.

Entre tanto, Barbara Fast y yo intentábamos persuadir a los cuarteles generales de alto nivel y a algunas personas en Washington de que nos dieran orientación y ayuda detallada sobre el espectro de las operaciones de interrogación. Si bien mi memorando de junio daba instrucciones de mantenerse dentro de los límites de los principios de la Convención de Ginebra, nuestras políticas no ofrecían orientación en cuanto a técnicas, entrenamiento o supervisión. Esto era algo que necesitábamos con urgencia y el Departamento de Defensa, CENTCOM y el Ejército tenían el deber de darnos esa orientación.

Debido a que las instalaciones de Abu Ghraib habían sido designadas como lugar transitorio para mantener los prisioneros, no estábamos invirtiendo grandes sumas de dinero en mejorar la infraestructura, aunque sí estábamos haciendo que fuera un lugar habitable y seguro. Esa decisión estaba unida a la de reconstruir el sistema judicial del país, que incluía, un plan para construir nuevas prisiones permanentes, para todo el país. Desafortunadamente, se suponía que el dinero necesario para ese programa debía ser asignado de la suma adicional indicada en la solicitud que se enviaría al Congreso. Sin embargo, cuando este tema llegó por fin a la Cámara de Representantes y del Senado, los encargados de redactar las leyes se opusieron a financiar la iniciativa porque necesitaban prisiones para sus distritos en los Estados Unidos. Entonces, la financiación suplementaria se demoró, y cuando al fin fueron aprobados los fondos, éstos eran insuficientes para las instalaciones de detención que la APC pensaba construir durante el siguiente año.

Aunque teníamos problemas para conseguir fondos destinados a las nuevas prisiones, la APC avanzaba en sus planes de constituir nuevas fuerzas de seguridad y policía para Irak. Desafortunadamente, no tenía la capacidad de planificación a nivel estratégico, de desarrollo ni de ejecución. De hecho, durante los meses de julio y agosto descubrimos que algunas de las áreas de las operaciones de la APC no eran más que una serie de esfuerzos aislados.

En primer lugar, Bernard Kerik había contactado a un ex comandante de la policía iraquí que había operado en Bagdad durante el régimen de Saddam Hussein. Después de traer algunos de los antiguos miembros de la fuerza de policía y de darles un rápido programa de entrenamiento, empezaron a realizar redadas policiales por toda la ciudad, sin coordinar esfuerzos con el Ejército. Cuando un incidente relacionado con esta actividad dio como resultado una investigación formal por parte de la 1ª División Blindada, fui a hablar con Kerik y le pedí que dejara de hacer eso. "Va a terminar en un intercambio de disparos con nuestros soldados", le dije. "Tenemos miembros del Ejército patrullando los barrios, y si ven un grupo de iraquíes desconocidos armados, van a actuar". También era evidente que las fuerzas de seguridad de Kerik estaban totalmente centradas en Bagdad. Pero no necesitábamos que hicieran redadas ni que liberaran prostitutas en la ciudad —necesitábamos una estrategia para constituir una fuerza policial para todo el país.

En ese momento se hablaba mucho de entrenar y de obtener equipo para los iraquíes que se estaban alistando. Durante las reuniones del embajador Bremer, Kerik nos decía que enviaría a los iraquíes a entrenar en Hungría o en Jordania y que había realizado contratos para todo tipo de equipo, incluyendo 1.000 vehículos que venían en camino. Sin embargo, después de escuchar muchas excusas, di permiso a nuestros comandantes de utilizar fondos del Programa de Respuesta de Emergencia de los Comandantes para comprar uniformes, patrullas y radios a fin de que al menos, la nueva policía iraquí pudiera operar con cierta credibilidad.

A finales de agosto, justo antes de que Kerik fuera elegido para dejar el país (sin haberle nombrado un reemplazo), ordené a mis altos mandos que coordinaran con la APC y revisaran los registros para determinar exactamente qué había sido contratado y qué venía realmente en camino. Ahora que estábamos seguros de que habría una vacante en liderazgo, quería hacer planes de antemano para no perder impulso. Sin embargo, los resultados de nuestra evaluación fueron alarmantes:

"Señor", me dijeron, "lo único que podemos documentar que esté realmente contratado son 50.000 pistolas Glock".

"¿Qué?", pregunté. "¿Eso es todo?"

"Señor, no podemos encontrar fechas de pedidos ni de entrega para nada más. Nada".

"¿Tienen los documentos sobre la contratación de esas pistolas?"

"Sí, señor".

Cuando me informaron el exorbitante precio que se pagaría por esas pistolas, mi primera reacción fue que debía haber algún negocio sucio, pero no tenía evidencia para respaldar esa sospecha. Sin embargo, fui directamente donde el embajador Bremer y le informé lo que habíamos hallado.

"Señor Embajador, sólo hay un contrato firmado", le dije. "Y no hay contratos para nada más, al menos que podamos encontrar".

"¿Cómo es posible?", preguntó.

"Señor, no lo sé. Buscamos en los registros de trámites de toda la contratación para la policía y no hay nada allí. Sólo palabras".

Bremer quedó evidentemente sorprendido.

"No lo puedo creer", dijo. "No puede ser cierto".

A juzgar por su reacción, creo que, de hecho, Paul Bremer no sabía nada de lo que estaba ocurriendo en la división de Kerik. Sin embargo, Bremer se había negado rotundamente a compartir o renunciar a la responsabilidad de establecer las nuevas fuerzas de seguridad y de policía, y con eso, se había hecho responsable del control de la contratación. Desafortunadamente, todo el proceso fue un desastroso fracaso. Poco después de que descubrimos el verdadero alcance de las acciones de Kerik, Abizaid y yo enviamos un memorando al secretario Rumsfeld pidiendo que se le transfiriera al Ejército la responsabilidad de constituir las fuerzas de seguridad de Irak. Pero Rumsfeld no quería verse enredado en la controversia. "¿Por qué no lo acuerdan allá entre ustedes?", fue su única respuesta. *[Bernard Kerik salió del país el 3 de septiembre de 2003. Catorce meses después fue nombrado por el presidente Bush como sucesor de Tom Ridge, Secretario de Seguridad Nacional, pero el nombramiento fue retirado a la semana siguiente. En noviembre de 2007, se acusó a Kerik de diecisiete cargos criminales federales que incluían corrupción, fraude y evasión de impuestos].*

Un día del verano de 2003, entré a la oficina del embajador Bremer y vi pilas de billetes de dólares sobre su escritorio.

"Santo cielo", dije, "¿Qué es esto?"

"Queríamos ver cómo se ve un millón de dólares en efectivo", respondió. “Es probable que sea la única vez que cualquiera de nosotros vea esa cantidad de dinero en un solo lugar”.

En ese entonces, la APC tenía las arcas a rebosar. De hecho, en el primer piso del Palacio Republicano había una habitación donde se guardaban millones de dólares. Era normal que los coordinadores regionales de la APC entraran, tomaran lo que necesitaran y salieran con bolsas llenas de dinero para sus respectivas regiones del país, con destino a sus proyectos de reconstrucción en proceso. Sabía de esta operación porque, con frecuencia, las tropas de la coalición actuaban de guardias para proteger a los coordinadores regionales y evitar que fueran víctimas de robo.

El efectivo en las arcas de la APC no provenía del dinero de los contribuyentes estadounidenses. Era, por el contrario, dinero iraquí, obtenido de las Naciones Unidas. Miles de millones de dólares del dinero de Saddam Hussein habían sido congelados antes de la guerra. Ahora, a través de iniciativas de las Naciones Unidas, como el programa de petróleo por alimentos y el Fondo de Desarrollo Iraquí, el efectivo fluía de nuevo hacia Bagdad. Además, la Autoridad Provisional de la Coalición era responsable de todo el proceso —de recibirlo y administrarlo. Además, durante operaciones como la del Botín de la Victoria, habíamos incautado una suma considerable de dólares en efectivo, por ejemplo, en un centro de la Guardia Republicana encontramos $8,5 millones.

Cuando se trataba de los fondos militares tanto iraquíes como estadounidenses, el contralor del cuerpo del Ejército mantenía registros meticulosos de cada dólar que entraba y salía de nuestras arcas. Era algo en lo que yo insistía, no sólo por razones de moral sino porque sabía que, eventualmente, alguien preguntaría en qué se gastaba el dinero. Esa lección la había aprendido en Kosovo. Sin embargo, nunca tuve la impresión de que existiera un verdadero sistema contable dentro de la APC para llevar un control efectivo de los gastos.

No había suficientes recursos financieros, humanos ni de suministros para reconstruir el Ejército Iraquí. Desde los primeros días, el mayor general Paul Eaton me pidió que le diera asistencia en planificación porque le habían asignado muy poco personal.

"Es todo lo que tengo", me dijo. "¿Y se supone que con esto debo construir un ejército? Tiene que ayudarme, general Sánchez".

Yo no tenía ninguna autoridad sobre los esfuerzos de Eaton con el Ejército Iraquí. No se reportaba a John Abizaid ni a mí. Pero era un general del Ejército y, en lo que a mí se refería, formaba parte del equipo global. Sabía, además, que sus esfuerzos eran críticos para el éxito de nuestra misión en Irak.

"Muy bien, Paul", le respondí. "Le prestaremos algunas personas para que comience, incluyendo unos pocos de nuestros expertos en elaboración de planes. Desarrollemos un informe que justifique sus necesidades y enviémoslo a Washington a ver si podemos obtener alguna ayuda".

Propusimos un plan transitorio que permitiría obtener personal temporal. Sin embargo, sólo había llegado a Washington hacía pocos días, cuando recibimos una llamada de los jefes del Estado Mayor Conjunto para informarnos que rechazaban de plano nuestra solicitud.

"No vamos a aprobar los servicios para respaldar su solicitud", fue la respuesta. "El plazo es muy corto. Obtengan los recursos humanos de lo que tengan disponible".

"Muy bien, la decisión se ha tomado", le dije a Eaton. "Vamos a buscar los recursos entre lo que tengamos disponible".

Nuestro alto comando seleccionó a todas las personas del CJTF-7 que contaban con la experiencia necesaria y vio que todos estaban ocupados. La única alternativa era pedirle ayuda a la 3ª División de Infantería que estaba en Kuwait, preparándose para volver a casa. Después de llamar al general Abizaid para obtener su aprobación, expedí la orden de prolongar el tiempo de servicio de unas veinte personas durante cuarenta y cinco a sesenta días más, esto significó que tuvimos que arrastrar a estos pobres miembros del Ejército de nuevo a Bagdad y fueron el punto de partida del esfuerzo de Paul Eaton por construir el Ejército Iraquí. Con el tiempo, Eaton redefiniría sus esfuerzos y pondría las cosas en marcha, pero su organización nunca contó con el personal necesario ni con el nivel requerido.

Después de que el embajador Bremer desbandara el Ejército Iraquí, se negó también a pagar a sus antiguos miembros cualquier salario, incluyendo las prestaciones por pensión. Sin embargo, esa decisión pronto habría de convertirse en un grave problema tanto financiero como de seguridad. Cuando todos empezaron a sublevarse en Irak, el CJTF-7 tuvo que enfrentarse a otra fuerza de violencia. En un determinado momento, recibí un informe de la Marina en Najaf que decía: "La temperatura en nuestra área de operaciones ha sobrepasado el punto de ebullición en lo que se refiere al pago de los antiguos soldados iraquíes". En un intento por solucionar el problema, mi alto comando y yo (con la ayuda de Walt Slocombe), persuadimos al embajador Bremer de que estableciera un plan transitorio para pagarles a los iraquíes el dinero proveniente del Fondo de Desarrollo de Irak. Bremer no se sintió bien de hacer esto, y más tarde dijo a dos senadores estadounidenses: "Eso simplemente no va conmigo".

Sin embargo, resultó ser lo correcto, puesto que cesaron de inmediato los levantamientos. Esa acción nos brindó otra ventaja cuando todos los antiguos miembros del Ejército Iraquí que querían recibir su paga vinieron y escribieron sus nombres y direcciones. Eso le permitió al mayor general Eaton contar con una lista bastante completa con la cual trabajar. Esa lista fue también útil para establecer el Cuerpo de Defensa Civil Iraquí.

Debido a que las cosas avanzaban con tanta lentitud en cuanto a la policía y el ejército, el general Abizaid y yo decidimos hacer un nuevo intento por establecer el CDCI. Esta vez, Abizaid comenzó por una reunión en donde le exponía el concepto al Secretario de Defensa, quien lo aceptó de inmediato. Ahora, con Washington de nuestro lado, volvimos a comprometer al embajador Bremer, y aunque con cierta reticencia, éste dio su aprobación el 11 de julio de 2003. Cuando le pedimos hacer un compromiso a largo plazo, aceptó el plazo de un año. Cuando le pedimos permiso de reclutar y constituir dieciocho batallones, nos aprobó seis. Cuando pedimos que la APC financiara por completo nuestro empeño, dijo que cubriría el costo del entrenamiento y los suministros básicos. Tendríamos que encargarnos de los gastos de reclutamiento y de los principales componentes del equipo. Pero sin duda eso representó un progreso y fue suficiente para ayudarnos a empezar.

Decidimos constituir el CDCI por región, poner a la división de comandantes a cargo y movilizar a los iraquíes en sus propias ciudades y provincias. El esfuerzo fue aceptado rápidamente. En realidad, teníamos más personas de las que podíamos manejar, dado que los iraquíes hacían largas filas en todo el país para volver a entrar a la milicia y comenzar a recibir sus cheques con regularidad. Al ver la respuesta, ordené de inmediato destinar grandes sumas de los fondos del PREC a comprar armas, vehículos y uniformes. Después de un corto programa de entrenamiento de tres semanas, pusimos a los nuevos reclutas a trabajar de inmediato patrullando y realizando misiones de seguridad básica en las ciudades. El proceso fue muy positivo. Los iraquíes estaban trabajando con otros iraquíes y también teníamos iraquíes trabajando con las fuerzas de la coalición. No pasó mucho tiempo antes de que todas nuestras unidades locales quisieran tener un contingente del CDCI. Volvimos entonces donde Bremer y le pedimos permiso para comformar más batallones. En vista del éxito que tuvimos, aceptó aumentar el número de batallones de seis a quince. Para fin de año, teníamos un total de veintiocho, y en cuatro meses más, llegaríamos a tener más de cuarenta y cinco batallones. Eso representaba aproximadamente 36.000 iraquíes en uniforme.

Teníamos ahora un esfuerzo paralelo en todo el país para equipar, entrenar y darles uniformes a los iraquíes: el CJTF-7 tenía la CDCI, y la APC tenía el nuevo Ejército Iraquí. Como era de esperarse, Walter Slocombe y Paul Eaton estaban preocupados de que la CDCI sirviera como competencia del Ejército Iraquí, que ya contaba con bastante.

Abizaid y yo comenzamos a presionar a Bremer sobre este punto para que estableciera fechas límite más cortas para el Ejército Iraquí y que construyera al mismo tiempo su estructura paralela de comando a nivel nacional. Estas organizaciones (Ministerio de Defensa, el Estado Mayor Conjunto, el Ejército y la División de Jefes de Estado Mayor de los cuarteles generales, etc.) eran realmente indispensables para establecer la capacidad operativa del Ejército Iraquí. Eventualmente, Bremer pidió a Slocombe y a Eaton que revisaran sus planes y aceleraran el desarrollo del Ejército Iraquí. El éxito del CDCI había sido demasiado impresionante como para ignorarlo.

Mientras Eaton aceleraba el proceso de entrenamiento en el mes de agosto, llegaron sus contratistas, pero, en último término, el trabajo que hicieron fue deplorable. Fue así como la 4ª División de Infantería ofreció oficiales de entrenamiento, seguridad, vivienda y otras facilidades para iniciar el programa. El mayor general Eaton eventualmente graduó su primer batallón de soldados a fines de septiembre. Para finales de año, había otros dos batallones entrenados, en uniforme y listos para combatir.

El 19 de agosto de 2003, un terrorista suicida estacionó un camión cargado de explosivos cerca a un muro que rodeaba un complejo de edificios de las Naciones Unidas. La explosión resultante destruyó el muro e hizo colapsar el edificio del cuartel general de las Naciones Unidas. Tan pronto como me enteré del ataque, volé al lugar de los hechos y caminé entre el caos y la devastación. Un gran número de soldados y otros de brigadas de rescate buscaban sobrevivientes entre los escombros. La bomba había explotado justo debajo de la oficina de Sergio Vieira de Mello, jefe de la Misión de las Naciones Unidas en Irak, quien en ese momento se encontraba en su oficina. Los soldados que se arrastraban sobre los escombros lo llamaban, pero al cabo de veinte minutos, reportaron que no obtenían respuesta. En ese atentado murieron veinte personas y veinte quedaron heridas. Sergio Vieira de Mello fue hallado muerto.

Una semana antes, otro carro bomba había explotado fuera de la Embajada de Jordania, provocando once muertes. También hubo amenazas contra las Embajadas de Rusia y de Italia. Era evidente que el enemigo había establecido como blancos a las comunidades internacionales debido a su apoyo a los esfuerzos de la coalición. Además, durante el mes de agosto, el enemigo había promovido su propia insurgencia a bajo nivel por todo el país. El 14 de agosto, un soldado británico murió y otros dos quedaron heridos mientras se desplazaban en una ambulancia por las afueras de Basra. El día quince, volaron un gasoducto en el norte de Irak, produciendo un gran incendio e interrumpiendo todas las importaciones de petróleo a Turquía. Unos días después, explotó en Bagdad un tubo principal del acueducto. El veintitrés, murieron tres soldados británicos y uno fue herido en un ataque a Basra. Al día siguiente, murieron tres guardias de la seguridad iraquí en Najaf. Éstos fueron apenas *algunos* de los actos de violencia que se produjeron en todo el país.

Un aspecto sorprendente de los ataques de agosto fue el grado de sofisticación y sincronización de las tácticas. Anteriormente, los artefactos explosivos se colocaban en algún sitio para que estallaran por sí solos. Ahora estábamos viendo artefactos eléctricos con dispositivos de detonación por control remoto. Antes de agosto, los dispositivos explosivos improvisados y los ataques con armas de fuego eran eventos aislados. Ahora todo se estaba produciendo al mismo tiempo. Explotaba un dispositivo y los atacantes disparaban a las tropas que se encontraban en las proximidades. Comenzamos a ver también el uso creciente de dispositivos explosivos improvisados colocados dentro de vehículos como camiones, camionetas o autos conducidos por homicidas o activados por control remoto. La bomba colocada en las Naciones Unidas que mató a Sergio Vieira de Mello fue uno de estos explosivos (VBIED).

No fue una coincidencia que se presentara esta escalada de violencia en el mismo mes en que entraron en acción en el país la mayoría de las fuerzas de la coalición. Era evidente que los insurgentes se oponían a la coalición. Y su oposición empezaba a dar resultado, porque varias naciones empezaron a abandonar sus compromisos. Durante todo este tiempo no dejaba de pensar en lo que había dicho el general Tommy Franks acerca de que la relación entre las fuerzas internacionales y las tropas de los Estados Unidos, que iba a ser de tres a uno. Aún si no se hubiera dado la contraorden de retirar las tropas norteamericanas, nunca hubiéramos podido llegar a ese nivel de relación. Franks se había equivocado en sus cálculos.

Además de todo lo que estaba sucediendo en Irak durante el mes de agosto, empezamos a ver también que se producían ataques en contra de los chiítas, que ahora estaban asumiendo el poder. Los extremistas y algunos elementos del antiguo régimen protagonizaron estos incidentes porque consideraban que los chiítas eran tan culpables de cooperar con los norteamericanos como las naciones de la coalición. Tal vez el peor ataque se produjo en Najaf, el 29 de agosto de 2003, cuando explotó una bomba cerca de la tumba de Ali, uno de los templos más sagrados de los musulmanes chiítas. Habían terminado las oraciones semanales y una multitud de gente se retiraba del templo en el momento en que estalló la bomba haciendo colapsar la entrada. Murieron al menos 100 personas y muchas más quedaron heridas. Entre los muertos —como posible objetivo del ataque— se encontraba el ayatolá Muhammed Bakr al-Hakim, líder del Concejo Supremo de la Revolución Islámica en Irak.

Como consecuencia de la muerte de al-Hakim, decenas de miles de chiítas se lanzaron a la calle en manifestaciones y levantamientos. Consideraban que este ataque había sido perpetrado por las fuerzas de la coalición, sin embargo, pasado un tiempo, se hizo evidente que quienes habían perpetrado el ataque habían sido los extremistas suní. Por consiguiente, no sólo estábamos viendo una escalada de la insurgencia sino que, por primera vez, estábamos presenciando señales de una guerra civil en Irak.

A fines de agosto de 2003, el CJTF-7 hizo una evaluación formal de noventa días de la situación en Irak. Con el levantamiento de la insurgencia, era evidente que nuestro campo de batalla abarcaba ahora la totalidad del país —desde Mosul, al norte, hasta Bagdad y Najaf, en la región central, y hasta Basra, al sur de Irak. Las fuerzas enemigas estaban tan desestructuradas que no podíamos identificar específicamente hacia qué objetivos debíamos dirigir nuestras fuerzas. Además, los combates crecían en intensidad y la tasa de heridos y muertos crecía exponencialmente mientras nuestros soldados combatían y morían a diario.

Desde el punto de vista militar, adoptamos medidas agresivas para responder al enemigo. Desde el punto de vista político, incrementamos nuestras reuniones de compromiso y reconciliación. Sin embargo, la escalada de la insurgencia confirmaba que no sólo sufríamos de falta de personal en nuestros cuarteles generales y en cuanto a nuestros enlaces con la APC, sino que también las tropas terrestres no contaban con la suficiente protección blindada y simplemente no teníamos suficientes Humvees blindados para todos.

No había mucha esperanza de resolver los problemas económicos en el futuro próximo. Todavía no se había pasado la cuenta de financiación suplementaria al Congreso de los Estados Unidos y no se estaba haciendo nada por liberar fondos sustanciales. En ese momento no lo sabíamos, pero estos fondos sólo serían aprobados a fines de noviembre de 2003, y vendrían a estar disponibles en febrero de 2004. Entre tanto, no teníamos financiación de los Estados Unidos ni de otros miembros de la coalición para nuestros trabajos de reconstrucción.

Por si fuera poco, recibí una llamada en los primeros días de septiembre para informarme que los españoles, que pronto debían reemplazar a la Marina en el sur de Irak, se negaban a asumir el comando de su sector. Trajimos de inmediato por avión al comandante de la brigada española y a los líderes de los batallones de América Latina a Victory Base para una reunión. Tan pronto como entraron a la oficina, comencé a hablar con ellos en español.

"Señores, se me han dicho que no están dispuestos a tomar el comando de su sector", les dije. "¿Es cierto eso?"

"Correcto, general", fue la respuesta. "Estados Unidos no nos ha dado nuestro equipo".

"¿Su equipo?", pregunté.

"Camiones, armas, equipo antibalas, equipos de comunicación —todo lo que nos prometieron. No hemos recibido nada y tampoco las fuerzas de los países centroamericanos [Honduras, República Dominicana, El Salvador y otras unidades más pequeñas] que nos reportan a nosotros".

"General, nos están colocando en una situación muy difícil", dije.

"Señor, lo siento, pero estas son las orientaciones políticas que hemos recibido de nuestro Ministro de Defensa. Estados Unidos tiene que cumplir con su compromiso".

"Bien", le respondí, "esa es una posición bastante radical. Permítame intentar comunicarme por teléfono con su Ministro de Defensa".

Después de hablar con el Ministro de Defensa español en Madrid, entendí por qué había adoptado una posición tan rígida. En la prisa por lograr el apoyo de otras naciones a la coalición, el gobierno de Estados Unidos había prometido todo tipo de equipo y otros incentivos, pero no había cumplido su promesa. La mayor preocupación de España era que ninguno de los países de América Latina que estarían operando bajo el comando español, había recibido nada del equipo prometido. No lo tenían ahora que ya estaban en Irak y, hasta donde él sabía, no venía nada en camino. Personalmente, pensé que los españoles tenían toda la razón de estar disgustados. Era inaudito. Le aseguré al Ministro de Defensa que sus tropas tendrían el equipo prometido.

Decidimos demorar la transferencia una semana mientras hacíamos esfuerzos desesperados por adquirir todo lo necesario para cumplir nuestras obligaciones. Después de confirmar con el general Abizaid y con el cuartel general del Ejército en Washington, me di cuenta de que la única opción que teníamos era tomar ese material de las fuerzas estadounidenses en Irak. Era equipo que nuestras tropas no se podían dar el lujo de perder, pero no teníamos más alternativa. Teníamos que cumplir con los españoles que se encontraban en el sur de Irak porque, después de todo, estaban reemplazando a la Marina.

Cuando el Ministro de Defensa español se dio cuenta de que estábamos tomando material de nuestros propios soldados para dárselo a sus tropas, me envió una nota de agradecimiento. Creo que quedó sorprendido, en parte, porque tenía en sus manos un acuerdo firmado por el gobierno de los Estados Unidos que no se había cumplido. Pero yo me había comprometido con él y le había dado mi palabra. Nunca olvidaría lo que mi padre y mi tío me inculcaron muchos años antes: "Cuando te comprometes a algo, por Dios, hazlo. Tu palabra es tu obligación".

CAPÍTULO **15**

Los acontecimientos que llevaron a Abu Ghraib

A principios de agosto de 2003, fui a las instalaciones de detención de Abu Ghraib y reuní a todos los encargados de los interrogatorios que estaban allí en servicio. Eran cerca de media docena —un capitán, un suboficial y varios especialistas.

"¿Que tipo de entrenamiento tienen?", les pregunté.

"Bien, señor, un curso básico", respondieron. "Sólo el entrenamiento básico que da el Ejército".

"¿Qué experiencia tienen?"

"Panamá".

"La Tormenta del Desierto".

"Haití".

"Afganistán".

"¿Cómo están monitoreando los interrogatorios?"

"Bien, esa es nuestra responsabilidad como interrogadores, señor".

"¿Quién aprueba sus planes de interrogación?"

"Nosotros, señor".

"¿Cómo saben si se están acercando a los límites de los principios de la Convención de Ginebra?"

"Sólo por la experiencia, señor".

"Bien, esa es una área bastante gris", respondí. "¿Cómo saben si están a punto de llegar al límite o de superarlo? ¿Alguna vez han recibido entrenamiento en los principios específicos de la Convención de Ginebra en lo que se refiere a los interrogatorios?"

"No, señor, nunca".

"Muy bien, verán. Ustedes desempeñan un trabajo crítico. Tenemos gran necesidad de inteligencia. Es la única fuente con la que contamos para descubrir *quiénes* son estas personas, *cómo* están organizadas, *cuáles* son sus planes de ataque y *dónde* y *cuándo* podemos esperar que se produzcan los próximos ataques violentos. Por consiguiente, tenemos que seguir con los interrogatorios aplicándolos hasta el límite definido por nuestras autoridades, en conformidad con los principios de la Convención de Ginebra. Cada uno de ustedes debe saber cuándo se está aproximando al límite permitido, y conocer bien las técnicas que están utilizando, pero no pueden pasar de ahí. Es crucial mantener el control de la situación. Por lo que me han dicho, sin embargo, no creo que tengamos una idea muy clara de cuáles son esos límites".

La mayor general Barbara Fast y el coronel Marc Warren (jefe de abogados del CJTF-7) me acompañaban en esa visita y, tan pronto como terminé de hablar con los interrogadores, me reuní con ellos en privado.

"Tenemos que emitir algunas pautas para estos hombres y mujeres", dije. "No me siento cómodo con las cosas como están ahora. No tenemos normas, hay una gran cantidad de detenidos y nuestros interrogadores no tienen límites bien establecidos. Además, tenemos que hacer algo con nuestros planes y enfoques para los interrogatorios".

"Estoy de acuerdo", respondió Fast. "Me comunicaré de nuevo con Washington. Esta vez los presionaré hasta que nos den alguna respuesta".

"Está bien. Pero quiero asegurarme, aquí y ahora, de hacer lo correcto, Marc. Mientras estemos en el límite o por debajo del límite de los principios de la Convención de Ginebra, estamos bien. ¿No es cierto?"

"Sí, señor, absolutamente cierto", respondió Warren. "Por eso mismo se establecieron".

Eran dos los aspectos clave que me habían llevado a realizar esta visita específica a Abu Ghraib. En primer lugar, necesitábamos más y mejor inteligencia para combatir con efectividad la creciente insurgencia. Buscaba respuestas a largo plazo a interrogantes como: ¿Qué esta haciendo la insurgencia? ¿Cuál es su organización? ¿Quiénes son sus líderes? ¿Cómo los atacamos? En Abu Ghraib intentábamos establecer un centro de inteligencia estratégica con supervisión periódica.

En segundo lugar, había recibido informes preocupantes provenientes de ese lugar, que me indicaban que los prisioneros estaban siendo tratados con demasiada dureza (en términos de contacto físico y amenazas) tanto al ser capturados como durante los interrogatorios tácticos. Más del 90 por ciento de estos abusos ocurrían normalmente en el campo de batalla, mientras las unidades intentaban obtener inteligencia táctica. Querían respuestas a preguntas como: ¿Dónde esta el cómplice de este tipo? ¿Dónde escondieron el DEI? ¿Dónde se encuentra el enemigo?.

Ahora, al considerarlo en retrospectiva, sabemos que se habían introducido en Irak algunas técnicas de interrogatorio indebidas como resultado de la movilización de soldados que antes se encontraban en Afganistán, donde hay un ilimitado universo de técnicas de interrogación como resultado de la suspensión de los principios de la Convención de Ginebra en la guerra contra Al-Qaeda, y que esto había producido confusión entre las tropas. Entre abril de 2003 y febrero de 2004, nuestros comandantes de división iniciaron un gran número de investigaciones relacionadas específicamente con este problema. Al comienzo, no había interrogadores debidamente entrenados a nivel táctico, y quería asegurarme de eliminar el abuso potencial de los prisioneros. Debíamos haber resuelto el problema de los interrogatorios tácticos para cuando comenzaran las operaciones formales de interrogación en Abu Ghraib. Por eso decidí ir a hablar directamente con los interrogadores.

Debido al incremento de violencia por parte de los miembros

del antiguo régimen contra las fuerzas estadounidenses, contra las fuerzas de la coalición y contra los iraquíes que apoyaban la coalición, nuestras cifras de detenidos se habían incrementado a 6.000 ó 7.000. Teníamos problemas de hacinamiento, identificación y documentación en la prisión. A menos que tomáramos medidas para resolver estos problemas, nos veríamos en serias dificultades. Para empezar, consolidamos varias de nuestras instalaciones temporales alrededor de Fallujah, Bagdad y otras áreas importantes, y comenzamos a practicar inspecciones periódicas a todas las operaciones de detención a nivel de divisiones, brigadas y batallones. Revisé personalmente los informes diarios de los detenidos enviados por las divisiones y las listas actualizadas semanalmente de los detenidos en Abu Ghraib.

Walt Wojdakowski y Barbara Fast tuvieron la idea de que nos reuniéramos con todos los líderes y con todo el personal relacionado con operaciones de detención e interrogación. En el curso de un mes, el grupo se reunió tres veces en Victory Base por aproximadamente uno o dos días cada vez. Entre la docena de participantes en estas reuniones, se encontraba la brigadier general Janis Karpinski, Jefe de la Policía Militar y responsable de las operaciones de detención, a quien había conocido por primera vez en mayo. Los mayores generales Wojdakowski y Fast dirigieron las reuniones y, aunque no estuve presente en algunas de las discusiones, se me entregaron resúmenes de las conversaciones de cada día. También aprobé personalmente las acciones propuestas por el grupo y las solicitudes de ayuda.

Identificamos con minucioso detalle los requerimientos y las deficiencias a todo lo largo del espectro de las operaciones de detención en Irak. La conclusión a la que llegamos no fue nada buena. Confirmamos que teníamos carencias de todos los recursos y procedimientos concebibles —de capacidad médica, de infraestructura de inteligencia, de calidad de vida, de un claro proceso de identificación, de comunicación, de tecnología de información y de base de datos, de reuniones estratégicas para analizar los resultados de las acciones, de procedimientos de interrogación, de mecanismos de supervisión, de medidas de equilibrio y control, etc. Después de cada una de estas "cumbres de detención" emitíamos órdenes a todo el comando, y empezaba a establecer entonces soluciones, procedimientos y cronogramas específicos para resolver nuestros problemas de detención. Inicialmente, creamos juntas de revisión formales que examinaban y aceleraban la liberación de los detenidos. Estas juntas se reunían una vez a la semana, pero luego les pedimos que se reunieran todos los días de la semana para poder acelerar el proceso.

Nuestras cumbres de detención se centraron también en la capacidad de obtener inteligencia del CJTF-7, y determinamos que necesitábamos ayuda en cuanto a organización, personal, análisis, recolección de datos, capacitación, experiencia, contacto con las agencias nacionales e integración de los activos de interagencia. En un esfuerzo por mejorar estas capacidades de inteligencia, solicitamos con insistencia ayuda a Washington. Ocasionalmente, tanto quienes trabajaban en inteligencia del Ejército como los jefes del Estado Mayor Conjunto expresaban su preocupación por nuestra situación, pero rara vez recibíamos de ellos alguna orientación específica. Sin embargo, después del asesinato de Sergio Vieira de Mello en el atentado perpetrado en las Naciones Unidas, el embajador Paul Bremer fue agresivo en sus comentarios ante los altos mando en Washington, acerca de nuestras deficiencias en aspectos de inteligencia. Había sido un buen amigo de De Mello y se preocupaba por nuestra incapacidad de prever esos atroces actos de terrorismo. El embajador Bremer me dijo que presionaría en Washington y se empeñaría en obtener cooperación de interagencia entre la CIA y otras agencias nacionales de inteligencia para resolver nuestras actuales deficiencias. Y cumplió su palabra. Bremer dijo en Washington que consideraba el asunto como "una crisis de enormes proporciones...", una que "amenaza con socavar el progreso que hemos alcanzado hasta el momento", y "representa un riesgo para el logro exitoso de los objetivos estadounidenses para Irak... debe recibir la más alta prioridad".

Además, el 10 de septiembre de 2003, el CJTF-7 presentó la evaluación detallada de la estructura de inteligencia solicitada por el Subsecretario Encargado de Defensa, Stephen A. Cambone, a la mayor general Barbara Fast antes de que llegara al país. Se enviaron copias de este informe a toda la cadena de comando, incluyendo CENTCOM, los jefes del Estado Mayor Conjunto y a la oficina del Secretario de Defensa. Me sentí optimista y tuve la esperanza de que se lograrían algunos cambios importantes, sobre todo ahora que el embajador Bremer se había interesado en el tema.

Eventualmente, la solicitud de ayuda del CJTF-7 llegó a los jefes del Estado Mayor Conjunto y de ahí al Ejército, adonde debería haberse enviado inicialmente. Dentro del Departamento de Defensa, el Ejército es el responsable de las operaciones relacionadas con los interrogatorios. Redacta los manuales utilizados por los demás servicios. Sin embargo, para cuando la administración Bush suspendió el seguimiento de los principios de la Convención de Ginebra, el Ejército no había entrenado ni realizado interrogatorios a esta escala en muchas décadas. Sólo habían realizado interrogatorios tácticos inmediatamente después de la captura de detenidos en lugares como Panamá, Haití y Bosnia y durante la Operación Tormenta del Desierto. Me preocupaba el hecho de que el Ejército había validado los interrogatorios únicamente en lo referente a las técnicas de interrogación táctica más elementales, inadecuadas para lo que estaba ocurriendo en Irak. No habían impartido ningún tipo de entrenamiento en los procedimientos de interrogatorio como los que teníamos que realizar en Abu Ghraib. Entre tanto, el CJTF-7 se debatía ante la ausencia total de orientación y doctrina. Ni siquiera sabíamos cómo entrenar a los interrogadores ni en qué aspectos, como tampoco lo sabía el Ejército. El *Manual de Campo del Ejército* no era lo suficientemente sofisticado en el 2003 como para garantizar que nuestros interrogadores estuvieran siguiendo los principios acordados en la Convención de Ginebra, garantizando a la vez el debido tratamiento de los detenidos en un entorno disciplinado y supervisado.

Unos días después de haberme reunido con los interrogadores de Abu Ghraib, el coronel Mark Warren vino a verme.

"Señor, hablé con CENTCOM y Washington y los presioné", me informó. "Sin embargo, este es un asunto realmente candente y nadie quiere dar ninguna orientación".

"Bien, eso significa que no tenemos la experiencia y que nadie quiere hacerse cargo de administrar este aspecto".

"Sí, señor. Sea como sea, han decidido no hacer nada".

"Bien, ¡tendremos que hacerlo nosotros!", dije. "Debemos imponer algún tipo de reglas para garantizar que nuestros soldados sepan qué hacer. Mark, quiero que conforme un equipo y que desarrolle un plan. Debemos averiguar quiénes son los expertos a nivel nacional en técnicas de interrogatorio. No me importa quiénes sean, los encontraremos y obtendremos su ayuda. Es probable que quienes estén en la Bahía de Guantánamo sean quienes tengan la mayor experiencia en este tipo de operaciones".

"Sí, señor, tiene razón", replicó Warren. "Probablemente los de Guantánamo tienen la mayor experiencia. Tal vez podemos copiar su sistema y adaptarlo para cumplir con los principios de la Convención de Ginebra. Me ocuparé de eso".

Durante varias semanas, Mark Warren se dedicó a conformar un equipo que reunía a una variedad de expertos en la materia y propuso una serie de reglas de interrogatorio que deberían adoptarse en Irak. Los abogados que trabajaban como parte de su personal habían considerado cada patrón de interrogatorio sugerido y los habían ido comparando hasta determinar cuáles estaban en sintonía con los principios de la Convención de Ginebra. Después, Mark me los trajo y analizamos todo el documento.

"Señor", dijo, "nuestro comando ha llegado a un acuerdo unánime de que todo lo que está escrito aquí cumple con los principios de la Convención de Ginebra".

"Muy bien", respondí. "Pero, ¿qué pasa con los cuarteles generales a niveles más altos?"

"Señor, no responden, no nos dicen nada, no nos dan ninguna orientación al respecto".

"Está bien, estoy harto. No puedo seguir esperando a que se decidan mientras nuestros soldados hacen detenciones e interrogatorios día tras día sin ninguna orientación. Redacte un memorando que diga que, a menos que se indique lo contrario, estas reglas de interrogación serán aplicadas de aquí en adelante en Irak. Nuestro objetivo es formalizar un plan, establecer pautas específicas, establecer límites y controles y ofrecer mecanismos de supervisión. No olvide tener en cuenta al redactar el memorando que antes de estas instrucciones no se ha emitido ninguna orientación al respecto. Por lo tanto, no se trata de que estemos reemplezando nada. Y asegúrese también de decir explícitamente que los métodos de interrogación y detencion que aquí se recomiendan cumplen con los principios de la Convención de Ginebra. No podemos permitir que sea de ninguna otra manera".

El 14 de septiembre de 2003, a través de un memorando, emití la Política de Interrogatorio y Contra Resistencia del CJTF-7. Como lo indiqué en la carta de presentación, "el programa se había diseñado teniendo en cuenta el que se utilizaba para los interrogatorios en la Bahía de Guantánamo, modificado para que fuera aplicable en un frente de guerra donde sí se seguían los principios de la Convención de Ginebra. Las tropas de la coalición seguirán dando a todas las personas bajo su control un tratamiento humanitario". La última página del memorando era una lista de medidas que debían tenerse en cuenta al realizar los interrogatorios.

Me sentí satisfecho de que al fin tuviéramos algunas normas y cierto sentido de disciplina en el CJTF-7. Claro está que uno de los problemas era que este memorando no involveraba a todas las tropas en Irak, si no sólo a las unidades que se encontraban bajo mi mando. Las unidades de las Fuerzas Especiales operaban bajo un mando diferente y aunque recibieron el memorando, no estaban obligadas a cumplirlo. Además, como de costumbre, la CIA estaba operando bajo sus propias reglas secretas.

Cuando llegó el memorando a CENTCOM, el director del grupo de abogados lo leyó y le pareció muy bien. Sin embargo, una joven Mayor de su personal dijo que no se sentía cómoda con algunos de los procedimientos de interrogación. Mark Warren vino a comunicarme las reacciones de la Mayor.

"Mark", le dije, "¿está convencido de que estos métodos son legales?"

"Señor, estoy absolutamente convencido, son legales", respondió. "No cabe duda. Siguen los principios de la Convención de Ginebra".

"Bien, no quiero un desacuerdo con CENTCOM, con los jefes del Estado Mayor Conjunto ni con el Departamento de Defensa por este memorando. ¿Podría ir al cuartel general de Abizaid, aclarar este asunto y regresar aquí con una solución?"

"Sí, señor. Eso haré".

Después de algunos importantes debates con CENTCOM, Warren volvió a informarme que algunos de los métodos de interrogación en cuestión estaban demasiado cerca de la línea límite y que se llegaría a un consenso para que estos métodos específicos fueran eliminados.

"Entonces, ¿CENTCOM estaría de acuerdo si los eliminamos?", le pregunté.

"Sí, señor. Todos estarían de acuerdo".

"Muy bien, redactemos un nuevo memorando sin esos métodos. Además, no estoy tranquilo con sólo la aprobación a nivel de un coronel. Haga que esa aprobación provenga de mi nivel".

Fue así como el 12 de octubre de 2003, enviamos el nuevo documento indicando específicamente que reemplazaba el memorando del 14 de septiembre de 2003, y que "el uso de los métodos [enumerados] tiene que tener mi aprobación personal antes de que puedan ser utilizados", que "las solicitudes de métodos no enumerados deben ser presentadas personalmente a mí a través del CJTF-7 C-2 (Mayor General Barbara Fast)", y que "cada solicitud debe venir acompañada de una revisión legal realizada por el juez y abogado (Coronel Mark Warren) del personal del CJTF-7". Mediante la implementación de este proceso de aprobación, estaba garantizando la revisión de todos los planes de interrogación por los principales expertos del comando. No quería que hubiera duda entre los interrogadores acerca de los métodos que podían o no podían utilizar.

La Política de Interrogatorios y Contra Resistencia fue un primer paso importante para la situación que rivíamos en Irak, pero, por sí sola, no resolvería todos nuestros problemas. Con el incremento de los actos de violencia relacionados con la insurgencia, seguíamos recibiendo muchas quejas. Por lo tanto, había que reforzar nuestro compromiso con el tratamiento humanitario de todos los detenidos bajo nuestro control, ya fuera en el campo de batalla o en un centro de detención. Periódicamente enviaba memorandos que reforzaban la obligación del personal de la coalición de cumplir las leyes de guerra y los principios de la Convención de Ginebra. Con la expansión del campo de batalla y la intensidad de los combates, este mensaje tenía que ser repetido constantemente.

Debido a que Abu Ghraib era el centro de operaciones de detención en Irak, viajé allí varias veces entre los meses de julio y octubre de 2003. Me concentré en los aspectos básicos de defensa, en la calidad de vida, en la estructura de inteligencia y las condiciones de la infraestructura de interrogación e inteligencia. No entré en los detalles del manejo del bloque de celdas ni de la forma como funcionaba la cabina de interrogatorios. En una de esas visitas, en la que me acompaño la brigadier general Karpinski, era evidente que aunque había mejorado en cierto grado la calidad de vida, el nivel no era satisfactorio, dados los recursos disponibles. Mientras visitábamos las instalaciones, Karpinski me dijo que la falta de progreso se debía a que el personal del CJTF-7 no había cumplido sus múltiples solicitudes. Después de preguntarle por qué no había insistido o por qué no me había comunicado todo esto con anterioridad, me comuniqué por teléfono con el brigadier general Scotty West, suboficial de logística, quien me dijo que no tenía ninguna solicitud pendiente de la Brigada 800ª de la Policía Militar para nada relacionado con Abu Ghraib. En ese momento tuve serias dudas acerca de la capacidad de la brigadier general Karpinski para comandar su brigada. Le indiqué a Scotty que hiciera lo que fuera necesario para mejorar el nivel de las condiciones de vida a fin de que fuera aceptable. "No se preocupe por el hecho de que Abu Ghraib haya sido designada como una instalación transitoria", le dije. "Esto ya se ha prolongado demasiado tiempo. Tenemos que mejorar la situación aquí tanto para nuestros soldados como para los prisioneros. Todo parece indicar que permaneceremos aquí por uno o dos años más, por lo tanto, haga lo que sea necesario para arreglar este lugar". En el término de cuarenta y ocho horas, ocho de los once pelotones del 94ª Batallón de Ingeniería habían llegado al sitio y de inmediato comenzaron a realizar las mejoras con respecto a vivienda, duchas, letrinas e instalaciones médicas y sanitarias.

Hice otra visita a Abu Ghraib justo después del ataque de mortero que mató a varios prisioneros y a un par de soldados. Me preocupaba la seguridad de las instalaciones porque el área circundante era un nido de ratas de individuos pertenecientes a la insurgencia, donde se producían combates continuos incluyendo pistoleros que se movilizaban en vehículos a alta velocidad, morteros y granadas lanzadas con cohetes.

Mientras me encontraba allí, recorrí el perímetro y entré a un par de torres de vigilancia, sólo para que el Sargento Mayor de la Policía Militar me dijera que habían estado pidiendo ametralladoras calibre .50 y que nadie se las suministraba.

"¿Quiere decir que nadie se las ha querido suministrar?", le pregunté.

"Sí, señor, así es, hemos sido rechazados por cuarteles generales de niveles más altos".

Llamé de nuevo al brigadier general West y le informé lo que me acababan de decir.

"General Sánchez, es la primera vez que me entero de eso", respondió.

"Bien, ya lo sabe", le dije. "Arreglemos ese problema".

De nuevo, fue evidente que la Brigada 800ª de la Policía Militar no estaba preparada para defender a Abu Ghraib. Por un tiempo, las instalaciones de detención habían estado recibiendo ataques de morteros y cohetes a diario al igual que otros sitios en todo el país. Sin embargo, es responsabilidad fundamental de todo comandante defender su posición y estar preparado para luchar, si fuere necesario. Eso simplemente no estaba ocurriendo. No había un patrullaje agresivo. No había planes para responder al fuego enemigo, y los morteros estaban tirados por todo el complejo, en vez de estar listos para ser disparados. Además, no había coordinación con la 82ª División Aerotransportada, que tenía la responsabilidad de las operaciones más allá de las puertas de la prisión.

Parte del problema radicaba en el hecho de que los miembros de la Brigada 800ª de la Policía Militar eran reservistas sin experiencia ni entrenamiento en operaciones de combate de esta naturaleza. El Ejército de los Estados Unidos no los había preparado debidamente. Para empeorar las cosas, los reservistas en Irak tenían un sistema de pagos ineficiente que creaba problemas de moral y un sistema lento y complejo de reemplazo de tropas que obligaba a algunas de sus unidades a operar con menos del 60 por ciento de su fuerza. El Ejército había ignorado el problema de los componentes de su reserva durante años y ahora se estaba convirtiendo en una verdadera pesadilla. Esa situación hacía que los retos de la brigadier general Karpinski fueran aun más complejos, y supe que, por esa razón, tendría que exigirle más.

El oficial de más alto rango en Abu Ghraib era Tom Pappas, un coronel en servicio activo a quien había asignado previamente para manejar el proceso de interrogatorios. Los miembros de la Policía Militar eran responsables de las operaciones de detención, de la defensa y de la protección del lugar. El coronel Pappas era un joven comandante extremadamente bueno y confiaba en su capacidad de comandar. Era el comandante de la Brigada de Inteligencia Militar del V Cuerpo. De manera que basándome en la absoluta falta de progreso en cuanto a la defensa de Abu Ghraib, tomé una decisión inmediata. Lo llevé aparte y le dije, "Tom, como comandante principal en este lugar, tiene la responsabilidad de garantizar y coordinar la defensa de Abu Ghraib. Desde ahora estará a cargo de todos los requerimientos de combate y mantendrá su autoridad sobre las operaciones de inteligencia e interrogación".

Esta decisión resultó ser más tarde sospechosa, por el hecho de que había puesto a la reserva de la Policía Militar bajo el mando de un oficial en servicio activo, que además era un coronel encargado de inteligencia militar. Sin embargo, no hay nada en el reglamento militar que me impidiera tomar esa decisión. De hecho, el poner a un alto oficial a cargo de la defensa de una instalación militar es un principio militar fundamental. Y dado el hecho de que había que hacer algo de inmediato para proteger las vidas de nuestros soldados y de los detenidos, consideré que era lo correcto.

Inmediatamente después de asumir el mando en Irak, pedí ayuda para nuestras operaciones de detención e interrogación de cualquier experto en el Departamento de Defensa. Después de ser ignorado durante meses, me informaron, de un momento a otro, que el mayor general Geoffrey D. Miller, con su equipo de Guantánamo, se dirigía a Irak para evaluar y ayudar a CJTF-7. Mi reacción inicial fue mixta. Sabía que había riesgo en esta visita, pero al fin iba a tener alguna ayuda. "Está bien", pensé, "Guantánamo tiene lo más reciente en operaciones de detención e interrogación y es considerado por el Ejército y el Departamento de Defensa, como lo mejor del mundo". Además, Geoff Miller y yo nos conocíamos desde 1978 cuando ambos éramos jóvenes capitanes y tomábamos clases en el Curso Avanzado de Oficiales Blindados de Fort Knox, Kentucky. Había estado en la Bahía de Guantánamo desde noviembre de 2002.

Durante la primera visita de Miller a mi oficina, el personal del CJTF-7 y yo le explicamos la situación presente en Irak. En Guantánamo, no existía el factor de combate. Tenía una población estable de prisioneros entre la que se contaban algunos reconocidos terroristas, y contaba con recursos significativos. Aquí, estábamos en en medío del combate, teníamos una situación muy particular en cuanto a los detenidos ya que su número aumentaba rápidamente; nuestros prisioneros eran una mezcla de insurgentes y criminales y contábamos con muy pocos recursos. "Estamos necesitados de ayuda", le dije. "No tenemos aquí a nadie con la experiencia para manejar debidamente las operaciones de detención y de interrogatorios a esta escala".

Le pedí al mayor general Miller que nos ayudara a mejorar nuestra eficiencia y efectividad en todas nuestras operaciones.

"Necesitamos identificar problemas, capacitar a los interrogadores, establecer prioridades, ofrecer ejemplos de procedimientos de operación y hacer que la inteligencia obtenida llegue al conocimiento de todos los miembros del CJTF-7", le dije. "Pero, haga lo que haga, asegúrese de cumplir con los principios de la Convención de Ginebra".

El equipo de Miller comenzó a actuar de inmediato y, en un par de días, Geoff me presentó una evaluación inicial.

"Hay tremendos problemas en Abu Ghraib, especialmente con la policía militar", me dijo.

"Si le parece bien, quisiera poner en practica algunas soluciones inmediatas".

"Adelante", respondí. "Si hay cosas que no estén bien y puedan solucionarse de inmediato, no lo dude, hágalo. Y no tiene que preguntarme de nuevo. Sólo resuelva los problemas a medida que los vaya detectando. Eso es exactamente lo que necesito que haga".

Durante el mes que el equipo de Miller permaneció en el país, se hicieron cambios en los métodos de segregación de los detenidos y en las disposiciones de la cabina de interrogatorios, así como en la relación entre la Policía Militar y la inteligencia militar, por nombrar sólo algunos cambios. Al final del período de evaluación, Miller también me entregó una nueva serie de procedimientos de operación estándar y métodos de entrenamiento que debían modificarse teniendo en cuenta nuestra situación. Prácticamente todas sus recomendaciones fueron aprobadas y entregadas a los comandantes de la Policía Militar y la inteligencia militar de la prisión para su aplicación inmediata, incluyendo a la brigadier general Karpinski y al coronel Pappas de Abu Ghraib. Por último, el mayor general Miller aceptó ofrecer entrenamiento continuo en operaciones de interrogación siempre que contara con la aprobación del Departamento de Defensa. A fines de septiembre y principios de octubre, los "Equipos Tigre" de Guantánamo compuestos por psicólogos e interrogadores veteranos vinieron a Irak a trabajar directamente con nuestra inteligencia militar y nuestra Policía Militar para impartirles entrenamiento en la práctica.

Al terminar, Miller presentó una evaluación bastante negativa de la brigadier general Karpinski en cuanto a toda la operación manejada por ella. Y en las normas de procedimientos de operación que dejó, se refirió específicamente a la función de la Policía Militar en el proceso de los interrogatorios. Se refirió a un enlace inexplicable entre los interrogadores de la Policía Militar y la inteligencia militar que debía manejarse en forma adecuada. Básicamente, la Policía Militar debía ofrecer apoyo a la inteligencia militar. Transportarían a los prisioneros desde y hacia sus celdas y los monitorearían mientras estuvieran en sus celdas. Estarían atentos a los patrones de comportamiento, las pistas y cualesquiera otras indicaciones que pudieran ser útiles para el personal de inteligencia militar, y ayudarían a establecer condiciones para interrogatorios productivos. Además, el mayor general Miller fue muy específico en cuanto a que la Policía Militar no debía realizar interrogatorios, bajo ninguna circunstancia.

En ese mismo tiempo, en octubre de 2003, el Jefe de la Policía Militar, el mayor general Donald J. Ryder, vino de Washington con un numeroso equipo de expertos en detención. Mientras que Geoff Miller se concentró principalmente en los procedimientos de interrogación y otros procedimientos relacionados, Ryder se concentró en las operaciones de detención. Durante nuestra reunión inicial, le pedí que evaluara la forma como manejábamos nuestras instalaciones e identificara nuestros requerimientos de personal, equipo y entrenamiento, y que nos diera una lista de mejoras recomendadas. Le di además autoridad para poner en práctica de inmediato las soluciones a los problemas y para que entrenara a los miembros de la Policía Militar como lo hacía el mayor general Miller con los encargados de los interrogatorios. También le pedí que evaluara personalmente a la brigadier general Karpinski y que me presentara una informe acerca de si debía o no permanecer al mando de la División 800ª de la Policía Militar.

Después de varias semanas de intenso trabajo, el 6 de noviembre de 2003, el mayor general Ryder me presentó un informe de lo que había encontrado su equipo, con las correspondientes recomendaciones. Me sugirió nuevas normas de procedimientos de operación para el procesamiento interno de los detenidos, las tarjetas de captura, las bases de datos y los mecanismos de liberación. Aceptamos casi todas sus recomendaciones convencidos de que lograrían mejoras significativas en nuestras operaciones de detención. Además, Ryder me indicó que no estaba totalmente de acuerdo con el concepto de Miller en cuanto a que debía haber una relación estrecha entre los miembros de la Policía Militar y los interrogadores; y que él preferiría que hubiera una total separación entre los dos. Esta era una norma muy antigua y un dilema de entrenamiento que nunca se había resuelto adecuadamente.

Cuando le pedí su recomendación acerca de la brigadier general Karpinski, me dijo que era una jefe débil y que lo más probable era que debiera ser reemplazada. Anotó que su desempeño en la unidad estaba teniendo un efecto realmente negativo en las operaciones de Abu Ghraib, no estaba estableciendo prioridades de forma efectiva y había problemas en toda la organización. Sin embargo, por varias razones, Ryder no recomendaba reemplazarla. Mencionó el hecho de que toda la misión enfrentaba retos difíciles e inusuales y que ahora que se estaban aplicando normas para los procedimientos de operación y se daba entrenamiento, algunos de los problemas se resolverían. Además, Ryder indicó que la Brigada 800ª estaba a cuarenta y cinco días de volver a casa. "Lo mejor sería dejar a Karpinski al mando y permitirle llevar su brigada de vuelta a los Estados Unidos", dijo Ryder. "Además, el Ejército no podrá suministrarle un comandante de reemplazo en el tiempo que lo requiere".

Pensé mucho en esta decisión. Don Ryder tenía algunos puntos válidos en su evaluación. Comprendí que los retos difíciles a los que Ryder se refería, eran más complejos de lo que parecían a simple vista. La falta de relaciones fluidas entre los distintos comandos aumentaba la complejidad en Irak. Karpinski era responsable de las operaciones de detención de la Policía Militar en

Irak y en el CCTFC era responsable de brindar todo el apoyo. Además, era una reservista que no había recibido entrenamiento para un trabajo de la magnitud del que tenía que cumplir. Y, por último, el Ejército se había negado a enviar un alto oficial en servicio activo para ayudar a supervisar las operaciones de detención. En mi opinión, su fracaso se debía, en gran parte, a fallas del Ejército. Por consiguiente, y teniendo en cuenta que sólo le quedaba poco tiempo en Irak, decidí seguir la recomendación del mayor general Ryder y no reemplazar a la brigadier general Karpinski.

El 15 de octubre de 2003, el general Abizaid en CENTCOM recibió un memorando del presidente del Estado Mayor Conjunto, el general Richard Myers, titulado "La Estructura de Inteligencia en Irak". Este documento reconocía, esencialmente, que el Pentágono tenía pleno conocimiento de nuestras deficiencias de inteligencia y de que requeríamos ayuda inmediata, y se comprometía a conseguírnosla. El mensaje fue una respuesta directa a la evaluación de inteligencia que le enviamos a Stephen A. Cambone el 10 de septiembre de 2003, a través de la cadena de comando militar, y a la reacción del embajador Paul Bremer al asesinato de Sergio Vieira de Mello.

El memorando de Myers ofrecía, específicamente, una serie de medidas para remediar nuestras deficiencias de inteligencia. Por ejemplo, se estaba conformando un equipo interagencia de multiservicios para suplir nuestras necesidades, el Grupo Supervisor para Irak (comandado por David Kay) estaría encargado de brindar apoyo al CJTF-7, y mejoraría la integración de las operaciones de inteligencia de la APC y el CJTF-7, el Ejército organizaría un destacamento estratégico de contrainteligencia específicamente diseñado para nuestras necesidades, y se enviarían a Irak interrogadores adicionales. Además, el Ejército adoptaría medidas para mejorar el entrenamiento del personal de inteligencia y las habilidades de los interrogadores; nuestra solicitud de 5.200 lingüistas nativos para ayudarnos con las traducciones sería procesada lo antes posible, y había una serie de soluciones estratégicas en camino.

El memorando de Myers nos dio mucha esperanza en el CJTF-7, sin embargo, la mayoría de estas promesas jamás se materializaron. Se quedaron fosilisadas en Washington, en el proceso burocrático normal. Fueron analizadas, comprendidas, validadas y eventualmente olvidadas.

A pesar de la falta de ayuda de Washington comenzamos a ver ciertas mejorías en nuestras operaciones de detención e interrogación. Barbara Fast había hecho una revisión a fondo de la estructura del departamento de inteligencia del CJTF-7 y había definido una nueva estructura. Los mayores generales Miller y Ryder nos habían visitado, ambos habían validado y complementado la evaluación de Barbara y habían ofrecido nuevos procedimientos y entrenamiento. Además, habíamos recibido breves visitas del segundo al mando en el Departamento de Defensa y de los altos oficiales de inteligencia militar del Pentágono. El teniente general William G. Boykin (Subsecretario Encargado de Defensa para Inteligencia) y el teniente general Ronald L. Burgess (Director de Inteligencia del J-2 para los Jefes de Estado Conjuntos) vinieron a Irak y pasaron un día con nuestro estado mayor en un esfuerzo por comprender nuestras necesidades. Les hicimos una presentación detallada de nuestro programa de inteligencia, incluyendo sus retos, deficiencias, prioridades y las acciones necesarias para mejorar el mismo. Para cuando se fueron, tenía sentimientos encontrados. Supe que ahora entendían cuáles eran nuestros retos en Irak, pero aún no estaba seguro de su nivel de compromiso.

Desafortunadamente, se produjeron algunos abusos escandalosos en Abu Ghraib que opacarían para siempre nuestros enormes esfuerzos por resolver los problemas del sistema de inteligencia y detención en Irak. Fueron eventos que se produjeron bajo el radar, mientras expertos del ejército evaluaban las operaciones de Abu Ghraib. Desafortunadamente, no nos enteraríamos de las dimensiones de dichos abusos hasta dos meses después —y entonces, sólo debido a que un valiente miembro de la Policía Militar tuvo el coraje de denunciarlos.

Durante dos noches, el 18 y el 19 de octubre de 2003, cuatro miembros de la Policía Militar, pertenecientes a la 372ª Compañía de la Policía Militar, y tres especialistas de inteligencia del 325ª Batallón de Inteligencia Militar arrastraron a aproximadamente una docena de prisioneros iraquíes fuera de sus celdas en Abu Ghraib y abusaron de ellos. El evento se produjo como resultado de un levantamiento menor dentro de la prisión en el que unos pocos prisioneros se enfrentaron a los guardias. Uno de los prisioneros, que tenía una pistola que había sido introducida de contrabando por un guardia iraquí, intentó dispararle al subteniente Ivan Frederick, de la Policía Militar. Frederick y el oficial especialista Charles Graner (también de la Policía Militar) decidieron responder el ataque. Acompañados de otros miembros de la Policía Militar y especialistas de inteligencia militar, ordenaron a los detenidos que se desvistieran y los amarraron dentro de sus celdas. Los apilaron formando pirámides y los humillaron sexualmente; luego los amenazaron con perros guardianes sin bozal. Según lo admitieron después varios de los ofensores, estaban "jugando", "bromeando" y simplemente "divirtiéndose". No había interrogaciones en proceso durante esta "fiesta". De hecho, ninguno de los prisioneros involucrados fue interrogado. Sin lugar a dudas, se trataba de un comportamiento delictivo de los soldados, cualquiera que fuera el grado de mando que tuvieran, y violaba evidentemente los principios de la Convención de Ginebra y las reglas del CJTF-7 que prohibían ese tipo de comportamiento.

Unas semanas después, en la noche del 4 de noviembre de 2003, se produjo una muerte en Abu Ghraib —aparentemente producida por tortura a manos de un interrogador de la CIA. A la mañana siguiente del incidente, el 5 de noviembre de 2003, Barbara Fast entró a mi oficina enfurecida.

"¡Anoche vino la CIA y dejó un cadáver en Abu Ghraib!", me dijo.

"¿Un cadáver?", pregunté.

"Sí, señor. Me acaban de llamar. Me dijeron que lo trajeron anoche y lo congelaron para preservarlo. De hecho, lo llaman 'el Hombre de Hielo' ".

"¿Por qué demonios iba a dejar la CIA un cadáver aquí?", pregunté. "¿Qué está pasando?"

"Quieren que nos encarguemos de entregar el cadáver", respondió Barbara. "¿Qué hacemos, señor?"

"En primer lugar, intentemos identificar el cadáver, traigámoslo para una autopsia y luego miramos si se le puede devolver a su familia como es debido. Después enviaremos un memorando a la CIA. Tenemos que volver a orientar este asunto por los canales pertinentes y asegurarnos de que la investigación se realice como es debido".

Aproximadamente un mes después, el jefe de la estación de la CIA (que se reporta al embajador Bremer) y su delegado, abandonaron el país sin anunciarlo. Cuando llegó el nuevo jefe de la estación a una de nuestras reuniones matinales con Bremer, pregunté qué había ocurrido con el otro jefe y su delegado. "Oh, tuvieron algunos problemas y se tuvieron que ir", fue la única respuesta. Luego oí algunos rumores acerca de que la CIA estaba considerando acusarlos de abuso y asesinato de personas en Irak. Pero nunca supe qué más pasó.

Sin embargo, con el tiempo se supo más acerca del "Hombre de Hielo". Fue identificado como Manadel al-Jamadi, y se sospechaba que había cometido un atentado con un dispositivo explosivo improvisado abandonado dentro de un vehículo estacionado. Había sido sacado de su apartamento en Bagdad por un grupo de SEALS de la Armada. Según testigos, había sido dejado en Abu Ghraib como prisionero "fantasma" (sin registrar) aún con vida. La CIA lo interrogó en la prisión y, aparentemente, lo mató de un golpe en la cabeza con un objeto romo. Una autopsia ordenada por el Departamento de Defensa declaró la muerte como homicidio.

Es importante anotar que los expertos estadounidenses en operaciones de detención e interrogación —los miembros del equipo de los Tigres de Guantánamo y el Equipo del mayor general Ryder— estaban evaluando la situación en Abu Ghraib cuando tuvieron lugar estos abusos. Sin embargo, no hay evidencia que sugiera que estuvieran involucrados en ninguna forma.

De hecho, el equipo de los Tigres no trabajaba para nada con la Policía Militar, sólo con los interrogadores de inteligencia militar. Además, el hecho de que (con excepción del incidente del "Hombre de Hielo") los abusos no estuvieran relacionados con procesos de interrogación, descarta de antemano la posibilidad de que hayan tenido cualquier participación directa.

Sin embargo, existe la posibilidad —y aun la probabilidad— de que algunos miembros de equipo de los Tigres comentaran con los miembros de la Policía Militar y los interrogadores algunas de las técnicas de interrogación más rudas de Guantánamo, que pudieron haber tenido una influencia indirecta en dichos abusos. Por otra parte, a veces, las Fuerzas Especiales realizaban interrogaciones en cualquier parte del país, con el respaldo de los interrogadores del CJTF-7. Viéndolo en retrospectiva, no tengo muchas dudas de que las técnicas utilizadas por las Fuerzas Especiales influyeran en los interrogadores del CJTF-7. En un determinado momento, había recibido al menos una queja confiable de abuso por parte de una unidad de las Fuerzas Especiales. Sin embargo, por no tener autoridad para investigar el incidente, lo remitimos a CENTCOM para que ellos a su vez lo remitieran al Comando de Operaciones Especiales. Nunca supe cuál fue el resultado en ese caso específico.

A pesar de que ninguno de los altos mandos del Ejército en Irak (Karpinski, Fast y yo) supimos de los abusos en Abu Ghraib cuando se produjeron, todos nos enteramos del hecho unos meses después, cuando fueron informados a la División de Investigaciones Penales a mediados de enero de 2004. En el término de veinticuatro horas, todos los niveles de los altos mandos norteamericanos se enteraron de la situación, hasta el Secretario de Defensa. Y tres meses después, en abril de 2004, los abusos de Abu Ghraib serían conocidos en el mundo entero a través de la prensa, enfatizando el hecho de que los jóvenes que habían perpetrado estos abusos habían sido tan descarados que tomaron fotografías —muchas fotografías.

Reunión con el presidente George W. Bush en el Despacho Oval, 20 de mayo de 2004. El secretario de defensa, Donald Rumsfeld, aparece parado detrás del presidente. *(Foto oficial de la Casa Blanca)*

Collage de los comienzos de la familia (finales de los años 40 a mediados de los 50) en la ciudad de Río Grande, Texas. *De izquierda a derecha:* abuela, mamá y sus hermanas; familia, amigos y yo a los cuatro años *(abajo a la derecha)*; en el fondo, sobre bloques de cemento está la primera casa en que viví. *(Cortesía, Ricardo S. Sánchez)*

Graduación de la Universidad Texas A&I, 1973, con mi madre, mi padre y María Elena. *(Cortesía, Ricardo S. Sánchez)*

En Arabia Saudita, otoño de 1990, planeando rutas de movimiento durante el entrenamiento para el Escudo del Desierto. *De izquierda a derecha:* el capitán Geoff Ward, el comandante Doug Robinson, el comandante John Tytla y yo. *(Cortesía, Oficina del Comandante General, Cuerpo CJTF-7/V)*

Lavando ropa en Arabia Saudita justo antes del ataque Tormenta del Desierto en Irak, a comienzos de 1991. *(Cortesía, Ricardo S. Sánchez)*

En Alemania, hablándole al Batallón de Escudería 35 en marzo de 2003 sobre expectativas para el despliegue en Irak. *(Cortesía, Ricardo S. Sánchez)*

Dándole la bienvenida al general Tommy Franks a su llegada al Aeropuerto Internacional de Bagdad para su recorrido de despedida, junio de 2003. *(Cortesía, Oficina del Comandante General, Cuerpo CJTF-7/V)*

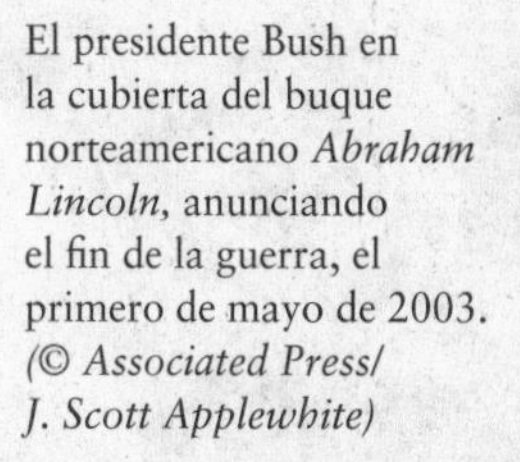

El presidente Bush en la cubierta del buque norteamericano *Abraham Lincoln*, anunciando el fin de la guerra, el primero de mayo de 2003. *(© Associated Press/ J. Scott Applewhite)*

En un helicóptero Blackhawk preparándonos para sobrevolar Baghdad con el secretario de Defensa Donald Rumsfeld, verano de 2003. *(Cortesía, Oficina del Comandante General, Cuerpo CJTF-7/V)*

Con el general John Abizaid, mi jefe, en el Aeropuerto Internacional de Baghdad durante una de sus tantas visitas a Iraq. *(Cortesía, Oficina del Comandante General, Cuerpo CJTF-7/V)*

Inspeccionando la devastación luego de un bombardeo suicida en Assasin's Gate, un paso de entrada clave a la Zona Verde en Baghdad, el 18 de enero de 2004. *(Cortesía, Oficina del Comandante General, Cuerpo CJTF-7/V)*

Finales de junio de 2003, hablando por un teléfono satelital blanco con Rumsfeld, Franks y el general Pete Pace durante el incidente en la frontera con Siria. *(Cortesía, Oficina del Comandante General, Cuerpo CJTF-7/V)*

Evaluando rutas de infiltración iraní a Irak con la División Polaca en la frontera con Irán en diciembre de 2003. *(Cortesía, Oficina del Comandante General, Cuerpo CJTF-7/V)*.

Patrullando la ciudad de Sadr con elementos de la 1ra. Caballería y las 82ª División Aerotransportada, en marzo de 2004. *(Cortesía, Oficina del Comandante General, Cuerpo CJTF-7/V)*

Una de mis docenas de reuniones con líderes de la región —parte de nuestra estrategia de citas tribales. Aquí estoy interactuando con la dirigencia chiíta en Basra. *(Cortesía, Oficina del Comandante General, Cuerpo CJTF-7/V)*

Discutiendo inteligencia y operaciones de interrogación con el personal militar de inteligencia dentro de la prisión de Abu Ghraib, verano de 2003. *(Cortesía, Oficina del Comandante General, Cuerpo CJTF-7/V)*

Con el batallón de Policía Militar en el muro sur de Abu Ghraib, desarrollando planes para la defensa de la prisión, verano de 2003. *(Cortesía, Oficina del Comandante General, Cuerpo CJTF-7/V)*

Con el embajador Paul Bremer mientras el presidente Bush se dirige a las tropas durante su visita sorpresa a Baghdad en el Día de Gracias de 2003. *(Cortesía, Oficina del Comandante General, Cuerpo CJTF-7/V)*

En una conferencia de prensa con el embajador Paul Bremer el 14 de diciembre de 2003, ofreciendo detalles de la operación que capturó a Saddam Hussein. *(Cortesía, Oficina del Comandante General, Cuerpo CJTF-7/V)*

Evadiendo el fuego de francotiradores en el techo del Cuartel General del punto más cercano de aproximación, en Najaf, el 4 de abril de 2004. *(Cortesía, Oficina del Comandante General, Cuerpo CJTF-7/V)*

20 de abril de 2004, al norte de Najaf con la 3era. Brigada, 1ra. División de Infantería, horas antes de ser encomendados a la batalla contra el Ejército Mahdi de Muqtada al-Sadr. Estoy enfatizando los valores del Ejército de "L-D-R-S-H-I-P" (liderazgo, que está en mi placa de identificación) y el ser "implacables en la batalla, pero benevolentes en la victoria. *(Cortesía, Oficina del Comandante General, Cuerpo CJTF-7/V)*

Declarando ante el Comité de los Servicios Armados del Senado, 19 de mayo de 2004. *(© Scott J. Ferrell/Getty Images)*

Noviembre de 2004, saludando niños en la dedicatoria del Colegio Primario General Ricardo Sánchez, en mi ciudad natal, Río Grande, Texas. *(Cortesía, Ricardo S. Sanchez)*

La familia Sánchez en mi retiro del Ejército de los Estados Unidos el primero de noviembre de 2006. *De izquierda a derecha:* María Elena, Michael, Rebekah, Lara, Daniel y yo, Fort Sam Houston, San Antonio, Texas. *(Cortesía, Ricardo S. Sánchez)*

CAPÍTULO **16**

La decisión de dilatar la transferencia de la soberanía

Para fines de octubre de 2003, el Consejo de Gobierno Iraquí estaba presionando al embajador Bremer para que incrementara el flujo de tráfico a través de la Zona Verde y en sus alrededores. Una de las vías principales de tráfico que querían que se volviera a abrir pasaba sobre un puente que atravesaba el río y justo por delante del Hotel al-Rasheed. Originalmente habíamos cerrado esta vía por motivos de seguridad. Pero dado que se acercaba el mes sagrado de los musulmanes, Ramadán, y que ahora el hotel había sido remodelado y convertido en las instalaciones de la APC y el personal de la coalición, el Concejo quería enviar el mensaje de que la vida estaba volviendo a la normalidad en Bagdad. Cuando el embajador Bremer y yo analizamos el asunto, le indiqué que esto dividiría la Zona Verde, que nos crearía grandes retos de seguridad y que el mayor general Martin Dempsey estaba profundamente opuesto a que se hiciera.

"Pero tenemos que hacerlo", respondió. "Es hora de demostrar que hemos avanzado y que estamos volviendo a la normalidad".

"Está bien, señor, lo intentaremos", le respondí.

Durante los próximos días, nos esforzamos por dividir la vía en compartimentos y así minimizar el riesgo para la Zona Verde. Abrimos el tráfico a mediodía el 24 de octubre. Menos de cuarenta y ocho horas después, a las 6:10 de la mañana del domingo 26 de octubre de 2003 (la víspera del comienzo del ramadán), el Hotel al-Rasheed fue atacado por insurgentes. Lanzaron diez cohetes desde una plataforma improvisada, escondida en un remolque que había sido traído hasta una intersección cercana en forma de trébol. Los cohetes rompieron las ventanas, atravesaron las habitaciones y destruyeron parte de una pared lateral del hotel de dieciocho pisos. Un coronel norteamericano murió, hubo diecisiete heridos y el Subsecretario de Defensa, Paul Wolfowitz, que se alojaba en uno de los últimos pisos, escapó por los pelos.

Al día siguiente, durante el comienzo oficial del ramadán, un terrorista suicida estrelló una ambulancia llena de explosivos en las instalaciones de la Cruz Roja cerca de la Zona Verde. Mientras tanto, en ataques coordinados, cuatro estaciones de policía de Bagdad, recientemente inauguradas, fueron atacadas en forma similar. Con un total de 35 muertos y 244 heridos, el 27 de octubre de 2003 pasaría a la historia como el día más sangriento desde la caída de Saddam Hussein. Desafortunadamente, fue apenas el comienzo de una nueva ola de violencia, originada posiblemente por la publicación de una carta de Saddam Hussein en la que hacía un llamado urgente a declarar la guerra santa contra los "odiados invasores" y quienes cooperaban con ellos.

Desde finales de octubre hasta comienzos de noviembre, hubo una intensa escalada en la violencia en todo Irak. Nuestras fuerzas militares se vieron involucradas en los más duros combates desde el 1ro de mayo. Presenciamos combates de magnitud mucho mayor a cualquier cosa que hubiéramos visto hasta entonces. Durante un período de cinco días, tres helicópteros estadounidenses Black Hawk y un helicóptero Chinook fueron derribados con un saldo de treinta norteamericanos muertos y treinta y un heridos. A la semana siguiente, un terrorista suicida hizo estallar una bomba en el cuartel general del Ejército Italiano en Nasiriyah, matando a catorce soldados italianos y ocho iraquíes. Y menos de un mes después de ese ataque, cuarenta y un soldados estadounidenses y seis iraquíes fueron heridos por un carro bomba conducido por un suicida, en las afueras de una barraca en Mosul.

Además, durante este tiempo, los insurgentes sunís lanzaban fuertes ataques contra los chiítas en el sur de Irak. El peor incidente tuvo lugar cuando una explosión de una bomba de gran potencia mató a cien personas en Karbala. Los chiítas respondieron con una violencia incontrolada e indiscriminada. Por ejemplo, en Ciudad Sadr, de 300 a 600 seguidores de los chiítas atacaron un convoy de camiones estadounidenses, lo que llevó a mayores confrontaciones con el Ejército Mahdi.

Empezábamos a ver la amenaza muy real de una guerra civil en Irak. La violencia de los sunís contra los chiítas era ya un hecho. La violencia de chiítas contra chiítas ya se cernía en el horizonte y las fuerzas estadounidenses con las demás fuerzas de la coalición estaban justo en el medio de todos estos conflictos. Durante un corto tiempo, nuestros combates en todo el país se incrementaron vertiginosamente alcanzando cifras de setenta y cinco a cien combates por día. La inestabilidad era generalizada, pero no había pánico porque la constante rotación de las tropas había dado lugar a un aumento en el número de soldados en tierra.

Todos estos factores eran motivo de gran preocupación para la administración Bush y dieron lugar a una serie de reuniones a alto nivel en Washington sobre la forma de controlar la crisis, y no menos importante, a reconsiderar la política relacionada con Irak. Estábamos a sólo un año de las elecciones presidenciales de 2004, y no se podía permitir un desastre en Irak, porque, lo más probable sería que eso le costara la reelección al presidente Bush.

La primera medida que salió de las reuniones de la Casa Blanca fue una orden para obtener una evaluación detallada de lo que estaba ocurriendo realmente in Irak. Como resultado, tres representantes de alto nivel, uno del Departamento de Defensa, otro del Departamento de Estado y uno del Concejo de Seguridad Nacional, visitaron a Irak por tres semanas, desde el 23 de octubre hasta el 11 de noviembre. El Subsecretario de Defensa,

Paul Wolfowitz, fue el primero en llegar. De hecho, llegó justo en el momento del ataque al Hotel al-Rasheed. El Subsecretario de Estado, Richard L. Armitage llegó después y por último llegó el embajador Robert D. Blackwill, Delegado Encargado del Concejo de Seguridad Nacional para Irak, junto con un equipo de expertos.

Gran parte de la evaluación se centró en el "plan de 7 etapas" del embajador Bremer, que se anunció por primera vez en *The Washington Post* el 8 de septiembre de 2003, en la página opuesta a la página editorial. Algunos miembros de la administración Bush consideraron que no era viable y que tomaría demasiado tiempo porque implicaba un compromiso de muchos años. Las siete etapas de Bremer eran, esencialmente:

1. La creación de un Concejo de Gobierno Iraquí de veinticinco miembros.
2. El nombramiento de un comité para preparar la redacción de una constitución.
3. Pasar las funciones corrientes del gobierno de Irak a los iraquíes.
4. Crear una nueva constitución para Irak.
5. Ratificar la constitución por voto popular.
6. Elegir un gobierno permanente.
7. Disolver la Autoridad Provisional de la Coalición (APC).

Además, los iraquíes tampoco estaban satisfechos con el plan y constantemente le exigían a Bremer más autonomía. "Debe dejarnos manejar nuestros problemas", decían. "Tiene que permitir que nuestro ejército imponga la seguridad. Tenemos que tener un liderazgo iraquí, no un liderazgo norteamericano". Querían que todo esto ocurriera *inmediatamente* —y la APC no avanzaba lo suficientemente rápido para ellos.

Sin embargo, no resultó tarea fácil para la APC ni para los militares poner en práctica el consejo de Lawrence de Arabia. Durante las reuniones de fines de octubre, Paul Wolfowitz continuó insistiéndole a Bremer que le diera más responsabilidad a los iraquíes. Pero la mayoría de los iraquíes no eran capaces de realizar el trabajo porque carecían de experiencia y de capacitación. La coalición no sólo tenía que ayudarlos a desarrollar su capacidad de gobernar sino que nuestra responsabilidad también consistía en irlos guiando a lo largo del proceso de manejar su propio país.

Sin embargo, el embajador Bremer nunca abordó la tarea crítica de entrenar a los iraquíes para que se gobernaran ellos mismos. Por ejemplo, el 4 de noviembre de 2003 publicó un memorando en el que transfería toda la responsabilidad de la desbaathificación al Concejo de Gobierno. También durante ese tiempo, Bremer indicó a todos los coordinadores regionales del país que pusieran en práctica lo que la APC llamaba "un refrescamiento de los concejos de gobierno". En esencia, sus órdenes eran que cualquier concejo de gobierno local establecido por las Fuerzas Armadas sin la aprobación explícita de la APC tendría que ser revisado y renovado con personas aprobadas —sin importar si estaban funcionando efectivamente o no. Sin embargo, los coordinadores de la APC en el campo estaban estrechamente vinculados con nuestros comandantes del Ejército, por razones de necesidad. Simplemente no había nadie más que pudiera ayudarlos a cumplir su misión, por lo que los integramos en todos los aspectos de nuestras operaciones. Al cabo de poco tiempo, el personal de Bremer le estaba informando que las Fuerzas Armadas estaban haciendo un buen trabajo con los concejos de gobierno locales y que la APC necesitaba promover la cooperación tribal y la cooperación de los sunís, la reconciliación y las oportunidades económicas en forma más agresiva. Afortunadamente, el plan de 7 etapas nunca se llevó a cabo.

Parte del problema era que el embajador Bremer estaba convencido de que el progreso en Irak tenía que ser secuencial, primero la misión de la seguridad, luego el aspecto político y después la rehabilitación económica del país. Pero su razonamiento era incorrecto. Nuestras recientes experiencias en Bosnia, Kosovo y Haití nos habían enseñado que los aspectos políticos, de seguridad y económicos tenían que coordinarse y realizarse simultáneamente. Además, era evidente que el embajador Bremer, en sí mismo, era parte del problema. El principal asesor del Ministerio de Hacienda de la APC me había advertido que el Embajador no solía compartir información ni autoridad en la toma de decisiones por fuera de un pequeño círculo. Esta "incapacidad de administrar en la forma adecuada", me dijo, se convertiría en un problema especialmente grave una vez que la APC se responsabilizara del manejo de la ayuda financiera de $18.000 millones de dólares, que estaría disponible para febrero de 2004.

Cuando la evaluación de Richard Armitage confirmó lo que el general Abizaid había venido diciendo desde hacía meses —es decir, que existía de hecho una situación de insurgencia en Irak— pensé que eso podría ayudar a preparar el terreno para algunos cambios importantes, especialmente si le decía al Concejo de Seguridad Nacional lo que me había dicho a mí: "Se requieren años y años para derrotar las verdaderas insurgencias".

No estoy totalmente seguro de lo que ocurrió, pero para principios de noviembre, la APC quedó bajo la autoridad de Condoleezza Rice y del Concejo de Seguridad Nacional. Creo que esto se hizo, en parte, porque el embajador Bremer no le gustaba tener que responderle a Donald Rumsfeld y al Departamento de Defensa. Bremer, sin duda, había hecho un intenso trabajo de cabildeo para lograr ese cambio. Sin embargo, es probable que la razón principal se debiera al hecho de que Armitage y Blackwill estaban dándose cuenta de que la APC estaba fallando en Irak, de que la situación empeoraba día tras día y de que el Concejo de Seguridad Nacional era la única entidad con autoridad para reunir a todas las agencias gubernamentales a fin de desarrollar y poner en práctica una nueva e importante estrategia para Irak.

El 8 de noviembre de 2003, los embajadores Bremer y Blackwill regresaron a Washington para una serie de reuniones con los principales líderes del gobierno (Bush, Cheney, Rice, Rumsfeld, Powell) y sus delegados. Yo no estuve presente en esas conversaciones pero sí recibí una copia del memorando escrito por el Secretario de Estado Colin L. Powell el 10 de noviembre de 2003, el día que Bremer y Blackwill venían de regreso a Irak. Powell dirigió su memorando al vicepresidente Dick Cheney, al Jefe del Estado Mayor del Presidente (Andrew Card), a la doctora Rice y al Director de la CIA, George Tenet. Su memorando era manuscrito lo que, para propósitos de seguridad, garantizaba el más pequeño círculo de distribución. Básicamente, el Secretario de Estado insistía en que el plan de 7 etapas de Bremer no sería lo suficientemente rápido y que el actual esquema de organización del Concejo de Gobierno Iraquí no era sostenible. Por consiguiente, Powell ofrecía un plan alternativo:

1. Formar una Asamblea Constituyente (AC) que incluyera los 24 miembros del Concejo de Gobierno, 25 ministros y de 150 a 200 delegaciones adicionales de las distintas provincias de Irak.
2. El AC elige un gobierno interino que permanecerá en el poder por un período de dos años.
3. EL AC elige una comisión que tendrá un plazo de dos años para redactar una constitución.
4. El gobierno interino de Irak será soberano.
5. La Autoridad Provisional de la Coalición se convertirá en una amplia embajada estadounidense.
6. Las tropas de la coalición permanecerán bajo el comando unificado de los Estados Unidos.

El 11 de noviembre de 2003, al día siguiente de que Powell escribiera su memorando, participé en una videoconferencia con el presidente Bush, el secretario Rumsfeld, el general Abizaid (todos ellos fuera del país) y los embajadores Bremer y Blackwill (que habían regresado a Bagdad). Me interesó especialmente el hecho de que el presidente Bush mencionara de nuevo el tema de la cooperación suní.

"Me parece lógico suministrar grandes sumas de dinero a las áreas suní de Irak", dijo el Presidente.

"Sí, señor", respondió el embajador Bremer. "Hemos estado aplicando la estrategia suní durante los últimos dos meses".

De hecho, Bremer había asignado a dos personas para que

trabajaran en ese aspecto, pero, como de costumbre, no tenían recursos suficientes para llevar a cabo su misión. El hecho es que la estrategia de la cooperación suní nunca fue de alta prioridad para la APC.

Poco después de terminar la videoconferencia, Bremer y Blackwill fueron llamados de nuevo a Washington para otras conversaciones a alto nivel. Después de estar allí sólo un día volvieron de nuevo a Bagdad y Bremer pasó la mayor parte del 14 de noviembre en reuniones a puerta cerrada con los miembros del Concejo de Gobierno Iraquí, incluyendo a Jalal Talaban, el Presidente del Concejo.

Al día siguiente, el 15 de noviembre de 2003, Estados Unidos anunció que para el 1ro de julio de 2004, Irak sería una nación soberana, la APC se disolvería oficialmente y, en su lugar, los Estados Unidos establecerían una embajada netamente operativa. Otras etapas de este cronograma incluían: redactar y aprobar una ley marco y una nueva constitución; nombrar y aprobar un nuevo comité organizador; convocar un comité de representantes de todo el país para elegir gobernadores y establecer un nuevo gobierno iraquí permanente. Todo esto debía realizarse para fines de 2005, en un plazo de un poco más de dos años. El plan parecía muy similar a la propuesta presentada por el Secretario de Estado Powell en su memorando del 10 de noviembre de 2003. Claro está que, toda esta información era preliminar y estaba sujeta a cambio. Sin embargo, el plan era un hecho: la soberanía sería entregada a Irak dentro de siete meses y medio, en lugar de los dos años y medio a tres años originalmente previstos.

Comprendí que la decisión de transferir la soberanía a Irak para el 1ro de julio de 2004, representaba una decisión política calculada. La administración Bush sabía que las cosas iban mal en Irak y que sin duda empeorarían. Además, ahora que las evaluaciones de Wolfowitz, Armitage y Blackwill confirmaban este hecho, la administración sabía que había que hacer algo de inmediato para impedir que se afectaran las elecciones presidenciales de 2004. Entregarle la soberanía a Irak para el 1ro de julio crearía la ilusión de un progreso significativo. También permitiría un plazo de cuatro meses para convencer a los electores, a través de los medios de comunicación, que la misión estadounidense en Irak había sido un éxito. Si mientras tanto la situación empeoraba, la administración podía culpar a los iraquíes y a algunos inconvenientes del proceso de transición. La política del año de elecciones presidenciales comenzaba a desplegarse. Todo tenía que ver con ganar las elecciones presidenciales y mantener el poder. Y como lo dijera John Abizaid ese verano, "Simplemente no sabemos lo fea que se va a poner la situación".

El 16 de noviembre de 2003, al día siguiente del anuncio, hubo un cambio de dirección notorio en la APC en Bagdad. No dejaba de escuchar constantemente dos frases clave: "Transferirlo todo a los iraquíes" y "Hacerlo lo antes posible". Parecía que era lo único que importaba, y podía entender muy bien por qué. Prácticamente no se había hecho nada con respecto a las nuevas iniciativas sobre la transferencia de la soberanía —la ley marco, la nueva constitución, las elecciones, un nuevo gobierno, una nueva embajada. Bremer tenía mucho que hacer y lo sabía. Por lo tanto, se concentró casi por completo en estas iniciativas, prestó poca atención a los demás aspectos y tuvo mucho cuidado de no permitir que *nada* demorara sus cronogramas o pusiera en peligro la fecha límite del 1ro de julio.

Entre tanto, el personal del CJTF-7 estaba a punto de enloquecerse. Creo que para un grupo orientado a la acción, su reaccion fue normal. Algunos de los comentarios de varios de los oficiales incluían expresiones como esta: "Señor, no hay razón para que hagamos las cosas tan rápido. No estamos listos", "Irak no tiene la capacidad de asumir la soberanía. ¡No tiene estructuras judiciales, económicas, de seguridad, de inteligencia ni de comunicación!"; "Tenemos un concejo de gobierno totalmente incompetente, ¿y hemos decidido entregarles todo? No tiene lógica"; "¿No elimina esto cualquier asomo de esperanza que pudiéramos tener de sincronizar los elementos militares, políticos y económicos?"; "¿Cómo vamos a poder enfrentar la insurgencia ahora?".

Después de permitir que los miembros del personal se desahogaran, dije, "Muy bien, vamos a tener que entrar en una modalidad de planificación de crisis. Mientras seguimos adelante con nuestra misión, también debemos ayudar a la APC a definir cuáles son las tareas críticas que hay que realizar. ¿Qué recursos necesitaremos? ¿Qué es lo más urgente y crítico que hay que hacer para que se dé la transferencia de soberanía? Ese debe ser nuestro enfoque para que tengamos la posibilidad de lograr seguridad y estabilidad. La APC se irá el 1ro de julio y todo lo que no esté terminado para esa fecha, nos caerá encima. Nos van a dejar toda la responsabilidad a nosotros, por lo tanto, será mejor que nos preparemos".

Puse al mayor general John Gallinetti, jefe de mi estado mayor y miembro de la Marina, a cargo de la planificación de crisis, e hizo un magnífico trabajo. En muy poco tiempo, había elaborado un esquema de todos los pasos críticos que debíamos cumplir para la fecha límite del 1ro de julio. Tan pronto como nuestro plan estuvo listo, nos reunimos con el embajador Bremer y se lo presentamos. Pareció agradecer nuestro esfuerzo porque en realidad necesitaba ayuda.

Esta presentación inicial llevó a otra importante reunión de nuestro personal con los altos ejecutivos de Bremer para evaluar la situación actual. En la pared había una enorme gráfica "estilo semáforo" en la que cada área funcional y cada objetivo estaba marcado en rojo (falta mucho para terminarlo), amarillo (ya casi está listo) o verde (estamos al día) para indicar la situación de progreso. Los líderes de la APC presentaron sus informes primero. El principal asesor del Ministerio de Justicia, por ejemplo, evaluó el estado de su trabajo para establecer la ley marco, instalar el sistema judicial iraquí, desarrollar la capacidad de detención, constituir la policía nacional y capacitar abogados, jueces y todas las demás cosas que tenía por hacer en su lista. "Tenemos algunos retos en general", dijo. "Pero todo va muy bien. Todo va en la forma prevista". Y cada uno de los demás asesores de la APC dijo lo mismo. Casi todo lo que presentaron estaba marcado con un círculo verde. Naturalmente, me di cuenta que todo eso era absoluta basura. Evidentemente, Bremer desconocía el verdadero estado de la situación y querían que creyera lo que le estaban diciendo.

Mi personal presentó una evaluación mucho más realista de la línea de seguridad de la operación y el impacto en las áreas de responsibilidad de la APC. Todos los aspectos políticos y económicos eran iguales a los presentados por la APC, con la única diferencia de que presentábamos el progreso de nuestras propias responsabilidades. Como casi todo lo demás en nuestra gráfica, estaba marcado en rojo o amarillo. Al terminar la presentación, Bremer, que estaba sentado a mi lado, se volteó hacia mí y dijo:

"Bien, Ric, ¿cuál es el problema con el Ejército?"

"Señor, simplemente no creo en las evaluaciones de su personal", respondí. "Creo que sé exactamente en dónde nos encontramos en lo que se refiere a la situación del país en relación con estos aspectos —y no estamos donde su personal dice. Simplemente no hemos llegado a ese punto".

El embajador Bremer puso fin de inmediato a la reunión y yo salí totalmente desconcertado por lo que acababa de presenciar. Cuando habíamos avanzado un trecho por el corredor de modo que no nos escucharan, comencé a reír. Me dirigí a los miembros de mi personal y dije, "¿Qué les pasa a ustedes? ¿Por qué son tan incompetentes? Somos los únicos que tenemos puntos amarillos y rojos en todo el país. Tenemos más de 160.000 miembros del servicio allá afuera. ¿Por qué no podemos trabajar más?". Mis comentarios sarcásticos aliviaron la tensión de todo mi personal. Habían trabajado mucho y habían hecho un trabajo magnífico. Por lo tanto, pensé que la única forma de reaccionar era poniéndole humor a la situación.

Ahora que teníamos ya un plan para ayudar a la APC a lograr sus objetivos para transferir la soberanía, nos concentramos en nuestras propias necesidades. El personal del CJTF-7 seguía siendo insuficiente (debíamos tener 1.000 personas), contábamos con solo el 60 por ciento del personal que necesitábamos. Sin embargo, puesto que la APC se iba el 1ro de julio de 2004, todos sabíamos que era necesario que el Ejército se encargara de muchas de sus funciones. Por lo tanto, volvimos a calcular las necesidades de nuestro personal para tener en cuenta lo que requeriríamos para el cuartel general de cuatro estrellas, y el 30 de noviembre de 2004, envié un memorando al general Abizaid indicándole que nuestro documento de personal conjunto exigía en ese momento un equipo de 1.000 personas. "Pero a partir del 1ro de julio de 2004", le escribí, "necesitaremos 1.700".

Otro aspecto importante para el CJTF-7 en ese momento era la rotación de las tropas. Noviembre era una época crítica para todas las tropas en Irak que debían finalizar sus planes. De diciembre a abril, estaríamos rotando más de 330.000 hombres en servicio, incluyendo todas las tropas estadounidenses y las internacionales. Sería el mayor movimiento de tropas de Estados Unidos desde el Día D. Sin embargo, la resistencia que recibíamos de Washington era constante. Inicialmente, trataron de eliminar nuestros requerimientos basándose en un estudio de caso por caso. Si no los podían eliminar, trataban de reducir las cifras. Y si no nos podían convencer de reducirlas, nos presionaban para que redujéramos los requerimientos de entrenamiento. Era más que evidente que el Ejército no tenía la capacidad de fuerza para suministrarnos el reemplazo que necesitábamos para cumplir la misión. Con más de la mitad del total de las divisiones del Ejército estadounidense en Irak durante el verano de 2003 (cinco de diez, más elementos de otras dos) era físicamente imposible.

Otra razón por la que el Ejército tenía que demorar nuestra solicitud era para permitir más tiempo de entrenamiento para las tropas que vendrían a Irak. Sin embargo, debido a que tomaba tanto tiempo recibir las aprobaciones individuales de movilización del Secretario de Defensa, se vieron obligados a acortar los plazos de entrenamiento para algunas de las unidades de reservistas. Cuando el Departamento del Ejército me informó que estarían enviándonos unidades que no habían recibido entrenamiento adecuado para operaciones de combate, me opuse. "No aceptaremos unidades subentrenadas", informé al Pentágono.

"Las unidades del Ejército que vengan deben estar debidamente entrenadas para realizar operaciones de combate a nivel de batallón. Ese será el límite mínimo aceptable".

Al final, teníamos más de cien unidades que fueron aplazadas o lo que llamábamos "devueltas". Eran tropas que ya habían completado su tiempo de 365 días en Irak, pero ni el Departamento del Ejército ni el Departamento de Defensa estaban listos para movilizar sus reemplazos. Por lo tanto, debían permanecer allí hasta por sesenta días más porque de lo contrario tendríamos un vacío hasta que llegara la unidad de reemplazo. Es posible que en un entorno civil esto no parezca demasiado tiempo, pero en un entorno de guerra puede significar la diferencia entre la vida y la muerte para los soldados que combaten en tierra.

En Irak, siempre había algún tipo de combate en algún lugar y, con frecuencia, en más de un frente. Por ejemplo, simultáneamente con el incremento de la violencia durante los meses de octubre y noviembre, que protagonizada por los insurgentes suní, los seguidores y la milicia de Muqtada al-Sadr comenzaron a realizar ataques significativos contra sus rivales chiítas, lo que, a su vez, creó una enorme inestabilidad en el sur de Irak. Además, cuando el Ejército Mahdi tomó la mezquita de al-Mukhayyam en Karbala, el cuartel general del CJTF-7 recibió información de que el comando español se negaba a entrar en acción.

"No consideramos a al-Sadr como una amenaza", dijeron.

"¿Que no es una amenaza?", respondí. "Acaban de tomar por la fuerza un santuario. Claro que son una amenaza".

"No, no", respondió el comandante español. "De acuerdo con nuestras reglas de compromiso no estamos autorizados para atacarlos".

Fue evidente entonces que no sólo íbamos a tener que acelerar el proceso de neutralizar las acciones de Muqtada al-Sadr en el Ejército Mahdi sino que las fuerzas estadounidenses iban a tener que asumir el mando porque las fuerzas internacionales no lo harían.

Antes del anuncio de la transferencia de la soberanía, la APC nos presionó a actuar. "Si no neutralizamos a al-Sadr ahora, la situación empeorará", dijeron. "No sólo tenemos que atraparlo, a menos que actuemos, el pueblo iraquí culpará a la coalición de no haber hecho nada".

En respuesta, mostramos nuestro plan detallado para atrapar a Muqtada al-Sadr, obtener inteligencia clave y estar preparados a desplazar una fuerza más numerosa hacia el sur. Uno o dos días después del anuncio de la transferencia de la soberanía, le informamos el plan al embajador Bremer y le pedimos permiso para ejecutar la misión. Pero la decisión no se hizo esperar. "No, definitivamente no. Eso sería lo peor que podríamos hacer, dado que acabamos de decir que vamos a trasladar la soberanía a los iraquíes. Ni siquiera consideren esa posibilidad". Entonces nos retractamos, guardamos de nuevo el plan y nos limitamos a continuar monitoreando la situación de al-Sadr.

Justo después de que Bremer tomara esa decisión, el embajador Robert D. Blackwill y su equipo volvieron a Irak. Su misión era evaluar las condiciones, acciones, relaciones, planes y capacidades actuales de la misión de los Estados Unidos en Irak. Con el tiempo, desarrollé un gran respeto por Blackwill y su equipo porque sabían muy bien lo que debían hacer y me mantenían constantemente informado con datos que confirmaban lo que yo le había venido diciendo a Washington desde el comienzo.

El informe final de Blackwill salió para Washington para fines de noviembre de 2003. Con base en mi conversación con el Embajador y con la información recibida de diversas fuentes (como las interacciones de los oficiales del estado mayor y los informes preliminares), creo que la evaluación final indicaba lo siguiente:

> *En cuanto a las condiciones en tierra.* Es evidente que la insurgencia empeora, sobre todo en el área del Triángulo suní y seguramente empeorará antes de que mejore. La política actual de desbaathificación es un desastre, porque los antiguos baathistas tienen ahora pocas alterna-

tivas a excepción de unirse a los insurgentes. Están dadas las condiciones perfectas para una guerra civil entre los sunís y los chiítas, y entre los elementos chiítas en sí.

En cuanto a la APC. La organización tiene una estructura de manejo muy pobre y presenta conductas evidentemente burocráticas. Los administradores de la APC son incapaces de establecer coordinación entre las líneas de organización, no están dispuestos a compartir recursos y se niegan a cambiar las prioridades en un ambiente continuamente cambiante. El embajador Bremer exige control total y toma las principales decisiones.

En cuanto al CJTF-7 y al Ejército en general. El Ejército ha sido muy efectivo y es evidente que está asumiendo el liderazgo en los aspectos políticos del esfuerzo por controlar la insurgencia, como por ejemplo, el establecimiento de concejos locales y provinciales, que funcionan muy bien. Ha desarrollado programas de ayuda significativos para los líderes tribales y ha hecho un buen uso de los fondos del programa CERP para fortalecer la vida de la comunidad y generar oportunidades de empleo. El Cuerpo de la Defensa Civil Iraquí ha sido especialmente eficiente en lograr el equilibrio entre operaciones de seguridad efectivas y el mantenimiento de la calma dentro de la población en general. El Ejército ha puesto en práctica un sólido plan con todas las medidas posibles tras contrarrestar la creciente insurgencia.

Conclusiones y recomendaciones. La única forma de mitigar la insurgencia es a través de un abordaje sincronizado de elementos militares, políticos y económicos que tienen que coordinarse de modo agresivo e inmediato. Sin embargo, no hay nada que los Estados Unidos pueda hacer para eliminar por completo la insurgencia. La presencia de los Estados Unidos en Irak es parte tanto del problema como lo es de la solución.

Hasta donde yo sé, el informe del embajador Blackwill fue oficialmente archivado. Es un hecho que no se adoptó ninguna otra medida dado que la política de ese momento en Irak se centraba en la transferencia de poder que tendría lugar el 1ro de julio de 2004.

Durante el almuerzo el día de acción de gracias, el 27 de noviembre de 2003, visité el mayor número de comedores que pude en Bagdad. Hablé con los cocineros, con los soldados y dediqué algún tiempo a recorrer la ciudad. En una de nuestras unidades de artillería, pude observar a cuatro soldados hispanos sentados en grupo disfrutando su comida. Me acerqué, arrimé un asiento y me uní a ellos. Hablamos de sus lugares de origen, les pregunté cómo les iba y, cuando estaba a punto de irme les pregunté: "¿Qué necesitan? ¿Qué puedo hacer por ustedes?"

Pensé que podrían necesitar algo de equipo o cualquier otra cosa. Sin embargo, su respuesta me sorprendió.

"Señor, lo único que necesitamos que haga por nosotros es que nos ayude a obtener la ciudadanía estadounidense", dijeron. "Lo hemos intentado durante años, pero la burocracia es imposible. Y ahora quieren que volvamos a Estados Unidos para asistir a audiencias de inmigración. Pero estamos aquí, peleando en esta guerra y no podemos ir. Debe ayudarnos, señor".

No salía de mi asombro. Sabía que era común que jovenes que no eran ciudadanos se alistaran en el Ejército de los Estados Unidos siempre que tuvieran la residencia y fueran inmigrantes legales. Pero no me había dado cuenta de que fuera tan difícil para los soldados en una zona de combate obtener su ciudadanía. De modo que aquí tenía a varios de mis soldados que habían solicitado la ciudadanía estadounidense y que estaban atrapados en el proceso burocrático. Sin embargo, estaban absolutamente dispuestos a cumplir su compromiso de defender nuestra democracia. Debía haber otros en las mismas condiciones porque el Ejército les ofrece a estos jóvenes una forma de obtener educación y progresar mientras prestan su servicio al país. Lo que es más, estaban tan comprometidos, o aun más comprometidos, que cualquier otra persona en uniforme.

"Bien, señores, esto que me cuentan no está bien", les dije. "Veré qué puedo hacer para cambiar el sistema y ayudarlos. Feliz Día de Acción de Gracias y que Dios los bendiga".

Inmediatamente después, pedí a nuestro personal que se ocupara del asunto y presionamos a cada una de las delegaciones del Congreso que venían al país para que se ocuparan de esta situación. Ellos, a su vez, pusieron en marcha una iniciativa para agilizar el proceso a fin de que nuestros soldados que habían estado peleando en Irak y habían quedado atrapados en la red de la burocracia gubernamental, pudieran obtener su ciudadanía. Esto requeriría varios meses, pero, eventualmente, tendríamos varias ceremonias de juramento de bandera.

Unas horas después, esa misma tarde, el presidente Bush llegó de sorpresa a Bagdad para la cena de Acción de Gracias con las tropas. Me habían informado tres días antes que vendría e inmediatamente comencé los preparativos, que incluía la construcción de una enorme carpa en el Aeropuerto Internacional de Bagdad, con un podio, telones de fondo, mesas y una cena con pavo y todos los acompañamientos. Una hora y media después de la hora en que estaba programa la llegada del presidente Bush, trajimos a varios cientos de soldados estadounidenses representantes de todas las divisiones que prestaban servicio en Irak. Por razones de seguridad, todos fueron requisados para detectar armas; ninguno de ellos sabía quién iba a estar allí. La única información que habíamos revelado era que se trataba de un personaje muy importante que estaría allí para expresarles el agradecimiento de su país. Todos pensaron que se trataría del secretario Rumsfeld.

Cuando aterrizó el avión Air Force One yo estaba en un SUV blindado esperando al Presidente. Nos acercamos al avión, estacionándonos directamente en la base de las escaleras para esperarlo. En transcurso de uno o dos minutos mientras esperábamos que bajara nuestro invitado, escuché varias explosiones a distancia que parecían venir de las proximidades de Abu Ghraib, a unos cinco o seis kilómetros de donde nos encontrábamos. "No faltaba más", pensé. "Lo último que necesitábamos ahora es un ataque en el aeropuerto". Debido al carácter secreto de toda la operación, y a la seguridad que teníamos preparada, caí en cuenta de que este ataque era muy poco probable y eso me tranquilizó, en cierta medida. Efectivamente, las explosiones cesaron, se abrió la puerta de Air Force One y el presidente Bush bajó por la escalera, caminó dos pasos y subió al SUV, sentándose a mi lado.

"Hola, Ric, me alegra verlo", dijo.

"Feliz Día de Acción de Gracias, Señor Presidente", le respondí. "Qué bueno que esté aquí. Sé que las tropas se van a alegrar mucho de verlo".

Mientras nos dirigíamos a la carpa le informé al presidente Bush los detalles del evento y cómo lo íbamos a presentar ante las tropas. El embajador Bremer estaba esperando en la carpa para recibir al Presidente. Un momento después, el Embajador y yo salimos al escenario, mientras el presidente Bush esperaba detrás del telón de fondo. Les dimos a todos la bienvenida al evento y luego dije en tono casual, "Bien, me pregunto ¿quién será esa persona de mayor rango que está esperando allí atrás y desea venir a hablar con las tropas?"

Esa era la señal para que el Presidente saliera al escenario, y el efecto fue electrificante. Los soldados enloquecieron. Gritaban, lanzaban hurras y aplaudían mientras no dejaban de saltar. Fue una demostración frenética que se prolongó durante cuatro o cinco minutos. Cuando todos se calmaron, Bush se acercó al podio y les dirigió unas palabras, pero no por mucho tiempo. Les deseó a todos un Feliz Día de Acción de Gracias, les agradeció su servicio a la nación e hizo otros comentarios improvisados y sinceros. Luego se mezcló con la multitud y empezó a saludarlos a todos. Eventualmente, llegó al sitio donde los soldados comenzaban a hacer fila para servirse la comida, y empezó a servir a los soldados a medida que pasaban. Luego sirvió su propio plato y fue a sentarse en una de las mesas como todos los demás.

El presidente George W. Bush estaba viviendo uno de sus mejores días. Su preocupación por las tropas y su sinceridad al expresarles su agradecimiento transmitió a nuestros hombres y mujeres en uniforme un contundente mensaje. Por un momento, me olvidé por completo de toda la política de Washington. Realmente no importaba cuáles fueran las políticas del Presidente ni si era republicano o demócrata. Lo que importaba, más que todo, era que estaba expresando su agradecimiento a estos magníficos jóvenes que habían soportado situaciones tan difíciles en el servicio a su país.

Durante las siguientes semanas, se difundió por todo el país la noticia de esta visita tan inspiradora del presidente de los Estados Unidos, y el nivel de la moral de las tropas aumentó exponencialmente. Para cuando los comentarios de esta visita empezaban a extinguirse, otro presidente hizo noticia, lo cual sirvió aun más para elevar la moral, sólo que, esta vez, la noticia tenía que ver con el ex presidente de Irak.

El 13 de diciembre de 2003, aproximadamente a las 7:30 de la noche, recibí una llamada de Ray Odierno, comandante de la 4ª División de Infantería. "General Sánchez, creo que hemos encontrado a Saddam", dijo. "Está tan sucio que parece un mendigo, y tiene una espesa barba, pero creemos que es él debido a los tatuajes en su mano. Concuerdan con las descripciones suministradas por las Fuerzas Especiales".

Horas antes, durante el día, uno de los seguidores de Saddam Hussein, que fue detenido e interrogado por las Fuerzas Especiales, había revelado que el ex presidente podría estar escondido en una pequeña granja cerca de la ciudad de Adwar, unas diez millas al sur de Tikrit, la ciudad natal de Saddam. Se le hizo de inmediato a este hombre una prueba con el detector de mentiras, la cual no pasó, pero un suboficial con mucha experiencia pensó que esta información podría ser cierta, y que valdría la pena seguir esa pista.

Justo después del atardecer, unos 600 soldados llegaron al lugar pero no encontraron nada inicialmente. Sin embargo, después de acordonar el área y realizar una búsqueda intensiva, un par de soldados detectaron la entrada a un foso, en el exterior, cubierto por una lámina de poliestireno y un tapete. Estaban a punto de lanzar dentro una granada, cuando Saddam Hussein, que estaba escondido dentro del foso, se identificó. Nuestros soldados se apresuraron a atraparlo, lo sacaron del foso y lo empujaron al piso. Dentro del foso, que tenía unos dos metros de profundidad por tres de ancho, encontraron un rifle AK-47 y aproximadamente 700.000 dólares en efectivo.

Tan pronto como oí la noticia, ordené al personal del CJTF-7 que ejecutara el plan de contingencia para después de la captura de Saddam que habíamos desarrollado en agosto, después de las muertes de Uday y Qusay. Para tener tiempo de hacer una identificación positiva, interrumpimos toda comunicación con el mundo exterior. Le pedí al mayor general Odierno que mantuviera la noticia en secreto, y cerramos rápidamente todas las fuentes de comunicación, incluyendo la de sus tropas terrestres, su cuartel general y mi cuartel general. También tuvimos la suerte de que fuera ya de noche, porque, por lo general, los reporteros no están rondando en la oscuridad. Estaba seguro de que tendríamos de seis a ocho horas antes de que la prensa sospechara que algo importante estaba ocurriendo.

Poco después de terminar mi conversación telefónica con Odierno, llamé a John Abizaid y le di la noticia, él, a su vez, se comunicó con el secretario Rumsfeld. Luego, informé al embajador Bremer y le dije que íbamos a traer a Saddam a Victory Base tan pronto como fuera posible. Creo que después, Bremer volvió a llamar a Washington para informar al Presidente. En las siguientes cuatro o cinco horas, hubo cierta confusión acerca de la situación de Saddam Hussein: ¿Era un prisionero de guerra? ¿Cómo debíamos tratarlo?. Una vez resuelto este asunto entre CENTCOM y Washington, el general Abizaid llamó y me indicó que tratara a Saddam Hussein de acuerdo a los principios de la Convención de Ginebra.

Inicialmente, mantuvimos a nuestro valioso detenido en Victory Base en unas instalaciones donde se encontraban detenidos varios funcionarios iraquíes como "Ali el Químico" (Ali Hassan al-Majid), Tarik Aziz y el medio hermano de Saddam. Lo primero que hicimos fue someter a Saddam a un corto examen físico. Yo estaba presente en el recinto junto con un guardia de seguridad, un ayudante del médico, un intérprete y un camarógrafo (para documentar el estado físico del prisionero).

Saddam fue traído a Victory Base alrededor de las 2:30 A.M. con las manos atadas tras la espalda y encapuchado para que no supiera dónde se encontraba. Lo llevamos a una pequeña habitación, lo pusimos de pie contra la pared y le quitamos la capucha de la cabeza.

"¿Quién es usted?", preguntó el intérprete.

Ligeramente desorientado, miró alrededor.

"Soy Saddam Hussein, el Presidente de Irak", dijo. "¿Por qué me hacen esto?"

"Tenemos que hacerle un examen físico", dijo el intérprete. "¿Tiene alguna afección de salud?"

"Creo que tengo una lesión en un lado de mi cabeza y una cortada en la boca", respondió Saddam, refiriéndose al hecho de que había sido lanzado al piso al momento de su captura.

"¿Qué otros problemas de salud tiene?"

"Tengo hipertensión y necesito mis medicamentos".

"Le conseguiremos sus medicamentos", dije.

Durante los siguientes quince minutos, el asistente del médico le practicó un examen físico. Observó cuidadosamente el interior de la boca de Saddam y la barba, buscando los golpes y las cortadas de los que se quejaba. No tenía nada. Se indicó en el registro que se habían encontrado un par de moretones a un lado de su cuerpo, pero, por lo demás, el estado físico del prisionero era bastante bueno.

Más tarde, cuando entregamos a los medios de comunicación un corto video del examen, la prensa comenzó a especular de inmediato que el asistente del médico estaba examinando a Saddam para buscar piojos y estaba mirando dentro de su boca como si estuviera examinando un esclavo o un animal. Sin embargo, ese no era el caso. Simplemente buscaba las cortadas y los golpes que Saddam había mencionado. Además, algunos miembros clave del Concejo de Gobierno Iraquí nos informaron que el video transmitía el mensaje de que Saddam había caído de su elevado pedestal y estaba bajo el control de la coalición. En realidad, no teníamos la intención de enviar semejante mensaje. Nuestra única intención era convencer al pueblo iraquí, de que, de hecho, habíamos capturado a Saddam Hussein. Claro está, que tuvimos que obtener permiso para entregar el video a los medios de comunicación porque, desde el punto de vista técnico, violaba los principios de la Convención de Ginebra. Sin embargo, en Washington se tomó la decisión de que era necesario publicarlo para convencer a los ciudadanos iraquíes. También tuvimos que obtener una licencia para afeitarle la barba a Saddam y así poder compararlo con las fotografías tomadas antes de la guerra.

Nuestro siguiente paso consistió en trasladar a Saddam a una habitación con una ventana con vidrio de espejo, que sólo permite ver en una dirección, y luego traer a varios de los otros detenidos para que lo identificaran visualmente. Trajimos a su medio hermano y le preguntamos:

"¿Puede decirnos quién es ese hombre?"

"Claro que sí", respondió. "Es Saddam".

Cuando trajimos a Ali el Químico y a Tarik Aziz y les hicimos la misma pregunta, ambos respondieron que no lo reconocían.

"No, no sé quién es", dijeron.

"Mírenlo con más atención", dijo el suboficial que los había traído.

"Ah, sí, se parece a Saddam", dijo Aziz.

"Sí, sí, ese es Saddam Hussein", respondió Ali el Químico.

Al día siguiente, el embajador Bremer trajo a cuatro miembros del Concejo de Gobierno quienes también hicieron identificaciones positivas. Sin embargo, para confirmar, enviamos muestras de su ADN a un laboratorio y cuando recibimos los resultados, éstos fueron positivos.

Mientras nos preparábamos para la conferencia de prensa en la que anunciaríamos la captura de Saddam, recibí una llamada del secretario Rumsfeld, quien me dijo en tono casual que no quería que Paul Bremer hiciera el anuncio de la captura de Saddam. Quería que lo hiciera yo.

Fui entonces a hablar con el embajador Bremer, le informé

acerca de nuestro cronograma para la conferencia de prensa y le comuniqué lo que había dicho Rumsfeld. Inicialmente, se limitó a escucharme. Pero al poco tiempo me llamó pidiéndome que volviera a su oficina y me dijo:

"Yo hablaré primero".

"Bien, está bien, señor", respondí. "No puedo decirle que no lo haga, pero quiero que quede claro que le comuniqué lo que desea el Secretario".

"Ya lo sé", dijo. "Pero soy yo quien estoy a cargo y hablaré primero".

"Está bien", dije.

Me comuniqué entonces por teléfono con el general Abizaid.

"No puedo cumplir las instrucciones de Rumsfeld porque no puedo controlar a Bremer", le dije. "Sería mejor que llamara al Secretario y le contara lo que va a ocurrir".

"Permítame hablar primero con Bremer", me respondió. "Me comunicaré de nuevo con usted".

Después de hablar con el Embajador, Abizaid me volvió a llamar.

"Deje que Bremer lo haga, Ric", dijo en tono de derrota. "Sólo deje que lo haga".

"Bueno, está bien, señor. Necesitamos notificárselo al Secretario de Defensa".

El 14 de diciembre de 2003, a las 3:00 p.m. (7:00 a.m. hora de Washington), el embajador Bremer hizo el anuncio formal de la captura de Saddam Hussein.

"Señoras y señores", dijo, "lo tenemos".

Nueve días después, el 23 de diciembre, la 1ª División Blindada inauguró una pequeña área de descanso y recreación dentro de la Zona Verde, justo a tiempo para la Navidad. Me invitaron a la inauguración con mi antigua unidad y realmente disfruté de la compañía de los soldados. Uno de los hombres con quienes hablé por largo rato fue el comandante y sargento Eric Cooke, a quien conocía desde hacía unos quince años. Tenía fama de ser un líder de primera línea, siempre al pie de sus tropas, fuera de día o de noche. Hablamos largo y tendido acerca de la situación presente acerca de la moral de la división y de cómo le iba a él en particular. Cuando nos despedimos, le estreché la mano y le dije: "Cuide a sus hombres y tenga cuidado, sargento".

"No se preocupe, señor. Salimos al campo de batalla todos los días. Estaremos bien".

Las tropas estaban muy animadas y todos nos propusimos dar lo mejor de nosotros mismos para celebrar las fiestas de Navidad, aunque estuviéramos lejos de nuestras familias. La víspera de Navidad, en la noche, llamé a la casa para hablar con María Elena y los niños y leer *The Night Before Christmas* (La Víspera de Navidad) por el teléfono —para no romper con una tradición de la familia Sánchez. Les dije que los quería mucho y que sentía no poder estar con ellos. Los niños me dijeron que ellos también me querían y que entendían.

El día de Navidad, después de la misa de la mañana, fui a visitar el mayor número de unidades que pude en el área de Bagdad. Todos miraban juegos de fútbol, cantaban villancicos y compartían regalos y tarjetas de Navidad que habían recibido de sus casas. Aun en los puestos militares más austeros y remotos, las tropas habían hecho decoraciones improvisadas, como pequeñas luces y estrellas hechas de metal y tela. Me recordó la época de mi niñez cuando mis padres hacían lo mismo en nuestra casa allá en la ciudad de Río Grande.

Cuando regresé a mi cuartel general esa noche, recibí una llamada del coronel Mike Tucker, uno de los comandantes de brigada de la 1ª División Blindada.

"Señor, siento tener que decirle que el Sargento Cooke salió a patrullar con sus hombres esta tarde y su vehículo fue alcanzado por un dispositivo explosivo improvisado. Murió instantáneamente".

Se me llenaron los ojos de lágrimas y por unos momentos no pude hablar. Por último, le di gracias al coronel Tucker por haberme llamado, colgué y me puse a llorar.

Fue una noticia devastadora saber que mi amigo había muerto, pero además sentía ira. Y no podía dejar de pensar en lo que siempre le decía a mis tropas, que debían ser rudos en el combate pero benevolentes en la victoria. En ese momento, comprendí cuán difícil resulta hacer eso, sobre todo cuando nuestra gente realmente está combatiendo, desangrándose y muriendo en el campo de batalla. Entonces recé. Recé pidiendo fortaleza para no demostrar mi ira ante nuestras tropas. Recé pidiendo que esta guerra terminara pronto y recé por el alma de mi camarada muerto en la guerra.

Unos días después, asistí al servicio fúnebre que se le hizo a Eric F. Cooke, Comandante y Sargento de la 1ª Brigada de la 1ª División Blindada (Old Ironsides); Estrella de Bronce, Corazón Púrpura. Era de Phoenix, Arizona, y había ingresado al Ejército a los dieciocho años de edad y, dejaba tras de sí a su adorada esposa y a sus hijos. Tenía cuarenta y tres años.

CAPÍTULO **17**

Una oportunidad perdida

El 13 de enero de 2004, el sargento Joseph M. Darby, un miembro de la Policía Militar del Ejército de los Estados Unidos, de veintitrés años de edad, que trabajaba en la oficina de la prisión de Abu Ghraib, dejó una nota con un CD que contenía las fotografías de los abusos perpetrados a los prisioneros sobre el escritorio de un agente de la División de Investigaciones Penales. Darby había recibido ese material del cabo Charles Graner y no sabía si debía entregarlo o no a las autoridades. Por último, como lo dijera después ante un comité del Congreso, tomó su decisión porque "[los abusos] violaban todo aquello en lo que personalmente creía, todo lo que me habían enseñado acerca de las reglas de la guerra". El sargento Darby hizo lo correcto. A un gran riesgo personal, este hombre tuvo el valor moral de poner la cara y entregar a los miembros de su propia compañía. Por eso fue objeto tanto de ostracismo como de elogios.

Al día siguiente, el 14 de enero de 2004, recibí una llamada del Comandante del Departamento de Investigación Penal en la que me dijo que debía hablar conmigo de inmediato para informarme acerca de un nuevo e importante caso. Dos horas después, el comandante estaba en mi oficina contándonos al coronel Marc Warren y a mí los detalles del caso.

"Señor, ayer dejaron en nuestra oficina un CD con cientos de fotografías de abuso a los prisioneros en Abu Ghraib", comenzó. "Es evidente que algunas de las cosas que allí se hicieron son ilegales y constituyen, definitivamente, violaciones de los principios acordados en la Convención de Ginebra. Tenemos fotografías de prisioneros desnudos, algunas de ellas de carácter pornográfico. Otras muestran el uso de perros sin bozales, y hay inclusive fotografías de miembros de la Policía Militar posando con un cadáver".

"¿Cuántas personas están involucradas?", pregunté.

"Señor, en este momento, parece que fueron seis miembros de la Policía Militar, varios soldados no identificados y aproximadamente una docena de prisioneros. Hemos localizado y confiscado computadoras y otros CDs que pueden tener copias de las fotografías y los estamos reteniendo como evidencia. Hemos identificado algunos de los miembros de la Policía Militar que aparecen en las fotografías y hemos realizado los primeros interrogatorios; ya tenemos unas cuantas confesiones".

"¿Qué demonios estaban haciendo? ¿Estaban interrogando a los prisioneros?", pregunté.

"No señor, esta gente simplemente estaba divirtiéndose", respondió. "Estaban disgustados por varios disturbios provocados por los prisioneros y se estaban desquitando. Los prisioneros fueron llevados a un bloque de celdas tarde en la noche".

"¿Y por qué tomaron fotografías?"

"Señor, estos muchachos tomaron fotografías con sus cámaras digitales tal como lo habrían hecho en una fiesta. Una de las mujeres jóvenes nos dijo que lo hicieron sólo por diversión".

Después de que el oficial del Departamento de Investigación Penal nos explicó su cronograma para el resto de la investigación, abandonó la oficina y me reuní en privado con el coronel Warren.

"Marc, debemos pedir una investigación inmediatamente al comando del teniente general McKiernan, porque la 800ª División de la Policía Militar le reporta a él, no a mí".

"Sí, señor, prepararé de inmediato la solicitud", respondió.

"También quiero que todas estas personas queden totalmente fuera de contacto con los prisioneros. Obtenga los nombres de todos los que hayan sido identificados por el Departamento de Investigación Penal y prepare los documentos para suspender la cadena de comando. Saquemos a cualquiera de las personas sospechosas de haber participado en estos hechos de la prisión de Abu Ghraib y llevémoslas a trabajos temporales de oficina, a algún otro sitio".

"Señor, no estoy seguro de que usted esté autorizado para hacer eso", dijo el coronel Warren, "Técnicamente, sólo tiene control táctico sobre la Policía Militar".

"No me importa. Quiero que salgan de allí ahora mismo. Esto es inaudito".

"Sí, señor".

"También quiero que prepare una lista de acciones administrativas inmediatas para los altos mandos de la 800ª División de la Policía Militar. Asegurémonos de que estén informados de lo que pretendo hacer y oigamos lo que tienen que decir al respecto. Revisemos toda la cadena de comando. Se deberán redactar suspensiones, cartas de reprimenda —prepare los documentos con base a la evidencia. Creo que tenemos lo suficiente para tomar medidas administrativas, pero asegúrese de que no esté excediendo los límites de mi autoridad, ¿de acuerdo?"

"Sí, señor. Me ocuparé de eso".

"Una cosa más. Puede haber otros incidentes similares a este que no hayan sido reportados. Quiero iniciar una investigación interna más amplia para determinar si ha habido otros abusos de los que no estemos enterados".

Cuando se fue Marc Warren, llamé al general Abizaid para informarle la situación.

"¿Ha visto las fotografías?", me preguntó.

"No, señor. El CD forma parte de la evidencia. Pero se me han descrito en detalle por parte del Comandante del Departamento de Investigación Penal".

"¿Son espantosas?"

"Sí, señor. Esto va a resultar realmente feo cuando se sepa y será mejor que estemos preparados. Definitivamente tenemos que asegurarnos de que Washington, el Secretario y los altos mandos del ejército se enteren de esta situación".

Mientras Abizaid llamaba a Washington a informar al secretario Rumsfeld, yo me encargué de informar la situación el embajador Bremer. A los pocos días, envié una carta de amonestación a la brigadier general Karpinski, con instrucciones específicas sobre las personas a las que quería suspender del servicio en Abu Ghraib. Como resultado, la mayoría de los jefes de la prisión salieron de allí. Además, presentamos una solicitud formal de investigación al CCTFC y McKiernan asignó al mayor general Anthony M. (Tony) Taguba como director de esta misión. En ese momento, el mayor general Taguba era el Comandante General de Apoyo encargado del CCTFC, responsable de supervisar la Brigada 800ª de la Policía Militar. Además, recibimos un correo electrónico el 18 de enero de 2004 del comandante encargado de CENTCOM, informándonos que el secretario Rumsfeld estaba muy preocupado de que el escándalo se conociera antes del discurso del presidente sobre el Estado de la Unión, programado para el 20 de enero de 2004.

El 16 de enero, a solicitud del general Abizaid, tomé un avión a Bahrain para reunirme durante la cena con él y con Rumsfeld. Apenas entré, el Secretario se dirigió a mí disgustado.

"¿Por qué demonios dejó que Bremer hiciera el anunció sobre Saddam?", me gritó.

"Señor Secretario, no puedo controlar al Embajador", le respondí. "Le comuniqué su mensaje, pero dijo que iba a hablar primero y que eso era todo".

"Hablé tanto con Ric como con Bremer al respecto", dijo Abizaid, defendiéndome. "Bremer no quiso ceder".

"Bien, demonios, ustedes me debieron de haber obedecido", replicó Rumsfeld. "Ahora siéntense".

No fue un buen comienzo para nuestra reunión, pero eventualmente el Secretario se tranquilizó y hablamos de una variedad de temas. Además del desarrollo de las operaciones en Irak y del cronograma para la transición de la soberanía, Rumsfeld parecía especialmente interesado en Saddam Hussein. Por lo tanto, lo actualicé con lujo de detalles.

Después de que nos enteramos de la decisión de mantener a Saddam en Irak, construimos un sitio especial de detención en Victory Base para tenerlo allí. Por razones de seguridad, el público no sabía dónde lo teníamos. Para que Saddam tampoco supiera dónde estaba, le vendamos los ojos y a mitad de la noche lo llevamos en un helicóptero en un vuelo que duró veinte minutos. Luego lo llevamos de vuelta a Victory Base. En realidad, lo trasladamos a un lugar que quedaba apenas a 200 yardas de donde se encontraba antes. En esta nueva área de detención, era vigilado veinticuatro horas al día y se le permitía recibir visitas de la Cruz Roja. Se quejó de la ducha, de que las luces se apagaban muy temprano y de que no tenía suficientes frutas para comer —todo esto lo resolvimos a su gusto.

Washington impartió instrucciones muy específicas de que sólo la CIA podría interrogarlo, pero yo estaba seguro de que Saddam no sería sometido a ningún tratamiento severo. Por información contenida en documentos incautados, se supo que no estaba controlando directamente la insurgencia. Además de grabar un par de cintas para entregarlas a los medios de comunicación, prácticamente todo lo que hacía era pasar información en ambos sentidos a operativos clave. Aparentemente, la insurgencia era manejada por células independientes ubicadas por todo el país y Saddam recibía actualizaciones periódicas.

Cuando terminamos de hablar de Saddam, el secretario Rumsfeld se refirió superficialmente a Abu Ghraib. Luego me sorprendió al preguntarme si estaba dispuesto a prolongar mi estadía en Irak. El V Cuerpo estaba programado para salir del país a mediados de febrero y Abizaid y yo ya habíamos discutido con anterioridad la posibilidad de que mi estadía se prolongara.

"Bien, ¿por cuánto tiempo?", pregunté. "¿Estaríamos hablando de un año más?"

"Podría ser por ese tiempo. Pero al menos hasta finales del otoño, para poder cubrir la transición de la soberanía. Tom Metz [un general de tres estrellas] vendrá como su delegado. Después, pensamos ascenderlo a general de cuatro estrellas y darle el comando de SOUTHCOM en Miami. ¿Qué opina?"

"Señor, me gustaría consultarlo con mi esposa", respondí.

"Bien, me parece razonable", dijo Rumsfeld. "Pero quiero que se quede".

"Señor Secretario", interrumpió Abizaid, "realmente debemos darle a Ric un par de días para que lo comente con su esposa y lo piense. Es una decisión importante".

La reunión había empezado con un regaño de Rumsfeld para mí y había terminado con su promesa de un ascenso y con la oferta de la oportunidad de prorrogar mi comando. Esa misma noche, hablé con María Elena y le di la noticia.

"¿Quieres seguir?", me preguntó.

"Sí, creo que se lo debo a mis soldados y a mi país".

"Bien, si eso es lo que quieres, está bien", respondió. "A mí no me gusta la idea pero te apoyaré".

En un par de días, le dije al general Abizaid que aceptaría la solicitud de Rumsfeld y me quedaría. La única concesión que pediría sería poder asistir a la graduación de bachiller de mi hijo Daniel en mayo de 2004.

No habrían pasado cuarenta y ocho horas cuando recibí un correo electrónico de Tom Ricks, un reportero del *Washington Post* en donde me decía que tenía malas noticias para mí.

"He oído que lo van a destituir y que será reemplazado por el teniente general Metz", escribió. "Lo siento, yo no produzco las noticias, sólo las informo".

Luego me pedía mis comentarios para poder escribir después un artículo.

"No crea todo lo que le dicen sus fuentes, Tom", fue todo lo que le respondí.

A Ricks no le gustó mi respuesta, pero simplemente no le iba a dar mucha información debido a un altercado que había tenido con él en mayo de 2003, cuando yo todavía era comandante de división.

En ese entonces, él estuvo con nosotros en la 1ª División Blindada durante cuatro o cinco días intentando convencerme de que la 3ª División de Infantería sólo estaba manteniendo el dedo en el dique para preservar la estabilidad y evitar que los iraquíes saquearan la ciudad. Al día siguiente de una de nuestras reuniones de información dirigidas por el comandante de la Zona Verde, el *Washington Post* publicó un artículo en donde tergiversaba terriblemente mis palabras. Llamé entonces a Ricks y le pedí que viniera de inmediato a mi oficina.

"Jamás dije eso, Tom", protesté, poniendo delante de él el periódico. "Está fabricando comentarios. Esta era su agenda desde el comienzo".

"General, usted dijo eso. No me gusta que esté poniendo en duda mi integridad", respondió.

"Demuéstreme cuándo lo dije, Tom".

"Está en mis notas. Lo dijo durante la reunión de información".

"No, señor, no fue así. Debe revisar sus notas. Si no publica una rectificación, jamás lo dejaré volver a entrar a una de mis unidades".

Al día siguiente por la tarde, Ricks vino a disculparse.

"General, tenía razón", dijo, "me confundí".

Después, el periódico publicó una rectificación de dos frases en la que atribuía la cita a otra persona.

En términos generales, este incidente con el *Washington Post* fue un ejemplo para mí de la forma como los medios de comunicación manipulan la información para adaptarla a sus agendas predeterminadas. Tal como lo sabría después, aquello fue sólo el preludio de lo que ocurriría cuando la historia de los abusos de Abu Ghraib se dio a conocer públicamente.

A LAS 8:00 A.M. del 18 de enero de 2004, la reunión matinal del embajador Bremer acababa de comenzar cuando una bomba de gran poder explotó en la puerta norte de la Zona Verde, a un kilómetro de distancia, e hizo temblar todo el edificio. Mi instinto fue el de seguir el estruendo del estallido y de inmediato le dije a mis ayudas de campo, "¡Vamos! Veamos qué pasó". Detuvimos nuestro vehículo a unas cincuenta yardas de la entrada principal y tan pronto como empecé a caminar pude ver trozos de restos humanos esparcidos por todas partes. En el sitio de la explosión encontramos una enorme confusión, con gente que gritaba y corría en todas direcciones. Nuestros soldados habían respondido de inmediato y se apresuraban a proteger el lugar de los hechos. Un joven capitán había desenfundado su pistola de 9mm y, con la mirada perdida, la estaba agitando en todas direcciones mientras impartía órdenes. Lo tomé por las correas de su equipo y le dije, "¡Míreme! Está haciendo lo correcto, pero guarde esa pistola antes de que le dispare a alguien o se dispare usted. Ayude a sus soldados a hacer lo que tienen que hacer".

Mientras salía de la Zona Verde, pude ver que la explosión se había producido a unas treinta o cuarenta yardas más allá de la puerta principal. Había docenas de heridos por todas partes, pidiendo ayuda. Había quince o veinte automóviles totalmente destruidos. Algunos estaban ya quemados o todavía en llamas —y en los asientos delanteros de muchos vehículos había esqueletos. En el lugar de la explosión había un enorme cráter en la mitad de la calle. Después supimos que el conductor suicida del camión había tratado de adelantar a una fila de automóviles en el punto de control, pero las mil libras de explosivos que llevaba detonaron prematuramente. La explosión dejó veinte muertos y sesenta y tres heridos, en su mayoría iraquíes. Entre los muertos había dos civiles del Departamento de Defensa que estaban haciendo fila. Gracias a que los muros de la entrada principal se comportaron como era de esperarse según su diseño, ninguno de nuestros soldados murió.

Con este aterrador ataque, los insurgentes nos enviaban el mensaje de que la captura de Saddam Hussein no significaba que la violencia y la brutalidad hubieran terminado. Era un intento por penetrar a la Zona Verde a través de la Puerta de los Asesinos, justo a la entrada de la APC. *[Esta puerta recibía su nombre de la unidad militar que la custodiaba; los Asesinos de la Com-*

pañía Alfa de la 2ª Brigada de la 1ª División Blindada]. En mi concepto, este terrible incidente era una demostración del grado de horror que el enemigo estaba dispuesto a provocar.

Aunque hubo otros actos de violencia espectaculares, similares al de la explosión de la Puerta de los Asesinos después de la captura de Saddam Hussein, había una calma chicha generalizada en todo el país. El número de enfrentamientos de combate se redujo en forma drástica. Los ataques de la insurgencia disminuyeron y en realidad no había áreas significativas de inestabilidad en ninguna parte. Poco después de la captura de Saddam, John Abizaid y yo hablamos del asunto.

"Ric, esto produce miedo, de cierta forma", dijo Abizaid, "pero parece que puede haber realmente una oportunidad para estabilizar las cosas. Tenemos que aprovecharla. ¿Qué medidas cree que debemos tomar para que haya algún progreso en los aspectos de reconciliación, seguridad y estabilidad?"

El personal del CJTF-7 realizaba un esfuerzo casi de veinticuatro horas diarias por identificar iniciativas que pudieran trasmitir a todos en Irak, a los sunís y a los chiítas por igual, un mensaje claro de que ahora era el momento de unirnos. El personal produjo múltiples iniciativas, algunas de ellas sorprendentes. "¿Por qué no hacer que Saddam declare una rendición?", sugirió alguien. "Eso podría ayudarnos con los baathistas y con los elementos del antiguo régimen. Podríamos hacer que dijera que la lucha debe cesar por el bien del país".

Sin embargo, cuando se le presentó esta sugerencia al embajador Bremer, respondió, "Eso no lo haremos. Eso le daría legitimidad a Saddam".

Recuerdo que en ese momento pensé, "Y qué importa; él *era* el Presidente de Irak. Hasta Rumsfeld vino a hablar con él en 1983". También el general Abizaid pensaba que había algo válido en la sugerencia. Más tarde me enteré de que esta idea se convirtió en una gran broma entre el personal de la APC.

Además, propusimos ofrecer una amnistía a los insurgentes para poner fin a la violencia y reintegrarlos a la sociedad iraquí. Abogamos mucho por esta idea. Pero en la APC ni en Washington ni en el Concejo de Gobierno Iraquí quisieron siquiera oír la palabra "amnistía".

"No podemos dar amnistía a nadie que haya atacado o matado a norteamericanos o a miembros de la coalición", me dijo Bremer.

"Entonces, ¿a quién se le puede ofrecer amnistía?", pregunté. "¿Cómo piensa ponerle fin a todo esto?" Desafortunadamente, ese concepto tampoco encontró respuesta.

Continuamos proponiendo más iniciativas para dar una cierta impresión de impulso: "Acojamos a las milicias tribales chiítas"; "Establezcamos un diálogo con los insurgentes"; "Financiemos los paquetes de reconstrucción regionales para tener un impacto económico en el país"; "Organicemos una reunión con los sunís, algo similar a lo que ellos hicieron en Afganistán, para intentar encontrar un líder nacional adecuado". Todas éstas y muchas otras ideas surgieron del trabajo del personal del CJTF-7 y de CENTCOM.

Además, cada división hizo un esfuerzo significativo por proponer iniciativas políticas, económicas y de seguridad para su propio sector. Las propuestas fueron variadas y específicas —propuestas individuales para construir escuelas, fábricas, edificios gubernamentales, programas de creación de empleo, concejos de barrio y otras cosas similares. Cada propuesta representaba un esfuerzo conjunto del comandante de la división y los administradores regionales de la APC. Pero no pudimos lograr que el embajador Bremer ni nadie de la APC las tomara en serio. Estaban demasiado ocupados con la transferencia de la soberanía y los grandes proyectos de reconstrucción que serían financiados con los $18.000 millones suplementarios.

En este punto, comenzábamos a ver el efecto del cambio total de enfoque de la APC después del anuncio del 15 de noviembre. Las iniciativas que habíamos sugerido eran soluciones a largo plazo que requerían un tiempo significativo para dar resultado. Pero la APC sólo estaba interesada en esfuerzos a corto plazo directamente relacionados con sus principales objetivos de redactar una constitución, organizar las elecciones y crear un gobierno de transición. No estaban interesados en nada que pudiera prolongarse más allá del 1ro de julio de 2004, porque para esa fecha, estarían abandonando el país. Otra razón más práctica por la que la APC ni siquiera tenía en cuenta la posibilidad de aceptar alguna de nuestras iniciativas era el simple hecho de que no tenía el personal necesario para realizar el trabajo. El embajador Bremer siempre había tenido una severa escasez de personal capacitado desde el comienzo. Y, hasta donde sabía, en Washington se estaba haciendo muy poco por resolver los problemas de contratación de personal para la APC.

En diciembre, el general Peter Pace, Vicepresidente del Estado Mayor Conjunto, había venido a Irak a supervisar la situación general. Cuando me reuní con él en Bagdad, me había preguntado qué podía hacer para ayudar. Me pareció que se sorprendió cuando le pedí que la ayuda al personal de la APC fuera una prioridad. "Señor, tienen demasiado que hacer para la transferencia de la soberanía y no tienen suficiente personal", le dije. "No podemos permitir que la organización de Bremer siga sin recursos humanos. Si continúa así, nunca podremos resolver los problemas políticos y económicos en Irak y para el 1ro de julio, el Ejército será el responsable de todo". El general Pace respondió diciendo que incluiría esa pieza en la ecuación. Después, el Pentágono hizo algún esfuerzo por ayudar a Bremer, pero realmente no fue mucho. Además, la APC jamás consiguió los niveles adecuados de personal.

El general Pace fue sólo otra de las muchas personas de Washington que circuló por el país para asegurarse de que la fecha límite del 1ro de julio se cumpliera. Desde el Departamento de Estado, el embajador Frank Ricciardone y el teniente general retirado Mick Kicklighter viajaron varias veces a Irak en un esfuerzo por establecer la nueva Embajada de los Estados Unidos. No sólo asumiría la mayoría de las funciones de la APC sino que las relaciones con Irak serían de carácter tradicional —lo que significaba que la capacidad de los Estados Unidos para influir y ejecutar medidas políticas y económicas para reconstruir Irak, disminuiría considerablemente. El 1ro de julio de 2004, los Estados Unidos regresarían a su función asesora, con las mismas autoridades que tenían en cualquier otra nación soberana.

A medida que el proceso de instalar la embajada tomaba forma, el personal del CJTF-7 se preocupaba por lo que parecía ser una total indiferencia hacia la coalición política y económica después de la transferencia de la soberanía. De hecho, había una enorme amargura y un gran desacuerdo entre algunas de las naciones que tenían tropas en Irak. A la mayoría no se le había consultado la decisión de los Estados Unidos de acelerar la transferencia de la soberanía. ¿Cómo se iba a sostener el esfuerzo de la coalición en Irak después del 1ro de julio de 2004? Eso era lo que muchos se preguntaban.

Era una pregunta válida —y una que había que responder. Por lo tanto, me propuse, con Ricciardone y Kicklighter, ocuparme de ese asunto.

"Siempre he tenido la responsabilidad del aspecto militar de la coalición", dije, "pero alguien tiene que responsabilizarse de los aspectos políticos y económicos después de la transferencia de la soberanía. Debermos conformar un comité de coordinación que comprenda representantes de todas las naciones en nuestro equipo. No podemos ignorarlos".

"Eso no nos corresponde", respondieron.

"Bien, ¿a quién le corresponde?", respondí.

"No lo sabemos. Nuestra misión es establecer la embajada, no más".

Fui entonces adonde el embajador Bremer y le planteé la pregunta.

"Eso no me corresponde", dijo. "Ese asunto le corresponde al Departamento de Estado".

Un poco después, hablé largamente con el Subsecretario de Estado, Richard Armitage, cuando regresó al país a verificar el progreso de las operaciones.

"Señor Secretario, sabe, claro está, que tenemos una línea incompetente de operaciones políticas y económicas en este país, ¿no es verdad?"

"Sí, eso es correcto, General", respondió. "Pero esa no es su responsabilidad. Es responsabilidad de Bremer".

Inclusive el Secretario de Estado Colin Powell vino al país para informarse sobre el progreso de la situación. Pareció poco interesado en cualquier cosa que no fuera la instalación de la embajada. En mis reuniones con él, no pareció preocuparse por el trabajo de Bremer en la APC, donde recaía gran parte de la responsabilidad. Ese era un límite que no iba a cruzar.

El Departamento de Estado no estaba dispuesto a tratar con la APC, que estaba ahora bajo el control del Concejo de Seguridad Nacional. La APC no quería tratar con el Departamento de Estado ni con el Departamento de Defensa. No había indicación que el Concejo de Seguridad Nacional estuviera haciendo ningún esfuerzo por sincronizar a todas las agencias gubernamentales para lograr un esfuerzo unificado en Irak. Era incapaz, era incompetente, o no estaba autorizado para desempeñar esa tarea. Comencé a preguntarme entonces por qué la administración había puesto a la APC bajo el control del Concejo de Seguridad Nacional, en primer lugar.

La absurda burocracia del gobierno de los Estados Unidos quedó realmente en evidencia en febrero de 2004 cuando el suplemento presupuestal aprobado por el Congreso en noviembre del año anterior, por fin fue distribuido. En este punto y después de una larga espera de fondos para financiar proyectos críticos, la APC quedó en posición de verse obligada a gastar 18.000 millones de dólares en poco más de cuatro meses —para el 1ro de julio, la fecha límite para la transferencia de la soberanía. Peor aun, controlaba todo el suplemento pero no tenía capacidad de contratación ni mecanismos adecuados para identificar proyectos, establecer prioridades en el desarrollo de los trabajos, asignar fondos ni monitorear la ejecución de los contratos.

Muy pronto me di cuenta de que la APC se concentraba exclusivamente en gastar el suplemento en proyectos multimillonarios como plantas de energía, proyectos de desarrollo de acueductos y cosas similares. Para coordinar los esfuerzos, la APC estableció la OARI, Oficina Administrativa de la Reconstrucción Iraquí, que asumió la responsabilidad de todos los asuntos relacionados con la reconstrucción. Con personal casi exclusivamente estadounidense y con alguna ayuda de las fuerzas de la coalición, la OARI tenía como misión programar, ejecutar y administrar las iniciativas de reconstrucción del país. Su meta, por lo tanto, consistía en distribuir la totalidad de los 18.000 millones de dólares antes de la transferencia de la soberanía. Fue en este momento, cuando llegaron a Irak una considerable cantidad de contratistas. A pesar de eso, estaban dadas las condiciones para el fraude, el despilfarro y el abuso en el esfuerzo de reconstrucción a todo lo largo y ancho del país.

El 8 de marzo de 2004, se produjeron dos eventos importantes. En primer lugar, el Concejo de Gobierno Iraquí aprobó una nueva constitución interina para el país. Esencialmente, el documento había sido escrito para los iraquíes por los Estados Unidos, modelado, claro está, en la constitución de los Estados Unidos. Su aprobación se había retardado casi una semana porque cinco miembros chiítas del concejo se negaron a firmar a menos que se hicieran ciertos cambios. Cuando al fin se llegó a un compromiso, se organizó una ceremonia para firmar la constitución. Durante el evento, se escucharon unas cuantas explosiones a distancia, provenientes de ataques insurgentes lanzados como protesta. Estos ataques eran una evidente indicación de que, para retardar la marcha hacia la soberanía, la insurgencia atacaba a cualquiera que cooperara con la coalición.

Ese mismo día, al fin el secretario Rumsfeld le asignó la responsabilidad de constituir y entrenar la policía y las fuerzas de seguridad iraquíes al CJTF-7. Esta decisión había demorado mucho tiempo. Anteriormente, Rumsfeld no había querido aceptar el concepto entregado por el general Abizaid y por mí, y continuamente se había negado a ordenar que Bremer permitiera la participación del Ejército de los Estados Unidos en esta tarea. Inicialmente solicitamos esta autorización en septiembre de 2003, pero el Secretario se limitó a decirnos que lo hiciéramos directamente si un plan preliminar. Luego, en noviembre, durante las conversaciones sobre la transferencia de la soberanía, el general Abizaid solicitó formalmente el cambio, lo que, a su vez, hizo que Rumsfeld enviara un equipo encabezado por el mayor general Karl Eichenberry para evaluar el progreso de la operación (incluyendo el Cuerpo de Defensa Civil Iraquí, la Policía y el nuevo Ejército Iraquí). Eichenberry presentó su informe a mediados de febrero. Básicamente, el informe decía que había podido constatar, en términos generales, que el esfuerzo era inconexo, disfuncional y necesitaba consolidarse.

Desafortunadamente, estaban dadas ahora las condiciones para una lucha entre la Interagencia (el Departamento de Estado, el Concejo de Seguridad Nacional, los jefes del Estado Conjunto y el Departamento de Defensa) para pagar por el equipamiento y la constitución de la policía y las fuerzas de seguridad iraquíes. Mientras Bremer vociferaba por verse obligado a suministrar la financiación necesaria, las decisiones finales languidecían en el Concejo de Seguridad Nacional. Para empeorar la situación, el Departamento de Estado, que debía encargarse de las funciones de la APC a partir del 1ro de julio, no quería que se gastara el dinero porque eso tendría un impacto negativo en sus planes presupuestales futuros. Entonces, el Departamento de Estado hizo uso de su posición en el Concejo de Seguridad Nacional para cuestionar, demorar y vetar nuestras repetidas solicitudes de financiación. Cuando el asesor encargado del Concejo de Seguridad Nacional, Stephen J. Hadley, vino a Irak y me dijo lo que estaba ocurriendo, le expresé mi frustración con todo el proceso.

"Esto es ridículo", dije. "¿Qué autoridad tiene el Departamento de Estado para opinar sobre lo que yo esté diciendo aquí?"

"Bien, ponen en duda la necesidad de contar con una policía especial", respondió. "Debe indicar cuál es su posición para superar este escollo", dijo.

"Señor, he explicado mi posición una y otra vez", le dije. "Tenemos que hacerlo. Es vital. Si vamos a poner en el poder a los iraquíes para el 1ro de julio, no hay otra opción".

En varias oportunidades, el Departamento de Defensa infló las cifras de los miembros de las fuerzas iraquíes (incluyendo el Cuerpo de Defensa Civil Iraquí, el Ejército Iraquí y la Policía) y los guardias de las fronteras que operaban paralelamente con la coalición. El constante reto era constituir fuerzas iraquíes capaces y efectivas, y no simplemente aumentar el número de sus miembros. De inmediato, el embajador Bremer arguyó que los cálculos eran demasiado elevados, lo que hizo en el Congreso. Las continuas quejas de nuestra incapacidad de constituir el Ejército Iraquí, de entrenar debidamente la fuerza policial y de reclutar el número necesario de tropas fue presentado eventualmente por los medios masivos de comunicación a nivel nacional como una controversia de grandes proporciones. Entonces, el secretario Rumsfeld emitió su orden del 8 de marzo de 2004 donde al fin adjudicaban la responsabilidad de esta tarea al CJTF-7.

Cuando llegó la orden de Rumsfeld, Paul Eaton y el nuevo Asesor de Seguridad Nacional, David Gompert, se disgustaron mucho, y el embajador Bremer rechazó de inmediato la instrucción. Se requirió algún tiempo antes de que los tres cedieran y aceptaran la realidad. Por otra parte, el asesor de la APC para el Ministro del Interior me dijo de inmediato que pensaba que era una buena decisión. “Estoy muy contento de que estemos trabajando ahora con ustedes”, dijo. “En la APC no podemos lograr que se haga nada. Tal vez ahora, las cosas empezarán a cambiar”.

Cuando el Subsecretario Paul Wolfowitz me llamó para comunicarme la decisión de Rumsfeld de consolidar las fuerzas de seguridad, me hizo una advertencia. “Bien, consiguió lo que quería”, dijo. “Pero, tenga cuidado, porque dentro de dos semanas le estaremos preguntando por qué está fracasando”.

Evidentemente, dos semanas después, el Pentágono preguntó por qué no avanzábamos con la conformación y la dotación de armas de las nuevas fuerzas iraquíes. Debimos recordarles que la razón para la consolidación de este esfuerzo era que no sólo no teníamos contratos firmados para la compra de material en cantidades masivas, sino que la APC no había definido los requerimientos a nivel nacional. Estábamos determinando los requerimientos, las necesidades de instalaciones y los niveles de reclutamiento a partir de cero, aunque habíamos estado suministrando esa información desde hacía tiempo. De hecho, el CJTF-7 tuvo que iniciar de nuevo el proceso. Nos llevaría de treinta a cuarenta días documentar los requerimientos y preparar los contratos, y otros cuarenta o cincuenta días para empezar a recibir el equipo en el país. Para ese entonces, estaríamos a punto de transferir la soberanía —siempre que, claro está, todos avanzara sin contratiempos.

A fin de manejar efectivamente todo el proceso de reclutamiento, entrenamiento y equipamiento de las fuerzas de seguridad y las fuerzas militares de Irak, el general Abizaid y yo estuvimos de acuerdo en que necesitábamos poner a cargo un general de tres estrellas. Recomendamos al mayor general David Petraeus para que asumiera el mando. Petraeus, que había vuelto a los Estados Unidos durante las rotaciones normales de las fuerzas armadas, aceptó el reto y fue nombrado por el secretario Rumsfeld y el presidente Bush. Sin embargo, me sorprendió mucho que la administración Bush hiciera del anuncio de ese nombramiento un importante evento de relaciones públicas. En una conferencia de prensa oficial, el Presidente hizo que Petraeus se sentara a su lado para demostrar que él estaba informado de la situación. Después de haber ignorado el asunto durante ocho meses, la administración estaba ventilando el evento para que pareciera que Petraeus vendría a Irak a salvar un esfuerzo militar fallido. Todo se trataba de una maniobra política inmediatamente antes de las próximas elecciones presidenciales.

Eventualmente, David Petraeus regresó a Bagdad a fines de mayo de 2004 y se desempeñó muy bien. Petraeus se benefició en gran medida del trabajo realizado en los meses de marzo y abril, antes de su llegada. En esos dos meses, el personal del CJTF-7, trabajando en conjunto con el personal de la APC definió todos los requerimientos de equipo de la policía, detalló y consolidó las necesidades de equipo militar tanto para el ejército como para el

Cuerpo de Defensa Civil Iraquí, preparó los contratos y ordenó que se despachara de inmediato el equipo a Irak.

Simultáneamente con el esfuerzo de constituir y entrenar las nuevas fuerzas de seguridad iraquíes, estábamos instalando al fin un Ministerio de Defensa y estábamos creando toda la estructura de comando del país. Pero mientras el secretario Rumsfeld nos había dado autoridad para constituir y entrenar las fuerzas de seguridad, la APC continuaba siendo el ente responsable de seleccionar los líderes individuales a nivel de batallón y de ahí hacia arriba —y el embajador Bremer no renunciaba a esa responsabilidad. Consideré que era irónico, porque antes del 15 de noviembre de 2003, Bremer se había negado rotundamente a trabajar con John Abizaid y conmigo para establecer los altos niveles del liderazgo militar iraquí. De hecho, el secretario Rumsfeld le había dicho abiertamente a Abizaid que olvidara el asunto. En ese entonces, Bremer sólo estaba interesado en constituir un Ejército Iraquí comenzando desde abajo. Sin embargo, ahora se vio obligado a actuar porque la fecha límite era el 1ro de julio, por lo que la APC entró en una frenética actividad para encontrar líderes que manejaran el Ministerio de Defensa, conformaran el estado mayor y que ocuparan los altos cargos del Ejército Iraquí. La participación del CJTF-7 se limitó a entrevistar candidatos y a presentar información sobre los mismos a Bremer. Naturalmente, una vez que el nuevo liderazgo militar iraquí estuviera al mando, después de la transferencia de la soberanía, no contaría con las capacidades para operar debidamente, ya que la coalición no se había ocupado de esos aspectos. Este era otro punto en el que la actitud de la administración era básicamente dejar el problema en manos de los iraquíes. Tendrían que defenderse solos. En abril, el CJTF-7 emprendió un gran esfuerzo para desarrollar las habilidades de la jerarquía militar. Pero ya era demasiado tarde.

Hubo otros dos aspectos clave de los que se encargó la APC durante este tiempo, asuntos que anteriormente se había negado a considerar —la desbaathificación y el problema de las milicias locales. A principios de abril, el embajador Bremer se reunió con

Ahmad Chalabi, miembro del concejo de gobierno que había quedado a cargo de todo el proceso de desbaathificación desde el 4 de noviembre de 2003. El mensaje de Bremer fue muy directo: dijo que habían surgido grandes problemas desde que los iraquíes tomaron el control. Entre otras cosas, Bremer le dijo a Chalabi que las escuelas en muchos lugares de Irak no tenían maestros, y que debía hacerse una excepción global para que los niños pudieran volver a tener a sus maestros. Además, instó a Chalabi a que implementara el proceso del comité de revisión que había sido previsto para conceder excepciones a los miembros del Partido Baath. En estas instancias, Bremer intentaba ahora obligar a Chalabi a hacer lo que él mismo había descuidado.

En cuanto a las milicias tribales, el embajador Bremer y su asesor de seguridad nacional desarrollaron un plan para desarmar, desmovilizar y reintegrar todas las principales milicias en Irak. Pero era sólo un concepto sin ninguna base sólida. Las fechas límite previstas, por ejemplo, eran absurdas, porque después del 1ro de julio los iraquíes supuestamente debían cumplir ciertas metas en el término de sólo dos semanas, aunque no se habían asignado recursos y nadie pensaba que fuera posible cumplir el plan como estaba previsto. Mientras el personal del CJTF-7 revisaba el plan, surgieron importantes interrogantes. "¿Cómo van a hacer que se cumpla esto si las milicias no quieren aceptarlo?", preguntamos. "Por ejemplo, ¿cómo van a imponer esto a 8.000 ó 9.000 kurdos que están en Kurdistán, que no tienen el menor deseo de participar?" "¿Qué recursos se necesitan para ejecutar este plan?" Las únicas respuestas que tuvimos fueron: "Oh, eso es problema de Irak". O, "los iraquíes se ocuparán de eso". La APC y el asesor de seguridad nacional no tenían la capacidad para desarmar ni reintegrar a las milicias tribales, ni tampoco estaban realmente comprometidos con lograrlo. No ofrecieron ningún plan que ejecutar, ningunos recursos, ninguna financiación. Sólo redactaron un documento teórico en papel y declararon el éxito.

Además, el CJTF-7 estaba experimentando grandes cambios durante este tiempo. Después de muchas maquinaciones, finalmente recibiríamos un comando de cuatro estrellas que asumiría la responsibilidad de las funciones estratégicas y operacionales que el CCTFC había estado desempeñando antes de cerrarse a principios de junio de 2003. Inicialmente, se había pensado seriamente en traer a McKiernan y a todo su equipo del cuartel general de nuevo a Bagdad, pero por último se decidió que no podía abandonar el resto de la misión del CCTFC. Más bien, se tomó la decisión de construir el nuevo comando de forma un poco improvisada, trayendo expertos individuales de las distintas ramas de las Fuerzas Armadas. Aunque no resultó tan eficiente como si se hubiera constituido con base en un cuartel general ya establecido, el comando, al menos, permitiría contar con esa capacidad que tanta falta nos había hecho durante nuestros primeros años de operaciones. Según nuestro cronograma, el cuartel general de cuatro estrellas estaría listo y operando para el 15 de mayo de 2004.

A nivel internacional, las Naciones Unidas se involucró en la transición de la soberanía, a solicitud del Concejo de Gobierno Iraquí. Lakhdar Brahimi, un musulmán suní de Argelia fue el elegido para representar a las Naciones Unidas. Llegó al país con el propósito expreso de brindar asesoría en la selección de futuros líderes de gobierno, como el presidente y el primer ministro. Sin embargo, Brahimi inmediatamente entró en desacuerdo con Paul Bremer, quién más tarde se referiría a él como "el dictador de Irak". Era evidente que el gobierno de los Estados Unidos no estaba satisfecho con la intervención de las Naciones Unidas en la transferencia de la soberanía en Irak, en esta etapa del proceso de planificación. De hecho, el Concejo de Seguridad Nacional estaba tan preocupado por proteger los intereses de los Estados Unidos en el asunto que envió al embajador Robert D. Blackwill de regreso al país, como una especie de "perro guardián".

Durante varias reuniones, Blackwill indicó abiertamente que tenía órdenes específicas de Washington. En esencia, su misión era triple: (1) monitorear los esfuerzos de las Naciones Unidas y asegurar que fueran aceptables para el Concejo de Seguridad Nacional; (2) asegurarse de que el CJTF-7, la APC o las Naciones Unidas no tomaran ninguna medida que pudiera poner en peligro la transferencia de la soberanía el 1ro de julio; y (3) evitar cualquier ataque militar, cualquier actividad política o cualesquiera comentarios en la prensa que pudieran tener un impacto negativo en las encuestas de opinión en los Estados Unidos.

El embajador Blackwill estuvo presente en casi todas las reuniones entre la APC y el CJTF-7. A veces, si le preocupaba algún aspecto específico, decía algo como "eso no está bien", o "no pueden hacer eso porque no se vería bien en CNN". La presencia de Blackwill en nuestras reuniones me recordó la época de Kosovo y al comisario ruso que asistía a todas las conversaciones que sostenía con el comandante ruso que me reportaba a mí. Sólo que en esta oportunidad, yo era el funcionario militar sometido a monitoreo.

Los comentarios francos de Blackwill sobre las razones por las cuales se encontraba en Irak, unidos al nuevo entusiasmo que Bremer había encontrado recientemente en aspectos tales como arreglar el proceso de desbaathificación, establecer un Ministerio de Defensa y manejar las milicias tribales, no dejaba duda de las razones para la rápida transferencia de la soberanía. Ahora, estaba claro como el cristal que tenía que haber un éxito contundente en Irak antes de las elecciones presidenciales. Las decisiones críticas que afectaban a Irak estarían directamente ligadas a garantizar el éxito de la campaña de reelección del presidente Bush.

Durante los primeros tres meses de 2004, fui testigo de una erosión generalizada de las relaciones entre la APC y el CJTF-7. Mientras que el embajador Bremer y yo manteníamos una relación personal aceptable, había muchos puntos de desacuerdo, tanto militares como políticos, que no dejaban de golpearnos. El constante empeño del CJTF-7 por imponer iniciativas (amnistía, declaraciones de entrega, obtener la cooperación de los insurgentes, etc.) aumentaba considerablemente la tensión. Discutíamos también acerca de la función del Ejército después del 1ro de julio de 2004, específicamente en lo que se refería a la preparación de un Acuerdo de Estado de Fuerzas. El embajador Bremer había recibido de Paul Wolfowitz la advertencia de no negociar el acuerdo con el Concejo de Gobierno Interino. "Eso no le corresponde a la APC", le había dicho. "Eso le corresponde al Departamento de Defensa". Este aspecto era uno especialmente complejo, porque hay distintos niveles de acuerdo de estado de fuerzas entre las naciones, de mayor o menor extensión, o con mayores o menores detalles. Wolfowitz quería manejar las negociaciones desde Washington, pero Bremer siguió adelante, de cualquier forma, sin dejar de decirnos, todo el tiempo, que no lo estaba haciendo. Además, las tensiones entre el CJTF-7 y la APC aumentaron considerablemente debido al incidente de Abu Ghraib, que para este momento seguía siendo un asunto interno. Sin embargo, el embajador Bremer y la APC, con razón, lo veían como un verdadero peligro para el proceso de transferencia de la soberanía.

En los primeros días de febrero, Bremer y yo tuvimos una reunión con el Comité Internacional de la Cruz Roja (CICR) en las oficinas de la APC. Cuando me informaron inicialmente de la reunión, supuse que se trataba de una visita de cortesía. Sin embargo, cuando llegué, me di cuenta de que el CICR realmente le estaba entregando a Bremer un documento clave que, normalmente, habría sido entregado directamente a la unidad militar de la que se trataba el informe. La razón subyacente de esta reunión era asegurar un cambio significativo en los procedimientos establecidos para la presentación de informes de la Cruz Roja. El Delgado de la APC, Dick Jones, quien organizó el encuentro, quería que los informes salieran de la cadena de comando militar y fueran directamente al embajador Bremer para que éste pudiera monitorearlos. Además, quería establecer una cadena directa de presentación de informes al Departamento de Estado. Este cambio propuesto se convirtió en un problema cuando Dick Jones envió un mensaje al Departamento de Estado y a otras agencias en Washington que daban por hecho que todo lo que se informaba en el memorando del CICR era cierto. En ese momento, confronté directamente a Jones para que pusiera fin a este procedimiento contraproducente.

En esa reunión, los representantes del CICR indicaron que su informe se refería a varias quejas por el abuso a los prisioneros en Abu Ghraib (así como a algunas que se remontaban a la época de los combates terrestres). Después de la reunión, el coronel Warren y yo analizamos el informe, párrafo por párrafo, y llegamos a la conclusión de que todas las preocupaciones del CICR serían analizadas en la investigación que ya estaba realizando el mayor general Tony Taguba. Por consiguiente, decidimos no iniciar otra investigación individual sino enviar el informe de la CICR a Taguba para que pudiera incluirlo en la investigación que él estaba desarrollando.

En febrero, justo antes de que presentara su informe final sobre la investigación a CENTCOM, el mayor general Taguba llegó a Bagdad para informarme sus hallazgos. Fue por esta época cuando vi por primera vez las fotografías de los abusos en Abu Ghraib, y me afectaron enormemente. No podía entender cómo nuestros jóvenes soldados podían haber hecho semejantes cosas a los prisioneros. Aunque la investigación de Taguba tenía que ver únicamente con el aspecto de la Policía Militar en el incidente, una de las primeras cosas que me dijo fue que algunos de los miembros del personal de inteligencia militar estuvieron evidentemente involucrados en los abusos. De hecho, descubrió que, contrario a lo que había indicado el mayor general Ryder en su informe previo, los interrogadores de inteligencia militar habían pedido a los guardias de la Policía Militar preparar condiciones físicas y mentales favorables para los interrogatorios. Debido a las normas que rigen la conducta del personal de inteligencia militar, solicité de inmediato una nueva investigación individual de CENTCOM. Más adelante, el Ejército asignó al mayor general George Fay para que dirigiera esta tarea.

En términos generales, los aspectos básicos del informe de

Taguba eran bastante condenatorios. "Numerosos incidentes de abusos sádicos, flagrantes y criminales, e injustificados fueron infligidos a varios de los detenidos en la prisón de Abu Ghraib", escribió. Al enumerar los abusos específicos perpetrados por los miembros de la Policía Militar, confirmó, básicamente, todo lo que ya se me había dicho, pero los detalles parecían mucho más horripilantes —especialmente cuando se relacionaban con los golpes, con el uso de perros sin bozal y la conducta sexual desviada. Me decepcionó sobremanera que algunos soldados estadounidenses hubieran mostrado semejante falta de disciplina y de absoluta falta de consideración por la dignidad de otros seres humanos.

El mayor general Taguba confirmó varios otros hechos que habían contribuido a este catastrófico fracaso. Mencionó que:

- "Antes de ser movilizados a Irak, [los miembros de la Policía Militar] no recibieron ningún entrenamiento en operaciones de detención/prisioneros... [y tuvieron] muy poca instrucción y entrenamiento con respecto a los principios de la Convención de Ginebra".
- "Hay un desconocimiento generalizado, una ausencia de aplicación y una ausencia de énfasis en los requerimientos básicos legales, reguladores, doctrinales y de comando dentro de la Brigada 800ª de la Policía Militar y de sus unidades subordinadas".
- "Las instalaciones de detención de Abu Ghraib y Camp Bucca están significativamente sobrecargadas y exceden su capacidad máxima prevista mientras que la fuerza de guardianes es escasa y carece de recursos suficientes".

Taguba anotaba también en su informe que había tenido una entrevista de cuatro horas con la brigadier general Janis Karpinski, durante la cual ella estuvo casi todo el tiempo en un estado extremadamente emocional. "Me preocupó, en particular", escribió, "su total falta de voluntad de entender o aceptar que muchos de los problemas inherentes a la Brigada 800[a] de la Policía Militar fueron causados o empeorados por un mal liderazgo y por la negación de su comando de establecer normas y principios básicos entre los soldados".

Una de las recomendaciones del mayor general Taguba era destituir a Karpinski de su cargo y presentarle una reprimenda escrita. Además, recomendaba que el coronel Tom Pappas (a quien yo había puesto a cargo de la defensa de Abu Ghraib en noviembre de 2003) recibiera una reprimenda y fuera formalmente investigado por su posible participación en los abusos. El mayor general Taguba descubrió que había "evidente fricción y falta de comunicación efectiva" entre el coronel general Pappas y la brigadier general Karpinski, esta "ambigua relación de comando" había empeorado cuando puse a cargo a Pappas en Abu Ghraib, y que mi actuación no se había fundado "en bases opcionales sólidas debido a las diferentes misiones y agendas asignadas" a la Policía Militar y a la inteligencia militar. Me sorprendieron estos hallazgos porque ni Pappas ni Karpinski dijeron nunca que hubiera ningún tipo de fricción entre ellos. Además, no tenía bases para decir que mi actuación no estuviera fundada en una doctrina sólida. El aspecto de las relaciones de comando había sido ampliamente debatido a través de los años, pero nunca había sido resuelto por el Ejército.

Después del informe de Taguba, el 12 de marzo de 2004, el mayor general Fay, que se encontraba en Irak revisando la nueva investigación solicitada por mí, vino a mi oficina para sostener una breve conversación.

"Señor, estoy encontrando ciertas indicaciones de que usted podría haber sabido algo", dijo. "Por lo tanto, voy a tener que interrogarlo".

"Está bien, deténgase ahí", le respondí, recordando mis días en la oficina del Inspector General del Ejército. "Ahora esta investigación debe pasar a un nivel más alto. Actualmente usted no tiene autoridad para entrevistarme en esta capacidad. Debo dirigirme a CENTCOM y solicitar que envíen a un oficial de investigación de más alto rango".

Tan pronto como el mayor general Fay dejó mi oficina, me senté en mi escritorio y escribí un memorando al general Abizaid informándole que ahora yo era sujeto de una investigación y que esto superaba la autoridad de un mayor general, que el Ejército debía asignar a un oficial de mayor rango. El general Paul Kern (de cuatro estrellas) fue designado después para manejar el asunto y, a su vez, nombró al teniente general Anthony Jones para que trabajara con el mayor general Fay en una investigación combinada del aspecto de inteligencia militar en los abusos de Abu Ghraib, incluyendo mi posible implicación.

Por esa época, revisé también el informe que había pedido a Marc Warren que elaborara con relación a otros abusos que se habían presentado en Irak. Había habido una serie constante de incidentes en el término de los últimos ocho o nueve meses, que indicaban que los soldados habían estado maltratando a los prisioneros. La 3ª División de Caballería Blindada contaba con varios de estos incidentes, al igual que la 1ª División Blindada. Las buenas noticias eran que el sistema funcionaba porque los comandantes habían adoptado de inmediato las medidas pertinentes. En un caso, había habido una queja contra un teniente coronel que disparó su pistola y amenazó de muerte a un iraquí al que estaba interrogando.

"Marc, ¿qué está haciendo Ray Odierno [el comandante de la división] al respecto?", pregunté al coronel Warner.

"Vamos, señor, sabe que no es adecuado que usted le pida a los comandantes informes sobre el progreso de procedimientos judiciales en los que estén trabajando", respondió Warren. "Eso constituye uso de influencia de mando. Tiene que confiar en que el sistema y sus comandantes y abogados hagan lo correcto en estos casos".

Sabía que Marc estaba totalmente en lo cierto. De hecho, así me lo enseñaron durante mi carrera. Sin embargo, sentía la obligación de asegurarme de que estuviéramos haciendo lo correcto en estos casos, por lo que le pedí que pensara en la forma de mantenerme informado a través de sus canales legales.

El informe del coronel Warren, el informe de la CICR y la

investigación de Taguba me recordaron la advertencia que me había hecho el general Barry McCaffrey en el sentido de que siempre habría un 10 por ciento de la fuerza militar que causaría problemas, y que teníamos que ser agresivos para amortiguar su impacto en el resto de los soldados. Esto, a la vez, me impulsó a hablar del asunto en nuestras reuniones periódicas de comando. "Cuando reciban informes de que puede hacer habido abusos, tienen que tomar medidas sin importar quién pueda estar involucrado", advertí. "Hay que hacer lo que es correcto, aunque eso signifique implicar a un superior que pueda haber hecho algo que no está bien. Es parte de su responsabilidad".

Envié además una serie de comunicaciones escritas recordando a nuestros soldados que debían respetar los derechos de las personas, cumplir las leyes de la guerra y tratar a todos los iraquíes con dignidad y respeto. El siguiente memorando, enviado el 2 de marzo de 2004, es un ejemplo representativo:

> MEMORANDO A todo el Personal de las Fuerzas de la Coalición
> ASUNTO: Conducta Adecuada Durante las Operaciones de Combate
>
> 1. Propósito. Este memorando enfatiza de nuevo la responsabilidad de las Fuerzas de la Coalición de tratar a todos con dignidad y respeto... [y] de cumplir con las normas de derecho de la guerra.
>
> 2. Tratamiento Humanitario al Pueblo Iraquí. Las Fuerzas de la Coalición están comprometidas con la restauración de los derechos humanos de los civiles iraquíes y con el establecimiento de la ley. Debemos tratar a toda la población civil de forma humanitaria, con dignidad y respeto hacia su propiedad y su cultura. Las Fuerzas de la Coalición preservan la vida humana evitando la muerte de civiles y prestando pronta atención médica a las personas heridas durante operaciones de combate. Deben utilizar su buen criterio y discreción al decidir si deben o no detener a los civiles. En cualquier circunstan-

cia, deben tratar a todos los que no estén participando activamente en las hostilidades, incluyendo los prisioneros y los detenidos, de forma humanitaria. Deben estar permanente y particularmente conscientes del alto grado de sensibilidad de las culturas de Irak y del Islam en lo que se refiere a la forma de tratar a las mujeres. Siempre que sea posible, las mujeres serán requisadas en lugares no públicos; a menos que sea absolutamente necesario ningún soldado requisará a las mujeres.

3. Protección por la Fuerza y el Uso Legal de la Fuerza. Estamos realizando operaciones de combate en un ambiente complejo y peligroso. Las Fuerzas de la Coalición deben ser siempre osadas y agresivas, pero a la vez disciplinadas en el uso de la fuerza. Al entrar en contacto con el enemigo, debe utilizarse únicamente la fuerza necesaria para cumplir la misión minimizando a la vez el daño no intencional. Debemos mantener una actitud fuerte y decidida, permaneciendo a la vez en estricto control del poder destructor de nuestras armas. Ustedes han aprendido los principios del derecho de la guerra durante sus carreras militares. Como soldados profesionales, deben seguir esos principios y cumplir con las normas de combate. Antes de atacar cualquier objetivo, deben estar razonablemente seguros de gue se trata de un objetivo militar legítimo. La defensa propia está siempre permitida...

4. Encontrarán un resumen de las "Reglas de Conducta Adecuadas Durante las Operaciones de Combate". Este memorando y las Reglas de Conducta Adecuadas se distribuirán a todos los niveles. Los líderes se asegurarán de que todo el personal del CJTF-7 reciban capacitación sobre las Reglas de Conducta Adecuadas. Además, los líderes se asegurarán de que todo el personal del CJTF-7 reciba entrenamiento de actualización sobre las reglas de enfrentamiento, que incluyen entrenamiento en el uso disciplinado de la fuerza...

5. Conclusión. El respeto por los demás, el tratamiento humanitario de todas las personas y el cumplimiento del derecho de la guerra y las reglas de enfrentamiento es cuestión de disciplina y valores. Es lo que nos separa de nuestros enemigos. Espero que todos los líderes refuercen este mensaje.

RICARDO S. SÁNCHEZ
Teniente General,
Estados Unidos de América
Comandante

CAPÍTULO **18**

La rebelión chiíta

Para marzo de 2004, la preocupación había llegado al máximo en Washington debido a la influencia ejercida sobre la población chiíta de Irak por Muqtada al-Sadr, cuya milicia, el Ejército Mahdi, había llegado a la cifra de 5.000 a 10.000 hombres. Tanto el Concejo de Seguridad Nacional como el Departamento de Defensa se reunían en varias ocasiones y hacían sus propios planes sobre cómo mitigar su impacto y la posible forma de eliminarlo. Paul Wolfowitz, uno de los principales hombres del gobierno que trabajaba en este asunto, me llamó para analizar la estrategia.

"Lo llamamos el 'plan boa constrictor' ", me dijo. "Queremos debilitar toda la base de apoyo de al-Sadr en el país. Consideramos que su verdadera fuerza proviene de sus tenientes. Por lo tanto, nuestra idea es irlos sacando uno a uno y por último tomar al mismo al-Sadr. ¿Qué opina?"

"Bien, podemos hacerlo", respondí. "Sabemos quiénes son sus tenientes, y siempre que tengamos la oportunidad, nuestras fuerzas estarán más que dispuestas a emprender ese tipo de operaciones. Naturalmente, habrá una respuesta de parte de al-Sadr, por lo que tenemos que obtener la aprobación de Washington. Pero lo podemos manejar".

"No creo que haya ningún problema en obtener la aprobación de Washington", dijo Wolfowitz.

Poco después empezamos a desarrollar planes para identificar, rastrear y capturar los principales tenientes de al-Sadr, empezando por Mustafá al-Yaqoubi, a quien sabíamos que no nos resultaría muy difícil atrapar. Nuestra idea era sorprenderlo en una redada antes del amanecer en su casa en Najaf y luego llevarlo a una prisión iraquí al norte, cerca de Mosul.

Además, durante este período de tiempo, el periódico semanal *Hawza*, dirigido por la organización de Muqtada al-Sadr, publicó una serie de artículos en los que sugería que la violencia contra las fuerzas de la coalición era más que apropiada. El periódico (que tiraba 5.000 ejemplares) también lanzó un ataque contra el embajador Bremer diciendo que seguía los pasos de Saddam Hussein. No sé con seguridad qué fue lo que llevó a Bremer a actuar, pero se disgustó mucho y empezó a hablar de incitación a la violencia.

"Tenemos que clausurar ese diabólico periódico", dijo. "No toleraré esto".

El 27 de marzo de 2004, Bremer dio la orden de cerrar el *Hawza* por sesenta días. Después de coordinar con CENTCOM, el CJTF-7 ejecutó la orden. El comandante de la brigada fue al periódico y les dijo a todos que se fueran para sus casas; después echó las cadenas y cerró las puertas. No hubo resistencia ni violencia. Sin embargo, durante los días siguientes, miles de seguidores de al-Sadr protagonizaron furibundas demostraciones, no violentas, en las calles de Ciudad Sadr. "¿Dónde está ahora la democracia?", gritaban. "¿Qué pasa con la libertad de prensa?"

Casualmente al mismo tiempo que se desarrollaban estas demostraciones, en 31 de marzo de 2004, un convoy de dos vehículos con empleados de la compañía de seguridad privada Blackwater USA fue emboscado mientras se desplazaba por territorios suní en Fallujah. Un grupo de pistoleros enmascarados dispararon con armas de asalto y granadas y mataron a cuatro americanos. Una turba se les vino encima, los mutiló, los quemó y arrastró los cuerpos por las calles de la ciudad colgándolos de un puente que atravesaba el río Éufrates. Por horrible que fuera, este incidente no se consideró como un importante inconveniente táctico, sobre todo porque los contratistas de Blackwater habían sido advertidos con anterioridad de que se abstuvieran de pasar por el centro de la ciudad de Fallujah y no han debido estar allí, en primer lugar. Sin embargo, debido a las horripilantes imágenes de los cadáveres calcinados y colgados del puente, que fueron transmitidas en los Estados Unidos, el frenesí de los medios de comunicación y la tormenta emocional de la controversia llevó al incidente de Blackwater al nivel de más alta prioridad en la Casa Blanca. Cuando los demócratas en el Congreso aprovecharon la situación para atacar la política de guerra de la administración, la Casa Blanca tuvo que reaccionar.

Había consenso total entre los líderes civiles y militares (incluyéndome a mí) de que teníamos que responder con la fuerza. Sin embargo, nuestras razones eran muy distintas. Personalmente consideraba que los republicanos estaban preocupados porque faltaban sólo siete meses para las elecciones presidenciales. ¿Se verían más fuertes o más débiles? Una respuesta de fuerza sería la forma como la administración podría demostrar su posición decidida. Los líderes militares (entre los que me incluyo) considerábamos que teníamos que salir a la ofensiva para probar a los insurgentes que nos oponíamos a estos ataques contra los norteamericanos. La fuerza parecía ser una de las pocas cosas que los insurgentes iraquíes entendían con claridad. Además, los eventos nos presentaban la oportunidad de eliminar algunas de las amenazas representadas por Fallujah, que había sido usada como santuario para la producción de dispositivos explosivos improvisados y era conocida como zona de resguardo de los insurgentes.

En los primero días de abril, hubo un intercambio activo de comunicación entre Washington y Bagdad —llamadas telefónicas, correos electrónicos y teleconferencias por video— todo para resolver cuál sería la respuesta de la coalición al incidente de Blackwater. Algunas de las conversaciones eran a veces tanto contenciosas como encendidas. El secretario Rumsfeld fue especialmente enérgico en su llamado a la acción. "Tenemos que bombardear a esos hombres", dijo. "Es también una buena oportunidad para presionar a los suní que están en el Consejo de Gobierno a que se hagan sentir y condenen este ataque, y recordaremos a los que no lo hagan. Es hora de que escojan. O están con nosotros o están contra nosotros".

Aunque había una presión constante desde Washington para que actuáramos de inmediato, también había una actitud de cautela de parte del Ejército en cuanto al momento de atacar. Por ejemplo, los marines no eran partidarios de lanzar un ataque demasiado pronto. Acababan de hacer la transición a Fallujah, zona que habían recibido de la 82ª División Aerotransportada y se preocupaban de no tener el conocimiento adecuado de la situación ni la cantidad de fuerzas necesaria. Además, lo marines se estaban instalando también en la parte occidental de Irak y estaban teniendo contacto pacífico con los suní en lo que ellos llamaban un abordaje de "guante de cabritilla", que habían usado con éxito en el sur con la población chiíta. La estrategia global era practicar la misma filosofía en la provincia de Anbar, que incluía a Fallujah. Era una buena idea y los apoyé.

A pesar de nuestras dudas, el secretario Rumsfeld instruyó a CENTCOM y al CJTF-7 que comenzaran a planear de inmediato la ofensiva a Fallujah. Por consiguiente, desarrollamos nuestro plan de ataque, determinamos las fuerzas que necesitaríamos y consideramos el cronograma, luego sopesamos los riesgos. En una videoconferencia con Rumsfeld y con Bremer, el general Abizaid presentó el plan global y señaló francamente que el CJTF-7-7 y CENTCOM estaban de acuerdo con los marines.

"El momento no es el correcto, y no han tenido tiempo de poner en practica su plan de enfrentamiento", dijo Abizaid. "Deberíamos esperar".

"No, tenemos que atacar", replicó Rumsfeld, obviamente pensando en el Concejo de Seguridad Nacional y en la Casa Blanca. "Y debemos hacer algo más que limitarnos a atrapar a los perpetradores de este incidente de Blackwater. Tenemos que asegurarnos de que los iraquíes de otras ciudades reciban nuestro mensaje".

Nuestro paso final en el proceso de toma de decisiones fue revisar nuestras recomendaciones y nuestra estrategia según se la presentaríamos al Presidente del Concejo de Seguridad Nacional. En esa videoconferencia presentamos nuestro plan para la Operación Resolución Vigilante. Nuestra misión, tal como la aprobaron la Casa Blanca y el Concejo de Seguridad Nacional (quienes también participaron en su definición), consistía en: (1) eliminar a Fallujah como refugio de los insurgentes suní; (2) eliminar todas las caletas de armamento de la ciudad; (3) establecer la ley y el orden para una estabilidad y una seguridad a largo plazo; y (4) capturar o matar a quienes perpetraron la emboscada de Blackwater. La Fuerza Expedicionaria de la Marina dirigiría el ataque y contaría con la ayuda del Cuerpo de Defensa Civil Iraquí y de los elementos del nuevo Ejercito Iraquí. Los ataques serían potentes, precisos y continuos. Según nuestros cálculos, le dijimos al Presidente que serían tres o cuatro semanas de combate intenso. Calculamos también los impactos en la población, la devastación en la ciudad y el costo monetario ante la reconstrucción. Además, el general Abizaid dejó en claro que preferíamos no atacar de inmediato. Indicó que a los marines les gustaría tener tiempo para poner en práctica su estrategia de "guante de cabritilla" con los suní, y apoyábamos su recomendación. El presidente Bush indicó que agradecía nuestra cautela pero nos ordenó atacar.

Aceptamos la decisión del Presidente, pero luego reafirmamos que la ofensiva en Fallujah iba a ser una operación bastante fea, con mucho daño colateral —tanto en infraestructura como en la pérdida de vidas humanas. También expresamos nuestra preocupación por la red de televisión arábica Al Jazeera, que seguramente transmitiría reportajes de la batalla en vivo. Ya había allí un reportero y no habría forma de sacarlo. A la vez, eso crearía un problema de comunicación estratégica para nosotros en el mundo árabe.

"Si vamos a proceder, tenemos que estar preparados con un plan estratégico coordinado de telecomunicaciones para contrarrestar a Al Jazeera", dijimos.

Dicho plan requeriría el desarrollo de una estrategia a nivel de interagencia para comunicarnos con el mundo, con la nación y con los iraquíes. Era necesario estar comunicados para contrarrestar la inevitable desinformación que sería comunicada por Al Jazeera.

Todos los que se encontraban alrededor de la mesa asintieron.

"Sí, entendemos", replicó el presidente Bush. "Sabemos que va a ser feo, pero estamos decididos".

"Muy bien, Señor Presidente. La Operación Resolución Vigilante es un hecho".

Tan pronto como salí de esta videoconferencia llame a Jim Conway, Comandante General de la 1ª Fuerza Expedicionaria de los Marines.

"Jim, se ha tomado la decisión de ejecutar la Resolución Vigilante. Comunicamos sus preocupaciones al Presidente", le dije. "Pero lanzaremos la ofensiva de todas formas".

"Muy bien, General", respondió. "No me gusta, pero estamos preparados para ejecutarla".

Al tiempo con nuestras conversaciones sobre Fallujah, también mejorábamos nuestro análisis y definíamos los detalles de los planes para la estrategia "boa constrictor" de Wolfowitz en relación con Muqtada al-Sadr y sus tenientes. Cuando terminamos nuestros planes y las reuniones de información, el general Abizaid y yo sostuvimos una larga conversación acerca de la operación y sus posibles ramificaciones.

"Ric, ¿qué pensaría de atacar dos frentes diferentes en esta oportunidad?", me preguntó Abizaid.

"Bien, señor, las cosas se nos pueden poner muy difíciles", respondí. "Pero llevamos ya seis meses estudiando este hombre y todos los informes de inteligencia que tenemos dicen que al-Sadr responderá con manifestaciones y levantamientos. Habrá violencia, pero lo he hablado con mis comandantes y todos consideran que podemos manejar la situación. Esperamos algunas manifestaciones mayores, pero no un llamado general a alzarse en armas. Además, no estoy seguro de que encontremos un momento mejor que este para atacar a al-Sadr porque estamos en medio de una transición de tropas estadounidenses. Tenemos una súper posición de efectivos y contamos con 170.000 hombres".

"Está bien, Ric", respondió Abizaid. "No estoy seguro de que debamos atacar en dos frentes distintos en este momento. Pero, teniendo en cuenta lo que ha dicho, lo apoyaré".

El general Abizaid recibió la aprobación de Washington (desde el nivel del Presidente) y luego dio la orden de que el CJTF-7 atacara al teniente de al-Sadr. Sin embargo, en retrospectiva, el instinto de Abizaid era el correcto y yo debí prestarle más atención.

Cuatro días después del incidente de Blackwater, el 3 de abril de 2004, las Fuerzas Especiales llevaron a cabo la redada en Najaf, antes del atardecer, en la casa del teniente de al-Sadr, Mustafá al-Yaqoubi, lo arrestaron y lo llevaron de inmediato a una prisión en el norte de Irak. Todo nos salió de acuerdo con el plan. Pero esta acción, inmediatamente después del cierre del periódico *Hawza* hizo que Muqtada al-Sadr hiciera de inmediato un llamado a alzarse en armas. "Yo y mis seguidores creyentes hemos sido atacados por los ocupadores, por el imperialismo y por los nominados", dijo públicamente. "Estén dispuestos a atacarlos donde los encuentren".

Durante los dos días siguientes se armó la debacle, mientras al-Sadr hacía nuevos llamados a sus seguidores para que atacaran las tropas de la coalición y los edificios gubernamentales en todo el país, el Ejército Mahdi entró agresivamente en Ciudad Sadr y tomó el control de cinco estaciones de policía en una noche. El domingo 4 de abril de 2004, una sección de la 1ª División Blindada fue emboscada durante un patrullaje de rutina y sufrió graves pérdidas. De hecho, la emboscada se convirtió en un combate de grandes proporciones y tuvimos que enviar un número considerable de refuerzos. El Informe Posterior al Combate indicaba que los soldados de este nuevo pelotón no sabían de la operación para capturar al teniente de al-Sadr que había tenido lugar, y tampoco sabían que dicha acción podía crear violencia en su sector. Había existido una grave falla de comunicación en algún punto entre la división de los comandantes y sus tropas. Como resultado, entraron en un área volátil en el momento equivocado y fueron diezmados (con ocho soldados muertos y muchos más heridos). El incidente demostró una vez más la enorme vulnerabilidad de las unidades en transición —y en ese preciso momento había soldados en transición en todo Irak.

Los violentos ataques de al-Sadr no se detuvieron en el área de Ciudad Sadr de Bagdad. Sus fuerzas ampliaron sus operaciones hacia el sur de Irak y tomaron control de cuatro capitales de provincia —Najaf, Al Kut, Masiriyah y Basra. En Nasiriyah, avanzaron para controlar las carreteras principales y atacar las fuerzas de la coalición italiana. En Basra tomaron agresivamente los edificios del gobierno e hicieron retroceder a las tropas inglesas y holandesas destacadas en esa ciudad. Además, en Najaf, el Ejército Mahdi perpetró un ataque de grandes proporciones contra las instalaciones del CDCI matando a muchos de sus miembros. Muqtada al-Sadr se instaló en la Gran Mezquita en la cercana ciudad sagrada de Kufa, mientras que cientos de los miembros de su milicia obligaron a las fuerzas de seguridad iraquíes a abandonar el lugar. Tradicionalmente, al-Sadr había pronunciado sus sermones políticos durante las oraciones de los viernes en la Gran Mezquita de esa ciudad, y pronto les diría a sus seguidores, "Cada uno tiene que adoptar una posición, nosotros o contra nosotros. Entre nosotros y los estadounidenses no existe la neutralidad".

En términos generales, las batallas fueron intensas y sangrientas. Los seguidores de al-Sadr realizaron ataques coordinados y sincronizados por todo Irak. Durante los primeros días de esta rebelión chiíta, fue particularmente evidente que nuestras evaluaciones de inteligencia relacionadas con la decisión que habíamos tomado y las capacidades de Muqtada al-Sadr estaban muy equivocadas. Habíamos subestimado al enemigo y estábamos pagando el costo de esa falla.

Para complicar aun más las cosas, realmente no teníamos capacidad de ofensiva militar en el sur de Irak porque las fuerzas de la coalición multinacional tenían demasiadas reglas restrictivas de enfrentamiento. Por lo tanto, cuando los seguidores de Muqtada al-Sadr atacaron, varias de las fuerzas de la coalición abandonaron sus puestos. Los ucranianos, por ejemplo, dejaron los puentes que supuestamente debían proteger en Al Kut, se retiraron a su lugar de concentración y tomaron una posición defensiva. Eso dejó a algunas de nuestras Fuerzas Especiales y al personal de la APC en gran riesgo, de forma que, durante algún tiempo, sólo contamos con el apoyo de la fuerza aérea para protegerlos. La falta generalizada de tropas ofensivas en el sur fue precisamente la razón por la cual los seguidores de al-Sadr pudieron tomar el control de cuatro capitales de provincia.

El 4 de abril de 2004, justo durante toda esta agitación, me encontraba en mi puesto de comando de la Zona Verde cuando comenzamos a recibir, por radio satelital, informes de un joven mayor de la Reserva del Cuerpo de la Marina que se encontraba en el edificio de la APC en Najaf.

"Hay cientos de iraquíes atacando estas instalaciones", dijo. "Cada nueva turba que ataca es más agresiva que la anterior. Las fuerzas españolas abandonaron sus puestos y nos dejaron solos. Son una manada de cobardes. Algunos de los efectivos del Cuerpo de la Defensa Civil Iraquí han muerto y su cuartel ha sido arrasado. Necesitamos ayuda. Repito, necesitamos ayuda".

El embajador Bremer había recibido una llamada de su coordinador regional que se encontraba dentro del edificio y él también me llamó para expresar su preocupación por lo que estaba ocurriendo en Najaf. La situación parecía ser tan desesperada que ordené de inmediato apoyo aéreo (con los jets de combate de la Fuerza Aérea) y el despliegue de helicópteros de combate de Bagdad a Najaf. Sin embargo, cuando los pilotos sobrevolaron el área, informaron por radio que no podían ver ninguna actividad enemiga en tierra y que no había nada contra lo que pudieran disparar. Pensando que el combate había cesado, nos comunicamos por radio con el joven mayor pero de nuevo su respuesta fue frenética.

"Seguimos siendo atacados", dijo. "Hay combates por todas partes. Esta puede ser la última llamada que podamos hacer antes de que nos arrasen. Manden ayuda".

La información era demasiado conflictiva y me preguntaba qué estaría ocurriendo en realidad.

"¿Qué informes tenemos del cuartel general de comandantes de divisiones de la coalición?", pregunté a mi oficial ejecutivo.

"Señor, informan contacto con el enemigo, pero no es crítico", respondió. "Sin embargo, el comandante polaco está en Babilonia y ha sido difícil tener una idea clara de la situación en tierra".

No podíamos permitir que se produjera una derrota de grandes proporciones en las instalaciones de la APC en Najaf. Sin embargo, enviar tropas estadounidenses desde otra área hasta Najaf no era una opción porque no llegarían a tiempo para participar en el combate. Me dirigí entonces a mi oficial ejecutivo y le dije:

"Prepare mi helicóptero".

Pero él ya se había adelantado a mis órdenes.

"Señor, está listo en la plataforma, puede despegar de inmediato", respondió.

"Muy bien, vamos a Najaf".

Cuando subimos al helicóptero, pregunté a los pilotos cuánto nos tomaría llegar allí.

"Llegaremos a mitad de la tarde, señor, hay buen tiempo. Nos debe tomar unos veinte o veinticinco minutos", fue su respuesta.

"Bien, vamos tan rápido como sea posible", dije. "Parece que la situación es mala y tenemos que llegar a la mayor brevedad".

Mientras volábamos, monitoreábamos las comunicaciones que nos llegaban y que describían que los eventos seguían empeorando cada vez más.

"Nos están atacando desde el sur. Nos van a arrasar y a matar", decía el mayor. "Si pierden nuestra señal, sabrán lo que ha ocurrido".

Cuando nos acercábamos a Najaf, los pilotos me preguntaron adónde quería ir.

“Quiero ir a las instalaciones de la APC”, dije.

“Pero, señor, con estos informes, estaremos justo en medio del combate”.

“¡No me importa! ¡Vamos allá! ¡Vayan pensando cómo harán para depositarme en tierra!”

Nuestro oficial ejecutivo se comunicó por radio con el mayor para comunicarle que el Victiory Six, mi helicóptero, estaba por llegar. La respuesta fue:

“Demonios, no podemos tener aquí al comandante del Ejército en mitad de una batalla”.

“Bien, prepárense. Estará allí en dos minutos”.

Nuestros pilotos decidieron aproximarse desde el norte. Se acercaron a muy baja altura, muy cerca del suelo y, entonces, de un momento a otro, aparecieron por encima de los muros del conjunto y aterrizaron en el patio. Me baje del helicóptero de un salto con un par de mis hombres y entré al edificio de la APC mientras el helicóptero despegaba. Oí un par de disparos a lo lejos, pero nada que sonara como una batalla de grandes proporciones.

Ya en el edificio, encontré rápidamente al mayor que estaba dando informes por su radio.

“¿Cuál es su nombre?” le pregunté y él se identificó.

“¿Dónde están atacando?”, le pregunté.

“Señor, justo fuera de la entrada principal”.

“¿Cómo está recibiendo esos informes?”

“Bien, unos tipos de Blackwater y de la APC me están diciendo lo que está pasando”.

“¿Ha salido personalmente a mirar qué está ocurriendo?”

“Bueno, no señor, sólo informo lo que me están diciendo”.

“Muy bien, mayor, ¿cómo hago para llegar al techo de este edificio?”, le pregunté.

“Pero, señor, no querrá ir allí. Acaban de matar a unos que estaban allá. Estamos recibiendo fuego de francotiradores”.

Mis hombres y yo subimos dos pisos y abrimos la puerta que

daba a la parte superior del edificio. Lo primero que vi fue un par de frascos plásticos de solución intravenosa y un charco de sangre en el piso. Luego vi a dos soldados agazapados tras la pared de la terraza del edificio.

"Voy a hablar con ese soldado que está allí", dije señalando a un joven sargento.

"Oh, no, general, no lo haga", dijo el mayor.

Pero corrí hasta el otro lado de la terraza y me agaché a su lado. Cuando vio las tres estrellas en mi casco, dijo:

"Jesús, señor, ¿qué hace usted aquí?"

"Dígame qué ocurre, sargento".

"Ay, señor, tenemos un maldito francotirador en el techo del hospital y no lo podemos atrapar".

"He estado recibiendo informes de que hay cientos de iraquíes atacando".

"Bien, señor, vino una turba, hace un buen rato. Pero se fue".

"¿Está seguro?"

"Sí, señor. Sólo tratamos de atrapar a ese francotirador. Dos de mis soldados fueron heridos. Pero sus heridas no son graves, señor, estarán bien".

"Me alegro. ¿Hay alguien ayudando?"

"Sí, señor. Hay otra unidad en el hospital que está subiendo para tratar de dominar al francotirador por el flanco".

"Muy bien, sargento, parece que tiene la situación bajo control", dije. "¿Por qué no le dispara un par de tiros a ese hombre para cubrirme a fin de que pueda llegar otra vez a la puerta?"

Disparó entonces cinco o seis tiros en esa dirección y corrí por el espacio abierto para entrar de nuevo al edificio.

Tan pronto como bajé, fui hasta el otro lado del edificio para hablar con el comandante de la brigada española y sus soldados.

"Señor, la base fue atacada hace algunas horas, pero repelimos al enemigo. Sin embargo, el edificio del Cuerpo de Defensa

Civil Iraquí [a aproximadamente una milla] fue tomado y ahora está controlado por el enemigo. Una de nuestras secciones se enfrentó a un combate muy rudo, se quedó sin municiones y se retiró. Hemos dispersado nuestras fuerzas por nuestras instalaciones y estamos en buena posición defensiva".

"Recibí un informe que decía que habían abandonado sus puestos, que habían dejado a los estadounidenses a defenderse por sí solos", le dije.

"No es cierto, señor" respondió el comandante. "Esos tipos de Blackwater y de la APC querían que tomáramos nuestras tropas y rodeáramos el edificio. Pero no tuvimos que hacerlo porque nunca hubo una amenaza de que fueran a tomar estas instalaciones por la fuerza. Además, era mejor que protegiéramos todo el conjunto y no sólo un edificio".

"Muy bien, coronel", respondí. "Muchas gracias por ponerme al día. Lo está haciendo muy bien. Siga así".

Antes de regresar a Bagdad, hablé con el joven mayor de los marines que había estado transmitiendo la información por radio y le dije las cosas claramente.

"Mayor, nada de lo que nos estaba diciendo antes de que yo llegara aquí era cierto", dije, "no estaban siendo atacados por cientos de iraquíes. Los españoles no son unos cobardes. Y no estaban en peligro de que tomaran las instalaciones. Esos civiles no le estaban dando la información correcta".

"Cielos, señor, no me di cuenta", respondió.

"Mayor, ¡usted tiene que saber qué hacer! Si usted es el comandante y está informando al cuartel general, es mejor que sepa muy bien en qué situación se encuentra. Eso es lo que esperamos de usted, ¿entiende?"

"Sí, señor. Entiendo. No volverá a ocurrir, señor".

Al regresar a la Zona Verde en las últimas horas de la tarde, fui a ver al embajador Bremer y le conté toda la historia.

"Sí, llegó una turba" le dije. "Las instalaciones fueron atacadas, pero nuestras fuerzas repelieron al enemigo. Tuvimos unos heridos. Pero nunca hubo riesgo de que tomaran el lugar, ni de perder al administrador local, ni de que nuestros jóvenes murieran. De hecho, las cosas eran muy distintas".

"Bien, eso no fue lo que mi gente me dijo", respondió Bremer.

"Ya lo sé. Pero yo fui allá en mi helicóptero para ver personalmente lo que ocurría. Es evidente que estaban exagerando".

Aunque el Embajador no quería creerlo, lo que realmente había ocurrido era que el personal de la APC había entrado en pánico y los civiles de Blackwater estaban empeorando la situación al hacer que el joven mayor transmitiera información falsa. La APC, incluyendo a Bremer, no confiaba en los españoles, por lo que exageraron el informe para obligar al CJTF-7 a enviar tropas norteamericanas.

Durante mi imprevisto viaje a Najaf, el personal de CJTF-7 continuó desarrollando los planes de acción en caso de crisis para controlar la violencia y reestablecer el control en el sur de Irak. No había duda de que tendríamos que atacar al Ejército Mahdi. No podíamos permitir que al-Sadr permaneciera en control de edificios gubernamentales clave en Basra, Al Kut, Nasiriyah y Najaf. Lo que había que decidir era cómo hacerlo, dado que nos estábamos preparando para un operación de grandes proporciones en Fallujah y no teníamos muchas tropas en el sur (a excepción de las fuerzas del Reino Unido y de Italia). Era evidente que tendríamos que desplazar fuerzas de combate norteamericanas al sur por falta de la capacidad ofensiva de las tropas internacionales. Pero, ¿cuáles fuerzas? La Marina estaba en Fallujah con algún apoyo del Ejército y la Fuerza Aérea. La 1ª División Blindada y la 1ª División de Caballería Blindada estaban ambas la mitad adentro y la mitad afuera de Bagdad. La 1ª División Armada, que estaba a punto de dejar el país, ya tenía tropas en Kuwait y en Alemania. Lo mismo podría decirse de la 1ª División de Caballería Blindada, que estaba camino a Irak. Entonces, ¿qué divisiones debíamos enviar al sur? Si desplegábamos la 1a División de Caballería Blindada tendríamos una unidad que desconocía la situación y estaba en posición de ofensiva. Y si desplazábamos a la 1a División Blindada, estaríamos retirando de Bagdad a la unidad que tenía el mejor conocimiento de la situación en el área de mayor inestabilidad. Al desplazar la tropa de un lugar a otro, estaríamos dejando esa área desprotegida y expuesta a mayores peligros. Con base en una amplia evaluación de riesgo y en el análisis de las opciones disponibles, ordené el movimiento de dos unidades de nivel operacional.

En primer lugar, llame al mayor general Marty Dempsey y le informé que estaba trabajando con Abizaid para mantener a la 1a División Blindada en el país por otros noventa días. Su misión sería la de retirarse de Bagdad, traer de vuelta a los soldados que ya estaban en Kuwait y en Alemania y dirigir el esfuerzo principal de reestablecer el control del sur. Había sido mi división, por lo que no dudaba en impartir la orden. El impacto de esta decisión no fue tan grande como lo habría sido en otra organización. El escenario había sido dispuesto para esa posibilidad el año anterior, cuando se les dijo a los soldados y a sus familias que debían estar preparados para quedarse mas allá del límite de un año, si fuera necesario. Además, el cuartel general del general B. B. Bell y los destacamentos de retaguardia de la 1a División Blindada se esforzaron por asegurarse de que las familias en Alemania entendieran la situación. Todos los soldados de la 1a División Blindada recibieron la noticia como verdaderos profesionales y me sentí extremadamente orgulloso de mi antigua organización.

El segundo movimiento importante que hicimos fue ordenar que la brigada de los Stryker bajara de Mosul. Esta unidad estaba conformada por vehículos Stryker, originalmente diseñados para realizar maniobras rápidas en el campo de batalla. Nuestros planes eran que inicialmente se desplazaran a la provincia de Diyala, después a Bagdad y por último hasta el sur para colaborar en las operaciones de la 1a División Blindada. En cuestión de horas, la unidad de los Stryker se desplazó y estuvo lista para servir en Diyala. Fue la primera vez que una formación de Stryker realizaba una maniobra operacional de más de trescientos kilómetros y se desempeñaba exactamente en la forma prevista.

Uno de los últimos pasos de nuestro proceso de elaboración del plan de ataque fue declarar el Ejército Mahdi de Muqtada al-

Sadr como fuerza hostil. Para eso tuvimos que desarrollar un proceso de justificación a través de Bremer, Abizaid, Rumsfeld, el Estado Mayor Conjunto y la Casa Blanca. No obstante, todos aceptaron la movilización. Ahora, en vez de tener que esperar a que el Ejército Mahdi nos atacara, nuestras unidades militares podían atacarlos tan pronto como los identificaran. Y fue muy fácil encontrarlos con sus uniformes de "pijamas" negras y con bandas negras atadas a la cabeza, llevando sus AK-47.

Cuando terminamos todos nuestros planes, el CJTF-7 organizó una reunión de información formal para que el general Abizaid presentara la estrategia de combate y obtuviera la aprobación de mantener a la 1a División Blindada y a las demás fuerzas de combate en el sur (lo que el Secretario de Defensa se apresuró a hacer). Además, el general Abizaid definió los detalles de la misión que aparecerían en la declaración de la batalla, a través de sus canales con el Departamento de Defensa, como lo hizo también el embajador Bremer a través del Concejo de Seguridad Nacional. Durante este proceso, la Casa Blanca se involucró en gran medida en la forma de definir nuestra misión, en especial en lo que se refería a matar o capturar a Muqtada al-Sadr. La decisión final dependía directamente del presidente de los Estados Unidos.

Una vez terminada la redacción de la declaración, nuestras misiones especificas eran: (1) capturar o matar a Muqtada al-Sadr; (2) derrotar al Ejército Mahdi; (3) restaurar la estabilidad en las provincias del sur; y (4) ayudar al APC a reestablecer la autoridad civil y la seguridad.

En esta oportunidad no hubo videoconferencia con el Presidente para analizar nuestro desplazamiento al sur, como sí la había habido para Fallujah. Sin embargo, la decisión se tomó relativamente rápido, y tan pronto como Abizaid recibió la aprobación, me llamó.

"Ric, está autorizado para atacar al Ejército Mahdi y capturar o matar a Muqtada al-Sadr", dijo. "Ataque de acuerdo con los planes", dijo.

Al entrar en combate en dos frentes, durante las dos semanas siguientes, las operaciones del CJTF-7 se tornaron extraordinariamente complejas y constituyeron un gran reto. No sólo teníamos que considerar todos los aspectos militares sino que teníamos que interactuar con la APC, el Concejo de Gobierno Iraquí, y los altos mandos en Washington. Además, se estaban produciendo varias transiciones en Irak en ese mismo momento, lo que aumentaba considerablemente la presión. Las tropas de la coalición estaban entrando o saliendo del país, como en el caso de la 1ª División Blindada, que estaba en acción. Era parte de nuestra rotación normal, pero causaba un considerable descenso en el conocimiento de la situación en todo el país porque simplemente no había forma de reemplazar con rapidez la experiencia y el instinto desarrollados en el transcurso de un año. El CJTF-7 también estaba haciendo planes de trasladarse a un nuevo cuartel general de cuatro estrellas, que debía estar listo antes de la transferencia de la soberanía.

Lo único que no cambiaba en Irak era la fecha de la transferencia de la soberanía. Estábamos a sólo noventa días del 1ro de julio y simplemente teníamos que continuar con todos los planes que eso implicaba, incluyendo el manejo de una enorme cantidad de iniciativas y dinámicas políticas. Las Naciones Unidas estaba en el país. Se estaba instalando la nueva embajada. Las naciones individuales de la coalición estaban siendo ignoradas. El Concejo de Gobierno Iraquí estaba disgustado por el momento en que se realizaron los movimientos para combatir tanto en Fallujah como en el sur. El APC necesitaba ayuda con urgencia.

El 6 de abril de 2004 fui con el embajador Bremer a una reunión con un subcomité recientemente establecido del Concejo de Gobierno, cuya misión era coordinar y sincronizar las operaciones de seguridad con la fuerzas de la coalición. Mientras sus miembros comenzaron a poner en tela de juicio la necesidad de actuar contra al-Sadr, Bremer fue contundente en su respuesta. "Muqtada al-Sadr y su Ejército Mahdi se han declarado enemigos del pueblo iraquí", dijo. "Este reto requiere una respuesta inmediata, sin ambigüedad y sin miramientos. Si no respondiéramos estaríamos enviando una clara indicación de que la violencia es efectiva contra la coalición". La declaración de Bremer resumía esencialmente la posición de la administración Bush en todo este asunto.

Antes de lanzar nuestra ofensiva para recuperar el control de las instalaciones del gobierno en las cuatro capitales provinciales del sur, el CJTF-7 realizó una evaluación global de nuestros enemigos. En primer lugar, teníamos a los antiguos miembros del régimen de Saddam Hussein, quienes encabezaban la principal insurgencia. Aunque sus ataques contra la fuerzas de la coalición seguían siendo fuertes y consistentes, habían empezado a atacar también a los seguidores de al-Sadr. Esencialmente, estaban desahogando la ira chiíta e intentando culpar a las fuerzas de la coalición. En segundo lugar, claro está, estábamos combatiendo a los chiítas extremistas asociados con Muqtada al-Sadr. En tercer lugar, estaban los extremistas suní (encabezados por Abu Musab al-Zarqawi) que no habían estado previamente asociados al antiguo régimen baathistha de Saddam. Este enemigo se encontraba principalmente en Fallujah y en otras áreas del Triángulo suní. Por último, había un movimiento pequeño pero continuo de combatientes extranjeros que habían ingresado al país. Sin embargo, en este momento no teníamos datos de inteligencia confiables de que tuvieran alguna relación formal con la organización terrorista Al-Qaeda. Estas evaluaciones de inteligencia relacionadas con el enemigo eran constantes y se pasaban continuamente a todo lo largo de la cadena del comando hasta Washington, incluyendo el Pentágono, el Concejo de Seguridad Nacional y la Casa Blanca.

En un momento en el que nuestras fuerzas militares se preparaban para combatir una guerra en dos frentes, en Fallujah y en el sur de Irak, creo que la administración Bush estaba enfrentando también una guerra en dos frentes, pero de otro estilo. Un frente era la guerra en Irak, que, aunque importante, era la segunda prioridad. Su principal preocupación era la guerra para retener el poder en su país. Este frente se abrió en el otoño de

2003 cuando se tomó la decisión de transferir la soberanía en Irak el 1ro de julio de 2004. Y a medida que iban teniendo lugar los diferentes eventos durante la primavera de 2004, fue más que evidente que nada impediría que la administración Bush ganara las próximas elecciones presidenciales.

CAPÍTULO 19

Fallujah y el comienzo de la guerra civil

Mi Humvee avanzó por un estrecho camino que llevaba a un cementerio —pasó cerca de las lápidas de las tumbas hasta que llegamos al fin a una pequeña estructura que me recordaba la primera casa en la que viví de niño, allá en la ciudad de Río Grande. Era de una sola habitación, de aproximadamente cinco metros de ancho por ocho de largo. No tenía puertas ni ventanas y, aun peor que mi primera casa, no tenía techo. Era el cascarón de una estructura que la Marina había elegido como el lugar para nuestra reunión. Cuando entré, fui recibido por el mayor general James N. Mattis, comandante de la 1ª División de la Marina. También estaba allí el comandante del regimiento, el comandante del batallón, varios oficiales del personal y otros dos *marines*.

"¿Cómo están, señores?" pregunté.

"Muy bien, general Sánchez", respondieron.

Estábamos bajo er ardiente sol de las primeras horas de la tarde mientras los marines nos mostraban sus mapas y nos daban una visión global de su plan de operaciones para atacar a Fallujah, lo que estaba programado para dentro de pocas horas. Podíamos oír la explosión de varias rondas de morteros enemigos en las afueras del cementerio, a una cuadra aproximadamente del vecindario suní más cercano.

"Es un excelente plan", dije, cuando terminaron su presentación. "¿Hay algo más que necesiten en cuanto a suministros, apoyo o tropas? Se está combatiendo en otras partes, pero, si fuera necesario, podríamos movilizar más efectivos para ayudarlos".

"Gracias, señor, pero tenemos suficientes fuerzas para lograr la misión. Va a ser un combate difícil, pero estaremos bien y creo que tenemos todo lo que necesitamos".

"Muy bien", respondí. "Pero quiero que sepan que tenemos otras operaciones ofensivas apoyando su operación. Si necesitan cualquier cosa, lo que sea, háganlo saber de inmediato y lo tendrán".

"Sí, general Sánchez. Gracias, señor".

"Buena suerte, señores. Y que Dios los acompañe".

Era el 6 de abril de 2004, y nadie tenía la menor duda de la importancia de esta misión, todos los planes estaban listos y todas las aprobaciones habían sido dadas (a todos los niveles). Era hora de ejecutarlos. La reunión con la Marina duró quince o veinte minutos. Pero consideré que era importante que yo estuviera ahí con ellos antes del ataque. No sólo quería tener una idea de cómo iban a realizar su ofensiva, sino que también tenía que confirmar que tuvieran los recursos adecuados. También era importante asegurarme de que estos soldados supieran que me preocupaba por ellos y que estaría ahí para ayudarlos en los momentos difíciles. Era parte de estar dentro de la caja, de comandar bajo fuego.

Durante los dos últimos días habíamos acordonado a Fallujah bloqueando todas las vías principales que comunicaban a la ciudad. En respuesta a estas y otras operaciones preliminares de combate, casi la tercera parte de la población civil abandonó la ciudad. De manera que cuando más de 2.000 marines lanzaron el ataque, todos en Fallujah sabían lo que iba a ocurrir. El combate fue casa a casa, puerta a puerta. Fue cruento, feroz y extraordinariamente agresivo. El apoyo aéreo fue parte integral de la ofensiva, incluyendo los aviones artillados AC-130 Spectre y los aviones de combate de la Fuerza Aérea. Helicópteros Súper Cobra dispararon misiles Hellfire y bombardearon puntos específicos. En algunos sitios de la ciudad, la destrucción fue masiva y, además de infringir graves perdidas al enemigo, hubo muchos civiles heridos.

Por primera vez incorporamos iraquíes en operaciones mayores de combate como respaldo a los marines. Los dos batallones del Ejército Iraquí parecían estar debidamente entrenados y listos para el combate. Sin embargo, los buses en los que se transportaban fueron atacados al salir de las instalaciones y se negaron a continuar hasta Fallujah. Su participación fue un absoluto fracaso. El comportamiento de las unidades del Cuerpo de Defensa Civil Iraquí fue un poco mejor, aunque no mucho. Un batallón, un grupo compuesto principalmente por kurdos del norte y entrenado por las Fuerzas Especiales, se desempeñó extremadamente bien. Sin embargo, el hecho de que los kurdos atacaran a los suní llevó a otra controversia política que, sin lugar a dudas, no necesitábamos. Los chiítas y los suní, miembros del CDCI provenientes de otras áreas, en su mayoría, ni siquiera quería acercase a Fallujah. "Por ningún motivo combatiremos contra nuestros hermanos", dijeron. "Sólo nos comprometimos a proteger nuestra región".

El segundo día de la ofensiva (el 7 de abril de 2004), el prominente líder religioso suní, Shaykh Abdul Qadr al-Ani, exigió un retiro unilateral de las fuerzas de la coalición a las afuerzas de Fallujah. Eso daría tiempo para recoger y enterrar los muertos, para llevar los heridos a los hospitales y para que la ayuda humanitaria entrara a la ciudad. Después, al-Ani solicitó una reunión para resolver asuntos políticos y militares. Sin embargo, la APC respondió de inmediato con una comunicación en la que decía que no era posible un retiro unilateral y que los suní debían deponer sus armas y rendirse a las fuerzas de la coalición.

Esa tarde, el embajador Bremer y yo tuvimos una videoconferencia con el presidente Bush y el Concejo de Seguridad Nacional. Después de que presenté un informe sobre Fallujah y la situación en el sur, Bremer hizo una evaluación optimista del apoyo del Concejo de Gobierno Iraquí.

"Se han portado muy bien", dijo. "Han publicado otra declaración positiva. Sin embargo, [el líder religioso chiíta, el gran ayatolá Ali al-Sistani] emitió también tres declaraciones. Él no cree que estamos hablando en serio sobre capturar a al-Sadr. Su actitud es la de 'ya los hemos oído hablar antes de eso y nunca hacen nada' ".

Luego intervino el Secretario de Estado Colin Powell.

"Aquí hay un problema mucho más profundo", dijo. "Las masas están dispuestas a salir y a atacar un Humvee en llamas. Tenemos que castigar a alguien, y rápido. Debe haber una victoria total en algún lugar. Tenemos que hacer una gran demostración de poder. Esto es más extenso que cualquier cosa que hayamos visto".

"Correcto, tenemos que atacar donde los encontremos", reiteró el presidente Bush. "El Ejército Mahdi es una fuerza hostil. No podemos permitir que un hombre [refiriéndose a Muqtada al-Sadr] cambie el curso del país. Es absolutamente vital que realicemos operaciones ofensivas fuertes por toda la región sur. Al final de esta campaña, al-Sadr ya no debe estar allí. Al menos, debe haber sido arrestado. Es esencial que desaparezca".

"A fin de cuentas, ¿qué calificativo le damos este conflicto?", preguntó el secretario Rumsfeld. "¿Es una acción de alta intensidad, de baja intensidad? ¿Qué es?"

Antes de que alguien pudiera responder la pregunta de Rumsfeld, el presidente Bush intervino con una especie de declaración algo confusa para elevar la moral, refiriéndose tanto a Fallujah como a nuestra próxima campaña en el sur.

"¡Denles por el trasero!", dijo, haciendo eco a las duras palabras de Colin Powell. "¡Si alguien intenta detener el avance de la democracia, los buscaremos y los mataremos! ¡Debemos ser más duros que el infierno! Viet Nam no puede volver a suceder. Esto es algo en lo que no podemos ceder. No podemos enviar ese mensaje. Es una excusa para lograr que nos retiremos.

"Hay una serie de momentos difíciles, y éste es uno de ellos. Nuestra voluntad se está poniendo a prueba, pero estamos decididos. ¡Tenemos que mantenernos firmes! ¡Mantener el rumbo! ¡Matarlos! ¡Tener confianza! ¡Prevalecer! ¡Vamos a exterminarlos! ¡Sin parpadear!"

Limitarse a decir que la ofensiva de Fallujah enfureció a los musulmanes suní de Irak sería subestimar en gran medida su reacción. Hasta ese momento, muchos habían permanecido como espectadores y estaban trabajando con nosotros para crear un gobierno más estable. Sin embargo, cuando Al Jazeera trasmitió las imágenes de destrucción, la mayoría de los suní sintieron que el ataque a Fallujah era un ataque contra sí mismos. Todo indicaba que las fuerzas de la coalición, comandadas por los Estados Unidos, no escatimarían esfuerzos para eliminarlos. Después de todo, no sólo estábamos utilizando toda nuestra fuerza de combate, sino también otros iraquíes, tanto kurdos como chiítas, que participaban en el ataque. Ahora sintieron que no había esperanzas de un Irak mejor, y que la única alternativa era responder al ataque.

Cuando los líderes tribales hicieron un llamado a alzarse en armas, los suní respondieron en todas partes del país y el Triángulo suní explotó en violencia. Hubo acciones sincronizadas y dirigidas con precisión en el centro de Irak, a lo largo del Éufrates, en la provincia de Diyalah, en Bagdad, al norte hasta Mosul, y al sur, hasta Karbala. Una vez más, los combates fueron intensos y muy cruentos. Los suní destruyeron puentes y carreteras a lo largo de los ríos. En un determinado momento, nuestro flujo de logística se vio tan afectado que los civiles en la Zona Verde empezaron a quejarse de que faltaban alimentos que aparecían en el menú del comedor del cuartel. "Ni siquiera piensen en esto como un problema", dije al personal cuando surgió la queja. "Denles comidas listas para servir y sobrevivirán. Por el momento debemos asegurarnos de conseguir combustible y municiones para las tropas. Esa es nuestra prioridad número uno".

Los nuevos combates, sumados a lo que ya estaba ocurriendo en las áreas chiítas de Ciudad Sadr y en el sur de Irak, llevó a todo el país a quedar sumido, hasta cierto punto, en la violencia. Las fuerzas de la coalición combatían a los suní, a los chiítas y a los insurgentes partidarios de Saddam al mismo tiempo. Los insurgentes echaban leña al fuego al atacar tanto a chiítas como a las tribus suní culpando de esos ataques a la coalición. Los suní y los chiítas combatían entre sí. Las luchas de chiítas contra chiítas estaban sólo bajo la superficie entre el Ejército Mahdi y las Milicias del Concejo Supremo para la Revolución Islámica en Irak. Los Cuerpos de Badr no veían la hora de involucrarse. Además, en el área sur de Bagdad, donde el Triángulo suní se superponía con la porción norte del frente chiíta, los suní y los chiítas combatían *unidos* contra las fuerzas de la coalición. Estábamos ahora en medio de una guerra civil. Es más, nosotros mismos habíamos creado estas condiciones.

La rebelión suní no habría alcanzado semejante magnitud si no hubiera sido por la cadena de televisión árabe Al Jazeera. Tan pronto como atacamos Fallujah, comenzó a transmitir imágenes de la devastación. Y no me cabe la menor duda de que la red de televisión era cómplice del enemigo. Una y otra vez, las cámaras y los reporteros de Al Jazeera aparecían en el momento preciso para grabar los mayores ataques contra las fuerzas de la coalición, lo que, naturalmente, despertaba fuertes reacciones. La intensidad de los combates, un selectivo trabajo de edición y un reportero que consistentemente presentaba el lado de los suní, incitaba la resistencia contra la coalición. No eran sólo las fuerzas opositoras y los elementos neutrales los que se motivaban a actuar. También comenzamos a recibir significativas presiones, tanto políticas como emocionales de los de nuestro lado.

Todo comenzó con una actitud de "se está cayendo el cielo" por parte de los civiles en la APC, que no sólo estaban disgustados porque los menús de sus comidas se habían visto afectados, sino que estaban realmente preocupados de que la Zona Verde fuera atacada. También comenzaron a correr rumores entre algunas de las fuerzas de la coalición y el personal de la APC acerca de la evacuación de los no combatientes. Sin embargo, tanto a nivel operacional como a nivel estratégico, los líderes de la coalición militar nunca creímos que pudiéramos correr el riesgo de perder una batalla. En gran medida, el pánico fue ocasionado, en su mayoría, por las imágenes trasmitidas por la cadena de televisión Al Jazeera, sobre la que tanto Abizaid como yo ya le habíamos advertido a la Administración. Washington no había hecho nada por coordinar actividades de información estratégica que contrarrestaran el impacto producido por Al Jazeera.

También Lakhdar Brahimi reaccionó a las noticias amenazando con impedir el esfuerzo de las Naciones Unidas y abandonar el país si los combates no cesaban de inmediato. "El proceso político corre el riesgo de tornarse irrelevante porque el país está en guerra", dijo al embajador Robert Blackwill. Grupos de líderes tribales suní vinieron también a protestar. "Esto es un error, deben detenerse", dijeron. "Están matando a nuestro pueblo". Los miembros suní del Concejo de Gobierno Iraquí estaban absolutamente enfurecidos ante la cantidad de civiles muertos y heridos. "Estas operaciones de los norteamericanos son inaceptables e ilegales", declaró Adnan Pachachi.

Estas numerosas quejas afectaron mucho a Paul Bremer, especialmente cuando la mayoría de los miembros del Concejo suní amenazaron con dejar sus cargos de gobierno. El Embajador se vio obligado a realizar un gran esfuerzo para evitar que el concejo colapsara por completo. Eventualmente, los convenció de que suspendieran su participación como miembros en el concejo, en lugar de darla por terminada. Además, convenció a los miembros suní de hacer un esfuerzo por comunicarse con el enemigo e intentar alcanzar algún tipo de solución pacífica.

En un determinado momento, Bremer me llamó y me preguntó:

¿Qué demonios están haciendo ustedes en tierra?"

"Señor, nuestra misión es clara y no ha cambiado. Estamos actuando en conformidad con nuestro plan", le respondí.

"¿Cuánto tiempo necesitan para completar el plan? ¿Están ya a punto de terminar?"

"No, señor, no estamos a punto de terminar. Recuerde que dijimos que se requerirían varias semanas. Este fue el plan que les informamos a usted, al Concejo de Seguridad Nacional, al Departamento de Defensa y al Presidente".

"Bien, esto está mal. Esto está muy mal. Vamos a tener que hacer algunos cambios".

Además de Bremer, las naciones pertenecientes a la coalición nos estaban presionando constantemente para que cesáramos los combates. Al comienzo, cuando la ofensiva contra Fallujah, fue evidente que el gobierno de los Estados Unidos no había obtenido la aprobación de los líderes políticos de las naciones de la coalición para lanzar la ofensiva. Y los líderes de esas naciones estaban disgustados. Mi comandante, el general británico, había participado en todo el proceso de elaboración interna del plan y todos nuestros comandantes de la coalición estaban plenamente de acuerdo con la ejecución de nuestro plan de ofensiva. Pero su filosofía era distinta a la filosofía norteamericana. Cuando la milicia de al-Sadr tomó Basra, por ejemplo, las tropas del Reino Unido simplemente les permitieron ocupar los edificios del gobierno y luego intentaron negociar su retiro.

El general británico de tres estrellas perteneciente al personal del CJTF-7 participó en todas nuestras sesiones de estudio del plan y comunicó nuestras intenciones a Londres días tras día. No dejaba de expresar la preocupación de su gobierno por la ofensiva que estábamos planeando, y estoy seguro de que hubo acaloradas conversaciones entre la Casa Blanca y el Número 10 de la Calle Downing. Londres creía que estábamos siendo demasiado agresivos, pero el presidente Bush, sin embargo, dio la orden de atacar.

Otro aspecto que aumentaba la preocupación de las naciones de la coalición era el hecho de que los insurgentes habían instituido una nueva campaña para secuestrar a varios diplomáticos extranjeros y mantenerlos como rehenes para cobrar rescate o matarlos de inmediato. Los primeros afectados por esta nueva campaña fueron los italianos y los coreanos, que nos expresaron enfáticamente sus preocupaciones.

Fue así como, en cuestión de veinticuatro a treinta y seis horas, la administración Bush comenzó a recibir presiones de todas partes —de las naciones de la coalición, de las Naciones Unidas en Irak, del Concejo de Gobierno Iraquí, de Bremer y de la APC, y aun más importante, del pueblo norteamericano y de los demócratas en el Congreso, quienes veían las imágenes de los combates por CNN, MSNBC y las demás cadenas de televisión nacionales. Comenzó un acelerado intercambio de correos electrónicos entre Washington y Bagdad. Después de una serie de llamadas telefónicas, fue evidente que prácticamente todos los líderes civiles tenían dudas acerca de la conveniencia de continuar la ofensiva. Mientras el general Richard Myers, el general Abizaid y yo les recordábamos a todos que estábamos cumpliendo exactamente las órdenes, que todo estaba saliendo de acuerdo con el plan y que todavía faltaban varias semanas antes de que pudiéramos completar nuestra misión, nos sentíamos que estábamos combatiendo por una causa perdida. Con la transferencia de la soberanía y las elecciones presidenciales presentes en las mentes de todo, la Casa Blanca y el Concejo de Seguridad Nacional ya se estaban retractando de la decisión de entrar en Fallujah.

En la tarde del 8 de abril de 2004, casi exactamente cuarenta y ocho horas después de haberme reunido con la Marina en el cementerio de Fallujah, el embajador Bremer, el general Abizaid y yo nos reunimos en la oficina de Bremer en el Palacio Republicano.

"Ric, se ha decidido que debe suspender de inmediato las operaciones de ofensiva y retirarse ahora mismo de Fallujah", dijo el Embajador.

No me cabía la menor duda de que esta decisión había venido del Concejo de Seguridad Nacional y del Presidente. Bremer jamás se habría atrevido a impartir semejante instrucción sin estar respaldado por la Administración. Miré al general Abizaid y esperé a que él respondiera primero.

"Puedo entender la situación política", dijo Abizaid.

"Yo también la entiendo, señor", respondí. "Pero estamos combatiendo mano a mano con el enemigo. Estamos en las calles y en medio de los barrios. No podemos detenernos ahora. Si no terminamos la misión, vamos a tener que volver a terminarla más adelante".

"Debe retirar sus fuerzas ahora mismo", reafirmó Bremer. "De lo contrario, va a echar a perder todo el proceso político".

"No, no puedo hacer eso", respondí. "Ahora mismo controlamos menos del 50 por ciento de la ciudad y estamos en contacto con el enemigo en la totalidad del frente. El enemigo ataca y se defiende de manera efectiva. Si nos retiramos bajo fuego, será una derrota estratégica para los Estados Unidos. Y sabe muy bien que, lo primero que hará Al Jazeera será informar que el enemigo nos obligó a retirarnos".

"¡Debe retirarse! ¡Peligra la transferencia de la soberanía!"

"¡No lo haré!"

Bremer y yo nos estábamos gritando el uno al otro. Miré entonces a Abizaid y dije:

"Mire, señor, *no* daré esa orden. Si quiere que esa orden sea dada, tendrá que buscar otro comandante".

Hubo un largo silencio en la oficina, hasta que Abizaid finalmente respondió.

"Estoy de acuerdo con Ric en que no podemos retirarnos bajo fuego", dijo, mirando a Bremer. "Si nos retiramos ahora, haremos un mal papel. Sin embargo, tenemos que considerar el proceso político".

"Entiendo que el proceso político puede colapsar", añadí yo, "y que no esperábamos un levantamiento suní de semejantes proporciones. Pero eso no es lo que importa en este momento. Si quiere que realmente suframos una derrota estratégica...".

"No es eso lo que quiero, Ric", respondió Abizaid. "No es eso a lo que me refiero. Aquí hay un problema más grande".

"Entiendo ese problema, señor. Pero, por todos los cielos, no podemos darnos por vencidos después de sólo dos días de una misión de cuatro semanas. ¡Eso no lo hace el Ejército de los Estados Unidos!"

"Bien, vamos a tener que pensar en algo, de lo contrario, serán otros quienes decidan por nosotros. Puedo asegurarle que la

Casa Blanca va a detener la ofensiva ya sea que impartamos las órdenes o no".

"Está bien, está bien", acepté por fin. "Podemos detener la ofensiva; pero no voy a retirarme hasta que hayamos realizado la debida separación de fuerzas y hasta que lo podamos hacer en circunstancias mucho más favorables".

"¿Sugiere, entonces, un cese de fuego?", preguntó Abizaid.

"Señor, sugiero que detengamos las operaciones de ofensiva unilateralmente hasta que termine el combate y podamos retirarnos, pero no bajo fuego".

"Eso lo puedo aceptar", respondió Abizaid.

"Por mí no hay objeción", dijo Bremer. "Ahora sólo tenemos que definir cómo lo vamos a anunciar".

Tan pronto como salimos de la oficina de Bremer, Abizaid me miró y dijo:

"Cielos, Ric, nunca lo había visto tan disgustado antes".

"Tenemos a la Marina allá afuera combatiendo y muriendo", respondí.

Tan pronto regresé a mi oficina, llamé al teniente general Jim Conway, comandante de la 1ª Fuerza Expedicionaria de la Marina.

"Jim, se ha tomado la decisión de finalizar el plan Resolución Vigilante". Es un hecho. Comunicamos sus dudas al Presidente", le dije.

"¿Qué dice?," preguntó. "¿Qué demonios está haciendo? Estamos justo a punto de derrotar al enemigo".

"Mire, es algo político y, en realidad, no tenemos alternativa. El proceso político en Irak está a punto de colapsar y la transferencia de la soberanía está en riesgo. Le llegará la orden de inmediato y tendrá aproximadamente de ocho a doce horas para ejecutarla. Haga lo que debe hacer hasta entonces".

"Sí, señor", respondió. "Pero debo mantener la autoridad para realizar operaciones defensivas".

"La tiene. Asegúrese de responder con contraataques contundentes, si sus posiciones son atacadas", respondí.

Al día siguiente, el 9 de abril de 2004, a mediodía, el embajador Bremer anunció oficialmente que las fuerzas de la coalición cesarían unilateralmente las operaciones de ofensiva en Fallujah. Indicó que la APC deseaba facilitar las negociaciones entre el Concejo de Gobierno Iraquí y los voceros de la ciudad de Fallujah y aprovechar el tiempo para permitir la entrega humanitaria de suministros a los residentes de la ciudad. A pesar de las especulaciones de los medios de comunicación acerca de la incompetencia de nuestra coalición, Fallujah quedó como la imposibilidad de lograr misiones claramente estipuladas y definidas, en realidad, fue una derrota estratégica para los Estados Unidos y una victoria moral para los insurgentes.

Mis órdenes finales a la Marina fueron las de detener la ofensiva, pero responder en caso de que fueran atacados y eliminar cualquier fuente de resistencia asociada con las fuerzas contrarias. Naturalmente, sabía que cuando se imparte una orden a la Marina para realizar ataques tan limitados, puede atacar todo un regimiento.

La Administración quería que abandonáramos los combates y nos retiráramos. Desde el punto de vista de los soldados en combate, no retiramos nuestras fuerzas bajo fuego. Mantuvimos nuestro terreno. En otras palabras, suspendimos la ofensiva, pero no nos retiramos.

En la tarde del 9 de abril de 2004, apenas unas horas después de que Bremer hiciera su anunció sobre Fallujah, me reuní con él para una videoconferencia con el general Abizaid y el secretario Rumsfeld como preparación para una conferencia más amplia con el Presidente.

Cuando Abizaid y yo le advertimos a Rumsfeld acerca de la necesidad de tener cuidado con el lanzamiento de un ataque de grandes proporciones contra Muqtada al-Sadr, Bremer expresó su preocupación de que un ataque pudiera llevar a la inestabilidad del país, lo que podría afectar la transferencia de la soberanía el 1ro de julio. “Bien ¿por qué hay que transferir la soberanía el 1ro de julio?”, preguntó Rumsfeld. “Si tenemos que llevar a cabo algunas operaciones militares para lograr la estabilidad, hagámoslo y pospongamos la transferencia de la soberanía".

La declaración del secretario Rumsfeld fue tan espontánea que me hizo preguntarme si no estaba sincronizado con el Concejo de Seguridad Nacional y la Casa Blanca. ¿No había participado en las discusiones a fondo acerca de la decisión de transferir la soberanía en primer lugar? El Secretario no repitió sus preguntas cuando hicimos la videoconferencia con el Presidente y con los miembros del Concejo de Seguridad Nacional.

El general Abizaid comenzó con un informe acerca del estado de las operaciones en Fallujah.

"Aproximadamente a las 12:00 hora local, del día de hoy, suspendimos nuestras operaciones", dijo. "Estamos a la expectativa, debido, en parte, a una solicitud del Concejo de Gobierno".

"Aquí hay un verdadero conflicto", dijo el embajador Bremer. "Los jefes suní amenazaron anoche con marcharse".

"¿Cuál es el clima político que hace que los miembros del Concejo de Gobierno se manifiesten de esa manera?", preguntó el presidente Bush.

"Hay una enorme presión debido a las noticias de la televisión", respondió Bremer,

"Al Jazeera entorpece nuestro trabajo", aceptó Abizaid.

"Muchos en Irak están comprometidos con la democracia", dijo el Presidente. "El Concejo de Gobierno Iraquí no está aprendiendo de ellos".

"Los miembros del Concejo de Gobierno están en conversaciones con los líderes de la oposición en Fallujha", dijo el embajador Bremer. "Están a favor del cese unilateral de las operaciones ofensivas, pero mantienen el derecho a la autodefensa. Sin embargo, no es probable que logremos que el enemigo deje de atacar".

"Nuestros objetivos son la destrucción de las fuerzas insurgentes y llevar ante la justicia a los responsables de los asesinatos y mutilaciones de los contratistas en Fallujah", dijo Bush.

"Sí, Sr. Presidente", respondió Bremer. "Lo que exigimos es que nos entreguen a quienes atacaron a los contratistas de Blackwater, a los mutiladores, a los combatientes extranjeros, que las fuerzas contrarias a la coalición depongan las armas y cesen todas las operaciones en contra de las fuerzas de la coalición, los líderes locales deben permanecer en la ciudad, buscar al reportero de Al Jazeera que ha estado incitando a la violencia y sacarlo de Fallujah".

En ese punto, reiteré que habíamos acordado no realizar operaciones ofensivas, pero que definitivamente no era correcto considerar esto como un cese al fuego.

"Aún va a haber muchos combates", advertí. "Y Al Jazeera seguirá reportándolos".

El general Abizaid aprovechó entonces la oportunidad para persuadir al Presidente de que reanudara el ataque a Fallujah.

"Desde el punto de vista táctico, debemos continuar el ataque", dijo. "Nuestro plan sería acorralar al enemigo en el área suroccidental de la ciudad. Nos tomará tres o cuatro días más avanzar por la ciudad. Es una excelente oportunidad militar. Sin embargo, somos conscientes de la situación política".

El Presidente el Estado Mayor Conjunto, el general Richard Myers, se apresuró a respaldar la recomendación de Abizaid.

"La Marina está muy segura del éxito y desea continuar", dijo. "Pero no queremos esperar más de veinticuatro horas. Dennos al menos cuatro días y podremos terminar esta misión".

Agregué unas pocas palabras para confirmar que el Ejército definitivamente estaba en capacidad de continuar con la misión y necesitábamos llevar la ofensiva hasta el final. Sin embargo, no hubo respuesta a nuestras recomendaciones y, después de una pausa, el general Abizaid me pidió que le diera una breve actualización de la situación en el sur de Irak.

Por varios minutos les presenté una descripción meticulosa del estado de cada ciudad —dónde teníamos el control; dónde tenían el control las fuerzas de al-Sadr; dónde se había desempeñado bien el Cuerpo de Defensa Civil Iraquí y la Policía Iraquí y dónde habían abandonado sus puestos; y cómo estaban respondiendo o no respondiendo las fuerzas de la coalición.

"Debemos estar preparados", dije, "porque es posible que la

situación en Najaf se convierta en una situación similar a la de Fallujah".

En ese momento, Condoleezza Rice intervino en la conversación.

"Tenemos dos problemas políticos de importancia aquí", dijo. "Tenemos que tener eso en cuenta. ¿Cómo manejamos la potencial renuncia de los miembros del Concejo de Gobierno? Si eso llegara a ocurrir, podríamos perder la oportunidad de que el Concejo de Gobierno Iraquí sea el centro del futuro gobierno. Podría ser un problema muy grave. Es importante que mantengamos la fecha de junio 30 [para la transferencia de la soberanía]".

El embajador Bremer estuvo de acuerdo con lo que preocupaba a la Sra. Rice, en lo que se refería al futuro del Concejo de Gobierno.

"Si todo colapsa, seremos el último poder de ocupación en un juego sin fin", dijo. "No tendremos a quién transferirle el poder el 1ro de julio. Si todo colapsa, tendremos un problema de grandes proporciones".

"Jerry debería estar pensando en lo que hará si los miembros del Concejo de Gobierno se van", interrumpió el secretario Rumsfeld, como si Bremer ni siquiera estuviera presente. "Es muy importante cumplir con la fecha del 30 de junio".

"¿Esas personas quieren realmente que estemos en Irak?", preguntó el presidente Bush. "Lo que hemos visto es la erosión de su deseo de tenernos ahí. ¿Pueden encontrar a alguien que nos dé las gracias por llevarle la democracia y la libertad?"

"Sr. Presidente, parte del problema radica en que no hay un líder iraquí fuerte", dijo el general Abizaid. "Además, la cadena de comando es muy vaga. Es más, no quieren combatir con nosotros [los norteamericanos]".

"El Concejo de Gobierno emitió dos buenas declaraciones", le aseguró Bremer al Presidente. "Todos están a favor de emprender acciones fuertes contra al-Sadr, aunque sólo en privado. Sin embargo, Sistani está rotundamente opuesto a cualquier operación militar en Najaf y en Karbala. Está desesperado por evitar otra situación como la de Fallujah. Su mensaje es que deberíamos buscar una solución pacífica".

En este punto, Colin Powell dio algunos consejos.

"Debemos esforzarnos al máximo por crear este gobierno interino", dijo. "Tenemos que poner en el poder un rostro iraquí tan pronto como sea posible. Debemos demostrar fortaleza, no debilidad, pero debemos permanecer atentos a la situación política. Creo que deberíamos darle a Fallujah otras dieciocho horas".

"Bien, si no tenemos un gobierno a quien entregarle la soberanía", dijo el Presidente, "no podremos mantener a nuestros socios de la coalición. Por más que queramos atrapar a al-Sadr, eso podría desatar un caos que no podamos controlar en el país".

"Tengo una reunión de información de seguimiento este fin de semana", dijo el secretario Rumsfeld. "¿Qué acciones a alto nivel hay que realizar en los medios de comunicación para tranquilizar al público?"

Cuando los elementos de comando de la 1ª División Blindada llegaron a las afueras de Najaf, el mayor general Marty Dempsey y yo pusimos fin a nuestra estrategia para recuperar el control de esa ciudad. Más importante aun, le indiqué a Marty que creara zonas de exclusión para aislar varios sitios religiosos delicados, y que luego estableciera una serie de puntos de control para respetar esas zonas. Poco después de que aprobé el plan de operaciones de Marty, el embajador Bremer me pidió que fuera a su oficina para asistir a una reunión. Cuando entré, Dick Jones (el administrador delegado de la APC), el embajador británico asignado a su estado mayor y el director de operaciones de la APC estaban inclinados sobre un mapa abierto que estaba en la mesa.

"Ric, necesitamos que nos muestre dónde están sus puntos de control y cómo va a ejecutar el plan táctico para controlar a Najaf", dijo Bremer.

Me sorprendí.

"¿Habla en serio?", le pregunté.

"Sí, quisiéramos conocer el plan táctico", respondió.

"Pues, no lo voy a hacer", dije. "Le garantizo que tenemos un plan táctico. Y estoy satisfecho con él, y lo hemos revisado con el comandante de la división. Sé que él podrá ejecutar las órdenes que se le han dado".

"Pues, necesitamos saber..."

"Un momento, señor. No voy a darle los detalles de nuestro plan táctico. No debe preocuparse de si puedo o no cumplir una misión militar. Le garantizo que podemos hacerlo. Sé lo que debo hacer. De lo que no estoy seguro es de lo que se supone que *usted* debería hacer. En Najaf, no hay nada para garantizar que las partes políticas o económicas de la ecuación se cumplan. Y esa es la responsabilidad de la APC. No vamos a tener éxito en Irak a menos que unamos todas las piezas".

Hubo un largo silencio en el recinto, hasta que al fin, Bremer dijo:

"Está bien, Ric. Permítame hablar con mis hombres".

Unos días después de esa reunión, la APC propuso y financió varias iniciativas en Najaf, incluyendo la reconstrucción del gobierno local, la infraestructura, la policía y los colegios. Fue la primera vez que tuvimos realmente un plan político, económico y militar sincronizado para un área en Irak. Y fue un buen plan.

El 10 de abril de 2004, las fuerzas de la coalición iniciaron la ofensiva para reestablecer el control de las provincias chiítas del sur. Nuestro principal punto de atención era Najaf, no sólo porque sabíamos que sería el escenario de duros combates, sino porque un componente clave de nuestra misión era matar o capturar ala Muqtada al-Sadr, que tenía allí concentrada la mayoría de sus fuerzas. Hasta este momento, no habíamos podido realizar ninguna operación ofensiva debido a los millones de peregrinos chiítas que habían venido a los lugares santos en Najaf, Kufa y Karbala, para la fiesta musulmana de Arba'een. Saddam Hussein había prohibido la observancia de esta fiesta cuando fue presidente de Irak.

Desde el punto de vista militar, Arba'een fue una bendición para nosotros porque no teníamos las fuerzas necesarias para realizar una ofensiva mayor en Najaf. Por lo tanto, nuestra estrategia fue controlar las fuentes de conflicto más pequeñas al sur, para lo que no necesitábamos fuerzas muy numerosas. En Basra, los británicos pudieron convencer a los chiítas de abandonar los sitios gubernamentales que habían ocupado; los italianos pronto recuperaron el control de Nasiriyah, y las tropas del Ejército estadounidense tuvieron pocos problemas para reestablecer el control en Al Kut. Durante ese tiempo, pudimos movilizar a la 1ª División Blindada y los Strykers desde el norte. Una vez allí, la 1ª División Blindada cumplió su plan y estableció una serie de puntos de control con el fin de aislar los movimientos del Ejército Mahdi y evitar la llegada de refuerzos y la salida de las tropas. Las zonas de exclusión también funcionaron bien para ayundar a cortar gradualmente las vías de comunicación con la ciudad, a medida que el flujo de peregrinos salía de Najaf. Uno de nuestros primeros combates tuvo lugar en el puente de un río que conduce a Kufa, y que estaba ocupado por altos elementos de las fuerzas de al-Sadr. El Ejército Mahdi presentó una gran resistencia para impedir que ingresáramos al área, pero eventualmente tomamos el puente.

Cuando la noticia de nuestra ofensiva llegó a Ciudad Sadr, se hicieron llamados para que el pueblo se dirigiera hacia sus mezquitas locales, obtuviera armas y se uniera a la lucha contra la coalición. Irán emitió declaraciones de apoyo y promesas de ayuda material, y los antiguos miembros del régimen de Saddam (los que actualmente participaban en la insurgencia), junto con otros extremistas suní, comenzaron a cooperar con el Ejército Mahdi. Las cifras de muertos y heridos aumentaron rápidamente en Ciudad Sadr y en todo el sur, a medida que los combates eran cada vez más intensos.

En medio de toda esta acción en el sur de Irak, el embajador Bremer y yo tuvimos otra videoconferencia a nivel presidencial, desde Bagdad, pero la mayor parte de la conversación giró en torno a Fallujah y a la solución de la situación política. El general Abizaid comenzó la conferencia con una actualización militar y de nuevo presionó para reiniciar la ofensiva.

"La Marina está acordonando a Fallujah y está matando a cualquiera que intente atacarla", dijo. "Ha aislado a un grupo de 500 a 800 combatientes, ex baathistas, en su mayoría. Podemos realizar operaciones de ofensiva muy rápidas. Una vez más, Sr. Presidente, volvemos a hacer énfasis en que sólo necesitamos tres o cuatro días más de ataques ofensivos para tomar la ciudad".

Mientras que el presidente Bush y Colin Powell permanecieron callados casi todo el tiempo, el vicepresidente Dick Cheney y el secretario Rumsfeld se encargaron de hablar. Eso no era lo habitual, porque Cheney había estado presente en las demás videoconferencias y en pocas ocasiones dijo algo.

"Teníamos que terminar las operaciones militares en Fallujah porque el Concejo de Gobierno estaba totalmente dividido", dijo. "Esa es una terrible estratagema contra nosotros. ¿Qué posibilidad hay de que permanezcan unidos en el futuro?"

"Debemos estar preparados por si renuncian", dijo Rumsfeld. "Debemos imaginar lo inimaginable durante la crisis para poder elaborar planes de contingencia".

En ese momento, el embajador Bremer intentó tranquilizar a todos diciéndoles que las cosas estaban bajo control.

"Tenemos una estructura de comando establecida para los suní", dijo. "Sin embargo, el documento sobre las operaciones del Concejo de Gobierno sigue siendo de alta confidencialidad".

Rumsfeld se dirigió de inmediato a Rice y le dijo:

"Nunca se le ocurra enviarle a Bremer un documento si es tan confidencial. Olvídelo. Le enviaré el nuestro". De nuevo, Rumsfeld hizo ese comentario como si el embajador Bremer no formara parte de la videoconferencia.

"Necesitamos que los iraquíes sepan que tienen una enorme oportunidad y que la están dejando perder", continuó el Secretario. "La situación de seguridad en los países del Medio Oriente, será muy mala si Irak se divide. ¿Creen que debería ir algún representante político a esa región?"

Al salir de esa conferencia, recuerdo haber pensado que, por primera vez, la Administración estaba hablando de desarrollar la diplomacia regional. Estábamos en una crisis ya muy avanzada y la sugerencia había salido nada más ni nada menos que del Secretario de Defensa, no del Presidente ni del Vicepresidente, ni del Secretario de Estado, ni del Director del Concejo de Seguridad Nacional, ni del Director de la APC.

En términos generales, la mayor ofensiva tuvo una duración de cinco días, del 10 al 15 de abril de 2004. Aunque las fuerzas de la coalición pudieron recuperar el control de los edificios de gobierno y otros sitios clave en Najaf y Karbala, los combatientes chiíta no renunciaron fácilmente a sus posiciones. Después, la violencia y las escaramuzas locales continuaron en un número bastante alto.

Para este momento, las operaciones de la coalición se enfocaron en planear la captura de Muqtada al-Sadr. Sabíamos dónde vivía, habíamos documentado sus patrones de desplazamiento y vigilamos el recorrido de ocho a diez millas de la ruta que tomaba desde su casa hasta la mezquita de Kufa. Después de elaborar un plan minuciosamente detallado, decidimos realizar la operación mientras se movilizaba para así evitar cualquier daño colateral a la mezquita de Kufa o a los civiles en las proximidades. Cuando se confirmó que la ubicación exacta de al-Sadr estaba dentro del área acordonada, el mayor general Marty Dempsey me llamó y me informó que estaban listos para proceder.

Fui adonde el embajador Bremer y le dije que era hora de encargarnos de Muqtada al-Sadr. Le informé el plan en general y le dije que, aunque intentaríamos capturar a al-Sadr, podría ocurrir un intercambio de fuego que resultara en su muerte. Le advertí además a Bremer que las consecuencias de esta operación podrían ser peligrosas. Habíamos recuperado el control de gran parte del país, y la operación podría crear nueva inestabilidad. Sin embargo, considerando la situación a largo plazo, era lo que debíamos hacer porque así podríamos reducir gradualmente cualquier resistencia residual del Ejército Mahdi. El embajador Bremer me agradeció la informacion y llamó a Washington ya que la orden final para ejecutar el plan debía ser aprobada por el Presidente.

Sin embargo, nos encontrábamos una vez más bajo enormes presiones políticas. En especial, el Concejo de Gobierno Iraquí se negaba a lanzar una operación contra al-Sadr. Poco después de que le presentara mi informe, el embajador Bremer me dijo:

"Sus instrucciones son las siguientes: no cree ninguna situación que provoque la más remota confrontación con Muqtada al-Sadr. Una operación así arriesgaría la transferencia de la soberanía".

"Entonces, ¿qué debemos hacer ahora?", pregunté.

"Esas son sus instrucciones, general".

"Pero nos estamos apartando de la misión correcta".

"Sus instrucciones son no ejecutar la operación".

"¿Cómo vamos a lograr algún tipo de estabilidad en este país si no hacemos más que apartarnos de nuestras misiones?"

"No lo sé", respondió Bremer. "Tal vez podamos lograr que al-Sadr se entregue a las autoridades iraquíes o tal vez podamos mantener la estabilidad sin necesidad de arrestarlo. Tenemos al Concejo de Gobierno trabajando en eso".

De hecho, Bremer me estaba diciendo que íbamos a posponer el problema y pasárselo a los iraquíes.

Me comuniqué de inmediato con Marty Dempsey para comunicarle la decisión y no lo podía creer.

"Pero, señor, ¡estamos listos!", protestó. "Tenemos todo preparado. ¡Todo lo que necesitamos es la orden de proseguir!"

"Lo siento, Marty, no recibirá esa orden", le respondí. "La política pesa mucho en este aspecto".

Durante la semana siguiente, mientras la 1ª División Blindada mantenía acordonada la Ciudad de Kufa, volví varias veces a hablar con Bremer y a pedirle que obtuviera la aprobación para arrestar a al-Sadr, pero se limitó a negarse. Apelé al general Abizaid, pero él también estaba resignado con la situación.

"Ric, se trata de una decisión política y tenemos que aceptarla", dijo. "Los iraquíes tendrán que determinar qué hacer con al-Sadr".

Poco después de esa conversación con Abizaid, recibí una nota del Departamento de la Rama Administrativa del Oficial General del Ejército en la que me informaban que mi nombramiento como comandante de SOUTHCOM (y mi ascenso a general de cuatro estrellas) había sido enviado al Secretario de Defensa para ser presentado después al Presidente. Lo único que se me ocurrió pensar en ese momento era que el secretario Rumsfeld había cumplido su palabra. Pero estaban ocurriendo demasiadas cosas —y estaba demasiado cansado— tanto, que dejé la nota a un lado y seguí con lo que estaba haciendo. Había trabajo por hacer en Najaf, en Ciudad Sadr y en todo el sur ahora que se había tomado la decisión de no arrestar ni matar a Muqtada al-Sadr. Por ejemplo, teníamos que crear un nuevo plan estratégico para controlar al Ejército Mahdi.

Durante la tercera semana de abril, me contactaron los altos líderes del Concejo Supremo para la Revolución Islámica en Irak, el partido político chiíta tribal de al-Sadr. Estaban más que dispuestos, según dijeron, a utilizar a su propia milicia, el Cuerpo de Badr, para contribuir a la seguridad de Najaf, retomar la mezquita de Kufa y matar a Muqtada al-Sadr. Naturalmente rechacé la oferta porque había recibido órdenes de evitar cualquier conflicto con al-Sadr, y porque nuestra política era no permitir que ninguna milicia tomara el control de la seguridad. Más importante aun, no estábamos dispuestos a permitir que el Cuerpo de Badr, respaldado por Irán, tuviera parte en un movimiento para declarar la guerra al partido chiíta de al-Sadr. Hacerlo significaría ayudar al conflicto ya intenso entre dos grupos chiítas en el sur de Irak. Además, el Concejo Supremo para la Revolución Islámica en Irak no engañaba a nadie. Sabíamos que tenía interés en sacar a al-Sadr para así poder controlar la Gran Mezquita de Kufa, Najaf y Karbala.

Además de los líderes del Concejo Supremo para la Revolución Islámica en Irak, vino a verme, en varias oportunidades, un prominente miembro chiíta del Concejo de Gobierno Iraquí para hacer algo acerca de Muqtada al-Sadr.

"General, tienen que eliminarlo", me dijo. "Eso es lo mejor para Irak. Tienen que hacerlo antes de la transferencia de la soberanía".

"Bien, si fuéramos a realizar semejante operación, tendría que anunciarlo públicamente y respaldar esa acción", le dije. "Además, también tendrá que convencer al resto de los miembros del Concejo de Gobierno y hablarle de ese plan al pueblo de Irak. ¿Estaría dispuesto a hacerlo?"

"No, general, no podría hacer eso".

"Entonces, no atacaremos a al-Sadr antes de la transferencia", respondí.

Tan pronto como suspendimos nuestras principales operaciones ofensivas en Fallujah y en las provincias del sur, se disipó la abrumadora presión política y las circunstancias se estabilizaron lo suficiente como para permitirnos continuar avanzando hacia la transferencia de la soberanía. Lakhdar Brahimi reanudó su trabajo, se disminuyó el número de secuestros de miembros de la coalición y la APC inició un esfuerzo intenso por cumplir sus misiones. El Concejo de Seguridad realizó negociaciones con Muqtada al-Sadr que tuvieron como consecuencia un retiro gradual de las fuerzas que aún ocupaban algunas de las instalaciones de las provincias del sur. Eventualmente, y por el momento, los miembros del Ejército Mahdi se reincorporaron a la población general.

Entre tanto, el personal del CJTF-7 puso en práctica una serie de iniciativas diseñadas para poner fin a la dramática y creciente ola de ataques sorpresa tanto contra ciudadanos particulares como contra las fuerzas de la coalición. Con la aprobación del general Abizaid, nos reunimos en varias oportunidades con muchos líderes tribales suní y empezamos a establecer comunicaciones con los líderes de la insurgencia. Sin embargo, tan pronto como los neoconservadores en Washington tuvieron noticia de estas actividades, sofocaron nuestros esfuerzos. "¿Cómo diablos pueden estar hablando con las personas que han matado a los norteamericanos?", me preguntaron. "Tienen las manos ensangrentadas. Jamás negociaremos con los asesinos de nuestros compatriotas".

Fue la segunda vez que un importante esfuerzo por establecer el diálogo con los insurgentes fue desechado por Washington. La primera vez fue durante el período de calma que siguió a la captura de Saddam Hussein. En esta oportunidad, rechazaron la idea en plena ola de violencia, después de los ataques a Najaf y Fallujah. No nos permitieron negociar con el enemigo en tiempos de tranquilidad *ni* en tiempos de violencia. Los Estados Unidos había llevado a cabo este tipo de negociaciones en todas las otras guerras en las que habíamos participado. Pero no fue así en Irak —al menos, no en ese momento. Era como si Washington no quisiera la estabilidad del país. Todo se consideraba un problema que le correspondía resolver al pueblo iraquí.

Para finales de abril, parecía que al fin habíamos resuelto la situación en Fallujah. Desde el cese de la ofensiva, las fuerzas de la coalición habían permanecido en su sitio y habían repelido una serie de ataques protagonizados por insurgentes. Sin embargo, todavía estábamos en un callejón sin salida. Después de todo, nadie había previsto que detendríamos la ofensiva sin haber cumplido la misión, y era evidente que no íbamos a ceder el terreno a los insurgentes suní que aún controlaban tres cuartas partes del área metropolitana.

El teniente general Jim Conway propuso una negociación que proponía poner en manos de la Brigada Fallujah la responsabilidad de la seguridad. Esta brigada era una fuerza suní, que estaba dirigida por antiguos miembros del ejército de Saddam y que había sido organizada por la CIA. Cuando se nos presentó esta sugerencia al general Abizaid y a mí, nuestra reacción inicial fue positiva. De hecho, lo que pretendíamos era buscar la cooperación de los suní. ¿Por qué no probar? Sin embargo, casi todos en Washington y Londres pusieron en duda el plan. En Irak, algunos de los miembros del Concejo de Gobierno se opusieron, y el embajador Bremer repetía una y otra vez, "Eso será un fracaso. Eso será un fracaso".

"Bien, si alguien tiene otra idea mejor, díganosla", respondimos. Pero nadie podía presentar una alternativa viable que nos permitiera retirar nuestras fuerzas de la ciudad. Por lo tanto, Conway recibió la orden de poner en práctica su propuesta. A cambio de recibir armamento y equipo estadounidense, los líderes de la Brigada Fallujah aceptaron retirar sus fuerzas dentro de ciertos plazos, descontinuar los ataques de los insurgentes, entregar su armamento pesado y entregar a los culpables de la emboscada del convoy de Blackwater. Después de haber obtenido esas promesas, anunciamos el programa a través de los medios de comunicación con un comunicado de prensa y una conferencia de prensa. Sin embargo, pronto nos dimos cuenta de que el general iraquí que había sido nombrado para dirigir la Brigada Fallujah era un antiguo miembro de la Guardia Republicana y, lo que era aun peor, era el vivo retrato de Saddam Hussein. De inmediato, los líderes chiítas se quejaron de que estábamos reestableciendo el ejército de Saddam y lo estábamos volviendo a poner al mando. Ese general fue reemplazado de inmediato por otra persona, pero la mayoría de los iraquíes siguieron convencidos de que las fuerzas de la coalición iban a reestablecer el antiguo régimen.

Con el tiempo, la Brigada Fallujah se eliminó por completo y las negociaciones con la misma fueron un rotunda fracaso, debido a que sus líderes nunca cumplieron ninguna de sus promesas. Sin embargo, el episodio mejoró el nivel de seguridad en la región lo suficiente como para permitirnos salir de Fallujah y proseguir con los planes para la transferencia de la soberanía. Desafortunadamente, aún no habíamos logrado mayor progreso en ninguno de nuestros objetivos originalmente propuestos y todos los niveles de liderazgo sabían que era sólo cuestión de tiempo que nos viéramos obligados a volver a Fallujah a eliminar este refugio de insurgencia. *(El 6 de noviembre de 2004, cuatro días después de las elecciones presidenciales de los Estados Unidos, la Marina estadounidense lanzó un segundo ataque en Fallujah y alcanzó la victoria después de experimentar el más cruento combate urbano desde la guerra de Viet Nam. La batalla tuvo una duración de seis semanas).*

El 28 de abril de 2004, justo cuando terminábamos los planes para la Brigada Fallujah, el programa de televisión de la CBS, *60 Minutes II*, presentó un documental que trataba de los abusos contra los prisioneros en Abu Ghraib. Por primera vez, los Estados Unidos y el mundo vieron algunas de las escandalosas imágenes que incluían prisioneros desnudos apilados en una pirámide, un prisionero encapuchado de pie en una caja y con cables eléctricos adheridos a sus manos, y los soldados norteamericanos posando con los prisioneros, riéndose y divirtiéndose. Además, el programa presentaba una entrevista telefónica con el sargento Frederick, entonces bajo arresto y próximo a ser juzgado en un concejo de guerra, quien dijo que se declararía inocente. "No teníamos apoyo... y permanentemente pedía a mis superiores... normas y reglamentos", dijo. Además, sus abogados culpaban a los altos mandos de crear las condiciones que permitieron que se produjeran los abusos.

El programa de *60 Minutes II* indicaba que la prisión de Abu Ghraib había sido "la prisión central del imperio del terror de Saddam", que allí se hacían "torturas inimaginables" y se llevaban a cabo "ejecuciones injustificadas". La implicación evidente era que las fuerzas estadounidenses continuaban esa tradición. Además, toda la historia dejaba la impresión de que los abusos de Abu Ghraib se habían producido durante interrogatorios formales a los prisioneros iraquíes.

La última semana de marzo y las dos primeras semanas de abril de 2004 fueron un desastre estratégico para la misión norteamericana en Irak. En primer lugar, muchas personas murieron. En Fallujah, cuarenta marines perdieron la vida y hubo seiscientos suní muertos, más de la mitad de los cuales se consideraron civiles. Los combates con los chiítas en Ciudad Sadr en el sur de

Irak dejaron veintisiete soldados norteamericanos muertos, y los muertos de los combatientes del Ejército Mahdi se calcularon entre 2.500 y 3.000.

En segundo lugar, la ya debilitada coalición de naciones comenzó a fragmentarse. La primera en marcharse fue España. Poco después de la estabilización de Najaf, los líderes del Ejército Español informaron que se retiraban y que se irían del país en unos días. Debido a una erosión de la voluntad nacional, a las elecciones recientes y a un nuevo gobierno que estaba cumpliendo sus promesas de la campaña, Madrid había decidido ordenar el regreso de sus tropas. Se retirarían unos doscientos soldados, y unos pocos españoles que ocupaban cargos a nivel de estado mayor permanecerían en Irak durante algún tiempo para ayudar en el proceso de transición. Tuvimos que apresurarnos a reemplazar a los españoles porque eran el elemento de mando para la brigada de la coalición en Najaf. Nicaragua, uno de los países de América Latina que reportaba a los españoles, también decidió adelantar su partida.

Nuestras acciones militares durante la primavera tuvieron un grave impacto a largo plazo en el país. El cierre del periódico de al-Sadr, *Hawza*, la captura de su teniente Mustafá al-Yaquobi, las acciones militares que sucedieron para recuperar el territorio confiscado por los chiítas y lanzar nuestra ofensiva a Fallujah, llevó a un nuevo nivel de violencia que simplemente nunca se detuvo. Los insurgentes atacaron las terminales de petróleo, cortaron las líneas de comunicación, bombardearon los edificios del gobierno y docenas de infraestructuras clave de Bagdad. Hubo un momento en el que el personal del CJTF-7 desarrolló un plan basado en "la peor de las situaciones" para defender a Bagdad, en el que se incluía la medida de traer a Irak los miembros de la Reserva Estratégica del Ejército Americano para estabilizar la situación en caso de que la capital se viera amenazada. Era innegable, se había llegado a un nivel de violencia sin precedentes. El incremento era simplemente increíble.

Nuestras acciones evidentemente habían desencadenado una guerra civil en Irak y la insurgencia había adquirido más fuerza que nunca. Había combates en casi todas las provincias —desde Mosul en el norte, Bagdad y el Triángulo suní en la región central de la nación, llegando hasta Basra en el sur de Irak. Para complicar aun más la situación, la transmición que hiciera Al Jazeera de la ofensiva contra Fallujah llevó al levantamiento del terrorista de origen jordano, Abu Musab al-Zarqawi, quien más tarde se uniría a Osama bin Laden. Los terroristas de Al-Qaeda de bin Laden, a su vez, llegaron como enjambres al país.

Al suspender los ataques en Fallujah y no capturar a Muqtada al-Sadr, preparamos el terreno para una nueva guerra civil y ayudamos a incrementar la actividad terrorista de Al-Qaeda. Los más altos mandos del gobierno de los Estados Unidos nos habían dado la orden de atacar a Fallujah. Pero cuando las cruentas batallas aparecieron en Al Jazeera y en CNN, y empezó a aumentar la presión desde todos los sectores, la administración Bush se echó inmediatamente para atrás. Esencialmente, nos ordenaron detenernos y correr. En mi concepto, esa instrucción fue especialmente preocupante dada la forma como la Administración caracterizaba a los estadounidenses que se oponían a la actividad militar en Irak.

El 21 de abril de 2004 —menos de dos semanas después de la decisión de suspender las operaciones ofensivas en Fallujah, y menos de una semana después de la decisión de abandonar todos los esfuerzos por matar o capturar a Muqtada al-Sadr en Najaf— el presidente Bush pronunció un discurso ante la Asociación de Periodistas de América en Washington D.C. "No vamos a suspender las operaciones y retirarnos mientras esté en la Oficina Oval", dijo, como refiriéndose a algo que daba por hecho. Cinco meses después, durante un discurso de campaña en Birmingham, Alabama, censuró a los demócratas por sugerir que los Estados Unidos debían retirarse de Irak. "El partido de Franklin Delano Roosevelt y el partido de Harry Truman se ha convertido en un partido dispuesto a suspender el ataque y correr", dijo en tono acusatorio.

En abril de 2004, abandonamos dos importantes misiones militares. ¿Para qué? Para que la administración Bush pudiera continuar en el poder. No se pensó con anticipación en las repercusiones potenciales de nuestras acciones. Si las cosas hubieran salido terriblemente mal en Fallujah y Najaf o si la transferencia de la soberanía se hubiera puesto en riesgo, no habría habido tiempo de recuperarse antes de las elecciones presidenciales en noviembre. Y ese sí era un riesgo que la administración Bush no estaba dispuesta a correr. Además, no podían darse el lujo de dejar que el pueblo de los Estados Unidos supiera que había un aumento generalizado de la violencia, que los terroristas estaban llegando al país en grandes números y que había estallado una guerra civil en Irak. Querían, en cambio, poder decir que la guerra estaba a punto de terminar, que la soberanía se estaba transfiriendo a Irak sin sobresaltos y que el pueblo de Irak pronto estaría viviendo en un estado libre y democrático gracias a nuestros esfuerzos.

El 13 de abril de 2004, poco después del cese de fuego en Fallujah, el presidente Bush se dirigió a la nación en una conferencia de prensa. Comenzó con una corta declaración sobre la situación en Irak. En parte, lo que dijo fue lo siguiente:

> La violencia que hemos visto se debe al deseo de poder de extremistas despiadados. No se trata de una guerra civil. No es un levantamiento popular. La mayor parte del territorio de Irak se encuentra relativamente estable...
>
> Uno de los compromisos centrales de [nuestra] misión es la transferencia de la soberanía de nuevo al pueblo de Irak. Hemos fijado la fecha límite del junio 30. Es importante que la cumplamos...
>
> La nación de Irak avanza hacia un sistema de gobierno autónomo, y los iraquíes y los norteamericanos podrán comprobarlo en los próximos meses. El 30 de junio, cuando se ice la bandera de un Irak libre, los funcionarios iraquíes asumirán plena responsabilidad de los ministerios del gobierno. Ese día, las leyes administrativas de transición, incluyendo la constitución, algo que no tiene precedente en el mundo árabe, entrará en plena vigencia.

. . . .

Justo antes de que las tropas Españolas salieran de Irak, el general que las comandaba vino a mi oficina a despedirse. Tuvimos una larga conversación en español y me explicó que se sentía muy mal con las instrucciones políticas que había recibido, pero que no tenía otra alternativa.

"Mi general, por favor, entienda que nosotros somos soldados. Tenemos que obedecer nuestras órdenes", dijo.

Permanecí en silencio por un momento y luego me puse de pie y le estreché la mano como amigo.

"General, nosotros también tenemos que obedecer al control civil", le dije. "Y créame que lo entiendo. Somos soldados. Tenemos que obedecer órdenes".

CUARTA PARTE

ABU GHRAIB: LAS CONSECUENCIAS Y SU IMPACTO

★ ★ ★

CAPÍTULO 20

La tormenta perfecta

El 12 de mayo de 2004 fue un día especialmente importante en Bagdad porque el embajador Bremer y yo nos reunimos con el Concejo de Gobierno Iraquí para actualizarlo sobre los abusos en Abu Ghraib. Las especulaciones y mentiras que se produjeron durante las dos semanas siguientes a la transmisión del programa *60 Minutes II* sobre lo que realmente había ocurrido en Abu Ghraib no tuvieron paralelo. Por lo tanto, Bremer sugirió que él y yo hiciéramos una presentación personal al Concejo para pedir disculpas por los abusos y ofrecer una visión global de lo que se estaba haciendo pare remediar la situación y llevar a los que perpetraron los abusos ante la justicia. La sugerencia de Bremer me pareció muy adecuada y de inmediato la acepté.

A medida que mi caravana se aproximaba a la Zona Verde esa mañana, tomamos precauciones inusuales porque el día anterior a las 6:45 A.M. habíamos recibido un ataque con un dispositivo explosivo improvisado. Dos vehículos quedaron inservibles y la camioneta SUV en la que yo viajaba recibió alguna metralla. Afortunadamente, nadie resultó herido y logramos entrar a la Zona Verde.

Un par de horas después, Bremer y yo entramos al salón de reuniones del Concejo de Gobierno. El presidente Ezzedine Salím estaba sentado a la cabeza de una larga mesa de conferencias con veinticinco miembros del Concejo alrededor. Su forma de vestir era muy variada. Algunos vestían como los ejecutivos occidentales, otros llevaban sus atuendos árabes tradicionales y otros llevaban ropa occidental informal. Después de intercambiar saludos, nos sentamos al otro extremo de la mesa y el embajador Bremer comenzó la presentación.

"Los abusos en la prisión de Abu Ghraib fueron el resultado de un comportamiento inaceptable e inaudito por parte de unos pocos individuos", dijo. "Queremos presentarles nuestras disculpas por este incidente y queremos que sepan que hemos tomado medidas para garantizar que no vuelva a ocurrir. Quienes participaron en esos actos serán llevados ante la justicia norteamericana".

Durante su intervención, Bremer exhibió una copia del número especial de la revista *Time* con el Personaje del Año 2003, en donde aparecían los soldados de la 1ª División Blindada en la carátula, representando "El Soldado Norteamericano".

"Lo que ocurrió en Abu Ghraib es una contradicción de todo lo que somos", dijo. "Hemos estado aquí durante un año y hemos tenido miles de soldados trabajando incansablemente en la reconstrucción de su país y para brindarles seguridad. Estos soldados que aparecen en la carátula de *Time* son la verdadera cara de los Estados Unidos de América, no así los pocos individuos que cometieron los abusos".

Después de ese panorama global presentado por Bremer, yo hice un resumen de unos diez minutos de los resultados de la investigación. Me referí a aspectos específicos en relación con Abu Ghraib, incluyendo lo que ocurrió con los prisioneros, la forma en que participaron los soldados y las medidas adoptadas para corregir los problemas. Después, indiqué los cargos presentados contra quienes cometieron los abusos, pedí disculpas por lo ocurrido y le aseguré al Concejo de Gobierno que considerábamos lo ocurrido como algo desmesurado. El embajador Bremer pidió a los miembros del Concejo de Gobierno sus opiniones.

"Muchas gracias por esa presentación y por sus disculpas",

dijo el Presidente del Concejo de Gobierno, Ezzedine Salím. "Pero, ¿por qué no dice nada la prensa norteamericana acerca de las torturas de Saddam Hussein y su régimen? Estos abusos tuvieron lugar en la prisión de Abu Ghraib, el lugar donde Saddam cometió los peores crímenes. En este caso, los prisioneros sólo fueron humillados. No es algo significativo. No se compara con lo que nos ocurrió a nosotros. ¿Por qué no se ocupan de algo importante? ¿Cuándo mostrarán al mundo la evidencia de las torturas utilizadas por Saddam? Eso es lo que deberían hacer".

Las palabras del presidente Salím me hicieron recordar a Kosovo, cuando tuve que ocuparme del caso de la violación y asesinato de una niña de doce años por parte de un sargento norteamericano. En ese entonces, convoqué una reunión de líderes locales, les expresé mis condolencias y dije que actuaríamos de forma agresiva para que el individuo responsable fuera llevado ante la justicia. Sin embargo, su respuesta inmediata fue decir que el incidente no había sido tan malo, que ese era el destino de la niña, y luego intentaron utilizar la situación para obtener la liberación de algunos de sus ciudadanos retenidos bajo custodia. En este caso me parecía que la actitud del presidente Salím era similar. "Sí, eso estuvo mal hecho, pero pasemos a algo realmente importante, como la justicia para nuestro propio pueblo". Era una diferencia de sistemas de valores y, tal vez, reflejaba una mayor tolerancia hacia la inhumanidad del hombre para con el hombre. De cualquier forma, quedó claro que Salím era sincero en lo que decía porque su actitud fue muy emotiva cuando habló de los actos atroces de tortura perpetrados por Saddam.

Sin embargo, a medida que cada miembro del Concejo de Gobierno iba hablando por turnos, me di cuenta de que había una amplia gama de reacciones hacia los incidentes de Abu Ghraib.

"Un crimen es un crimen y éste provino del Ejército de los Estados Unidos", dijo uno de los miembros del Concejo. "Es inhumano e inaceptable".

"¿Tienen interrogadores israelíes en Abu Ghraib?", preguntó otro.

"No, señor", respondí. "No los tenemos".

Otros miembros del Concejo querían saber acerca de los métodos de interrogación específicos de la CIA y de las Fuerzas Especiales, y cómo íbamos a garantizar que nuestros nuevos planes se pusieran en práctica correctamente. También querían saber cuándo podría el gobierno iraquí hacerse cargo de las prisiones. Uno de ellos dijo que había ido recientemente a Abu Ghraib, que había hablado con algunos de los detenidos y que habían confirmado personalmente que no se estaban cometiendo abusos en la actualidad.

"Es evidente que los informes de la televisión provenientes de los Estados Unidos contradicen lo que está ocurriendo realmente aquí", dijo. "Lo he visto con mis propios ojos".

Ese comentario específico de uno de los miembros del Concejo fue muy cierto. En realidad, casi todo lo que los medios de comunicación estadounidenses habían estado reportando era incorrecto. Después del informe del programa *60 Minutes II*, parecía que todos los medios de comunicación, impresos o televisivos, tenían una nueva idea de quién había hecho qué en Abu Ghraib. Eso llevó a que surgieran incontable rumores y la tendencia a hacer juicios apresurados.

Gran parte de los medios de comunicación se concentraba en la imagen de un prisionero encapuchado como prueba de que las fuerzas norteamericanas torturaban a los detenidos mientras eran interrogados. Claro está que *60 Minutes II* ya había dado a entender esto durante su emisión original. De ahí la suposición de que las técnicas de interrogación de la Administración fueron las que dieron lugar a los abusos en Abu Ghraib. Fue así como durante las dos primeras semanas de mayo, Abu Ghraib llegó a ejemplificar régimen de tortura de la administración Bush, o al menos eso creía el público. Así, con base en esos sucesos, los analistas y expertos predecían que los jihadistas musulmanes harían un llamado a todos sus miembros alrededor del mundo a alzarse en armas. De hecho, eso ocurrió.

Tan pronto como oí que los hechos de Abu Ghraib se relacionaban falsamente con los interrogatorios, pensé, "Bien, aquí viene. Esto es sólo el comienzo". Y así fue, se estaban haciendo otras acusaciones inauditas, muchas de ellas dirigidas específicamente a mí. Algunas decían: "Toda la cadena de comando estaba involucrada y fue cómplice"; "Sánchez controlaba todas las entidades en Irak que estuvieran desarrollando operaciones"; "Sánchez estuvo presente durante las sesiones de fotografía en Abu Ghraib y aprobó personalmente los interrogatorios", "Sánchez estuvo personalmente involucrado en el proceso de interrogación y tortura". Cuando salieron a la luz pública los memorandos del 14 de septiembre de 2003 y octubre 12 de 2003, se dijo que yo había expandido las técnicas de interrogación y que estaba respaldando técnicas que violaban los principios de la Convención de Ginebra, y que el secretario Rumsfeld me había ordenado hacerlo. Todo esto era mentira.

Desafortunadamente, el Departamento de Defensa no había preparado ningún tipo de plan de relaciones públicas para responderle a la publicidad negativa. Por lo tanto, no teníamos la capacidad de contener la especulación. Además, las normas legales y las reglas jurídicas de la evidencia nos impedían decir lo que ya sabíamos que era cierto. Debido a que ya se estaban llevando a cabo concejos de guerra e investigaciones penales, no podíamos revelar que algunos de los soldados acusados ya habían confesado, tampoco podíamos revelar lo que habían dicho en esas confesiones. Entre tanto, estábamos siendo diezmados por el ataque de los medios de comunicación.

Esta avalancha de información en la prensa tuvo consecuencias desastrosas. Los demócratas en el Congreso aprovecharon de inmediato los hechos de Abu Ghraib y los convirtieron en el caballito de batalla de sus ataques contra los republicanos para las ya próximas elecciones presidenciales. Intentaban con enorme ferocidad desacreditar, avergonzar y culpar de los actos indebidos a los líderes de los más altos niveles de la administración Bush. "¡Miren!", decían. "Estas fotografías son la evidencia de que la Administración aprueba y ordena la tortura". Algunos miembros demócratas del Congreso se negaron a aceptar cualquier advertencia, hecho o información, por lo demás cierta, de que estaban encaminados por la vía incorrecta. En mi concepto, había un absoluto convencimiento de que podían conectar todos los puntos desde Abu Ghraib hasta Rumsfeld y el Presidente.

Por otra parte, los líderes de la Administración hacían cuanto podían por defenderse de los ataques de los miembros del Partido Demócrata. Los llamados públicos para que el presidente Bush despidiera a Donald Rumsfeld llegaron a niveles febriles, pero ni Bush ni los congresistas republicanos culpaban en forma alguna al Secretario. Sin embargo, fue sólo cuestión de tiempo para que otros quedaran expuestos por su negligencia. Los líderes del Pentágono eran especialmente conscientes de este hecho. Muchos de ellos eran culpables de negligencia en el cumplimiento del deber por no establecer normas, entrenamiento y programas de recursos adecuados antes de enviar a los soldados a la guerra. Sin embargo, la estrategia del Pentágono era la de no pronunciarse durante el mayor tiempo posible, con la esperanza de no sacar a la luz los problemas aun mayores con los que nuestros soldados habían estado debatiéndose durante años.

Todos estos factores se fueron alineando hasta crear una situación que impidió sacar a la luz a los verdaderos culpablas en el asunto del abuso de los prisioneros. Personalmente, me sentía como si estuviera en el medio de una tormenta, estaba en la confluencia del sistema de ataque de alta presión proveniente del Congreso, del sistema de baja presión "no haremos declaraciones" por parte de los militares y de los remolinos de cambios en la asignación de culpas dentro de la administración Bush —todo como torbellinos resultantes de los fuertes vientos del huracán de Abu Ghraib. Cualquier fenómeno por sí mismo, considerado individualmente, no hubiera sido tan malo, pero tomados en forma colectiva, no había forma de detener el caos.

En Irak, no me preocupaba demasiado por las operaciones de detención e interrogación porque habíamos hecho literalmente todo lo que podíamos por resolver los problemas existentes. Por ejemplo, para mediados de mayo, ya llevábamos noventa días haciendo correcciones en Abu Ghraib. Habíamos interrumpido la cadena de comando, habíamos sacado a las personas que creaban problemas, habíamos adoptado medidas disciplinarias y punitivas y habíamos hecho acusaciones formales. Se habían iniciado múltiples investigaciones, tanto administrativas como criminales, contra los perpetradores. Entendíamos los problemas expresados por el personal de la Cruz Roja y habíamos incluido sus preocupaciones en las investigaciones. Habíamos solicitado y recibido ayuda financiera adicional de Washington y los informes de Miller y Ryder habían validado nuestras preocupaciones. A mediados de marzo de 2004 habían llegado los equipos encargados de entrenar a la Policía Militar y las operaciones de entrenamiento estaban en pleno apogeo. Todo esto había requerido un período de tiempo que se prolongo desde el verano de 2003, pero por fin se aplicaron soluciones al entrenamiento para llevar a cabo interrogatorios cuando llegó el equipo de los Tigres de Guantánamo al país.

Además, sabíamos que teníamos constantes problemas de abuso durante los interrogatorios tácticos. Por lo tanto, a través de memorandos y conferencias con los comandantes, reiteramos que todos los iraquíes debían ser tratados con dignidad y respeto y de acuerdo a los principios de la Convención de Ginebra. Se habían enviado actualizaciones escritas a todos los niveles de liderazgo, incluyendo al Jefe del Estado Mayor del Ejército y al Secretario de Defensa. También habíamos identificamos un número de problemas relacionados con las detenciones y las interrogaciones en el campo de batalla, que ahora estaban siendo debidamente manejadas por los comandantes de división y los comandantes de brigada.

En otra acción significativa, el mayor general Geoff Miller fue asignado como nuestro comandante general encargado para las operaciones de detención, e inmediatamente tomó las medidas necesarias para eliminar la posibilidad de que se presentaran abusos en el futuro. Después de realizar una revisión exhaustiva de todos nuestros procedimientos, Miller sugirió que modificáramos el memorando de octubre 12 de 2003, donde se enumeraban algunas técnicas de interrogación aprobadas.

"Señor, nunca vamos a utilizar estas técnicas de tortura", dijo Miller. "Nos resultaría muy difícil obtener si quiera la autorización legal para utilizarlas y probablemente no obtendríamos ninguna inteligencia. Por lo tanto, debemos retirarlas. Así, la lista será también más aceptable en términos de lo que debe ser un documento impreso".

El coronel Marc Warren también expresó su opinión:

"Señor, no hay nada malo con las reglas que tenemos ahora", dijo. "Estas técnicas cumplen con los principios de la Convención de Ginebra. Esos cambios sólo serían más aceptables desde el punto de vista estético. Sin embargo, si quiere seguir las indicaciones del mayor general Miller, no tengo ninguna objeción".

"Muy bien, si eso nos ayuda con la imagen, cambiemos las instrucciones quitando esas técnicas de la lista", dije. Por lo tanto, el 13 de mayo de 2004, publicamos un nuevo memorando al respecto.

Concentré después mi atención en todos los otros problemas que afectaban a Irak. Una de mis mayores prioridades era tratar de elevar la moral de nuestros hombres y mujeres en uniforme. Estaban molestos por todos los ataques de los medios de comunicación contra nuestros líderes militares. Por ejemplo, recibí muchas preguntas de jóvenes soldados, oficiales de rango medio, y comandantes de algo rango.

"Señor, ¿por qué hace esto?", preguntaban muchos de ellos.

No se trataba de si yo hacía o no hacía estas cosas. Sabían que las acusaciones no eran ciertas.

"No se preocupen", les dije. "Concéntrense en hacer su trabajo, sobre todo en combate. Su criterio, su liderazgo, su capacidad de desempeñarse marcarán la diferencia en la vida de las personas que están bajo su mando".

Durante esas dos primeras semanas de mayo, me alegró ver que tanto el presidente Bush como el secretario Rumsfeld se mostraban también preocupados por la moral de las tropas. En una videoconferencia con el Presidente, me pidió que les transmitiera el mensaje de que "estamos muy preocupados por proteger la reputación de las tropas en Irak", y que "quería dejar en claro que las tropas son nuestra mayor prioridad". Bush respaldó ampliamente nuestros esfuerzos en el Ejército durante esta conferencia y creo que estaba realmente preocupado de la forma como los eventos de Abu Ghraib estaban afectando tanto a las tropas como a nuestra misión en Irak.

Poco después de presentar testimonio ante el Comité de Servicios Armados del Senado sobre Abu Ghraib, el secretario Rumsfeld vino a Bagdad. Anteriormente, Stephen Cambone nos había enviado una lista de preguntas que debíamos estar preparados a responder, nos advirtió que el Secretario vendría a someternos a una prueba de fuego. Pero no fue así. En compañía del Presidente del Estado Mayor Conjunto, el general Richard Myers, Rumsfeld entró a mi oficina, se dejó caer en una silla y dijo:

"Con toda la basura que están lanzando a diestra y siniestra, pensamos que sería buena idea venir a hablar con las tropas".

"Excelente, Sr. Secretario", respondí. "Necesitan escucharlo".

"Sabe, todo esto es lamentable", dijo, refiriéndose a Abu Ghraib. "¿Por qué la prensa no presta más atención a lo que hizo Saddam Hussein?"

"Señor, es la misma pregunta que hizo el Presidente del Concejo de Gobierno", respondí. "Realmente estaba conmovido al describir las torturas a las que Saddam sometía a su gente".

El Secretario expresó su profunda preocupación por el problema de los detenidos y dijo que quería ir a Abu Ghraib y evaluar él mismo el estado actual de la prisión. Fue así como más tarde, ese mismo día, el mayor general Miller acompañó a Myers y a Rumsfeld a la prisión, los llevó a ver todos los procedimientos y les mostró todos los cambios que se habían hecho. Antes de salir de Irak, Rumsfeld quedó bastante tranquilo de ver que hacíamos lo correcto y que habíamos resuelto problemas previamente identificados. Habló, tranquilizó y expresó su agradecimiento al mayor número de soldados que pudo mientras estuvo en el país.

Durante su visita a Irak, Rumsfeld y Myers expresaron también su interés por el estado del nuevo cuartel general de comandantes de cuatro estrellas que inauguraríamos a mediados de mayo. Ahora estaban convencidos de que restaurar el sistema de comando —que había sido cerrado tan rápidamente y de manera tan equivocada el año anterior— era lo correcto para el país. El general Abizaid y yo habíamos estado luchando porque esto se hiciera desde el comienzo. Más aun, siempre había insistido en que si el cuartel general de comando de McKiernan hubiera permanecido activo, si hubiera recibido aunque fuera una mínima parte de lo que requería para poder funcionar a su plena capacidad económica y política, el Ejército habría podido realizar una tarea mucho mejor en cuanto a restaurar la seguridad y la estabilidad en Irak durante ese primer año de ocupación.

Era una lección que había aprendido en Kosovo. En la época inmediatamente después de la guerra, sólo el ejército tenía la capacidad de restaurar la calma en la región. Se había requerido un año y dieciocho meses de trabajo para mejorar los factores políticos y económicos. Y, comparado con Irak, Kosovo era un entorno relativamente benigno.

Sin el comando de cuatro estrellas en Irak, el CJTF-7 había asumido toda la carga estratégica *y* táctica de la misión. Era demasiado para un cuartel general de un cuerpo del Ejército. Sin embargo, con un cuartel general de cuatro estrellas se podía prestar la debida atención a las operaciones y estrategias mientras que nuestro cuartel general se concentraba en combatir la insurgencia. Además, tendría la credibilidad y el estatus necesarios para comunicarse directamente con los niveles más altos del Pentágono, el Departamento de Defensa, el Concejo de Seguridad Nacional y las Naciones Unidas.

Fue así como el 15 de mayo de 2004, después de un año de esfuerzos concertados dirigidos por el general John Abizaid, el CJTF-7 se dividió en dos componentes. La Fuerza Multinacional Iraquí y el nuevo cuartel general de cuatro estrellas que sería el responsable de la estrategia internacional en aspectos políticos y militares, y que dirigiría las operaciones en el país. Además, estaría coordinado con CENTCOM y con otros organismos nacionales e internacionales. El Cuerpo Multinacional Iraquí era ahora una unidad subordinada de la Fuerza Multinacional Iraquí que se concentraría en las operaciones tácticas y en los aspectos operacionales. En cuanto a la cadena de comando oficial, yo seguía al mando del país y asumía el liderazgo de la Fuerza Multinacional Iraquí (aunque seguía siendo un general de tres estrellas). El teniente general Tom Metz asumía el comando del Cuerpo Multinacional Iraquí y me reportaba directamente a mí. Además, el teniente general David Patraeus fue nombrado comandante del Comando de Transición de Seguridad Multinacional, con la responsabilidad de reconstruir el ejército y las fuerzas de seguridad de Irak. También él me reportaba a mí y yo seguía reportándole a John Abizaid en CENTCOM. En este momento, las relaciones de comando militar en Irak eran similares a lo que habían sido la mayor parte de 2003, cuando el comandante de CENTCOM era el general Tommy Franks y el teniente general David McKiernan estaba a cargo de las tropas terrestres en Irak. Habían derrotado el ejército de Saddam Hussein con esa distribución. Tal vez ahora podríamos al fin estabilizar a Irak y ganar la guerra.

En términos generales, nuestras acciones se centraban en volver a una posición de contrainsurgencia después de las operaciones de ofensiva en Fallujah y en el sur de Irak. Nos esforzamos por lograr condiciones que permitieran una transferencia de la soberanía sin contratiempos. En esa línea de ideas, quería saber si había repercusiones por la presión que los medios de comunicación habían ejercido sobre nosotros por los eventos de Abu Ghraib, que pudieran afectar nuestros esfuerzos en Irak. Por lo tanto, pedí a los comandantes de nuestra división que hicieran que sus tropas mantuvieran los ojos bien abiertos y los oídos atentos y que nos comunicaran cualquier información. Poco después, fui informado de que no había ninguna reacción adversa evidente por parte de los ciudadanos de Irak en relación con Abu Ghraib.

En lo que se refería a Najaf, todavía estábamos discutiendo cuál sería la estrategia que debíamos seguir. Sabíamos a que Muqtada al-Sadr estaba reorganizando su milicia, aunque los ataques esporádicos continuaban. Sin embargo, la APC y el Concejo de Gobierno Iraquí seguían enviando delegaciones en ambos sentidos con la esperanza de llegar a algún tipo de acuerdo pacífico. Sin embargo, el proceso político parecía no poder llegar a una decisión en relación con el arresto de Muqtada al-Sadr, su futuro en el país y el estatus de su milicia.

Después de la ofensiva contra Fallujah, intentábamos resolver la falta de continuidad entre el Ejército Iraquí y el Cuerpo de la Defensa Civil Iraquí. El Ejército Iraqui en sí había sido plenamente reconstituido en términos de entrenamiento y equipo porque sus tropas habían desertado tan pronto como terminó el combate en Fallujah. Por lo tanto, tuvimos que repensar seriamente qué podíamos hacer en cuanto a la forma como entrenaríamos, reclutaríamos y equiparíamos a los miembros del Cuerpo de Defensa Civil Iraquí, y si éste se convertiría en la Reserva Iraquí, la Guardia Nacional, o simplemente desaparecería. Por último, estábamos en el proceso de reconstituir la policía y las fuerzas de seguridad en las capitales de provincia del sur que habían sido recientemente tomadas por la milicia de al-Sadr.

Nuestros socios en la coalición seguían siendo un reto constante, sobre todo porque tuvimos que esforzarnos por redistribuir las misiones de los ejércitos de España y Nicaragua después de que abandonaron el país. Por otra parte, la República de Corea estaba en proceso de movilizarse a Irak para unirse a la coalición. Veníamos trabajando en esa movilización desde hacía dos o tres meses y nos dimos cuenta de que sus miembros eran muy específicos en cuanto a las condiciones que exigían para movilizarse. Por ejemplo, exigían que los ubicaran en un sector seguro donde no hubiera combates. Estaban enviando varios miles de efectivos, la mayoría de los cuales eran ingenieros, con la intención de ayudar a reconstruir Irak, según decían. Por lo tanto, les reservamos un sector a los coreanos en el norte y los ubicamos en un área relativamente tranquila donde desarrollaron un extenso y excelente trabajo.

En realidad, el sector norte de Irak era uno de los pocos sectores donde podíamos ubicar a los coreanos dado el hecho de que querían evitar la violencia. Después de Fallujah, se había difundido la voz de que trescientos o cuatrocientos insurgentes habían mantenido alejado al poderoso Ejército de los Estados Unidos, lo que sólo aumentó la confianza de los enemigos como Abu Musab al-Zarqawi. A su vez, al-Zarqawi continuó realizando distintos tipos de ataques, que incluían dispositivos explosivos improvisados, morteros, bombarderos suicidas, secuestros y asesinatos. Uno de los incidentes más atroces y que tuvo más publicidad tuvo lugar cuando el contratista norteamericano Nick Berg fue decapitado por al-Zarqawi como venganza por "el tratamiento dado a los prisioneros iraquíes". La horripilante ejecución, que fue filmada y difundida por Internet, confirmó la brutalidad del enemigo que enfrentábamos. Por esa razón, en parte, reiteramos a nuestras fuerzas que tenían que hacer todo lo posible por evitar ser capturados por el enemigo. Recuerdo a Barry McCaffrey diciéndoles a sus oficiales subalternos en una oportunidad que, "a veces lo peor que puede pasarle a uno en un combate es que no lo maten". Tenía la impresión de que ahora estábamos operando en este tipo de ambiente. Lamentablemente, hubo muy pocos casos en los que pudimos rescatar a civiles o miembros del Ejército secuestrados aún con vida. A pesar de que todos y cada uno de esos incidentes recibió nuestra atención, y actuamos con base en cada detalle por mínimo que fuera de inteligencia confiable, nos fue imposible salvar a los secuestrados.

Otro ataque ampliamente difundido por los medios de comunicación posiblemente perpetrado por Abu Musad al-Zarqawi tuvo lugar a mediados de mayo cuando un carro bomba conducido por un suicida hizo explosión justo en las afueras de la Zona Verde. Hubo cinco iraquíes heridos y siete muertos. Uno de los muertos fue el Presidente del Concejo de Gobierno, Ezzedine Salím. Pocos días antes, el presidente Salím había hablado con Bremer y conmigo en un tono muy emocional sobre los abusos cometidos por Saddam Hussein. Ahora había muerto en lo que parecía ser una retribución por cooperar con los americanos en el intento de crear un país libre.

Después de los asesinatos de Berg y Salím, y del incremento generalizado de violencia, surgieron rumores de que Bagdad se encontraba en un caos y que la ciudad estaba a punto de caer en manos del enemigo. Los empleados de la APC parecían especialmente intranquilos. En realidad, pienso que nunca dejaron de sentir pánico desde el momento en que los menús de la cafetería fueron reducidos durante las ofensivas de Fallujah y del sur de Irak. En ese contexto, el embajador Bremer empezó a hacer sus propias evaluaciones militares de la extensión de la amenaza. Constantemente le aseguraba que Bagdad no estaba en peligro porque, después de todo, teníamos fuerzas más que suficientes en la ciudad (más de 38.000 efectivos). Además, teníamos más de 150.000 soldados norteamericanos en Irak debido a la superposición de tropas en proceso de rotación. De hecho, por primera vez, contaba con una fuerza de reserva operacional (elementos de la 1ª División Blindada) que podían reforzar nuestras fuerzas desde Najaf.

Desde que había aparecido la historia de Abu Ghraib en el programa de *60 Minutes II*, Bremer se había ido distanciando del Ejército. Nunca me lo dijo, pero yo sabía que quienes trabajaban con él estaban disgustados por todo el asunto. Como resultado, la APC dejó de comunicarse con nuestro cuartel general, lo que se convirtió rápidamente en un problema. Cuando los miembros de mi personal me informaban sobre algún asunto y me pedían que interviniera, yo analizaba la situación con Bremer. Él respondía diciendo que simplemente había ciertas cosas que la APC tenía que resolver internamente, sin la participación del Ejército.

Más o menos por esta época, Bremer comenzó a pensar que Bagdad podría quedar sitiada y me preguntó qué haría si tuviera una o mas divisiones (aproximadamente 40.000 o más soldados). "Bien, señor, los mantendría justo aquí para asegurar la ciudad y constituiría una reserva para manejar las crisis a medida que se presentaran", le respondí. "Pero, en este momento, tenemos las cosas bajo control, tanto aquí como en el sur. Además, el Pentágono no puede enviarnos ya más divisiones en este momento. Simplemente no las tiene".

No creo que Bremer me haya creído totalmente lo que le estaba diciendo. Y lo dejamos así.

. . . .

El 17 de mayo de 2004, el día de mi cumpleaños número cincuenta y tres, recibí una llamada de CENTCOM para que estuviera disponible.

"En algún momento, durante las próximas dos horas, más o menos, sabremos si tal vez tenga que volar a los Estados Unidos", indicaba el mensaje.

Llamé por teléfono entonces al general Abizaid.

"¿De qué se trata todo esto, señor?"

"Nos acaban de informar que usted, Miller, Warren y yo tal vez tengamos que declarar ante el Comité de Servicios Armados del Senado dentro de muy poco tiempo", respondió Abizaid.

"Pero, señor, no hemos tenido tiempo de prepararnos".

"Sí, ya lo sé, Ric. Pero así son las cosas. Si nos llaman, tendremos que hacer lo mejor que podamos".

Tres horas después me avisaron que la declaración programada era un hecho. Abordé un avión y volé a Washington.

CAPÍTULO **21**

La caja de Pandora permanece tapada

"No peleen entre ustedes".

"Usen vocabulario sencillo, fácil de entender".

"Si no saben algo, simplemente digan que no saben".

"Si no pueden recordar el contenido exacto de un memorando, digan, '¿Puedo conseguir eso para que conste en actas?' "

"Si necesitan corregir un error, respondan al Presidente y digan, 'Sr. Presidente, me expresé mal. Le pido el favor de que me permita corregir mi declaración' ".

"Si no pueden hablar de cualquier tema en una sesión abierta, digan, 'Sr. Presidente, este tema lo podríamos tratar en una sesión privada' ".

"Tomen notas".

"Manténgasen al tanto de las noticias y lean el periódico *The Early Bird* [el resumen de noticias del Departamento de Defensa]. Asegúrense de saber lo que dicen los periódicos antes de entrar allí".

"Ah, y no olviden que deben dejar que los senadores pontifiquen porque todos querrán pontificar. Será un éxito si ustedes hablan sólo durante el 20 por ciento del tiempo, mientras que ellos hablan durante el 80 por ciento restante haciendo sus declaraciones políticas".

Era el 18 de mayo de 2004. El general John Abizaid, el mayor general Geoff Miller, el coronel Marc Warren y yo nos encontrábamos en el Pentágono oyendo a un miembro del Departamento de Defensa perteneciente al personal de asuntos del Congreso instruirnos acerca de la forma de declarar en la tarde del día siguiente ante el Comité de Servicios Armados del Senado.

No era algo que me entusiasmara. No lo era para ninguno de nosotros. Algunos de los demócratas nos tratarían con mucha rudeza. Además, simplemente había demasiadas especulaciones erradas e inauditas presentadas por la prensa, lo que garantizaba que las audiencias ante el Congreso serían todo un espectáculo.

Al día siguiente, a las 2:00 P.M., el senador John Warner (R-VA) convocó la audiencia del Comité de Servicios Armados del Senado. Trece republicanos y doce demócratas conformaban el comité con Warner como presidente y con el senador Carl Levin (D-MI) como demócrata de mayor rango. Después de que Abizaid, Miller, Warren y yo prestamos juramento, el general Abizaid hizo su declaración inicial y luego me llegó el turno a mí.

"Estoy plenamente de acuerdo con que se efectúen investigaciones exhaustivas e imparciales [de los hechos de Abu Ghraib] que analicen la participación de todos los jefes militares, y eso me incluye a mí", dije al comité. "Como comandante en jefe en Irak, acepto como una solemne obligación la responsabilidad de garantizar que esto no vuelva a suceder".

Informé al Comité que ya habíamos iniciado concejos de guerra en siete casos y que había investigaciones penales en proceso. En ese sentido tenía que ser cauteloso en mi declaración. "No puedo decir nada que pueda comprometer la imparcialidad o integridad del proceso o que pueda sugerir de cualquier forma un resultado en un caso específico", dije.

Durante mi declaración inicial, también hice un recuento de mis acciones después de enterarme de los abusos en enero de 2004, incluyendo la orden de que se realizaran investigaciones, la suspensión de la cadena de comando y la reasignación de las personas implicadas en los abusos. Me referí a la evaluación que hiciera el mayor general Miller de las operaciones de detención e interrogación, y afirmé, "Las leyes de la guerra, incluyendo los principios de la Convención de Ginebra se aplican a los prisioneros en Irak. Esto incluye los interrogatorios".

El senador Warner comenzó el interrogatorio y lo primero que me preguntó fue por qué había puesto al coronel Pappas al mando en Abu Ghraib. Esta orden había sido motivo de preocupación en el informe de Taguba. Además, el senador Levin se refirió también al asunto, y yo declaré que la autoridad de Pappas se limitaba a la defensa de Abu Ghraib. Indiqué que había dado la orden porque "habíamos venido recibiendo un número significativo de ataques con armas de fuego tanto directos como indirectos... y, durante mis visitas, me había dado cuenta de una grave falta de protección y capacidad defensiva. Tenía que poner a un comandante de alto rango a cargo de la defensa de esa base de operaciones".

Tanto el senador Levin como la senadora Hillary Clinton (D-NY) presentaron un documento con reglas para llevar a cabo interrogatorios, que habían sido fijadas por la capitán Carolyn Wood en Abu Ghraib, y habían sido presentadas en una audiencia anterior. Pensaban que no había visto el documento antes de que fuera presentado al Congreso y que no había tenido ninguna participación en su preparación y aprobación. Después, el coronel Warren explicó al Comité que la capitán Wood había preparado el documento para que reflejara medidas contenidas en el *Manual de Campo* del Ejército sobre interrogatorios. "Los puntos de la columna izquierda estaban autorizados; los de la columna de la derecha requerían la aprobación del general al mando", dijo Warren. "La idea de fijar esas reglas en un sitio visible era recordar a los interrogadores que cualquier cosa no autorizada debía dirigirse al general al mando. La capitán Wood preparó esa lista con la mejor intención".

En mi opinión la capitán Carolyn Wood era una buena oficial de inteligencia militar que estaba cumpliendo su deber en Abu

Ghraib. Originalmente había sido movilizada a Afganistán donde se habían presentado graves abusos contra los prisioneros, y había presentado varias solicitudes a sus superiores pidiendo orientación. Había redactado ese documento para asegurarse de que se siguieran las reglas correctas en Abu Ghraib. Todas las técnicas allí enumeradas estaban dentro de los límites de la Convención de Ginebra —tanto las que necesitaban aprobación como las que no la necesitaban. Este fue un hecho que tanto la prensa como algunos demócratas del comité no querían aceptar.

Un tiempo después, el senador Robert Byrd (D-WVA) se dirigió a mí, tomó un artículo del *New York Times* y leyó el titular.

"Oficial, dice aquí que el Ejército intentó restringir las visitas de la Cruz Roja a una prisión en Irak", dijo Byrd. "¿Es correcta esta afirmación?"

"Señor, nunca aprobé una política o un procedimiento o un requerimiento a ese respecto", respondí.

Después de interrogar al coronel Warren sobre las técnicas de interrogación que estaban dentro de los límites de la Convención de Ginebra, el senador Jack Reed (D-RI) citó una falsa afirmación publicada en *USA Today* que sostenía que yo había ordenado métodos específicos de interrogación contra un determinado prisionero. Sus implicaciones eran que ese método en especial era severo.

"Señor, nunca he aprobado el uso de ninguno de esos métodos [durante] los 12,5 meses que he estado en Irak", respondí.

El siguiente senador que tomó la palabra fue Mark Dayton (D-MN), que se refirió a un artículo que se publicó esa mañana en el *New York Times* acerca de las quejas de la Cruz Roja. Dayton mencionó también otro informe de un periódico cuyo nombre no mencionó donde quedaba implícito que yo había dado una orden en la que algunos bloques de celdas quedaban bajo la autoridad del coronel Pappas, cuando en ese momento se suponía que él había cometido un abuso.

"Jamás di una orden así", respondí.

Cuando después el senador Dayton insinuó que yo había aprobado ciertos métodos severos de interrogación a través de varios memorandos, todo lo que podía hacer, una vez más, era decirle simplemente la verdad.

"Una solicitud tan específica como esa nunca llegó a mi nivel", dije. "Además, nunca aprobé métodos de interrogación aislados".

La sesión abierta, que fue trasmitida por televisión en vivo, duró cinco horas con preguntas dirigidas en igual cantidad a Abizaid, Miller, Warren y yo. En general, me sorprendieron las constantes referencias a los informes inexactos publicados en los periódicos. También fue mucha la insistencia de algunos demócratas del Comité en el hecho de que no teníamos respeto por los principios de la Convención de Ginebra, a pesar de nuestras declaraciones que indicaban lo contrario. Tan pronto como se declaró un receso para pasar a la sesión a puerta cerrada, los dos senadores, Warner y Lindsey Graham (R-SC), se me aproximaron y dijeron:

"General, gracias por su servicio. No tome nada de esto a título personal".

"Bueno, es muy difícil no hacerlo", respondí.

Durante la audiencia a puerta cerrada, el senador Jack Reed (D-RI) estaba obsesionado por encontrar un conducto secreto de procesamiento de órdenes. También estaba convencido de casi todas las conclusiones erróneas a las que había llegado el resto del comité, y concluyó que como jefe del Ejército en Irak, yo estaba involucrado en el caso de las interrogaciones, la inteligencia y las operaciones de detención. Estaba totalmente asombrado de no poder relacionar al secretario Rumsfeld y a la Administración con el escándalo de Abu Ghraib. Además, el senador Reed no podía creer cuando le dije que ninguna órden de esa índole había sido dada por un nivel superior de mando.

La audiencia en el Senado fue una experiencia de mucha tensión, pero pensé que Abizaid, Miller, Warren y yo habíamos logrado mucho. Explicamos claramente el contexto y las razones por las que tomamos algunas de las decisiones, y creo que fuimos totalmente transparentes en lo relacionado con las políticas y las directrices. En retrospectiva, me quedó claro que a algunos de los miembros del Comité no les gustó la verdad. No estaban dispuestos a aceptarla porque no coincidía con sus agendas políticas.

Lamentablemente, el senador Jack Reed continuó con sus declaraciones incorrectas acerca de mí una vez terminada la audiencia. Como muy distinguido egresado de West Point, debería haber sabido que eso no estaba bien, porque allí se enseña a los cadetes que la integridad y el honor son parte de la ética de un militar. Aparentemente había sido designado como el demócrata de primera línea para esa reunión porque repitió informes que indicaban que yo dirigía todo lo que estaba ocurriendo en Irak, incluyendo la CIA, las Fuerzas Especiales y todos los interrogatorios. Luego él y otros demócratas del Comité de Servicios Armados del Senado hicieron que mis memorandos de diciembre 14 y octubre 12 de 2003 se vieran como la llave que abrió la puerta a las técnicas de interrogación agresivas que iban mucho más allá de las enumeradas en el *Manual de Campo* del Ejército. Sin embargo, no se trataba de un asunto de técnicas agresivas. Se trataba de qué estaba permitido por la Convención de Ginebra.

Al responder por varios canales de comunicación (como investigaciones subsiguientes y mediante respuestas a las preguntas del Congreso, para que constaran en el acta), intenté explicar el contexto y las razones para la publicación de los memorandos —dije que no había normas o instrucciones del Ejército o de ninguna otra persona en el Departamento de Defensa en cuanto a los procedimientos de interrogación que debían utilizarse. Que, como resultado, no había absolutamente ningún límite; que el *Manual de Campo* del Ejército no establece reglas en cuanto a técnicas de interrogación que había perdido la esperanza de que el Departamento de Defensa enviara instrucciones o pautas y que después había ejercido mi autoridad instituyendo normas específicas para que pudiéramos seguir adelante con las interrogaciones en Irak; aun más importante, que cada una de las técnicas enumeradas en el memorando cumplía con los principios de la Convención de Ginebra, y que, por lo tanto, no podían ser consideradas como técnicas de tortura. Sin embargo, nadie quería escuchar. Mis explicaciones llegaron a oídos sordos.

Los miembros del Comité de Servicios Armados del Senado estaban convencidos de que sabían cuál era mi verdadera intención. Estos dos simples memorandos, que expedí para garantizar la seguridad de los detenidos y sincronizar las acciones de los soldados e Irak, se convirtieron en la raíz de todo el mal que hizo que los soldados en la prisión de Abu Ghraib se convirtieran en criminales. Sin embargo, algo que para mí fue aun más desconcertante fue el hecho de que ningún experto de los más altos niveles de las Fuerzas Armadas se pronunciara y explicara, ya fuera a los demócratas en el Congreso o al público norteamericano, que yo no había hecho nada ilegal y, de hecho, había actuado en forma correcta al expedir esos memorandos.

En la mañana del 20 de mayo de 2004, el general Abizaid y yo presentamos una actualización de las operaciones en Irak, a puerta cerrada, a unos pocos miembros del Comité de Servicios Armados del Senado, que resultó ser un juego de niños comparado con la audiencia pública y la audiencia privada del día anterior. Después, a solicitud del secretario Rumsfeld, fuimos a la Casa Blanca para una reunión con el presidente Bush.

Rumsfeld nos estaba esperando en la antesala de la Oficina Oval, y, unos minutos después, la Asesora de Seguridad Nacional, Condoleezza Rice, abrió la puerta y nos invitó a entrar. El presidente Bush, que ya se encontraba de pie, se adelantó y me estrechó la mano.

"Hola, Ric", dijo.

Escasamente me di cuenta cuando un fotógrafo nos retrató. Abizaid y yo saludamos a varios otros asesores presidenciales que se encontraban allí y nos sentamos en el sofá, a la izquierda de Bush.

El general Abizaid inició la conversación.

"Sr. Presidente, la caravana de Ric fue atacada por un dispositivo explosivo improvisado hace unos diez días", dijo. "Cuando lo llamé para preguntarle cómo estaba, respondió de inmediato, 'Bueno, señor, no fue nada. Un par de nuestros vehículos quedaron inservibles, pero ninguno de nuestros soldados resultó herido. Todo el mundo está bien'. Así es este hombre, Sr. Presidente. Nunca piensa en sí mismo. Siempre en sus soldados".

El presidente Bush sonrió y asintió. "Qué bien, eso está muy bien", dijo.

Después habló el secretario Rumsfeld.

"Sr. Presidente, acabo de recibir un memorando del embajador Bremer en el que solicita la movilización de dos divisiones adicionales a Irak".

Después, dirigiéndose a Abizaid y a mí, preguntó:

"¿Lo han visto, señores?"

"No, señor", respondió Abizaid.

"No sé nada de eso", fue mi respuesta.

Entonces, el presidente Bush se dirigió a Condoleezza Rice.

"¿Sabía usted de esto?", preguntó.

"No, señor", respondió ella. "No estoy segura de la razón por la que Jerry está haciendo esto".

"Bien, ¿por qué no hizo esta solicitud a través del Ejército?", preguntó Bush, quien parecía visiblemente molesto. "¿Qué vamos a hacer al respecto?"

"Sr. Presidente, debería estar agradecido de que no se lo envió a usted porque ahora usted no tiene que responder", dijo Rice. "Bremer ya está listo para irse. Se dedicará a escribir su libro. Se tiene que marchar".

"Bien, esto es sorprendente", dijo Rumsfeld, moviendo la cabeza molesto. "Sr. Presidente, usted no tiene que hacer nada. El memorando está dirigido a mí. Yo me encargaré de respondérselo".

Durante la siguiente hora analizamos la forma como se habían desarrollado nuestras declaraciones ante el Congreso, Abizaid presentó una visión amplia de sus operaciones y yo hablé de la actual situación en Irak. El presidente Bush respaldó nuestros esfuerzos y escuchó con atención lo que decíamos.

Cuando por fin terminó la reunión, Bush se puso de pie, me estrechó efusivamente la mano y dijo:

"Bien hecho, Ric. Gracias por todo lo que está haciendo".

"De nada, Sr. Presidente", respondí.

Mientras el general Abizaid y yo salíamos de la Oficina Oval, el secretario Rumsfeld nos pidió que lo esperáramos en la Sala de Situación.

"Voy a volver a hablar con el Presidente un segundo, y luego debo hablar con ustedes", dijo.

"¿Tiene alguna idea de qué puede tratarse esto, señor?", le pregunté a Abizaid cuando llegamos al primer piso.

"No. Ni la más mínima".

Uno o dos minutos después, entró Rumsfeld a la Sala de Situación y cerró la puerta tras él.

"El Presidente ha aprobado los siguientes movimientos de personal", nos dijo. "No puede enviar al general Craddock a Irak porque equivaldría a formalizar los eslabones de la cadena de comando "en la sombra", cuya existencia los demócratas intentan demostrar. Por lo tanto, las alternativas son Abizaid, Casey y McKiernan. McKiernan sería una buena elección si se tratara de una misión de combate. Abizaid debe permanecer atento a lo que suceda en CENTCOM, en general. Por consiguiente, enviará al general Casey a Irak".

Entonces, el Secretario de Defensa me miró directamente.

"Ric, el Presidente tiene miedo de enviar su nombramiento [para recibir una cuarta estrella] en este momento, porque es probable que no sea aprobada debido al debate político actual. Ha decidido mantenerlo en V Cuerpo y enviar al general Craddock al Comando Sur [SOUTHCOM]. Usted quedará a la espera, dejemos que esta situación se calme y lo volveremos a nombrar para este ascenso más adelante. Por lo tanto, permanezca ahí".

John Abizaid intervino de inmediato.

"Sr. Secretario, no entiendo por qué están haciendo esto", dijo. "A Ric se le dijo que iría a comandar SOUTHCOM".

"Pues, las condiciones políticas no son las adecuadas", dijo Rumsfeld, "Tenemos que dejar que todo esto se calme".

"Pero, señor, ¡eso no es lo correcto!", protestó Abizaid.

"El momento no es el adecuado. Simplemente no podemos seguir adelante con lo que habíamos pensado".

Quedé desconcertado al enterarme de que me reemplazarían en Irak, me enviarían de vuelta a Alemania y mi nombramiento para una cuarta estrella quedaba rescindido. Todo lo que pude decir fue:

"Entiendo, Sr. Secretario".

"Muy bien, eso es todo lo que tengo que decirle", dijo Rumsfeld, poniendo fin evidentemente a la reunión.

Al salir de la Casa Blanca, me encontré con Paul Wolfowitz, que llegaba en ese momento. Yo estaba bajo el toldo y él se acercó, me miró a los ojos y estrechó mi mano.

"Ric, usted es un gran héroe norteamericano", dijo en un tono sincero, como lamentándose. "Ha sido un placer conocerlo".

Cuando Abizaid me alcanzó, le comenté lo que lo había dicho Wolfowitz. "Algo no anda bien".

"Ay, Ric, está buscando razones que no existen", replicó Abizaid con una risa nerviosa.

Me habían citado para declarar ante el Comité de Servicios Armados de la Cámara de Representantes, pero el vocero de la Cámara, Dennis Hastert, había puesto en duda la necesidad de que yo estuviera presente. "¿Qué está haciendo el general Sánchez en Washington?", quería saber. "Con todo lo que está sucediendo en Irak, ¿por qué no ha vuelto allí?" Por lo tanto, cuando Hastert dijo que no tenía que estar presente en la segunda audiencia del Congreso, me fui al aeropuerto para tomar el avión de regreso a Bagdad.

Había llegado a Washington unos días antes, convencido de que contaba con el apoyo tanto de la Administración como de la cadena de comando militar. Ahora me iba sin tener una idea clara de cuál era mi situación. Todo lo que sabía era que me reemplazarían en Irak, me enviarían de vuelta a Alemania, a continuar como comandante del V Cuerpo y que mi nombramiento para una cuarta estrella había sido retirado. Estaba profundamente decepcionado y me sentía traicionado. Al abordar al avión, me dirigí a mi edecán.

"Cielos, qué alivio irme de Washington. Al menos en Irak sé quiénes son mis enemigos y qué hacer al respecto", dije.

Mientras esperábamos en la pista para despegar, escribí algunos de mis pensamientos en mi libreta de notas:

> Sumando dos más dos, es probable que esta decisión ya estuviera aprobada antes de mi reunión con el Presidente. Anteriormente, no me preocupé de que pudiera perder la confianza en mí. Todo cambió cuando se publicó la noticia en la prensa. Ahora es evidente para la Administración que Abu Ghraib representa un gran problema para ellos. Desde el punto de vista político, se enfrentan ahora a un reto de grandes proporciones justo en el momento de las elecciones.
>
> Las audiencias del Congreso no tienen que ver con la objetividad ni con el establecimiento de los hechos para resolver el problema. Este asunto seguirá siendo el punto de atención hasta las elecciones. Habrá una gran cantidad de daño colateral, con muchos afectados a nivel político y muchos chivos expiatorios en el proceso, a fin de tranquilizar a los políticos. Los dos partidos están buscando desesperadamente un responsable a los niveles más altos, aunque por distintas razones. Los demócratas no dejan de atacar. Los republicanos intentan reducir sus pérdidas. De cualquier forma, alguien tendrá que ser ahorcado por esto. Creo que ese soy yo. Tal vez lo que deba hacer sea retirarme.
>
> ¡Qué contratiempo! Debe haber alguna razón. Tendré que poner mi confianza en el Señor. Pero es muy difícil aceptarlo después de que me habían dicho que mi nombramiento ya estaba a nivel de la presidencia para su aprobación. Todos harán especulaciones y comentarios. Pocos, acaso, sabrán qué ocurrió. Muchos pedirán perseverancia. Los niños hispanos de Norteamérica y

de los países de América Latina merecen que no deje de luchar. No me puedo dejar derrotar por un problema político. He superado demasiados obstáculos para llegar adonde estoy.

Menos de una semana después de mi regreso a Bagdad, un funcionario anónimo del Pentágono organizó una serie de comunicados de prensa coordinados. El 25 de mayo de 2004, se publicaron una serie de artículos en los principales periódicos del país, reproducidos después por los medios y por los canales de comunicación internacionales. *The New York Times* presentó un resumen de los principales aspectos de la información revelada en un artículo titulado: "La Lucha por Irak: Cambios en el Ejército; El Segundo General de Mayor Rango del Ejército Pasará a Comandar las Tropas de Estados Unidos en Irak". Este artículo decía entre otras cosas:

> El comandante supremo del ejército norteamericano en Irak, teniente general Ricardo S. Sánchez, dejará su comando este verano y será reemplazado por el segundo general de mayor rango, informaron funcionarios del Pentágono este lunes...
>
> Los funcionarios del Pentágono dijeron que el reemplazo del general Sánchez por el Subjefe del Estado Mayor Conjunto, general George W. Casey Jr., no tiene que ver en absoluto con el manejo que diera el general Sánchez al creciente escándalo de los abusos infligidos a los detenidos de la prisión de Abu Ghraib en las afueras de Bagdad, que tenía a su cargo...
>
> Su nueva misión de comandar el Comando Sur de los Estados Unidos en Miami, podría ser adjudicada ahora al primer asistente militar del Secretario de Defensa, Donald H. Rumsfeld, el teniente general Bantz J. Cradoock...
>
> ...[El] plan principal era ascender al general Sánchez al rango de cuatro estrellas, lo que lo convertiría en el primer comandante general del Ejército de origen hispano en

> recompensa por su desempeño en Irak y nombrarlo comandante del Comando Sur, responsable de la mayor parte de América Latina... sin embargo, ocurrió algo en los últimos días que cambió el curso de ese plan... los functionarios del Departamento de Defensa no dijeron, el lunes en la noche, a qué se debió el cambio de planes.

Este artículo, como los otros publicados ese mismo día, crearon la impresión de que me estaban culpando por los abusos de Abu Ghraib, sin importar cuáles fueran los resultados de las investigaciones en curso. Además, dejó entre mis colegas del Ejército la firme impresión de que me había convertido en un general en desgracia y que probablemente no sobreviviría al escándalo.

El general Abizaid, molesto por toda esta situación, se comunicó telefónicamente con Paul Wolfowitz y le exigió que le informara quién había coordinado la liberación de los comunicados de prensa. Después de hablar con Abizaid, me pareció entender que todo esto se había hecho para poner un muro de contención entre el secretario Rumsfeld y el tema de los abusos en Abu Ghraib. Sospeché que todo había sido coordinado por Larry Di Rita, el secretario de prensa de Rumsfeld.

Poco tiempo después, Thom Shanker, uno de los coautores del artículo del *New York Times* me pidió una entrevista. Después de hablar de la situación en Irak, Shanker me preguntó:

"¿Cómo reaccionó a la forma como se informó su reasignación a la prensa?"

"Bien, Thom, no me dejó muy contento", respondí.

"General Sánchez, considero que la forma como se dio a conocer la noticia no fue correcta", dijo Shanker. "Fue, sin duda, un acto premeditado, calculado, para cumplir un propósito político. La impresión fue clara: que usted había sido destituido y había perdido la cuarta estrella por estar involucrado en el escándalo de Abu Ghraib. ¿Por qué le están haciendo esto, general?"

"No lo sé", respondí. "En realidad, no tengo la menor idea".

Cuando las cosas en Irak regresaron a su rutina normal, me

llamó el general Abizaid para informarme que John Negroponte, el nuevo embajador designado a Irak (para reemplazar a Bremer) y el general George Casey, el general de cuatro estrellas que me reemplazaría como comandante de la Fuerza Multinacional asumirían sus cargos a tiempo, coincidiendo con la transferencia de la soberanía.

"Bien, eso es lógico", le dije a Abizaid. "Lo entiendo".

Recibí también una llamada del general Casey, quien, en ese entonces, era Subjefe del Estado Mayor del Ejército.

"Acabo de expedir una instrucción en la que indico que el personal del cuartel general estará completo, en un 90 a un 95 por ciento, a mediados de junio", dijo.

"Qué bien", pensé para mis adentros, "ya era tiempo".

Durante la mayor parte de los primeros trece meses que estuve en Irak, el nivel de personal en el CJTF era de un 45 a un 50 por ciento. Durante el período de superposición de tropas, aumentaba a un 60 por ciento. Ahora, cuando el Subjefe del Estado Mayor del Ejército sería transferido a ocupar su cargo, contaría de pronto con un equipo de personal completo lo que, de un momento a otro, se había convertido en una prioridad. Antes, todos nuestros ruegos solicitando ayuda habían llegado a oídos sordos. El general Casey sabía que asumiría el mando y, con razón, quería contar con un equipo de personal completo. Por lo tanto, el Ejército hizo que así fuera.

Unas semanas después de hablar con Casey, fui entrevistado en una videoconferencia por los investigadores del panel Schlesinger. En mayo, el secretario Rumsfeld había nombrado un panel para investigar los abusos en Abu Ghraib. El director del grupo fue secretario de defensa en las administraciones de los presidentes Richard Nixon y Gerald Ford.

Imaginé que esto me tomaría unas cuantas horas y reservé un buen espacio de tiempo al final de la tarde. El interrogatorio giró principalmente en torno a la razón por la cual no había destituido a la brigadier general Karpinski. Después de explicar las razones que habíamos considerado el mayor general Ryder y yo durante la reunión de instrucción, me preguntaron acerca de mi orden para poner al coronel Pappas a cargo de la seguridad en la prisión.

"¿En qué pensó al hacer eso?", me preguntaron. "¿Qué no hizo, que hubiera pensando hacer? ¿Qué otra cosa habría podido hacer que hubiese sido mejor?"

En respuesta, mencioné tres cosas —más adelante, el informe final del panel de Schlesinger las usaría todas en mi contra.

"En primer lugar, de haber tenido más tiempo, me hubiera involucrado más, personalmente, en supervisar el personal de nuestras operaciones de interrogación y detención", respondí. "En segundo lugar, habría sido más estricto en la solución del problema de relaciones de comando que había en la 800ª División de la Policía Militar. En tercer lugar, habría sido más agresivo en hacer que CENTCOM, los miembros del Estado Mayor Conjunto y el Departamento de Defensa respondieran a nuestra solicitud de ayuda".

Después de cerca de cuarenta minutos, el panel de Schlesinger dio por terminada la entrevista. Había respondido a todas sus preguntas de forma franca y directa.

Al volver a mi oficina, alguien me preguntó cómo me había ido.

"Fue superficial", respondí. "No buscaban la verdad. El panel de Schlesinger no es más que una medida del Secretario de Defensa para cubrirse. Parece que es un hecho que, cuando se publique, el informe final me culpará a mí y a algunos otros, y asignará una responsabilidad menor a Rumsfeld. Pero, a largo plazo, lo protegerá".

Poco después de que presenté mi testimonio al panel de Schlesinger, llegó a Bagdad el vicealmirante Albert T. Church III, en cumplimiento de su misión de hacer una revisión exhaustiva de las operaciones de interrogación del Departamento de Defensa. El 25 de mayo de 2004, el mismo día que el Pentágono coordinó los comunicados de prensa, el secretario Rumsfeld le había pedido a Church que revisara la investigación. La misión del almirante Church era investigar todo el espectro de operaciones de interrogación, incluyendo las de Afganistán, Irak y Guantánamo. Mi reunión personal con Church y su equipo fue breve. En vez de hacerme declarar bajo juramento, se limitaron a pedirme que presentara una declaración escrita en respuesta a una serie de preguntas detalladas.

Con el tiempo, me acordaba cada vez más de esa pregunta sencilla que me hiciera Thom Shanker; "¿Por qué le están haciendo esto, general?". Ahora creía entender lo que realmente estaba ocurriendo. Pensaba que en todo esto había un propósito tanto de autoprotección como de fines políticos, que debía permanecer oculto. Una investigación significativa y sin límites, a la que la administración Bush se oponía rotundamente, tendría como resultado un desastre irremediable. Abriría la Caja de Pandora y liberaría un sinfín de maldad.

La Administración no quería que el memorando de Donald Rumsfeld del 2003 (o la serie de memorandos y decisiones de la Administración en relación con el mismo) salieran a la luz, porque favorecían una política de interrogación con muy pocas restricciones. No querían que los detalles de su tratamiento de los prisioneros en la Bahía de Guantánamo fuera publicado. Además, sin lugar a dudas querían mantener oculto el hecho de que en Bagram, Afganistán, había habido tanto tortura como asesinatos. Además, la administración Bush no podía permitir que se publicara información sobre la práctica de la CIA de tener detenidos "fantasma" en Abu Ghraib y de la forma como esta agencia había torturado y asesinado al "Hombre de Hielo". Además, hasta este momento, el público de los Estados Unidos no sabía que la CIA estaba sacando personas del país para llevarlas a prisiones secretas en países no signatarios de la Convención de Ginebra.

El Pentágono no quería revelar las enormes deficiencias del Ejército en materia de operaciones de interrogación y detención. Además, la falta de acción del Pentágono para solucionar las reconocidas deficiencias y su constante negación a responder las solicitudes de ayuda de los comandantes del Ejército en Irak no se verían bien, tampoco. El Ejército, en particular, no quería que sus problemas con la Inteligencia Militar y la Policía Militar salieran a la luz pública. Aun más importante, los líderes clave sabían que el Ejército era culpable de negligencia por no haber proporcionado orientación doctrinal para realizar los interrogatorios. Habíamos enviado al campo de batalla soldados mal entrenados y no habíamos sabido responder a sus solicitudes de entrenamiento, normas y recursos.

En términos generales, muy pronto se tomaron medidas para controlar el daño que las continuas investigaciones y audiencias estaban causando, lo que tal vez explique la razón por la cual el secretario Rumsfeld nombró el panel de Schlesinger en mayo de 2004. No fue coincidencia que el informe se publicara la víspera de la publicación del Informe Fay-Jones del Ejército que podía ser más completo y, por consiguiente, tenía más probabilidades de llegar a la verdad. Creo, además, que hubo un esfuerzo concertado por mantener a políticos y medios de comunicación concentrados en los casos específicos de abuso en Abu Ghraib. Eventualmente, se determinaría que la principal causa de los hechos que tuvieron lugar en Abu Ghraib no fue más que el comportamiento indisciplinado de un grupo de soldados. Sin embargo, si la investigación se concentraba en un enfoque más amplio y profundo, saldrían "esqueletos de los armarios" y esto representaría enormes riesgos para quienes estaban en el poder.

Mi nombramiento para ser ascendido fue enviado al Presidente el 11 de mayo de 2004 y fue retirado el 20 de mayo, al día siguiente de mi declaración ante el Comité de Servicios Armados del Senado. Repetidamente dije a los altos funcionarios de la Administración que respondería con la verdad a cada pregunta que pudieran hacerme en el futuro. No importó mi grado de compromiso para soportar los rigores del proceso de nombramiento. Consideraron que no servía a los mejores intereses de la Administración, del Departamento de Defensa ni del Ejército permitirme declarar. Tenían razón. Estaba comprometido a decir la verdad al Congreso.

Como lo decía el artículo del *New York Times* del 25 de mayo de 2004, "Tanto el general Sánchez como el general Craddock son oficiales de tres estrellas que han requerido la aprobación del Senado para ser ascendidos a un rango superior, cualquiera de los dos tendrá que enfrentar un prolongado proceso de confirmación. El general Casey es ya un oficial de cuatro estrellas que supuestamente podría ocupar su nuevo cargo en menos tiempo".

Por lo tanto, la estrategia de los altos mandos de la Administración era mantenerme a la espera. Me enviarían de vuelta a Irak y luego me devolverían a Alemania después de que se transfiriera la soberanía. Querían que "tuviera paciencia", que "esperara hasta que las cosas se calmaran" y luego, "lo nombraremos de nuevo, más adelante". Procurarían darme apenas la esperanza suficiente para que no me retirara demasiado pronto, sino que siguiera prestando el servicio al que estaba obligado por mi juramento —y que, por lo tanto, me impedía hablar abiertamente. Todo lo que tenía que hacer era esperar que pasaran las elecciones de noviembre de 2004. Una vez que Bush fuera reelegido, ya no importaría.

Efectivamente, el presidente Bush obtendría la reelección y en los años de su segundo período, se liberaron muchos de los males de su Administración a la opinión pública, según lo que los medios de comunicación pudieran descubrir en su intento por abrir la Caja de Pandora. Desafortunadamente, al igual que en la mitología griega, la tapa de la Caja de Pandora se cerró antes de que pudiera salir la esperanza.

Al Regresar a Bagdad, intenté dejar de pensar en los enredos políticos que tenían lugar en Washington y concentrarme en mi trabajo. Después de todo, aún había muchos combates que no habían cesado. Y había que prestar atención a los preparativos de la ya próxima transferencia de la soberanía. A medida que la APC se apresuraba a llegar a la meta, quedaba aún mucho por hacer, y a medida que pasaban los días, eran cada vez menos las personas dispuestas a hacerlo. Mientras ayudábamos al embajador Ricciardone y al teniente general retirado Kicklighter a instalar una nueva embajada, les supliqué que la APC y los cuarteles generales de más alto rango expidieran órdenes que prohibieran que los miembros del Ejército dejaran el país sin haber sido debidamente reemplazados. “No pueden permitir que todos suban a un avión y vuelvan a casa antes de que el trabajo esté hecho”, les dije. Ellos tuvieron en cuenta mi preocupación, aunque realmente no hicieron nada por detener el éxodo masivo.

El 1ro de junio de 2004, el Concejo de Gobierno Interino eligió a Ghazi al-Yawar (un musulmán suní) para que actuara como presidente interino. El Concejo se disolvió para dar paso a un nuevo gabinete de treinta y tres miembros que debería constituirse para fines de mes. Pensando en ese evento y recordando el día que constituimos el primer Concejo de Gobierno Interino, cuando uno de los ministros llegó a mi oficina y me preguntó, “General, ¿dónde está mi oficina?”, le pedí a mi personal que averiguara cuál era el plan de transición para los nuevos ministros que estaban por llegar. Como era de esperarse, volvieron a decirme que no había ningún plan. “Bien, esas son las malas noticias”, dije. “Las buenas son que tenemos cuatro semanas para elaborar un plan y ver que funcione”. Así, durante el siguiente mes, nuestro personal se esforzó al máximo por ayudar al nuevo primer ministro, a los ministros del interior y de defensa, a los jefes del Estado Mayor Conjunto y a los comandantes del Ejército a cubrir las necesidades básicas, como oficinas, personal, un comando y un centro de control totalmente funcionales, y el comienzo de un proceso de manejo efectivo de las funciones de seguridad nacional.

Durante este tiempo, el embajador Bremer no sólo estaba en el proceso de transferir el control financiero de Irak al ministro de finanzas entrante, sino que estaba saldando las obligaciones de gastos de los 18.000 millones de dólares del suplemento aprobado por el Congreso. Al mismo tiempo, el CJTF-7 intentaba conseguir un flujo constante de fondos iraquíes para los proyectos en ejecución. Había cosas como equipo para la policía y las fuerzas de seguridad y proyectos de construcción para centros médicos y escuelas. Los fondos que estaba buscando sumaban aproximadamente de $10 a $15 millones. Lo que en realidad no era mucho, en comparación con la suma total de $18.000 millones. Había también otros importantes proyectos que tenían que ser financiados directamente con el suplemente presupuestal aprobado por el Congreso. Por lo tanto, fui a hablar con el Embajador, le expliqué el problema y le insistí en que se asegurara de que contáramos con los acuerdos necesarios para continuar con la financiación de estos proyectos después de la transferencia de la soberanía. Pero cuando le pedí el dinero el embajador Bremer, se enfureció.

"Esto ya debería haberse hecho", dijo. "Usted debería haberse ocupado de estas cosas".

"No, señor", le respondí. "Estos proyectos están en proceso y su terminación requerirá mucho tiempo".

"Bien, no los financiaré", dijo.

"Muy bien, señor, entonces, estos proyectos tendrán que detenerse. Pero le sugiero que dé una mirada al resto de su organización porque estoy seguro de que la APC está comprometida con estos proyectos y con muchos otros similares".

Efectivamente, el embajador Bremer volvió unos días después y me infirmó que de hecho tenía grandes requerimientos de financiación de los que no se había dado cuenta. Y esos proyectos requerían sumas mucho más elevadas de la que yo estaba solicitando. Fue así como, en último término, el CJTF-7-7 recibió los fondos necesarios para continuar nuestras iniciativas. En cuanto al resto del suplemento de $18.000 millones, no sé adónde fue a parar todo ese dinero.

A medida que se acercaba la tan anunciada fecha para la transferencia formal de la soberanía, hicimos una serie de ensayos para la ceremonia tan minuciosamente preparada y dispusimos medidas estríctas de seguridad para lo que sin duda sería un blanco muy apetecido por los insurgentes. Sin embargo, el embajador Bremer, decidió, en último momento, adelantar la ceremonia de la transferencia dos días para evitar cualquier acto de violencia potencial. Fue así como el 28 de junio de 2004, se llevó a cabo una breve ceremonia formal en la oficina del nuevo primer ministro iraquí, a la que asistieron sólo unas pocas personas. Yo estaba de pie detrás del fotógrafo, mientras él tomaba unas pocas fotografías para marcar la ocasión. Después, todo terminó.

El embajador Bremer se fue unas horas después, esa misma tarde. En el aeropuerto, nos dimos la mano y le agradecí su liderazgo y la estrategia política que nos había dejado para Irak. Nuestra relación personal continuaba intacta, pero desde el punto de vista profesional, habíamos tenido varias diferencias significativas en la forma de trabajar. Sin embargo, había que reconocerle a Bremer su gran visión estratégica, la política estratégica que dejaba para Irak y el haber logrado transferir la soberanía en tan poco tiempo. En respuesta, Bremer me dio un caluroso apretón de manos, me agradeció mi ayuda y me deseó la mejor de las suertes.

El nuevo embajador de Estados Unidos en Irak, John Negroponte, llegó poco después de que se fuera Bremer. Tal como cuando Bremer reemplazó a Jay Garner el año anterior, hubo poco contacto entre ellos. El general Casey, que ya se encontraba en el país, comenzó de inmediato a tener conversaciones con Negroponte. Se quedó un par de días más para terminar algunos reportes y otro trabajo administrativo. Después de la ceremonia de cambio formal de comando con Casey, dejé el país a primeras horas de la mañana el 4 de julio de 2004.

Al abordar el avión en el que me iría por última vez de Irak, mis sentimientos eran complejos. Me sentía culpable porque estaba abandonando a mis soldados, aunque ya no fuera comandante de la Fuerza Multinacional, seguía siendo el comandante del V Cuerpo, y aún teníamos dos divisiones completas en Irak. Mi deber era asegurarme de que recibieran una buena atención. Por otra parte, tenía una enorme sensación de alivio, ya no tenía que preocuparme por las tremendas complejidades de reconstruir a Irak. Ahora, esa era responsabilidad del general Casey y del embajador Negroponte. Cuando llegué a Alemania, más tarde, ese mismo día, María Elena y yo bromeamos diciendo que había vuelto a casa a tiempo para la Fiesta de la Independencia del 4 de Julio. Era la verdadera libertad al fin.

Era la primera vez que venía a casa después de mucho tiempo.

En realidad, había venido para la graduación de mi hijo Daniel, a fines de mayo. En términos generales, nuestros hijos estaban muy molestos por las noticias dadas por los medios de comunicación y las dudas sobre mis actos en relación con Abu Ghraib. Lara y Rebekah me rogaron que me retirara y abandonara toda esa injusticia. Pero María Elena seguía firme. "Yo te apoyaré sea lo que sea", me dijo. Y no dejaba de decirles a nuestros hijos que su padre no había hecho esas cosas horribles que se estaban diciendo. "Esperen", les decía. "El Señor se encargará de todo. Al final, se sabrá la verdad". Nunca hubiera podido enfrentar esa situación tan bien como lo hice de no haber sido por el apoyo de María Elena.

Desafortunadamente, sólo pude pasar más o menos un día con mi familia. Debía volver de inmediato a los Estados Unidos para presentarme ante el panel de investigación de Fay-Jones. Decidí irme un poco antes para prepararme y para poder dormir bien antes de ir a presentar mi declaración.

Mi avión llegó a Washington D.C. a las 2:00 P.M., el 5 de julio de 2004. Me registré en el hotel y me cambié el uniforme de campaña. Fui directamente al Hospital del Ejército Walter Reed a visitar a los soldados heridos que había tenido bajo mi mando en Irak. Estaban en distintos pisos. Algunos en habitaciones de hospital normales, otros en la Unidad de Cuidados Intensivo y otros en Rehabilitación. Vi algunos soldados y marines gravemente heridos, algunos con quemaduras, otros con miembros amputados y otros con varias partes de sus cuerpos vendadas. Cuando entraba y me reconocían, la mayoría intentaba levantarse y saludar. "No tiene que hacerlo", decía. "Debe conservar sus fuerzas. Descanse".

Preguntaba cómo estaban y procuraba conversar un poco con ellos. "¿Le resulta fácil hablar de su situación y de cómo sucedió esto?", preguntaba. Prácticamente todos decían que sí, entonces hablábamos de sus diversas situaciones. Muchos expresaban que querían volver a Irak a unirse con sus compañeros. Si había miembros de la familia presentes, los llevaba a un lado y les preguntaba cómo los estaban tratando. Ninguno de los familiares ni de los mismos soldados expresó rencor contra el Ejército o contra el país. Todos dijeron que los estaban tratando bien. Antes de irme, agradecí a cada uno de ellos su sacrificio y su servicio a la nación. Después le entregué a cada uno una de mis monedas de comandante.

Uno de los últimos que visité fue un joven sargento que había sufrido una terrible lesión en el lado izquierdo de su cara. Cuando entré, me reconoció de inmediato y se puso de pie en posición de saludo antes de que tuviera tiempo de decirle que no lo hiciera. "Señor, qué alegría verlo", dijo. "Gracias por su liderazgo. Quiero que sepa que lo haría todo de nuevo. Fue un honor servir en Irak bajo su mando".

A la mañana siguiente a las 8:00 A.M. del 7 de julio de 2004, entré a la sala de conferencias de Foro Belvoir para someterme al interrogatorio de la investigación Fay-Jones sobre Abu Ghraib. Lo primero que me dijo el entrevistador fue "General Sánchez, tiene derecho a guardar silencio".

CAPÍTULO 22

Resistan

Después de declarar ante el panel de Fay-Jones en Fort Belvoir, regresé de inmediato a Alemania para estar con mi familia. Oficialmente, debía reportarme a la oficina durante siete días. Pero después, como soldado que regresa de servicio de combate, era elegible para un permiso de treinta días —y lo tomé completo. Lo necesitaba. Cuando volví al servicio en el otoño de 2004, el V Cuerpo aún tenía dos divisiones en Irak, la 1ª División Blindada y la 1ª División de Infantería, y volví a comandar en un ambiente normal de guarnición enfocado en el entrenamiento, el reclutamiento, el equipamiento y la movilización de tropas.

A medida que el cuartel general de los distintos cuerpos del Ejército comenzó a entrenar de nuevo, programamos un ejercicio interno llamado Victory Start, que no era más que, por así decirlo, apagar las luces en nuestro comando y en nuestros centros de control. No sólo habíamos dejado atrás a nuestros soldados (ambas divisiones debían regresar en febrero de 2005), pero también casi todo nuestro equipo. Y debido a que la mayoría de los cuerpos del Ejército se habían ido por espacio de año y medio, los sistemas y procedimientos de la guarnición estaban totalmente atrofiados en las áreas de suministro, mantenimiento, seguridad, personal y entrenamiento. Mientras tanto, para suplir las necesidades y demandas de operaciones en los dos escenarios de guerra, el Ejército continuaba desmantelando unidades, eligiendo e inspeccionando a todos los niveles, desde el más alto hasta el nivel de pelotón.

Cuando terminó el otoño, llegó el invierno, se acabó el año 2004 y comenzó el 2005, el V Cuerpo se mantuvo ocupado preparándose para recibir a las tropas que volvían de Irak. Pusimos en práctica el plan del Ejército de los Estados Unidos en Europa, conocido como "R-4: Redespliegue, Reintegración, Reconstrucción y Reorganización".

El regreso de las tropas era la fase más mecánica. La 1ª División Blindada y la 1ª División de Infantería volvieron durante un período de tres semanas y su último día completo en Irak fue el 19 de febrero de 2005. Movilizar estas divisiones requirió cronogramas extremadamente detallados. Teníamos que embarcarlas en aviones, desembarcarlas y llevarlas de nuevo a los cuarteles. Al llegar, tuvimos ceremonias de bienvenida muy cortas y luego los soldados se fueron a sus casas. El regreso de las tropas fue muy importante porque estábamos sacando a nuestros soldados del peligro y trayéndolos de nuevo a sus familias y a una rutina de tiempo de paz.

La reintegración constaba de dos fases. En primer lugar, todos se reportaban para servicio durante siete días. Era nuestra responsabilidad evaluar el estado físico y psicológico de cada soldado. Al final de esos siete días, les permitíamos irse a sus casas de licencia prolongada para estar con sus familias (esa era la segunda fase). Cuando regresaban, les dábamos la bienvenida formal con desfiles, entretenimiento, fiestas en la comunidad y otro tipo de celebraciones. Los festejos incluían una ceremonia de premiación para los grupos de respuesta inmediata de las familias. Si bien, algunas funciones militares podían ser rechazadas durante el despliegue en combate, las funciones de la familia seguían siendo sólidas, fuertes y efectivas. El general B. B. Bell se había encargado de que así fuera.

Nuestro período de reconstitución se prolongaba por noventa días. Durante ese tiempo procurábamos que los soldados reanudaran sus rutinas y los manteníamos ocupados. Un día normal de trabajo iba desde las seis y media de la mañana hasta las cinco de la tarde. No había trabajo extra y la capacitación individual era mínima. Al finalizar del día, todos iban a casa reunirse con sus familias. Al principio, hacía reuniones en la alcaldía con toda la comunidad para asegurarme de que los cónyuges supieran que tenía la responsabilidad de resolverles cualquier problema que pudieran tener. Era esencial advertir a las familias acerca de los trastornos de estrés postraumático, pedirles que tuvieran en cuenta que, después de tanto tiempo en zonas de combate, sus seres queridos serían personas diferentes y podían tener problemas para reintegrarse a la comunidad. Les decía que podían obtener ayuda si la necesitaban. La ayuda incluía atención psiquiátrica, psicológica, religiosa, médica y odontológica adicional. Una vez levantadas las restricciones, cuando ya los soldados pudieran cambiar de empleo, entrar a estudiar o mudarse de nuevo a los Estados Unidos los ayudábamos a organizar el traslado de sus enseres para instalarse en sus nuevas ubicaciones. En términos generales, el programa de respuesta del general B. B. Bell a nivel de las familias se convirtió en una norma en el resto del Ejército.

Después de la reconstrucción venía el reentrenamiento —con el objetivo de recertificar a las unidades como organizaciones de combate en el término de 180 días después de su regreso a casa. Para cuando iniciamos las extensas operaciones de entrenamiento, el Ejército ya estaba cumpliendo su tercera rotación en Irak y era evidente que, eventualmente, el V Cuerpo volvería a combatir, ya fuera en Afganistán o en Irak. Después de todo, sólo había tres cuerpos del Ejército capaces de prestar servicio en estas áreas de combate (el 3er Cuerpo, el 18ª Cuerpo Aéreo y el V Cuerpo). El 3er cuerpo ya llevaba movilizado seis meses. La 18ª División Aérea estaba entrenándose para ir a reemplazarlo. El V Cuerpo era el único disponible para entrar después de la 18ª División Aérea. Era el ciclo estándar de rotación de 3 a 1, y la única forma en la que podíamos mantener una presencia permanente en Irak.

En este punto, llevábamos sólo año y medio de guerra, pero las actividades de entrenamiento y movilización ya experimentaban grandes problemas en todo el Ejército. En realidad, el proceso en general no había cambiado mucho. Un comandante identificaba una necesidad y esa información se enviaba al comandante de combate, así como a CENTCOM. Una vez validada, era enviada al Estado Mayor Conjunto en Washington y luego (como parte indispensable del control civil de los militares) al Secretario de Defensa, la única persona autorizada para dar la aprobación final de las órdenes de movilización. De la oficina del Secretario, la solicitud pasaba a la oficina de operaciones en el cuartel general del Ejército. El Ejército emitía entonces las órdenes de movilización. Naturalmente, después de que una unidad era aprobada, y antes de que pudiera movilizarse, tenía que ser certificada (mediante entrenamiento) como lista para combatir. Fue durante esta etapa cuando comenzamos a ver los problemas que comenzaron a surgir desde el verano de 2003, cuando el general Abizaid y yo insistimos en que cualquier unidad que se fuera de Irak tenía que ser reemplazada. El Ejército se adaptó a la nueva situación acelerando la transformación para constituir brigadas adicionales, modificando los requerimientos de entrenamiento para acortar los periódos de tiempo anteriores a la movilización en treinta o cuarenta y cinco días o movilizando unidades de reemplazo "a cambio". Para hacer las cosas más difíciles, el Ejército había continuado la reducción de fuerzas en Europa. Incluyendo la transformación de instalaciones, bases e infraestructura en general. Como consecuencia, algunas unidades estaban programadas para regresar a los Estados Unidos y/o para desactivarse totalmente.

Enfrentamos nuestro primer reto real cuando la Brigada 18ª de la Policía Militar quedó sujeta a órdenes de movilizarse a Irak. Debido al reclutamiento de efectivos de múltiples fuentes y a los cortos lazos para el despliegue, era una organización bastante fraccionada. Nuestra tarea consistía en intentar llevarlos de nuevo al nivel de comando de brigada y entrenarlos como una unidad cohesiva. Uno de los impactos de la estrategia de conseguir personal de múltiples fuentes que estaba aplicando el Ejército, fue que algunas de las unidades estaban compuestas por soldados que se encontraban juntos por primera vez al salir al campo de batalla; sólo entonces podían crear relaciones dentro de la nueva estructura de comando. Y eso contravenía uno de los principios fundamentales que nosotros, como Ejército, siempre habíamos respetado y honrado —entrenar a los soldados como equipo antes de enviarlos a combatir.

Cuando nos enteramos de que la brigada de la Policía Militar iba a ser conformada por la unidad de Reserva "a cambio de" unidades de los Estados Unidos, comenzamos a plantearnos interrogantes acerca de la certificación de dichas unidades. Para mi sorpresa, me enteré de que no sólo estábamos sujetos a un programa de entrenamiento acelerado de sólo dos semanas para una movilización rápida sino que muchos de los soldados también se estaban incorporando para completar el número de efectivos de las unidades a última hora. Era aun más preocupante que, en algunos casos, los soldados eran asignados a las unidades, eran sometidos a entrenamiento y se iban de la unidad. El personal asignado en forma permanente llegaba más tarde y no recibía ningún entrenamiento a nivel de la unidad. Desde nuestro punto de vista, en el V Cuerpo, todo parecía indicar que muchas unidades conformadas con el sistema de "a cambio de" no recibían suficiente entrenamiento para su misión, sus números se estaban completando al azar, sin tener en cuenta en absoluto su efectividad a largo plazo. Por consiguiente, decidí intervenir en el proceso. Al menos en tres oportunidades, envié cartas a los cuarteles generales superiores en relación con la movilización de unidades con componentes de servicio activo, soldados estadounidenses que estarían combatiendo bajo el comando y control del V Cuerpo. En mis cartas fui muy claro en indicar que, como líderes experimentados, teníamos la responsabilidad de garantizar que nuestros soldados fueran a combatir debidamente entrenados. El no hacerlo crearía problemas y, seguramente, resultaría en un número mayor de bajas.

Mi carta hizo que las cadenas de comando entraran en barrena y, aunque no recibí quejas directas, se me informó por distintos canales que algunos estaban muy disgustados. Sin embargo, no estaba dispuesto a retractarme. Había estado en Irak y había visto personalmente los problemas ocasionados por soldados y unidades con entrenamiento insuficiente. Abu Ghraib era el principal ejemplo. Ahora que era el comandante del V Cuerpo, de vuelta en Alemania, con la responsabilidad de entrenar a las tropas, no permitiría, por ninguna razón del mundo, que algún elemento bajo mi mando se fuera a Irak o a Afganistán sin estar debidamente entrenado. Eso simplemente no sucedería.

A fines del verano de 2004, tanto el panel de Schlesinger como el de Fay-Jones publicaron sus informes de las investigaciones de los abusos en Abu Ghraib. El informe de Schlesinger de noventa y dos páginas, fue el primero en salir, el 25 de agosto de 2005. En ese momento estaba en Europa e inicialmente leí los resultados en el periódico. Nadie de Washington me llamó para hablar al respecto.

Esencialmente, el panel de Schlesinger me culpaba de la mayor parte de los abusos en Abu Ghraib. Según ellos, no garanticé la debida supervisión del personal en relación con las operaciones de detención e interrogación; debí asegurarme de que mi personal hablara con el comando y resolviera los problemas; debí garantizar que se hicieran exigencias urgentes de apoyo y recursos adecuados a través del CCTFC y de CENTCOM a los jefes de Estado Conjuntos; el hecho de que haya delegado la responsabilidad de las operaciones de detención en Abu Ghraib llevó al nocivo resultado de que nadie tenía la responsabilidad de supervisar las operaciones; yo habría podido iniciar el desarrollo de un curso de acción alternativo más eficiente; yo era responsable de haber establecido una relación de comando confusa en la prisión; debí haber adoptado medidas más enérgicas; yo no informé los abusos a través de la cadena de comando en forma oportuna ni con la urgencia adecuada; aunque los abusos ya se conocían y estaban siendo investigados desde enero de 2004, la gravedad de los mismos no se comunicó en sentido ascendente por la cadena de comando hasta el Secretario de Defensa; aunque el informe de Taguba se transmitió tanto a CENTCOM como al CJTF-7, el impacto de las fotografías no fue tenido en cuenta; el CJTF-7 determinó que algunos de los detenidos en Irak debían considerarse combatientes ilegales; los memorandos que yo envié daban pie a ser malinterpretados y no establecían directamente los límites de las técnicas de interrogación, y debí haber reemplazado a la brigadier general Janis Karpinski con más anticipación.

El informe Schlesinger también criticaba a Karpinski y al coronel Pappas. Indicaba que los jefes de Estado Conjuntos subestimaron la necesidad de personal y descuidaron el suministro de tropas cuando esa necesidad era aparente. Además, indicaba que el secretario Rumsfeld contribuyó a la confusión sobre las técnicas de interrogación permisibles. "Hay responsabilidad tanto institucional como personal a alto nivel", indicaba el informe. Pero luego anotaba que los comandantes militares de mayor rango tenían mayor participación que Rumsfeld en la responsabilidad.

En términos generales, el informe decía justamente lo que yo sospechaba que diría cuando salí de mi superficial entrevista de cuarenta minutos. Era, a todas luces, un informe diseñado para proteger al secretario Rumsfeld.

El 26 de agosto de 2004, se presentó al público el informe final del panel Fay-Jones del Ejército. Poco después, el general Paul Kern, comandante del Comando de Materiales del Ejército de los Estados Unidos en Fort Belvoir (y el oficial de cuatro estrellas responsable del informe), declaró ante el Comité de Servicios Armados del Senado sobre los hallazgos de su investigación. De nuevo en Europa, no fui informado de los resultados de la investigación del general Kern. Después de obtener con mucha dificultad una copia, me enviaron por fin un resumen ejecutivo del informe de Fay-Jones.

En términos generales, las declaraciones del general Kern ante el Congreso respaldaban mi posición. Decía, entre otras cosas:

- Desde que el V Cuerpo hizo la transición y se convirtió en la Sección Conjunta conocida como CJTF-7, y durante el período en estudio, nunca recibió los recursos adecuados para cumplir las misiones que se le asignaron.
- Las unidades de policía militar e inteligencia militar en Abu Ghraib sufrían una grave escasez de recursos.
- El CJTF-7 tuvo que realizar operaciones tácticas de contrainsurgencia a la vez que cumplía sus misiones programadas. Ese fue el contexto de operaciones en el que se produjeron los abusos en Abu Ghraib.
- Las principales causas fueron (incluyó actos que iban desde lo inhumano a lo sádico) cometidos por un pequeño grupo de soldados y civiles.

Sin embargo, el informe escrito de la investigación Fay-Jones culpaba, en cierta medida, al CJTF-7. En términos generales, decía que: había falta de comando y control de las operaciones con los detenidos a nivel del CJTF-7; que el CJTF-7 no garantizó la debida supervisión del personal encargado de las operaciones de detención e interrogación; que la relación del CJTF-7 con la Brigada 800ª de la Policía Militar resultó en un apoyo no equitativo por parte del personal del CJTF-7; que la falta de una supervisión agresiva por parte de los altos mandos del CJTF-7 llevó a que se asignara una menor prioridad al suministro de los recursos necesarios para las operaciones de detención; que la ausencia de un miembro del personal especialmente asignado a supervisar las operaciones de detención y las instalaciones de la prisión, dificultó la coordinación entre el personal del CJTF-7; que me había equivocado al asignar al coronel Pappas la responsabilidad de proteger a las fuerzas en Abu Ghraib y que, de hecho, el haberlo hecho fue incorrecto desde el punto de vista doctrinal; que los memorandos sobre reglas de interrogación habían llevado, indirectamente, a algunos de los abusos no violentos y no sexuales, que llevaron a creer que las demás técnicas de interrogación estaban permitidas para obtener datos de inteligencia, y habían contribuido a la confusión acerca de las técnicas permitidas.

El informe de Fay-Jones incluía algunas declaraciones que me indicaban que los investigadores provenientes de la Reserva no tenían una buena comprensión de la doctrina militar ni de las relaciones entre combatientes y demandantes. Y aunque no era nocivo personalmente para mí, como sí lo era el informe de Schlesinger, el informe de Fay-Jones tampoco era bueno.

Por lo general, cuando el Ejército realiza una investigación y presenta un informe posterior a una acción, se examinan tanto los detalles como las causas del incidente. Sin embargo, en estos dos informes, escasamente se mencionaban los problemas institucionales que *llevaron* a los abusos en Abu Ghraib —y tampoco se estudiaron de forma completa, en parte, porque Kern no tenía la autoridad para investigar las acciones del personal del Ejército. Abu Ghraib no era un problema que involucrara sólo al CJTF-7 y a sus soldados. En gran medida, el problema fue creado por la negligencia institucional y, en algunos casos, por negligencia en el cumplimiento del deber por parte de algunas personas. El general Kern, en su declaración ante el Congreso, y el informe escrito de Fay-Jones, indicaban claramente que el CJTF-7 no tenía suficiente personal para cumplir sus misiones asignadas. Por lo tanto, no fue una sorpresa que poco después de las declaraciones de Kern ante el Comité de Servicios Armados del Senado, el Secretario de Defensa me llamara a Washington.

Rumsfeld me programó para una reunión durante un almuerzo en el Pentágono a las 12:30 P.M., el jueves 16 de septiembre de 2004. En su oficina había un sofá contra la pared a mano izquierda, un escritorio corriente en el centro de la habitación y un escritorio de pared donde hacía la mayor parte de su trabajo. Al lado opuesto había una mesa de conferencias donde nos sentamos a comer. Estaban también Larry Di Rita, su secretario de prensa y el vicealmirante James G. Stavridis, primer asistente militar del secretario de defensa.

El primer tema que Rumsfeld tocó fue mi posición como comandante del V Cuerpo en Alemania.

"Sr. Secretario, lo que me preocupa es que debo rotar y salir del comando del V Cuerpo como parte del ciclo normal de rotación", dije. "Eso me pondría en riesgo de volver a servicio activo como general de dos estrellas, o verme obligado a retirarme como general de dos estrellas por no haber completado los tres años en el rango".

"Eso no va a suceder", se apresuró a decir Rumsfeld. "Yo soy la autoridad que decide esos cambios y no permitiré que sea puesto en la situación de tener que retirarse como general de dos estrellas. Además, tiene un gran aliado en Pete Schoomaker [el general Peter Schoomaker, jefe del Estado Mayor del Ejército de la Estados Unidos]".

"Es bueno saberlo, Sr. Secretario", respondí.

"Estamos comprometidos en mantenerlo en su nivel de comando actual mientras sea necesario, hasta que podamos nombrarlo para una cuarta estrella", dijo Rumsfeld. "Pero debe tener paciencia. Tenemos que esperar hasta que las cosas se calmen. Cuando estén más próximas las elecciones, comenzaré a trabajar en el aspecto político para lograr un resultado favorable en el Senado".

A continuación, el Secretario comenzó a referirse al informe que le acababan de entregar los jefes del Estado Mayor Conjunto sobre los niveles de personal en el cuartel general del CJTF-7 en Irak. Tomó su pluma y empezó a dibujar un cuadro en su servilleta. Rumsfeld dibujó los ejes X e Y, y luego dos líneas que avanzaban de izquierda a derecha, a una distancia de aproximadamente media pulgada una de otra.

"Aquí está la cifra de sus requisitos, aquí arriba", dijo Rumsfeld, señalando la línea superior. "Y aquí está el número real del personal de su cuartel general que nunca se aproximó a la tasa necesaria. De hecho, todo el tiempo estuvo por debajo del 50 por ciento. ¿Por qué no se lo dijo a alguien? Ese fue precisamente mi argumento cuando me pronuncié a favor de tener fuerzas conjuntas en funcionamiento. Se supone que es el núcleo de una organización mucho mayor, con personal plenamente entrenado a lo largo de un espectro de operaciones".

Rumsfeld levantó el tono de voz y se fue animando, agitando sus manos hacia mí en un gesto emotivo.

"¿Cómo pudo haber pasado esto, general?", dijo. "¿Por qué demonios no le habló a alguien al respecto?".

"Lo hice, Sr. Secretario", respondí. "Todos los altos líderes del Pentágono conocen la situación del CJTF-7. Insistímos constantemente en pedir apoyo. Entregué ese mensaje personalmente a cada uno de los líderes que fue a Irak, incluyendo el presidente de los jefes del Estado Mayor Conjunto y los miembros de las delegaciones del Congreso. El general Abizaid trabajaba en eso constantemente, enviando informes de nuestra situación a su oficina. Todos lo sabían, señor. Todos".

"Ah, bueno, eso no está bien", dijo Rumsfeld. "¿Por qué los servicios completaron su nómina?"

"Señor, no puedo responder esa pregunta. Es algo que va a tener que preguntar a los jefes del servicio. Lo que sí sé es que el Ejército no le dio a este asunto nivel de prioridad hasta cuando el Subcomandante del Estado Mayor fue enviado a Irak a reemplazarme".

"¿Qué demonios pasaba?", vociferó Rumsfeld. "¿Por qué no podían conseguir a nadie?"

"Sr. Secretario, no lo sé".

"Bien, vamos a ponerle remedio", dijo. "Vamos a resolver esto".

Entonces, Rumsfeld me sorprendió diciendo:

"Entiendo que el general McKiernan y el CCTFC dejaron el país en el verano de 2003. ¿Por qué razón? ¡Eso es increíble!"

"Señor, se fue por órdenes del general Franks", respondí.

"Bien, no puedo creer que hayan hecho eso. No lo sabía".

"¿Usted no sabía que el comando de McKiernan se había ido de Irak?", le pregunté, incrédulo.

Rumsfeld no respondió. En cambio, comenzó a hablar del teniente general James Conway de la Marina, que acababa de regresar de Irak y había concedido una entrevista para un periódico en la que habló de la indecisión de la administración que rodeó la operación de Fallujah, en especial del hecho de que habíamos comprometido las fuerzas y no tuvimos la determinación para terminar el trabajo.

"¿De qué hablaba Conway?", preguntó Rumsfeld.

"Bien, estaba disgustado", respondí. "El hecho fue que comenzamos el ataque contra Fallujah y, a los pocos días, resolvimos revertir por completo nuestra decisión —aunque, como bien sabe, señor, había fuerzas suficientes y habríamos podido llevar a término la misión. Desde su punto de vista, Conway consideró eso como una indecisión de parte de los líderes políticos".

"¿Qué diablos estaba ocurriendo entre usted y Bremer mientras tanto?", preguntó Rumsfeld.

"Señor, todo lo que ha oído acerca de mi relación con el embajador Bremer ha sido el resultado de algunas discusiones muy acaloradas acerca de lo que había que hacer en Fallujah, en Najaf, cuando intentábamos atrapar a Muqtada al-Sadr", respondí. "Bremer insistía constantemente en que nos retiráramos unilateralmente de Fallujah. Me negué a hacerlo porque habría sido una derrota estratégica, al menos así lo hubiera visto Al Jazeera".

"Sin duda", dijo Rumsfeld. "De todos modos fue algo muy malo en la forma en que se hizo".

"Señor, creo que habría sido aun peor si hubiéramos retirado unilateralmente todas nuestras fuerzas bajo fuego".

"Estoy de acuerdo", respondió Rumsfeld. "Pero, ¿por qué no supe de esto?"

Mi expresión debió ser de desconcierto porque de inmediato el Secretario respondió su propia pregunta. "Ya sé, ya sé", dijo. "Tenían que pasar por la cadena de comando".

"Correcto", respondí. "Le informé todo esto al general Abizaid. De hecho, estuvo presente durante algunas de estas discusiones".

"Las estructuras de los cuarteles generales del Ejército son tan bizantinas", dijo Rumsfeld.

Ahí terminamos la reunión. Me despedí de Larry Di Rita y del vicealmirante Stavridis, ninguno de los cuales dijo gran cosa durante los cuarenta y cinco minutos que duró la reunión.

"Arreglaremos lo del ascenso para usted, Ric", dijo Rumsfeld, mientras me acompañaba a la puerta. "Sólo tenga paciencia".

Al salir me encontré con el general Richard Myers, quien se sorprendió de verme.

"¿Qué hace usted aquí?", preguntó.

"Me llamó el Secretario, señor. Acabamos de tener una reunión durante el almuerzo".

"Bien, Ric, hizo un excelente trabajo por nuestro país", dijo Myers. "Lo vamos a sacar de esta. Tenga paciencia".

Salí del Pentágono preguntándome exactamente para qué me habían hecho venir desde Alemania. Pensé y analicé por largo tiempo lo que me acababa de decir el secretario Rumsfeld.

¿No sabía sobre el nivel de personal en el CJTF-7? Creo que eso era posible. Los jefes del Estado Mayor Conjunto y los demás líderes del servicio no se atrevían a llevarle problemas por las insultadas que tuvieron que soportar durante la etapa previa a la guerra.

¿No entendía por qué el teniente general Conway estaba disgustado de que nos tuviéramos que retirar de Fallujah? No era probable, pensé.

Pero, ¿realmente se suponía que creyera que el Secretario de Defensa no estaba enterado de que la CCTFC se había ido de Irak? Él era "la autoridad que tomaba las decisiones" de todos los movimientos de las unidades. ¿Y no sabía que el comando del teniente general McKierman había regresado a los Estados Unidos? Francamente, eso era imposible. Y aunque procuré actuar profesionalmente, hice todo lo que pude excepto decirle: "Tenía que saberlo, Sr. Secretario".

Rumsfeld me había llamado a Washington justo después de que el general Kern declara ante el Congreso que el CJTF-7 había recibido el apoyo adecuado mientras yo estuve en Irak. Se me pasó por la mente que esta reunión podría haber sido arreglada para que pudiera negar haber tenido conocimiento de cualquiera de esos resultados. Y tenía con él dos de sus subalternos que podrían respaldar su declaración de ignorarlo.

En conversaciones posteriores con los líderes del Ejército, mencioné algunos apartes de mi conversación con el secretario Rumsfeld. En cuanto al asunto del suministro de personal, afirmaban que el problema siempre había sido Rumsfeld —no ellos ni los jefes del Estado Mayor Conjunto. No sabía a quién creerle. Entonces dije:

"Miren, todo este asunto es un gran enredo y lleva ya mucho tiempo. Tal vez lo que deba hacer sea retirarme".

Pero, a puerta cerrada, todos me respaldaban firmemente.

"No, no, no lo vaya a hacer", me decían. "Esa no es una alternativa. Todo se arreglará. Sólo tenga paciencia, Ric".

Cundo regresé a Alemania, María Elena y yo hablamos mucho tiempo sobre lo que debíamos hacer. ¿Seguimos esperando? ¿Confiamos en ellos lo suficiente como para esperar que pase la tormenta? ¿Aceptamos el compromiso?

Lo cierto es que deseaba creerles. No estaba ni mucho menos preparado para retirarme en ese momento. Quería seguir sirviendo a mi país. Entonces, María Elena y yo tomamos una decisión. Decidimos "tener paciencia" y esperar a ver qué ocurría.

El 12 de octubre de 2004, poco menos de un mes después de mi reunión con el secretario Rumsfeld, se me notificó que el Inspector General del Ejército tenía instrucciones de hacer una investigación sobre las afirmaciones contenidas en los informes de Schlesinger y de Fay-Jones. El Inspector General determinaría si era culpable de negligencia en el cumplimiento del deber en lo que se refería a las operaciones de detención e interrogación en Irak, y si había comunicado indebidamente las reglas de interrogación. En ese momento, quedé devastado. Después de todo lo que me había pasado, no podía creer que fuera a mí a quien estuvieran investigando por negligencia en el cumplimiento del deber.

Después de la publicación de los dos informes de investigación, había habido una enorme presión en el Congreso porque se hiciera otra revisión exhaustiva de lo que había pasado en Abu Ghraib. Algunos estaban totalmente convencidos de que, de alguna forma, yo era responsable de los abusos, y que, empezando conmigo, podían seguir un rastro de boronas de pan que llegaría hasta la Casa Blanca. Había un incesante llamado del Comité de Servicios Armados del Senado para responsabilizar a los más altos líderes por los eventos de Abu Ghraib. Por lo tanto, el Inspector General del Ejército había recibido instrucciones de realizar una investigación más exhaustiva diseñada para llenar los vaciós de los informes anteriores.

Me tomó un tiempo recuperar el equilibrio, pero cuando al fin lo logré, pensé en mi propia experiencia como investigador en la oficina del inspector general, once años antes. Conocía íntimamente el proceso de una investigación de esta índole —y eso me tranquilizaba. Al menos ahora creía que tenía una buena oportunidad de reivindicarme. Pero estar permanentemente bajo una nube de incertidumbre acerca de mis contemporáneos en el cuerpo de oficiales generales me perturbaba. Además, claro está, ahora era evidente que el secretario Rumsfeld no iba a interceder ante el Congreso por ninguna posible nominación para una cuarta estrella —no con una investigación de la oficina del Inspector General del Ejército pendiente.

Poco tiempo después, hablé de mi situación con uno de mis antiguos mentores, el general Barry McCaffrey. Lo respetaba profundamente y sabía que estaba de mi lado. "Ric, usted es demasiado honesto para su propio bien", dijo. Con esto, el general McCaffrey quería decir que tenía una integridad impecable y que me regiría por la verdad hasta el fin. Y en un entorno político como el que teníamos, eso podría ser mi eventual derrota. "La mejor forma de describirlo, Ric, es que usted es como una cebra herida en el Serengeti", dijo McCaffrey. "La manada está ligeramente interesada en que sobreviva. Usted está herido. Si sobrevive, lo volverán a aceptar en la manada. Si no, entonces que así sea".

Sabía que tenía razón. Pero las palabras "que así sea", me rondaban en la mente. "Que así sea". "Si Dios quiere". *In cha'Allah.*

. . . .

EL 2 DE NOVIEMBRE de 2004, George W. Bush fue reelegido Presidente de los Estados Unidos. Ganó por un estrecho margen —sólo 3 millones de votos de 121 millones de votos populares sufragados. El recuento final en el Colegio Electoral fue de 286 contra 251. Ahora, la administración Bush estaría en el poder por cuatro años más.

CAPÍTULO 23

El fin de la línea

Durante la última parte de 2004, después de mi reunión con el secretario Rumsfeld y después de que el Inspector General del Ejército comenzara su investigación, tuve algunas serias discusiones con los líderes del Pentágono acerca de mi situación. Hablamos del hecho de que el período de dos años en mi cargo estaba por terminar en junio, de mis problemas actuales y de si recibiría o no un nuevo nombramiento, o si me vería obligado a retirarme como general de dos estrellas. "No se preocupe", me aseguraron. "Si fuere necesario, el Secretario aprobará su renuncia y podrá retirarse como general de tres estrellas".

Para comienzos de 2005, comencé a presionar el asunto con mi jefe, el general B. B. Bell, y con el Jefe del Estado Mayor del Ejército, el general Schoomaker. "¿Qué va a hacer?", le dije. "Hay que tomar una decisión en uno u otro sentido. Tenemos que tener una decisión en cuanto a mi reemplazo. El nuevo comandante del V Cuerpo debe estar en tierra para junio a fin de tener tiempo de conformar un equipo y capacitarlo en el cuartel general antes de movilizarse en agosto, el cuerpo estará de vuelta en Irak para diciembre".

Me daba cuenta de por qué todos arrastraban los pies en lo que se refería a esta decisión. Era una decisión difícil de tomar.

Desde el punto de vista político, no me podían permitir regresar a Irak con el cuerpo. Y no me podían dejar simplemente como comandante del V Cuerpo, movilizar la unidad a Irak y dejarme en Europa sin un cargo. La pregunta era: "¿Qué demonios hacemos con Sánchez?".

Tal vez hubiera sido más fácil tomar una decisión el 2 de marzo de 2005 cuando el vicealmirante Albert T. Church III publicó el resumen ejecutivo de su informe de investigación sobre las operaciones de interrogación del Departamento de Defensa en Afganistán, Irak y Guantánamo. [*El informe completo, de 368 páginas, permaneció clasificado*]. Con respecto a Irak, la comisión Church determinó que mis memorandos no desempeñaron ningún papel en relación con los abusos de los detenidos ni llevaron al uso de técnicas de interrogación ilegales o abusivas. "Debe señalarse", decía el informe, "que ninguna de las técnicas contenidas en las reglas de interrogación del CJTF-7 de septiembre u octubre habrían permitido abusos como los de Abu Ghraib". Además, la comisión Church confirmó también que los abusos de Abu Ghraib no se cometieron durante interrogatorios ni tuvieron relación alguna con la política social de interrogación. Nuestro propósito clave, determinó la comisión, fue el de regular las prácticas de interrogación en Irak, especificando las técnicas aprobadas, ordenando supervisión y salvaguardas y exigiendo el cumplimiento de los principios de la Convención de Ginebra. En términos generales, quedé muy satisfecho con los resultados de la investigación del almirante Church. Sin embargo, pocos medios de comunicación se interesaron por el resumen ejecutivo o lo publicaron.

Poco después de la publicación de los resultados del informe, el Ejército nombró al mayor general John Batiste, comandante de la 1ª División de Infantería, como el nuevo comandante encargado del V Cuerpo. Aunque no fue anunciado, era evidente para todos que, en algún momento, Batiste asumiría el comando del cuerpo. Como comandante encargado, entrenaría las tropas y se movilizaría a Irak con todo el personal del cuartel general. De conformidad con este acuerdo, acepté dejar mi cargo y actuar como mentor principal para ayudar con el entrenamiento en el cuartel general, mientras el Ejército definía una función para mí en el futuro.

Por último, los generales Schoomaker y Bell diseñaron un plan para dividir y movilizar el personal del cuartel general del V Cuerpo y dejar en Alemania los colores de la unidad. Esta solución requirió la creación de una posición adicional de tres estrellas, pero la justificaron como un cargo en tiempo de guerra. Yo sería el comandante general delegado para el Ejército de los Estados Unidos en Europa, aún reportándole al general Bell, y quienquiera que asumiera el comando del Cuerpo Multinacional en Irak se movilizaría con el personal del V Cuerpo. Yo permanecería en Europa con un pequeño componente de personal de reserva, pero también podría hacer uso del personal del Ejército de los Estados Unidos en Europa. Mantendría las responsabilidades de mi comando de entrenar, reorganizar y equipar para el combate a las fuerzas restantes del V Cuerpo y mantendría mi relación reportando a los comandantes de la división. El plan resultó ser una forma muy compleja e inusual de mantenerme al mando.

Sin embargo, en mayo de 2005, dos días antes de la fecha en que debía abandonar el comando de la 1ª División de Infantería, el mayor general John Batiste armó el caos absoluto al renunciar abruptamente al Ejército, debido a un disgusto con la administración Bush. *[Batiste respaldaba al general Eric Shinseki, quien había sido obligado a retirarse en el 2003, por oponerse a la Administración. Batiste declararía después ante el Congreso acerca del mal liderazgo de Rumsfeld y el manejo equivocado que había hecho de la guerra, en general].*

El mayor general Peter Chiarelli fue designado comandante del Cuerpo Multinacional a fines de ese verano, pero mientras tanto, tuve la obligación de entrenar al personal del V Cuerpo para combatir en Irak. Naturalmente, era un trabajo que ya había hecho antes y no me importó volver a hacer. Aunque no era la situación ideal porque obligaba a las tropas a entrenar con un comandante que no iba a estar con ellos en combate.

Durante el programa de entrenamiento fue evidente que habíamos hipotecado mucho debido a las guerras en Irak y Afganistán. Por ejemplo, todo el desempeño del Ejército en el entrenamiento estaba descendiendo de un nivel de conflicto de alta intensidad hacia el extremo más bajo del espectro, que comprendía entrenamiento únicamente para las misiones específicas pendientes. Además, el desarrollo profesional se había reducido al punto de que ahora estábamos desarrollando líderes que tenían excepcionales habilidades de combatir la insurgencia, pero nunca habían sido realmente entrenados en otras tareas de combate críticas de alta intensidad.

Yo no podía controlar las misiones que serían asignadas una vez que nuestras tropas fueran enviadas a combatir. Pero sin duda, podía controlar la forma como los iba a preparar y no iba a sacrificar ni una sola norma. Desde el comienzo, dispuse que entrenaríamos como un cuerpo y parte de ese entrenamiento incluía un escenario de conflicto de alta intensidad. Además, no iba a permitir que se desplegaran soldados a menos que estuvieran totalmente entrenados. Esa instrucción, nos causó, en sí misma, algunos problemas significativos porque el Pentágono, en varias ocasiones, esperaba hasta el último minuto para emitir las órdenes de movilización.

En una oportunidad, el mayor general Doug Robinson vino a verme durante el verano de 2005, con un problema típico. *[Doug se fue de Irak en julio de 2003, fue ascendido a mayor general y fue enviado al departamento de personal del Ejército en Washington donde supervisó abastecimiento de personal para las fuerzas del Ejército. Por lo tanto, estaba estrechamente familiarizado con los problemas del Ejército en este campo. Había regresado a Alemania en el 2005, como comandante de la 1ª* División Blindada]. "Señor, tenemos una patrulla de UAV (Vehículo de Reconocimiento Aéreo no Tripulado) a la que se le ha ordenado movilizarse de inmediato", me dijo Robinson. "Sé que sus instrucciones son que debemos certificar a las unidades que están listas para combatir antes de que sean movilizadas, pero no lo puedo hacer en este caso. No han terminado su entrenamiento".

Le agradecí a Doug habérmelo informado y le indiqué que continuara el entrenamiento, pero que determinara también el tiempo mínimo absolutamente necesario. Luego envié una comunicación urgente al general B. B. Bell. "No podemos certificar estos soldados para combatir dentro del tiempo indicado a sus órdenes de movilización", escribí. "Hay dos alternativas: retardar el proceso o tendré que recibir una orden de un cuartel general superior, indicándome que los envíe a combatir sin estar debidamente entrenados y certificados".

Esa carta hizo volar algunas chispas en la oficina de operaciones G-3 del personal del Ejército. Recibí una llamada exigiendo que movilizaramos la sección y ellos, a su vez, completarían el entrenamiento en Kuwait o en Irak.

"No, me niego a hacerlo", respondí. "No enviamos soldados a combatir sin el debido entrenamiento".

"Pero los necesitamos en tierra ahora, general Sánchez".

"No los necesitan con tanta urgencia como para ponerlos en riesgo", dije. "Si los necesitan tanto, tendrá que haber allí algún general de cuatro estrellas que me mande una orden indicándome que debo llegar a un compromiso con respecto a su entrenamiento".

Naturalmente, ningún líder de alto nivel estaría dispuesto jamás a hacer semejante cosa, yo lo sabía. Por último, cedieron.

"Muy bien, señor, pospondremos su movilización. Pero realmente tenemos que hacerlo lo antes posible. ¿Cuánto tiempo necesita?"

Entonces, di la vuelta y le pedí a Doug Robinson que trabajara sin tregua para completar el entrenamiento de la sección UAV, pero sin sacrificar ninguna norma.

Mientras nuestras tropas comenzaban a desplegarse hacia Irak y Afganistán, fui a hablar con los soldados e invariablemente me hicieron preguntas acerca de por qué no venía con ellos.

"Señor, ¿por qué está ocurriendo esto?", preguntaron. ¿Por qué no vendrá con nosotros? Lo necesitamos".

"Bien, yo quiero ir con ustedes", les dije. "Pero no me permiten movilizarme. Son cosas de política".

Claro está que tan pronto como el público se enteró de que no me movilizaría a Irak con mis soldados, varios medios de comunicación armaron un escándalo al respecto. "Ahora, Sánchez se queda atrás"; "Su Cuerpo se Va", decían los titulares. Muchos especulaban acerca de las razones para esta situación inusual. Por lo general, yo no hacía comentarios. Pensaba que si respondía a toda la reacción exagerada de los medios, sólo atizaría el fuego de la negatividad.

En términos generales, hubo un gran cambio en el enfoque de los medios nacionales —de los detalles específicos de Abu Ghraib a la guerra en Irak en general. Ahora, el público comenzaba a darse cuenta de que todo el primer año de la guerra se había perdido. Pero las razones presentadas por los expertos y analistas que se expresaban en los medios eran mixtas en cuanto a la verdadera causa del desastre. Algunos culpaban a los líderes civiles de la administración Bush. Otros no tenían el menor inconveniente de echarme toda la culpa encima. Después de todo, pensaban que yo había sido el comandante militar en Irak. Era lógico entonces que no me había adaptado debidamente a las condiciones cambiantes en tierra, no había tenido en cuenta la insurgencia, y definitivamente no estaba preparado para la responsabilidad. Después de todo, yo era el más joven general de tres estrellas en el ejército en ese entonces.

La discusión de un panel en el programa *Meet the Press* de la NBC del 28 de abril de 2005, fue una muestra de la escuela de pensamiento que consideraba responsable a la Administración. Participaron en el panel los antiguos generales Wesley Clark, Barry McCaffrey, Montgomery Meigs y Wayne Downing. Cuando el moderador, Tim Russert, les preguntó si era un error haber ido a Irak, el general Clark respondió, "Creo que fue una enorme equivocación estratégica. En primer lugar, no tenía nada que ver con la guerra contra el terrorismo, al menos no para quienes nos atacaron [el 11 de septiembre de 2001]. En segundo lugar, ha demostrado ser una enorme herramienta de reclutamiento para Al-Qaeda... ver a los soldados estadounidenses comprometidos allí sólo sirve para aumentar la temperatura y la presión arterial en todo el mundo islámico". El General Downing comentó después, "Desperdiciamos los primeros doce meses en Irak porque no tuvimos en cuenta en los planes las hostilidades de la posguerra".

El representante de quienes me culpaban a mí era Andrew J. Bacevich, un coronel retirado, y ahora profesor de la Universidad de Boston y escritor, quien escribió una candente columna en el *Washington Post* del 28 de junio de 2005. "El teniente general Ricardo Sánchez... le prestaría el mejor servicio a su país si se retirara de inmediato", escribió Bacevich. "Su ascenso sería inimaginablemente nocivo para la ética profesional del ejército... los historiadores lo recordarán como el William Westmoreland de la guerra de Irak —el general que no comprendió la naturaleza del conflicto que enfrentaba y, por consiguiente, cayó en las manos del enemigo".

Esta nueva serie de ataques en 2005 se presentó en el momento en que la ACLU (Unión de Liberación Civil Norteamericana), en coordinación con Human Rights First, presentó una demanda de grandes proporciones contra Rumsfeld, Karpinski, Pappas y yo el 1ro de marzo de 2005. Presentada a nombre de los ex prisoneros, la demanda me acusaba personalmente de responsabilidad directa por las torturas y por el abuso de los prisioneros en Abu Ghraib. Decía además que no presté atención a las advertencias sobre los abusos y autoricé el uso de técnicas de interrogación ilegales que violaban los derechos constitucionales y los derechos humanos de los prisioneros.

Además, el Director Ejecutivo de la ACLU, Anthony D. Romero, urgía al Congreso a iniciar una investigación formal en mi contra, porque, según decía, había mentido ante el Comité de Servicios Armados del Senado durante mis declaraciones. Su evidencia, dijo, eran los memorandos de septiembre 14 y octubre 12 de 2003. Romero envió además una carta al Fiscal General de los

Estados Unidos, Alberto González, solicitando que el Departamento de Justicia abriera una investigación sobre posibles cargos de perjurio contra mí. "Las declaraciones que hiciera el teniente general Sánchez, bajo juramento, ante el Comité de Servicios Armados del Senado, es totalmente inconsistente con los registros escritos...", escribió. "Constituye una flagrante violación de la confianza pública y es otra prueba además de que el pueblo norteamericano merece el nombramiento de un asesor especial independiente..."

Como era de esperar, Romero se negó a aceptar mi declaración ante el Congreso acerca del contexto en el que se habían escrito los memorandos y acerca de su contenido específico. Mi propósito al impartir las instrucciones fue limitar, no ampliar las técnicas de interrogación, y ninguna de las técnicas enumeradas violaba los principios de la Convención de Ginebra. En términos generales, estaba muy disgustado por este nuevo giro en la situación. Fue así que, cuando un reportero me preguntó qué pensaba de la ACLU, respondí que eran "una partida de mentirosos sensacionalistas, quiero decir, abogados que distorsionan toda la información que reciben para llamar la atención hacia las posiciones que ocupan". En ese momento estaba profundamente disgustado.

Justo cuando pensaba que las cosas no podían ser peores, recibí una llamada de la Oficina del Inspector General del Ejército. Habían terminado su informe, me dijeron, y estaban entregando los resultados al Comité de Servicios Armados del Senado y luego lo harían público. El informe escrito, propiamente dicho estaría listo para publicación en aproximadamente una semana. Se me dijo que, en general, ninguna de las afirmaciones en mi contra habían sido sustanciadas y que ninguno de los funcionarios de mi personal había sido encontrado cómplice de nada. Sin embargo, el Inspector General había sustanciado las afirmaciones de negligencia en el cumplimiento del deber contra la brigadier general Karpinski. En cuando a mí, personalmente, había quedado exonerado de cualquier acción indebida en relación con los abusos de Abu Ghraib, los problemas de detención e interrogación en

Irak y cualquier otra afirmación que el Inspector General había investigado.

Cuando al fin pude obtener una copia del informe escrito, las palabras saltaban de las páginas ante mis ojos. Entre otras cosas, la investigación determinó lo siguiente:

- Sánchez delegó debidamente la autoridad [y] había asignado la supervisión adecuada.
- Los directores del CJTF-7 habían suministrado supervisión de rutina [y] Sánchez se ocupó directamente de ofrecer esa supervisión. En forma preactiva buscó ayuda y recursos adicionales para superar las fallas tanto en las operaciones de detención como en las de interrogación.
- Sánchez solicitó ayuda para las operaciones de detención. [Él] aceptó también que las operaciones de interrogación del CJTF-7 no estaban diseñadas para producir los datos de inteligencia necesarios sobre los que se pudiera actuar para luchar contra la insurgencia, y consideró esto como una falla en su cadena de comando.
- Sánchez... actuó... de manera preactiva en su forma de responder a las fallas identificadas, solicitando la ayuda adecuada.
- Sánchez desempeñó bien sus responsabilidades a nivel estratégico de liderazgo. [Él] se centró debidamente en apoyar a la APC (Autoridad Provisional de la Coalición), al establecer una interfase con el Departamento de Defensa, la Autoridad de Comando Nacional y al cooperar en los esfuerzos de reconstrucción de la estructura de Irak.
- Como líder estratégico, Sánchez no era responsable de la supervisión directa de los soldados que realizaban las operaciones en la prisión de Abu Ghraib. Las fallas de comando y de personal mencionadas en el informe, consideradas directamente como la causa del abuso de los detenidos, fueron fallas de liderazgo a nivel de la brigada y del batallón. Estas fallas no podían atribuirse a falta de supervisión por parte de Sánchez.

- El CJTF-7 no contó nunca con todos los recursos necesarios en términos de personal en número, experiencia o rango. La Nómina Conjunta Documentada no llegaba a más de 60 por ciento de los requerimientos y gran parte de los esfuerzos del personal disponible se orientaban a apoyar a la APC.

El informe del Inspector General me exoneró totalmente de cualquier acto indebido y me alegró leerlo. Sin embargo, tenía sentimientos encontrados. Sentía alivio de que al fin se supiera la verdad. Pero también sentía ira por haber sido acusado en primer lugar. Por haber sido juzgado por los medios de comunicación, por lo que esto me había costado tanto personal como profesionalmente. A medida que aumentaba la frecuencia con la que la prensa publicaba información negativa, más la asimilaba el público como información convencional. Además, después de un tiempo, la mayoría perdió interés en el tema y no se enteró del resultado final. El diario militar *Stars and Stripes* sí publicó un artículo en primera plana en donde decía que había quedado exonerado. Pero la noticia no recibió el mismo despliegue que las acusaciones originales.

Comprendía que la mayoría del público norteamericano aún creía que yo había hecho algo malo. Y, en este momento, no estaba seguro de si el informe del Inspector General podría cambiar en algo esa percepción. El clima político era aún demasiado volátil y estaba demasiado polarizado.

Unos días después de enterarme de los resultados de la investigación del Inspector General, recibí un mensaje del presidente Bush invitándome a la celebración del Cinco de Mayo en la Casa Blanca. Mi primera impresión fue de sorpresa. "¿Qué significa esto?", me pregunté. "¿Debo o no viajar a Washington para asistir a este evento?"

Después de pensarlo, llamé a la oficina del Jefe del Estado Mayor y pregunté si estaban enterados de la invitación del Presidente.

"No, señor, no sabíamos nada al respecto", fue la respuesta.

"Bien, no sé si deba o no aceptar", dije. "No quisiera que todos se enteraran por la CNN de que estoy en la Casa Blanca con el Presidente".

"Todo estará bien", fue la respuesta. "Acepte y vaya".

"Está bien, pero alguien debe decírselo al Secretario de Defensa y a otros de los altos mandos, deben saber que voy a Washington para este evento. ¿Puede, por favor, asegurarse que así sea?"

"Claro que sí, general Sánchez. Nos ocuparemos de eso".

Con la anuencia del Ejército, María Elena y yo volvimos a Washington D.C. el 5 de mayo de 2005. Nos unimos al grupo de unos pocos cientos de personas en los jardines de la Casa Blanca para una conmovedora celebración de la herencia hispana de nuestra nación. Recuerdo haber visto el monumento en Washington, en el fondo, mientras nos acercábamos al Presidente y a la Sra. Bush para saludarlos, en fila con los demás invitados. Por un momento, pensé que de hecho podría sobrevivir a los ataques políticos que habían distorsionado la realidad por más de un año. Tan pronto como el presidente me vio, adoptó la postura militar y me saludó. Luego, cuando le devolví el saludo, me apretó la mano en un cálido gesto. "Hola, Ric", me dijo. "Me alegra que haya podido venir".

Durante el verano y los primeros días del otoño de 2005, me concentré en el entrenamiento de nuestras tropas para la movilización a Irak y a Afganistán. Desde el punto de vista profesional, trabajaba duro y, personalmente, los sentimientos hacia el Ejército habían mejorado. Recibí varias llamadas de felicitación de amigos y familiares por los resultados del informe del Inspector General. Para cuando comenzó el nuevo ciclo de nombramientos, parecía que al fin me iban a nombrar para recibir una cuarta estrella. Los generales Schommaker y Bell se esforzaban porque así fuera, y me informaron que mi nombre estaba siendo considerado para varios posibles cargos, incluyendo el de Subcomandante del Estado Mayor, en el Ejército; Comandante General de SOUTHCOM Estados Unidos; y Comandante General del Ejército de los Estados Unidos en Europa.

Para principios de octubre, el Jefe del Estado Mayor, el general Schoomaker, me informó que mi nombramiento para el cargo de Comandante General del Ejército de los Estados Unidos en Europa (un cargo de cuatro estrellas) para reemplazar al general B. B. Bell, estaba en camino a la oficina del Secretario de Defensa. Pero antes de que fuera presentado al Presidente y al Senado, Rumsfeld quería revisar las probabilidades de que mi nombramiento fuera favorablemente recibido por el Comité de Servicios Armados del Senado.

Un poco antes, en el 2005, el Pentágono había enviado un par de "balones de prueba" (supongo que desde la oficina del Secretario) que inmediatamente recibió críticas de la prensa, con respuestas tales como "La administración no desea responsabilizar a los altos líderes"; "Rumsfeld sólo se interesa en responsabilizar a los soldados jóvenes"; No se responsabiliza a ningún alto oficial por Abu Ghraib"; "Ahora quieren ascender al hombre responsable de Abu Ghraib". Dado que el informe del Inspector General ya había sido publicado, me preguntaba si estos comentarios afectarían en alguna forma la decisión.

En la segunda semana de octubre, el secretario Rumsfeld visitó el Senado con este último balón de prueba sobre Sánchez. Más adelante, esa misma semana, los senadores Levin y Warner comenzaron a solicitar nuevas audiencias para establecer responsabilidades. "Este asunto aún no está resuelto", dijeron. "Todavía hay mucho más. Solicitaremos una audiencia para dentro de dos semanas a fin de establecer responsabilidades".

Apenas me enteré de esto, llamé al Pentágono.

"Miren, si va a haber una audiencia para establecer responsabilidades sobre Abu Ghraib", dije, "debo estar allí personalmente o debo presentar una declaración para que conste en actas".

"Está bien, general Sánchez. Se lo comunicaremos al Secretario".

Nadie me volvió a decir nada durante unas dos semanas. Pero el 31 de octubre de 2005 en las últimas horas de la tarde, acababa de aterrizar en Kansas, donde estaba programado para hablar durante una reunión de los nuevos generales del Ejército, y estaba saliendo del aeropuerto cuando sonó mi teléfono celular. Era el general Peter Pace, el nuevo presidente de los jefes del Estado Mayor Conjunto. Pace, quien antes fuera vicepresidente, había sido ascendido hacía un mes cuando se retiró el general Richard Myers.

"Las malas noticias no mejoran con el tiempo", dijo Pace. "Debo informarle que hemos decidido no nombrarlo para una cuarta estrella ni para otra comisión de tres estrellas. No le conviene al Departamento de Defensa, ni al Ejército, ni a usted. Una audiencia de confirmación sería demasiado contenciosa".

Permanecí en silencio por un momento mientras asimilaba el impacto, lo que realmente me estaba diciendo Pace era que me retirara. "Bien, señor, todos ustedes me han traicionado", dije al fin. "Lo entiendo. Gracias por llamar". Esa fue toda la conversación.

A la mañana siguiente, en Fort Leavenworth, me reuní con el Jefe del Estado Mayor que también había venido a la conferencia. Tan pronto como entré a su oficina, el general Schoomaker preguntó:

"¿Lo llamó Pace, Ric?"

"Sí, señor, hablé con él anoche", respondí.

"Ric, siento mucho que esto no haya resultado", dijo. "Querían que yo le diera el mensaje y me negué. 'Esto no es correcto y no lo haré', les dije. 'Que lo haga alguien más' ".

Todo lo que pude hacer fue asentir con la cabeza y decir:

"Gracias, general".

"Me gustaría ayudarle en cualquier forma que pueda para hacer los arreglos para su retiro en el momento más conveniente para usted", continuó diciendo Schoomaker. "El único requisito es que debe salir del comando antes de que el personal del cuartel general del cuerpo regrese. Por lo demás, puede hacerlo tan pronto o tan tarde como desee y, claro está, donde quiera hacerlo".

"Gracias, señor", repetí.

El Jefe del Estado Mayor y yo conversamos por unos minutos. Intentó hacerme sentir mejor diciéndome que todo era cuestión de política. Y realmente tuve la sensación de que estaba muy decepcionado con este resultado. Pete Schoomaker era un buen hombre. Me había ayudado mucho y sabía que realmente no había más que pudiera hacer. Al despedirme, estreché su mano y le agradecí su apoyo.

Al terminar la conferencia, salí de Bell Hall, el antiguo corazón y espíritu del Command and General Staff Collage y me quedé unos momentos de pie en la escalera del edificio. Fort Leavenworth está ubicado en una elevada meseta con una vista espectacular de una parte del río Missouri.

Me detuve para dar un último vistazo a mi alrededor, pensé que un año y medio antes, justo antes de que mi nombramiento para una cuarta estrella fuera retirado por primera vez, estaba en un avión que salía de Washington y la vista del río Potomac allá abajo me había recordado el río Grande en Texas. Ahora estaba viendo un magnífico panorama del Valle del Río Missouri. Sólo que esta vez, las aguas que fluían abajo me estaban llevando a casa.

Mi carrera militar había terminado. Era el fin de la línea.

CAPÍTULO 24

Saludo y despedida

Después de la llamada del general Pace, no me tomó mucho tiempo darme cuenta de lo que realmente había ocurrido. Era evidente que los miembros clave del Comité de Servicios Armados del Senado habían dicho al secretario Rumsfeld que no importaba lo que hubiera concluido el informe del Inspector General. Si se presentaba mi nombramiento para una cuarta estrella, tendría que soportar una audiencia contenciosa y ser sometido a un duro interrogatorio. Además, al amenazar con nuevas audiencias para establecer "responsabilidades", los demócratas del Senado estaban presionando intencionalmente a la Administración para que no enviara mi nombramiento al nivel más alto. La combinación de esos dos factores había sellado mi suerte. La administración Bush simplemente no podía correr el riesgo de permitirme presentarme ante el Comité del Senado decidido a sacar de nuevo a la luz los temas de las interrogaciones, de la suspensión de los principios de la Convención de Ginebra y de las torturas.

En varias ocasiones, me pregunté cuál era realmente la intención del secretario Rumsfeld en cuanto a mí y a mi carrera. ¿Se había interesado realmente en ayudarme? ¿O, por el contrario, me estaba llevando la corriente, procurando mantenerme en servicio para que tuviera que permanecer callado? Al final, creo que fue una combinación de ambas cosas, con una mayor influencia de la segunda.

Mi comentario al general Pace, en el sentido de que había sido traicionado, provino de mi sentido de valores —en particular, del convencimiento de que la palabra de un hombre es fianza. Paso a paso, a todo lo largo del camino, hasta dos semanas antes de la llamada de Pace, se me había asegurado que todo saldría bien. Especialmente, el general Myers me dio mucho apoyo. Entendía todas las complejidades de lo que había tenido que soportar en Irak y las realidades de Abu Ghraib. Cada vez que lo veía, me decía algo alentador, como "Tenga paciencia, Ric", o "Haremos lo correcto". Era posible, naturalmente, que con el retiro de Myers hubiera perdido un gran aliado, pero ¿habrían cambiado las cosas? Pace era nuevo en el cargo, seguía la línea de Rumsfeld y de la Administración y no tenía la profundidad de compromiso de Myers. Cuando Schoomaker se negó a darme la noticia, Pace tuvo que hacerlo. No sólo me sentí traicionado, sino también profundamente herido. Mis superiores me habían abandonado —el Presidente, el Secretario, el Presidente el Estado Mayor, hasta mi querido Ejército. Fue algo muy amargo.

Mis otros dos oficiales superiores, John Abizaid y B. B. Bell se enteraron de la decisión cuando ya era demasiado tarde. Cuando me llamó Abizaid poco tiempo después, no tenía la menor idea de lo que realmente había ocurrido.

"Ric, me dicen que piensa retirarse", me dijo.

"Vamos, señor, usted sabe que eso no es verdad", le dije riendo. "No abandonaría esta batalla si tuviera otra alternativa".

"Oh, no", respondió. "¿Quiere decir que no le dieron alternativa?"

"Así es, señor". Cuando le relaté toda la historia, Abizaid expresó su ira y su frustración.

"¡Esto es increíble!", dijo. "¡Increíble! Pero... pero supongo que ya es un hecho, ¿no es así? Tal vez hablaré con el Presidente acerca de usted. Lo voy a ver dentro de unos días".

"Sí, señor. Pero no creo que nadie pueda hacer nada".

. . . .

Los siguientes seis meses pasaron como una etapa borrosa. María Elena y yo decidimos que me retiraría en otoño. Así, nuestro hijo menor, Michael, podría graduarse de la secundaria en Alemania y comenzar a hacer planes para la universidad. También podría completar así los tres años que requería el escalafón para retirarme como general de tres estrellas. Procuré no pensar en las cosas desagradables y concentrarme en mi trabajo. Había mucho que hacer. Estábamos en la mitad de un entrenamiento intensivo, del despliegue y de las operaciones de apoyo para las tropas en Irak. Además, con las soluciones del Ejército para el abastecimiento de las unidades, siempre había algo que hacer con las unidades de entrenamiento y despliegue, ya fuera para Irak o para Afganistán.

A comienzos de abril de 2006, recibí una llamada del secretario Rumsfeld. Me preguntó si podría ir a hablar con él la próxima vez que estuviera en Washington. Lo que realmente me quiso decir fue que tenía que ir a hablar con él, pero que no tenía que dejarlo todo de inmediato e irme para allá. Después de intentar averiguar de qué me quería hablar el Secretario y de enterarme de que el resto de la cadena de comando no tenía ninguna idea al respecto, concerté una cita para hablar con Rumsfeld durante la conferencia de comandantes de tres estrellas del Ejército en Washington, que tendría lugar en un par de semanas.

Entré a la oficina de Rumsfeld a la 1:25 p.m. del 19 de abril de 2006. Acababa de regresar de una reunión en la Casa Blanca, y la única persona presente allí era su nuevo jefe de Estado Mayor, John Rangel.

"Ric, ha pasado mucho tiempo", dijo Rumsfeld, saludándome en tono amable. "Realmente lamento que no haya salido su ascenso. No pudimos hacer que funcionara desde el punto de vista político. Enviar un nombramiento al Senado no hubiera sido bueno para usted, para el Ejército ni para el Departamento".

"Entiendo, señor", respondí.

Después, acercándose a su pequeña mesa de juntas, dijo:

"Siéntese. Ahora bien, Ric, ¿cómo es su cronograma?"

"Bien, señor, mi licencia de transición comienza en septiembre y mi retiro se hará en la primera semana de noviembre".

"Eso es mucho tiempo. ¿Por qué tanto?".

"Quiero que mi hijo se gradúe de la secundaria en junio. Después, tendré cuarenta y cinco días para completar mi período de tres años en el rango, a fin de poder retirarme como general de tres estrellas sin renuncia".

"Ah, sí, ya recuerdo. Por eso lo dejamos en Alemania en su cargo actual".

"Correcto".

"Ric, quería decirle que estoy interesado en presentarle algunas opciones para continuar en un cargo como civil en el Departamento de Defensa".

Rumsfeld me habló entonces de una posibilidad en el Centro Africano para Estudios Estratégicos o en el Centro Hemisférico para Estudios de Defensa. Había allí un director que pensaban trasladar para dejarme a mí el puesto, me explicó.

"Bien, lo pensaré, señor, pero no quiero comprometerme. Tengo otras oportunidades que debo explorar".

Entonces, el secretario Rumsfeld sacó un memorando de dos páginas y me lo entregó.

"Escribí esto después de la entrevista para el ascenso, hace dos semanas", me explicó. "El oficial me dijo que uno de los mayores errores que habíamos cometido después de la guerra había sido permitir que CENTCOM y el CCTFC se fueran de Irak inmediatamente después de que cesaron los combates, y haberlo dejado con el V Cuerpo, encargado de toda la misión".

"Sí, eso es correcto", dije.

"Bien, ¿cómo pudimos haber hecho eso?", dijo en tono agitado pero decidido. "Nunca supe nada al respecto. Ahora, quisiera que leyera este memorando y me indicara cualesquiera correcciones que sea necesario hacerle".

En el memorando, Rumsfeld indicaba que uno de los mayores errores estratégicos de la guerra había sido ordenar la extensa movilización de fuerzas permitiendo la salida del personal de CENTCOM y del CCTFC durante mayo y junio de 2003. "Esto dejó al general Sánchez a cargo de las operaciones en Irak con un personal que estaba previsto para nivel operacional y táctico, pero que no estaba entrenado para operar a nivel estratégico/ operacional". En su memorando seguía diciendo que ni él ni ningún otro oficial de mayor rango en la administración sabía que se hubieran impartido estas órdenes, y que quedó confundido cuando supo que el general McKiernan había salido del país y estaba en Kuwait y que las fuerzas se reducirían al nivel de unos 30.000 hombres para septiembre. "No sabía que Sánchez estuviera al mando", escribió.

Después de esa última frase dejé de leer porque me di cuenta de que era una absoluta basura. Respiré profundo y después le dije, "Bien, Sr. Secretario, el problema está descrito en forma relativamente correcta, tal como usted lo describe, pero su memorando no capta con exactitud la magnitud de ese problema. Además, simplemente no puedo creer que no haya sabido que los grupos de Franks y McKiernan hubieran salido de Irak ni que se hubieran expedido órdenes para el redespliegue de las fuerzas".

En ese punto, Rumsfeld se puso muy nervioso, saltó de su asiento y se sentó en una silla a mi lado para poder mirar el memorando conmigo. "Ahora bien ¿Cuáles son las cosas que se describen allí con las que usted no está de acuerdo?", dijo, casi gritando.

"Sr. Secretario, cuando el V Cuerpo se movilizó para ir a la guerra, todo nuestro enfoque fue a nivel táctico. El personal no tenía la experiencia ni el entrenamiento para operar a nivel estratégico, mucho menos en un ambiente de cuartel general conjunto/ combinado. Todos los generales del CCTFC, a quienes conocíamos como el equipo ideal, salieron del país en un éxodo masivo. La transferencia de autoridad fue totalmente inadecuada, porque el enfoque de CENTCOM se centraba únicamente en abandonar el escenario de guerra y entregar la misión. Nadie se preocupó de las operaciones posconflicto. ¡Nadie! Para ellos, la guerra había terminado y se iban. Todos cumplían esas órdenes, y todos estaban totalmente enterados a ese respecto".

Me di cuenta de que me estaba alterando e hice una pausa, después miré a Rumsfeld fijamente a los ojos.

"Señor no puedo creer que no supiera que yo quedaba a cargo en Irak".

"¡No! ¡No!", respondió. "Nunca se me dijo que el plan fuera dejar al V Cuerpo encargado de toda la misión. Soy yo el responsable de dar las órdenes y aprobar la movilización de fuerza, y ellos desplazaron todas estas tropas de un lado a otro sin ninguna orden, sin ninguna notificación de mi parte".

"Señor, yo no...".

"¿Por qué no me dijo nada al respecto?", preguntó, interrumpiéndome en tono iracundo.

"Sr. Secretario, todos los altos líderes del Pentágono sabían lo que estaba ocurriendo. Franks dio las órdenes y McKiernan las estaba cumpliendo".

"Bien, ¿qué pasaba con Abizaid? Era el subcomandante, entonces".

"Señor, el general Abizaid sabía y trabajó muy duro conmigo para cambiar de rumbo cuando asumió el comando de CENTCOM. El general Bell también sabía y me ofreció enviarme a su oficial de operaciones. A principios de julio, cuando el general Keane vino a vernos, le describí el nivel de personal totalmente inadecuado que teníamos y le dije que estábamos al borde de un fracaso. Él aceptó y me dijo que de inmediato comenzaría a identificar oficiales generales para ayudarme a llenar nuestros vacíos".

"Sí, sí", respondió Rumsfeld. "El general Keane es un buen hombre. Pero esta fue un falla mayor y debe documentarse para que nunca la volvamos a cometer". Luego explicó que le encargaría al almirante Ed Giambastiani, subdirector del Estado Mayor Conjunto que hiciera una investigación al respecto.

"Bien, me parece que es lo adecuado", respondí. "Así todos podrán entender lo que estaba ocurriendo en Irak".

"A propósito", dijo Rumsfeld, "¿Por qué no se incluyó esto en los paquetes de lecciones aprendidas que se han enviado a mi nivel?".

"Señor, eso no lo puedo responder", le dije. "Pero esto era algo que todos los altos mandos sabían a muchos niveles".

Al terminar la reunión, recuerdo que salí del Pentágono intrigado, desconcertado y preguntándome cómo podía pensar Rumsfeld que yo le creería. Todos sabían que CENTCOM había dado órdenes de reducir las fuerzas. El Departamento de Defensa había impreso una guía de relaciones públicas donde explicaba cómo debían responder los militares las preguntas de la prensa sobre el redespliegue. Se estaban programando desfiles de victoria. Y a mediados de mayo de 2003, el mismo Rumsfeld había enviado uno de sus famosos memorandos "copo de nieve", al general Franks, preguntándole la forma en que el general iba a redesplegar todas las fuerzas en Kuwait. El secretario lo sabía, todos lo sabían.

Entonces, ¿qué estaba haciendo Rumsfeld? Diecinueve meses antes, en septiembre de 2004, cuando quedó claramente establecido en el informe Fay-Jones que el CJTF-7 nunca contó con el personal adecuado, me hizo venir de Europa y sostuvo ignorarlo todo, "Yo no sabía nada", dijo. "¿Cómo pudo ocurrir esto? ¿Por qué no se lo dijo a alguien?". Ahora, había hecho exactamente lo mismo, sólo que esta vez había preparado un memorando escrito documentando sus negaciones. Por lo tanto, era sin duda un patrón por parte del Secretario, y ahora lo reconocía. Llamaba a los altos mandos. Decía ignorarlo todo. Preguntaba por qué no le habían informado. Intentaba dejar establecido que los demás estaban cometiendo errores. Siempre tenía testigos que verificaran sus negaciones. Lo ponía por escrito. En esencia, Rumsfeld se estaba cubriendo la espalda. Estaba estableciendo su cadena de negaciones en caso de que sus acciones fueran cuestionadas alguna vez. Aún peor, creía que intentaba echarles toda la culpa a sus generales.

Pero, ¿por qué ahora? ¿Por qué lo estaba haciendo en septiembre de 2006? No estaba totalmente seguro. Sabía que había sido una semana muy agitada. Los medios de comunicación perseguían a Rumsfeld, porque varios de sus antiguos generales habían protagonizado una especie de manifestación y pedían su renuncia. Era posible que quisiera incluir este eslabón en su cadena de negaciones antes de que yo me fuera del servicio, o tal vez quería calcular cuál sería mi reacción a su posición. O tal vez Rumsfeld había estado previendo un cambio político de grandes proporciones en el Congreso después de las elecciones de mitad de período en noviembre, que, a su vez, podría llevar a audiencias controladas por los demócratas. Yo no sabía exactamente por qué ocurría esto en este preciso momento. Sólo sabía que así era.

El regresar a Alemania, sostuve muy largas conversaciones con mi esposa, sobre todo acerca de la oferta de Rumsfeld de un posible trabajo muy bien remunerado en el Departamento de Defensa.

"No estoy seguro de querer trabajar en algo así", le dije. "Pero dada mi reacción al memorando de Rumsfeld él sabe que no voy a seguirle el juego. Por lo que no creo que insista en que acepte ese puesto".

"Ricardo, sólo intentan comprarte para que permanezcas callado", dijo María Elena. "No creo que debamos tratar más con ellos".

Mi esposa había dado justo en el clavo.

"Creo que tienes razón", le dije. Y efectivamente, nadie del Departamento de Defensa me volvió a llamar. Entonces, cancelé todas las opciones de tener cualquier cosa que ver con el Departamento de Defensa después de mi retiro.

El primer día de mi regreso a la oficina recibí una llamada del almirante Giambastiani, que evidentemente, había hablado con Rumsfeld.

"Ric, ¿qué pasó en esa reunión?", preguntó. "El Secretario estaba realmente molesto".

"Bien, señor, le dije, esencialmente, que su memorando no era correcto", le respondí. "Creo que eso no le gustó".

"Bien, no, creo que no. De cualquier forma, me pidió que me

encargara de que este estudio se hiciera, por lo que nos pondremos a trabajar en eso de inmediato".

Giambastiani le asignó esta tarea al Centro de Combate Conjunto y les dio un plazo bastante corto. Por lo tanto, no pasó mucho tiempo antes de que estuviera dando al equipo de investigación un recuento completo de todo lo ocurrido en Irak entre mayo y junio de 2003. Sin embargo, más tarde supe que el general Tommy Franks se había negado a hablar con ellos.

Unos pocos meses después, estaba haciendo una presentación en el Centro de Combate Conjunto y me encontré con varias de las personas que participaron en el estudio.

"Quisiera saber, ¿terminaron alguna vez esa investigación?", les pregunté.

"Ah, sí señor. Claro que sí", fue su respuesta. "Y créame, fue muy fea".

"¿Fea?", pregunté.

"Sí, señor. Nuestro informe validó todo lo que usted nos dijo. Que Franks dio las órdenes de olvidarse la movilización original de doce a dieciocho semanas de ocupación, que las fuerzas se estaban reduciendo, que estábamos abandonado la misión y que todo el mundo lo sabía. Y déjeme decirle que al secretario no le gustó en absoluto. Después fuimos a informarle lo que habíamos descubierto y simplemente nos cayó. 'Esto no va hacia ninguna parte', dijo. 'Ah, y a propósito, dejen aquí todas las copias y no hablen con nadie al respecto' ".

"¿Quiere decir que embargó todas las copias del informe?", pregunté.

"Sí, señor, eso hizo".

Deduje entonces que la intención de Rumsfeld parecía ser la de minimizar y controlar cualquier exposición adicional dentro del Pentágono y, más específicamente, impedir que esta información llegara al público norteamericano.

Continuando con la conversación, pregunté acerca de "la movilización de ocupación original de doce a dieciocho meses", porque no sabía a ciencia cierta a qué se refería. Resultó ser que el equipo de investigación fue tan exhaustivo que realmente buscaron y encontraron el concepto de operaciones original preparado por CENTCOM (bajo la dirección del general Franks) antes de que se iniciara la invasión a Irak. Era el procedimiento estándar presentar este tipo de plan, que incluía cosas como cronogramas para predespliegue, despliegue, operaciones principales de combate, operaciones principales de poscombate, disposición para las principales operaciones de combate y redespliegue. El concepto se presentaba en un informe dirigido a los altos funcionarios del gobierno de los Estados Unidos, incluyendo el Secretario de Defensa, el Concejo de Seguridad Nacional y el Presidente de los Estados Unidos. Y los investigadores ahora me decían que el plan incluía una operación de Fase IV (poscombate principal) que tendría una duración de doce a dieciocho meses.

Decir que quedé aturdido sería una subestimación. Nunca había visto un plan de campaña aprobado por CENTCOM, ya fuera conceptual o detallado, para la fase de operaciones poscombates mayores. Cuando estaba con el Ejército en Irak y vi lo que estaba ocurriendo, supuse que no habían hecho ningún plan de Fase IV. Ahora, tres años después, venía a enterarme, por primera vez, que mi suposición no era correcta. De hecho, CENTCOM *sí* había previsto originalmente un plan de Fase IV de doce a dieciocho meses para ser desarrollado con la tropa allí movilizada. Pero entonces, CENTCOM se había ido, limitándose a decir que la guerra había terminado y que la Fase IV no les correspondía.

Esa decisión dejó a los Estados Unidos expuestos al fracaso de su primer año en Irak. No cabía duda. *¿Y supuestamente yo debía creer que ni el Secretario de Defensa ni nadie de rango superior al de él sabían nada acerca de ese plan? ¡Imposible!* Rumsfeld lo sabía. Todos en el Concejo de Seguridad Nacional lo sabían, incluyendo a Condoleezza Rice, George Tenet y Colin Powell. El vicepresidente Cheney lo sabía. Y el presidente Bush lo sabía. No me cabe la menor duda de que todos, hasta cierto punto, aprobaron esta decisión. Y si no hubiera sido por el valor moral del general John Abizaid que se les enfrentó y revirtió la reducción de las tropas de Franks, nadie podría decir cuánto daño más se hubiera causado.

Entre tanto, cientos de miles de millones de dólares de los contribuyentes se gastaron innecesariamente y, lo que es aún peor, demasiados de nuestros más preciosos recursos militares, nuestros soldados estadounidenses, fueron innecesariamente heridos, mutilados y muertos como resultado. Personalmente considero que esta acción por parte de la administración Bush equivale a la más flagrante incompetencia y a la peor negligencia en el cumplimiento del deber.

En el verano de 2006, se me pidió que hablara en varios foros militares acerca de la guerra en Irak. No tenía ningún problema en contar la verdad, tal como la viví. Pero no hablé con la prensa, porque no pensé que fuera lo correcto para un general.

Hice una presentación en el Command and General Staff College en Fort Leavenworth, Kansas. El teniente general David McKiernan, quien comandó el CCTFC durante las principales operaciones de combate, habló primero. McKiernan se refirió a la gran guerra que peleamos, pero terminó su presentación en el día 1ro de mayo de 2003. Después, tomé la palabra y, ante el mismo auditorio, hablé de las catastróficas fallas de los Estados Unidos.

En agosto de 2006, el Centro para Lecciones Aprendidas por el Ejército me envió su historia preliminar del período de ocupación de Irak (de mayo de 2003 a julio de 2004) con la solicitud de hacer comentarios y de revisarla para ver que estuviera correcta. A mí nunca me entrevistaron, como nunca entrevistaron a ninguno de los oficiales generales del CJTF-7. Al leer el informe, me di cuenta de que no era más que un esfuerzo por proteger al Ejército y echarle toda la culpa de lo ocurrido a CENTCOM y al CJTF-7. Se me estaba pidiendo que hiciera comentarios, porque le fecha de publicación estaba prevista para mediados de septiembre. Por un tiempo, el Ejército se había negado a enfrentar este asunto. Y ahora, cuando por fin lo hicieron, lo hicieron desde una posición defensiva. Entonces les dije toda la verdad. "Esto *no* fue lo que ocurrió", dije. "*Nuestro* Ejército tomó muchas de estas desastrosas decisiones. *Nuestro* Ejército no suministró la orientación ni el entrenamiento adecuado. Tenemos que aceptar y reconocer el hecho de que nos equivocamos en toda esta acción de forma vergonzosa. Sólo así podremos rectificar el rumbo".

Con el tiempo, el Departamento de Defensa realizó algunos cambios para resolver algunos de los problemas. Para 2007, se había aceptado el concepto de un cuartel general para un destacamento conjunto permanente. Estaría diseñado para evitar lo que le pasó al CJTF-7 en Irak. En marzo de 2005 se publicó una actualización del manual de entrenamiento en operaciones de detenidos. Y el día que dejé formalmente el comando en Europa, el ejército publicó al fin un folleto titulado: "Normas para los Interrogatorios" que presentaba un esquema específico y aprobado de las técnicas de interrogación. Todo lo contenido en ese conjunto de normas cumplía con lo dispuesto en la Convención de Ginebra.

A principios de septiembre de 2006, María Elena y yo asistimos a lo que el Ejército llama un evento social de "Saludo y despedida". Fue una reunión informal con miembros del personal de los cuerpos y comandantes subalternos de unidades militares, en donde todos se despidieron, se entregaron algunos recuerdos y me hicieron algunas bromas. Se burlaron de mis métodos de entrenamiento, enfatizando mi insistencia en que teníamos que usar todo el equipo, y que teníamos que entrenar en condiciones de expedición. Algunas de las bromas fueron muy graciosas y nos reímos mucho recordando los buenos tiempos en el comando. También hubo algunas declaraciones muy serias. Entrenar soldados como yo lo hacía, dijeron, era lo correcto; salvaba vidas en el campo de batalla. Me dijeron que yo era el más temido pero también el más respetado de todos los generales bajo los que habían servido, que siempre fui muy justo, que me tomaba el tiempo de escuchar lo que me interesaba. Y me agradecieron mi liderazgo.

Cuando me llegó el turno de decir unas palabras, agradecí todo lo que habían hecho por mí, por el Ejército y por la nación. Y les di el consejo de no comprometer sus vidas personales por la posibilidad de un ascenso en su carrera. "Tuve problemas con eso al principio", les dije. "Estaba demasiado enfocado en el Ejército y en la misión. Estaba demasiado dispuesto a sacrificar a mi familia. Pero luego, mi hijo de nueve meses, Marquito, murió en un terrible accidente de tránsito. Después de eso, puse en equilibrio todos los intereses de mi vida. No esperen a que algo terrible ocurra y los obligue a darse cuenta de lo que realmente importa en la vida".

Los urgí a que fueran a cenar a casa cada noche, que fueran a los partidos de fútbol juvenil y a las conferencias de los maestros en los colegios de sus hijos. Y les conté el consejo que me dio el mayor general Dick Boyle. "Este fue un hombre que después de tres décadas de servicio se retiró como general de dos estrellas y dijo que era como si nunca hubiera estado en el Ejército. Al final, dijo, lo único que nos queda es la familia, los amigos y la fe".

Tres días después de ese evento, el 7 de septiembre de 2006, entregué formalmente el comando. Había sido el comandante que había servido por más tiempo en la historia del V Cuerpo. Normalmente, un comandante presta servicio por dos años. Yo estuve allí tres años y cuatro meses. María Elena, nuestros hijos y yo dejamos Alemania al día siguiente.

Cuando el ejército me preguntó dónde quería mi ceremonia de retiro, escogí a Fort Sam Houston, en San Antonio, donde podría estar de nuevo en casa en el sur de Texas, con mis amigos y mi familia. Organizamos ese evento para el 1ro de noviembre de 2006, y no faltó nadie. Naturalmente, estaban María Elena y nuestros cuatro hijos, Lara, Bekah, Daniel y Michael. También estaban mi madre, mis hermanos (Mingo, Robert, Leo, David) y mis hermanas (Maggie y Diana) —y nuestros parientes de ambos lados. Algunos amigos que no veía desde hacía treinta años también vinieron a compartir ese momento con nosotros. Recordamos viejos tiempos y reanudamos antiguas amistades. Hasta mis amigos de la infancia, David Sáenz y Chuy Trevino estaban allí, al igual que ocho miembros de los Kings Rifles. John Abizaid era el oficial militar de más alto rango allí presente. Me conmovió que hubiera sacado tiempo para asistir, y le agradecí aún más cuando me dijo, "Ric, la historia va a demostrar que usted y sus soldados del CJTF-7 sostuvieron esa misión juntos por más de un año. Pasará un tiempo antes de que todo salga a la luz, pero ese hecho será reconocido".

En mis palabras de despedida, de nuevo expresé mis agradecimientos a todas las personas importantes de mi vida, en especial a mi familia, mis amigos y mis colegas. Pero todos sabían que yo no estaba listo para dejar el Ejército. Lo siguiente es un pequeño extracto de lo que dije:

> Han pasado treinta y tres años, tres meses y once días desde cuando estaba de pie en el Club de Cadetes del ROTC en Fort Riley, Kansas, haciendo mi juramento para desempeñar el cargo de oficial en el Ejército de los Estados Unidos. Ese día, acepté el sistema de valores y la ética de un combatiente, que llevaré conmigo hasta la tumba. Esos valores me han prestado un buen servicio, especialmente cuando me vi enfrentado por políticos y expertos que pueden hacer cualquier cosa para protegerse y preservar el poder que detentan.
>
> El retiro es algo que me resulta muy difícil aceptar, porque mis soldados han estado combatiendo y muriendo durante cuatro años y no le vemos fin a esta guerra. Irse mientras se lucha en combate activo no es la ética de un soldado. Sin embargo, no tuve otra alternativa.
>
> Hace unas semanas, un amigo me preguntó qué sería lo que más añoraría del Ejército. Instintivamente, sin pensarlo, respondí, "Mis soldados". Al reflexionar en mi respuesta pensé en las experiencias compartidas que sólo los soldados aprecian, y en los sentimientos que sólo los soldados pueden entender. Hemos compartido la sangre, el sudor y las lágrimas que los soldados vierten cuando van a

la guerra. Como dijo Shakespeare, "Porque quien vierte hoy su sangre conmigo será mi hermano".

Los soldados siempre debemos guiarnos por nuestros valores. El sistema de valores que adoptamos es el más exigente de cualquier profesión en nuestra sociedad y con frecuencia no es comprendido por el norteamericano promedio. Es nuestro sentido del deber, de la integridad, del honor, el que debe guiar todos nuestros actos y todas las decisiones que tomemos como líderes. No cabe en nuestro *ethos* comprometer nuestra integridad. El soldado siempre debe hacer lo correcto, consciente de que muchos cuestionarán y tratarán de buscar según las intenciones en sus acciones. El soldado no puede darse el lujo de esconderse tras las políticas, las sutilezas o la retórica. A pesar de los ataques personales de los medios de comunicación, de los expertos y de otros, con sus propias agendas egoístas, el soldado nunca debe apartarse del elevado territorio de la moral. Nunca debe apartarse de la verdad.

Me uno ahora a las interminables filas de aquellos que han servido a nuestro país. No sé qué nos depare el futuro. Lo que sí sé es que, con el paso del tiempo la familia Sánchez seguirá siendo fiel al compromiso de servicio, a la disponibilidad al sacrificio y a la dedicación al deber que siempre se han reflejado en nuestra carrera militar.

Alabado sea el Señor, mi roca
quien adiestra mis manos para la guerra,
mis dedos para la batalla.
Él es mi Amor, mi Dios y mi Baluarte

Muchas gracias.

Seis días después de mi ceremonia de retiro, el Día de las Elecciones, el 7 de noviembre de 2006, el pueblo norteamericano en masa llevó al partido demócrata al poder en el Congreso de los Estados Unidos. Los demócratas obtuvieron la mayoría tanto en la Cámara de Representantes (233 a 202) como en el Senado (51 a 49). Como consecuencia, había un cambio dramático en las presidencias de todos los comités del Congreso.

Al día siguiente, el 8 de noviembre de 2006, por la tarde, el presidente Bush retiró de su cargo de Secretario de Defensa a Donald Rumsfeld. "Es el momento de contar con un nuevo liderazgo en el Pentágono", dijo el Presidente al hacer el anuncio. Donald Rumsfeld había ocupado este cargo por cinco años y diez meses. Fue quien sirvió por más tiempo en el gabinete original de George W. Bush.

Dos semanas después, mi familia y yo compartimos la primera cena de Acción de Gracias de mi retiro. Nuestros cuatro hijos estuvieron con nosotros y empezamos a recordar viejos tiempos. "¿Recuerdan cuando eran pequeños y todos íbamos a almorzar al comedor de la base el Día de Acción de Gracias?", dijo María Elena. "No hemos vuelto a hacer eso desde hace siete u ocho años. ¿Por qué no vamos allá?". Todos se entusiasmaron y decidimos ir al Centro Médico del Ejército en Brooke, San Antonio, un centro regional para miembros del Ejército en servicio activo que es además uno de los mejores centros para tratamiento de quemaduras en el país.

Tan pronto como entramos el comedor, vi a un joven severamente quemado, sentado en una silla de ruedas en una mesa con su madre. Por el grado de su lesión, supe que probablemente había estado allí al menos un año. "Voy a ir a hablar con ese soldado", le dije a María Elena. "Ya vuelvo". Me acerqué adonde estaban y me presenté.

"Muchacho, soy el general Sánchez", dije. "Gracias por todos sus sacrificios. Agradezco de verdad su servicio a nuestro país".

Cuando me miró, vi que las lágrimas empezaban a rodar por sus mejillas.

"Señor, estuve con usted en Mosul en el 2003", me dijo. "Lo vi un par de veces cuando vino a visitarnos. Este es un gran honor, señor. Muchas gracias por venir".

Después su mamá empezó a llorar.

Me agaché y puse mi mano sobre el hombro del muchacho.

"Hijo, créame cuando le digo que el honor es todo mío", le respondí. "Tengo con usted una enorme deuda de gratitud por lo que ha sacrificado. Todos la tenemos. Dios lo bendiga, hijo, Dios lo bendiga".

Epílogo

El 20 de marzo de 2003, las fuerzas de la coalición, encabezadas por los Estados Unidos, invadieron a Irak. Seis meses antes, la administración Bush había iniciado una campaña nacional por los medios de comunicación para persuadir al pueblo norteamericano de que Saddam Hussein era una amenaza para la seguridad de los Estados Unidos. En septiembre de 2002, el vicepresidente Dick Cheney, la asesora de Seguridad Nacional Condoleezza Rice, el secretario de Defensa Donald Rumsfeld y otros funcionarios clave anunciaron que Irak tenía vínculos de larga data con Al-Qaeda y, por consiguiente, era responsable en parte de los ataques del 11 de septiembre contra los Estados Unidos. También dijeron que Saddam era capaz de infligir muerte a escala masiva a través de su búsqueda y desarrollo de armas de destrucción masiva. Considerando ciertas estas declaraciones, el 10 de octubre de 2002, las dos Cámaras del Congreso de los Estados Unidos aprobaron resoluciones autorizando al presidente Bush a utilizar las fuerzas armadas de los Estados Unidos para defender la seguridad nacional del país contra la continua amenaza representada por Irak, y hacer cumplir las resoluciones del Concejo de Seguridad de las Naciones Unidas.

En su alocución del Estado de la Nación de enero de 2003, el presidente Bush afirmó que Saddam poseía "el material para producir hasta 500 toneladas de sarín, gas de mostaza y agente nervioso VX..., más de 38.000 litros de toxina botulínica... y hasta 30.000 municiones capaces de suministrar agentes químicos". Dijo además que Irak había intentado comprar tubos de aluminio de alta resistencia, adecuados para la producción de armas nucleares y que había buscado cantidades significativas de uranio en África. Una semana después, en febrero de 2003, el secretario de estado Colin Powell, habló ante el Concejo de Seguridad de las Naciones Unidas, reafirmando el vínculo entre Al-Qaeda e Irak. Y presentó fotografías de satélite que según él mostraban los búnkeres de armamento químico, armas móviles para la producción de armas biológicas. Además, el secretario Powell dijo también que las persistentes negaciones de estas acusaciones estadounidenses por parte de Irak eran "toda una red de mentiras".

Nada de esto era cierto. Irak no tenía vínculos con Al-Qaeda, no tenía armas nucleares. Yo estaba en Irak, y lo sé. Jamás encontramos nada. Y no había vínculos entre Al-Qaeda e Irak, ni una presencia significativa de Al-Qaeda en Irak, hasta después de la abortada batalla de Fallujah. Estos hechos fueron confirmados (en parte o en su totalidad) por tres grupos de estudio gubernamentales independientes: El Informe del Senado de los Estados Unidos sobre Inteligencia de la Preguerra en Irak (9 de julio de 2004); un estudio británico, la Revisión Butler (14 de julio de 2004); y el Grupo de Estudio de Irak (30 de septiembre de 2004), inicialmente dirigida por David Kay, antes de su renuncia. Entonces, para usar la frase de Colin Powell ¿cuál era la verdadera "red de mentiras"? ¿Las negaciones de Irak o las afirmaciones de la administración Bush?

Hace más de tres décadas, en las selvas de Viet Nam, el Ejército de los Estados Unidos fue microadministrado por la Casa Blanca, fue obligado a combatir en batallas incrementales y quedó atrapado en una situación militar sin salida. En ese entonces, el Ejército se enfocó casi exclusivamente en el sureste asiático con exclusión de todo lo demás. Se requirió más de una década para reconstituir el "Ejército quebrado", como se le conocía entonces.

También la guerra de Irak se convirtió en una pesadilla nacional, cuyo fin no se puede vislumbrar. Los planes iniciales de las fuerzas armadas fueron microadministrados por la administración Bush al igual que muchas de las batallas individuales de la movilización de tropas y de las operaciones estratégicas. De hecho, esa microadministración se llevó a cabo con la exclusión total de los aspectos políticos y económicos de la reconstrucción de Irak. El Ejército de los Estados Unidos y el Cuerpo de la Marina se concentró casi exclusivamente en el Medio Oriente y se causó un gran daño a su espectro total de capacidad de respuesta en caso de emergencia. Será necesaria al menos una década para reparar ese daño.

Además, no ha habido una investigación completa por parte de una comisión totalmente independiente ni de ninguna otra actividad para analizar toda la verdad de el por qué fuimos a la guerra contra Irak, de cómo la suspensión de la Convención de Ginebra llevó a poner a los Estados Unidos en la vía de la tortura y de por qué los elementos políticos, económicos y militares del poder no se coordinaron debidamente como parte de una gran estrategia durante el primer año en Irak. A menos que se haga una exhaustiva investigación, jamás sabremos el alcance de las acciones de nuestro gobierno, y tampoco podremos aprender de todo ese debacle.

Para los Estados Unidos, el costo de la guerra ha sido muy alto, aproximadamente 4.000 muertos y 30.000 heridos. En octubre de 2007, la Oficina Presupuestal del Congreso calculó que el costo monetario de la guerra en Irak podría llegar a $2,4 billones (2.400 millones de millones) para 2017. Como una analogía para el futuro, los funcionarios de la administración Bush han utilizado a Corea del Sur, donde hemos tenido fuerzas del ejército estadounidense destacadas durante más de medio siglo.

EN LA PRIMAVERA DE 2006, los abogados de la defensa me pidieron que estuviera disponible para declarar en varios juicios a favor de personas acusadas de cometer abusos en Abu Ghraib. Varios de los acusados sostenían que habían recibido órdenes de autoridades mayores de utilizar tácticas de detención rudas con el fin de ablandar a los prisioneros para la interrogación. Sin embargo, en cada caso, después de que los abogados de la defensa hablaban conmigo antes del juicio, o se enteraban de que estaba presente, después de todo no llegaba a declarar. No me lo pedían porque mi testimonio habría refutado las afirmaciones de sus clientes y habrían apoyado el caso del fiscal.

Al final, siete soldados fueron sentenciados o se declararon culpables de los cargos relacionados con los abusos cometidos en la prisión de Abu Ghraib. El especialista Charles Graner fue sentenciado a diez años de prisión, el sargento Ivan Frederick fue sentenciado a ocho años y la soldado Lynndie England a tres años. Los otros cuatro acusados de los abusos recibieron distintas condenas de entre seis y diez meses y/o multas y bajas deshonrosas. El coronel Tom Pappas admitió haber aprobado el uso de perros sin bozal durante las interrogaciones (sin mi aprobación) específicamente para intimidar a un prisionero después de la captura de Saddam Hussein. Más adelante, Pappas recibió un castigo no judicial que consistió en una reprimenda por escrito y una multa de $8.000 dólares. Después recibió inmunidad de proceso otorgada por el comandante general del Distrito Militar de Washington y se le ordenó declarar en los concejos de guerra de los policías militares demandados. El mayor general Geoff Miller decidió permanecer callado e invocar sus derechos de la Quinta Enmienda contra la autoincriminación durante el proceso del juicio preliminar contra dos soldados. Después de que supe que estaba pensando retirarse, llamé a Miller para desearle suerte. "Suspendieron mi retiro", me dijo. "No me dejarán ir". El Ejército le adjudicó una pequeña oficina en el Pentágono y le dio la orden de presentarse todos los días. No tenía deberes asignados. Eventualmente, Miller se retiró el 31 de julio de 2006, en una ceremonia privada en el Pentágono. Hasta le fecha, continua el debate sobre la participación de Miller en Guantánamo y Abu Ghraib.

De cierta forma, el escándalo de la prisión de Abu Ghraib fue una bendición grotesca para nuestro país. Cuando se trasmitieron al mundo entero a través de los medios de comunicación las fotografías de los abusos, Estados Unidos se vio obligado a abandonar el entorno de interrogaciones no controladas que se había establecido desde 2002, cuando la administración Bush suspendió los principios de la Convención de Ginebra. La doctrina de Bush llevó a un entorno carente de toda supervisión, donde cualquier cosa estaba permitida. La tortura, que sí se presentó en varios incidentes, no debe ser permitida jamás en operaciones desarrolladas por los Estados Unidos de América.

Antes de mi retiro, cuando aún estaba en Europa, viajé a Kosovo a ver cómo se veía la provincia. Habían pasado cinco años desde cuando dejé el comando, pero el jefe del Cuerpo de Protección de Kosovo, quien pronto sería nombrado primer ministro, supo que yo llegaba y cambió su agenda para poder hablar conmigo. Me sorprendió la velocidad del progreso económico en el sector que una vez comandara. Había nuevos edificios por todas partes, incluyendo hoteles, escenarios deportivos, estaciones de servicio, colegios y edificios municipales. Se habían construido grandes carreteras, una variedad de compañías europeas habían trasladado allí sus operaciones y sólo había habido un incidente de violencia en un año. En términos generales, Kosovo había prosperado. Cuando mi anfitrión y yo cenamos juntos, aprovechó para agradecerme mi liderazgo y todo lo que había hecho por su país. Fue muy satisfactorio ver las cosas en retrospectiva y darme cuenta de que había contribuido en cierta medida a poner a Kosovo en el rumbo correcto. Al mismo tiempo me preguntaba cómo se vería Irak si, durante el primer año de ocupación, hubiéramos podido sincronizar todos nuestros esfuerzos.

El Ejército de los Estados Unidos tiene un proceso para después de la acción, en el período inmediatamente posterior a todo éxito o fracaso, de modo que, la próxima vez, seamos más sabios en tiempo de guerra. Dentro de la misma línea, pienso que los Estados Unidos tiene que evaluarse y entender dónde nos hemos equivocado en Irak. Y lo deberíamos hacer en un entorno no partidista, libre de intereses propios o de influencia política. Los líderes de nuestra nación y el público en general tienen que entender y aceptar que se cometieron grandes errores durante los primeros días de esta guerra. Debemos reconocer también que nunca hubo una estrategia sincronizada para reunir todos los elementos de poder en Irak. En realidad, debido a que la administración Bush ignoró y/o delegó la desbaathificación, la reconciliación y la mayoría de los otros aspectos críticos durante el período de la ocupación de Irak, resultó imposible sincronizar los elementos políticos, económicos y militares después de la transferencia de la soberanía en junio de 2004. Inclusive mi muy apreciado Ejército tiene que usar la guerra de Irak como un foro para entrenar a sus futuros líderes militares —no sólo en todos los aspectos de la Fase IV, en la forma de combatir la insurgencia y en las operaciones de ocupación, sino también en las operaciones conjuntas y las operaciones de la coalición. A menos que aprendamos a poner en práctica estas lecciones fundamentales, es probable que nuestra nación vuelva a tomar ese rumbo —y que los más afectados por las consecuencias sean nuestros soldados.

En mis treinta y tres años en el Ejército, no sólo aprendí a ser más sabio en el combate, sino también a ser más sabio en la vida. Siempre me he preparado para mi siguiente combate confiando en mis instintos, en mi experiencia y en la historia. Vine de un pueblo golpeado por la pobreza en las desoladas riveras del río Grande, al sur de Texas, donde mi alma continúa anclada. Aprendí de mis padres los valores que han perdurado durante toda mi vida, incluyendo el valor de trabajar duro, de cumplir con mi palabra y de decir siempre la verdad. Además cuando entré al Ejército de los Estados Unidos mis valores personales fueron reforzados y sostenidos por los valores del Ejército. L-D-R-S-H-I-P se convirtieron no sólo en mi código de conducta profesional sino también en mi mantra personal: Lealtad, Deber, Respeto, Servicio, Generosidad, Honor, Integridad y Persona Valiente. Esos valores me han sostenido durante algunos de mis momentos más difíciles, al igual que mi fe. Cuando murió mi hijo Marquito, en vez de alejarme de Dios, mi fe se fortaleció —hasta el punto que jamás sentí miedo durante el combate. Desde ese terrible momento, las palabras *"Si Dios quiere"*, siempre han tenido un profundo significado espiritual para mí.

Después de que murió mi hijo, permanecía sentado noche tras noche, leyendo la Biblia, buscando consuelo, tratando de encontrar apoyo. Y cuando leí el Salmo 36 me conmovieron las palabras y sus metáforas de "los niños", "el río" y "la vida". En mis viajes por el mundo siempre tuve cerca un río —el flujo de sus aguas lleva nutrientes a las plantas, a los animales y a las personas a lo largo de su curso. A veces, el río era una frontera internacional que separaba la pobreza de la prosperidad. Pero siempre, quienes estaban al otro lado del río eran personas iguales a nosotros. Querían libertad, amistad y la esperanza de un futuro mejor. Cada río que encontré, ya fuera en el polvoriento desierto del sur de Texas o en la cuna de la civilización en el Medio Oriente, se asociaba a un valle. Esos han sido los valles que me han forjado, que me han hecho lo que soy. El Tigres, el Éufrates, el Han, el Kačanik, el Missouri y el Potomac, todos me recordaban mis raíces y los valores inculcados desde muy temprana edad —y eso me tranquilizaba y me sostenía en los momentos más difíciles. Al final, las caudalosas aguas me llevaron a casa, al Valle del Río Grande.

En el pueblo donde crecí, la pequeña casa de la Calle Roosevelt sigue en pie, allí, la gente todavía habla español y Fort Ringgold sigue siendo el centro de actividad de la escuela pública. De hecho, hay ahora allí una nueva escuela que lleva mi nombre en mi honor. En 2004 fui a la inauguración de la Escuela Elemental General Sánchez luciendo mi uniforme de gala. Los niños salieron de sus aulas e hicieron fila en los corredores. Algunos se pusieron firmes. Otros hicieron el saludo. Me acordé de mi niñez y de mi hermano mayor Mingo que solía venir a casa cuando tenía permiso de la Fuerza Aérea y nos inspeccionaba a mí y a mi hermano Robert. Recorrí cada ala de la nueva escuela, saludé a las maestras y le di la mano a cada uno de los niños.

Después de la ceremonia de inauguración, estaba hablando con algunos cadetes de la ROTC cuando vi una cara familiar cerca del edificio, como atisbando desde la esquina. Me tomó un momento, pero de pronto lo reconocí: era mi viejo amigo Santos González, quien trabajaba ahora como conserje del colegio. Cuando me le acerqué, intentó retirarse.

"¡Santos! ¡Santos!", le grité. "¡Espera! ¡Espera!"

Lo alcancé y le di un fuerte abrazo.

"Santos, ¿cómo has estado? Qué bueno volverte a ver".

"Hola, Ricardo", me dijo con una sonrisa.

"¿Por qué te alejaste?"

"Bueno, me dio miedo", dijo. "No sabía si me reconocerías o si querrías hablar conmigo".

"Pero si crecimos juntos", le dije. "Somos amigos. Siempre seremos amigos".

Me alegró ver a Santos, pero su comentario me hizo sentir un poco triste. Ambos veníamos del mismo sitio y habíamos crecido en las mismas condiciones. Pero en los primeros años de la adolescencia, nuestros caminos se separaron. Él dejó el colegio y comenzó a trabajar tiempo completo, como trabajador migratorio. Yo seguí estudiando y entré al ROTC. Y ahora, más de treinta años después, volvimos a encontrarnos en el mismo lugar, pero en circunstancias muy distintas.

Ver a Santos González me hizo pensar en su padre, Benito, que había servido en el Ejército durante la Segunda Guerra Mundial. Cuando recordé al Sr. González, pensé también en mis ancestros y en todos los demás veteranos militares hispanos que sirvieron honrosamente a nuestro país. Esperaba y rogaba que, durante mi propia carrera, no hubiera traicionado ese legado. Pensar en el Sr. González me hizo recordar también a los jóvenes hispanos que había encontrado en Irak el día de Navidad de 2003. Cuando les pregunté qué podía hacer por ellos, me sorprendieron al revelarme que estaban atrapados en el enredo burocrático de convertirse en ciudadanos de los Estados Unidos. Para cuando terminó mi movilizacion, habíamos creado un proceso de ciudadanía para nuestros soldados en uniforme, y estábamos pensando en organizar ceremonias de ciudadanía para ellos. Para mi sorpresa, no eran únicamente los hispanos quienes se habían alistado para luchar por la libertad. También habían prestado juramento para convertirse en ciudadanos estadounidenses personas de Bosnia, Polonia, Ucrania, Corea y de muchas otras naciones.

Desde mi experiencia en la Operación Tormenta del Desierto, siempre que envío a los soldados a combate, recuerdo la orden que le di al joven teniente que dirigía su sección hacia territorio peligroso. "¿He hecho todo lo posible para garantizar que los combatientes bajo mi mando estén debidamente entrenados para que puedan regresar sanos y salvos?", me pregunté. "Será mejor que no pierda ningún soldado por no haberlo entrenado, por no haberle enseñado liderazgo o por no haberle exigido disciplina".

Durante el año y medio que serví como comandante de las fuerzas de la coalición en Irak, 843 soldados y marines murieron en acción. Entonces, lo primero que hacía cada mañana cuando conducía hacia mi cuartel general en la Zona Verde era revisar los informes de bajas. Aunque todos los días daba gracias a Dios de que las cifras no fueran altas, sólo estaba viendo cifras. Y aunque escribía notas de condolencia para todas las familias de los soldados muertos en acción, seguía siendo un proceso impersonal. Pero cuando regresé de Irak y me encontraba en mi trigésimo primer día de licencia de combate, supe que tenía que mirarlos a la cara y ver quiénes eran. Entonces, durante ese mes, me levantaba temprano cada mañana, encendía mi computadora y encontraba un sitio web con biografías de cada uno de los hombres y mujeres que habían muerto. Leía, en orden cronológico las biografías, me enteraba de sus intereses y anotaba los nombres de sus seres queridos. También miraba cada una de sus fotografías por mucho tiempo. Ahora ya no eran cifras para mí. Eran personas con esperanzas, sueños y familias.

Antes de mi último viaje por Irak, me gustaba silbar. María Elena sabía que eso significaba que todo estaba bien. Pero seguía esperando oírme silbar. Antes de la guerra, también había sido una persona que dormía profundamente. Pero cuando regresé a casa esta vez, María Elena se despertaba a mitad de la noche y no me encontraba en la alcoba. Bajaba y me encontraba en la sala, meciéndome en la mecedora. Decía que tenía una expresión muy particular en mi rostro —una expresión de dolor, de tristeza. En esas noches, mi esposa me dejaba solo porque sabía que era algo que tenía que resolver por mí mismo. Tenía razón. Tenía que resolverlo por mí mismo. Y *estaba* en duelo. En duelo por todos esos excelentes jóvenes, hombres y mujeres, que habían muerto mientras se encontraban bajo mi mando. Su pérdida es una pesada carga que tengo que soportar. La llevo conmigo hasta el día de hoy.

De modo que ya he completado el círculo. Estoy de vuelta en casa, con mi familia y mis amigos, y con mi fe —con la cabeza en alto, mi integridad y mi honor intactos. En cierta forma, me siento como si nunca me hubiera ido del Valle del Río Grande. Ahora más viejo, y espero que más sabio, después de todas mis luchas, creo que ahora entiendo mejor que nunca mi hogar.

Agradezco las bendiciones y *volveré* a silbar.

Si Dios quiere.

Agradecimientos

Quisiéramos expresar nuestro agradecimiento a David Hirshey, vicepresidente y principal editor de HarperCollins, por su excelente orientación personal en este proyecto, desde el comienzo. A Bob Barnett, el mejor agente en este negocio que convirtió en realidad la idea del libro y nos ofreció asesoría experta y personal durante todo el proyecto. Gracias también al general Barry McCaffrey por traer a Bob Barnett al proceso y por sus enseñanzas como mentor, su ánimo y su apoyo a lo largo de varios años.

Gracias también a HarperCollins: a Josh Baldwin por sus excelentes sugerencias editoriales y su guía para la elaboración del manuscrito durante la producción, con inquebrantable gracia. Gracias a Kate Hamill por su magnífica asistencia y su profesionalismo. A María Elena, a Lara Marissa, a Rebekah Karina, a Daniel Ricardo y a Michael Xavier Sánchez, por la revisión que cada uno hizo de una parte del manuscrito con importantes y valiosos consejos. Ismael Garza nos suministró experiencia técnica en computadoras siempre que lo necesitamos, y le agradecemos su apoyo incondicional.

Esta historia de mi carrera no hubiera sido posible sin la amistad y el ánimo que me brindaron mis mentores, el mayor general retirado Richard Boyle, el general retirado Montgomery C. Meigs, el general retirado Wesley K. Clark, el general retirado John P. Abizaid, el general William Scott Wallace y el teniente general retirado Randolph W. House.

Ricardo S. Sánchez
Donald T. Phillips

Índice